Deepen Your Mind

前言

目前圖書市場上，工作 3 ～ 4 年的 Linux 開發工程師能參考的實用型網路程式設計書不多，不少 Linux 網路程式設計書還從編輯器、編譯器如何使用講起，那些內容都是給學生或剛剛工作的人員看的，適用於未接觸過 Linux 開發的人。Linux 網路程式設計最重要的基礎有兩點，一是 Linux 多執行緒程式設計功力，二是對網路通訊協定的理解。筆者以前撰寫的書籍對 Linux 基礎程式設計進行了較為詳細的說明，也獲得了不錯的市場回饋。很多讀者都問筆者：下一步想深入地學習 Linux 程式設計，應該看哪些書？我想，Linux 程式設計的兩大就業領域中，一個是嵌入式開發，另一個是網路伺服器程式設計。前者目前書籍較多。而後者，尤其是有深度、符合應徵市場要求的從基礎到案例的網路程式設計書非常少！當前網路系統越來越複雜，應用範圍越來越大，迫切需要新的技術來應對新應用的挑戰。這一點可以從廣大應徵啟事上看得出來。網路程式設計難，難就難在伺服器程式設計。

一本專門說明 Linux 伺服器程式設計的書，不但能幫助一般工程師提高網路程式設計能力，而且還可以為市場輸送更符合需求的工程師。筆者常年從事最前線 Linux 伺服器程式設計，了解流行的 Linux 網路程式設計技術，並且擁有相關專案經驗。

關於本書

本書涵蓋 Linux 網路程式設計從基礎到高級開發的基礎知識，重點講解了技術性較強的 TCP 程式設計、UDP 程式設計和 I/O 模型程式設計，同時對每個基礎知識都從原始概念和基本原理進行了詳細和透徹的分析，並對比較複雜和難度較高的內容繪製了原理圖進行講解。書中的範例程式大多是從實際專案複習而來，有很強的實用性。

本書從五大伺服器程式設計基礎技術開始逐步深入到四大專案案例進行開發實踐，融合基礎知識和一些資料庫、跨平台介面程式設計知識，使得我們的案例系統完整且包含用戶端，甚至稍微修改就可以上升為商用軟體，比如最後一章的併發遊戲伺服器。通常在網路程式設計書中，一般只會講解一個綜合案例，而本書提供了 HTTP 伺服器、FTP 伺服器、併發聊天伺服器與 C/S 和 P2P 聯合架構的併發遊戲伺服器四大專案案例，可以作為課程設計和學生畢業設計的素材。

本書適用的讀者

本書由於技術全面、講解循序漸進、學習曲線坡度小、註釋詳盡，因此本書適用的讀者面很廣，可作為學校和培訓班教材使用，也可作為工程師自學教材。另外，本書需要讀者有 C 和 C++ 的基礎，最好是 C++11，因為本書的執行緒池用到的語言是基於 C++11 的。

本書作者與鳴謝

本書筆者為朱文偉和李建英。本書的順利出版，離不開清華大學出版社老師們的幫助，在此表示衷心的感謝。雖然筆者盡了最大努力撰寫本書，但書中依然可能存在疏漏之處，敬請讀者提出寶貴的意見和建議。

作者

目錄

01 TCP/IP 基礎

02 架設 Linux 開發環境

03 多執行緒基本程式設計

04 TCP 伺服器程式設計

05 UDP 伺服器程式設計

06 原始通訊端程式設計

07 伺服器模型設計

08 網路性能工具 Iperf

09 HTTP 伺服器程式設計

10 基於 Libevent 的 FTP 伺服器

11 併發聊天伺服器

12 C/S 和 P2P 聯合架構的遊戲伺服器

Chapter

01

TCP/IP 基礎

TCP/IP 是 Transmission Control Protocol/Internet Protocol 的簡寫，中文名為傳輸控制協定 / 網際網路協定，又名網路通訊協定，是 Internet 最基本的協定，也是 Internet 國際網際網路的基礎。TCP/IP 協定不是指一個協定，也不是 TCP 和 IP 這兩個協定的合稱，而是一個協定族，包括了多個網路通訊協定，比如 IP 協定、IMCP 協定、TCP 協定以及我們更加熟悉的 HTTP 協定、FTP 協定、POP3 協定等。TCP/IP 定義了電腦作業系統如何連入網際網路，以及資料如何在它們之間傳輸的標準。

TCP/IP 協定是為了解決不同系統的電腦之間的傳輸通訊而提出的標準，不同系統的電腦採用了同一種協定後，就能相互進行通訊，從而能夠建立網路連接，實現資源分享和網路通訊了。就像兩個不同語言國家的人，都用英文説話後，就能相互交流了。

1.1 TCP/IP 協定的分層結構

TCP/IP 協定族按照層次由上到下，可以分成 4 層，分別是應用層（Application Layer）、傳輸層（Transport Layer）、網路層（Internet Layer，也稱 Internet 層或網路層）和網路介面層（Network Interface Layer）或稱資料連結層。其中，應用層包含所有的高層協定，比如虛擬終端協定（Telecommunications Network，TELNET）、檔案傳輸通訊協定（File Transfer Protocol，FTP）、電子郵件傳輸協定（Simple Mail Transfer Protocol，SMTP）、網域名稱系統（Domain Name System，DNS）、網上新聞傳輸協定（Net News Transfer Protocol，NNTP）和超文字傳送協定（Hyper Text Transfer Protocol，HTTP）等。TELNET 允許一台機器上的使用者登入到遠端機器上，並進行工作；FTP 提供有效地將檔案從一台機器上轉移到另一台機器上的方法；SMTP 用於電子郵件的收發；DNS 用於把主機名稱映射到網路位址；NNTP 用於新聞的發佈、檢索和獲取；HTTP 用於在 WWW 上獲取首頁。

應用層的下面一層是傳輸層，著名的 TCP 協定和 UDP 協定就在這一層。TCP 協定是連線導向的協定，它提供可靠的封包傳輸和對上層應用的連接服務。為此，除了基本的資料傳輸外，它還有可靠性保證、流量控制、多工、優先權和安全性控制等功能。UDP 協定（User Datagram Protocol，使用者資料封包通訊協定）是不需連線導向的不可靠傳輸的協定，主要用於不需要 TCP 的排序和流量控制等功能的應用程式。

傳輸層下面一層是網路層，該層是整個 TCP/IP 系統結構的關鍵部分，其功能是使主機可以把分組發往任何網路，並使分組獨立地傳向目標。這些分組可能經由不同的網路，到達的順序和發送的順序也可能不同。網際網路層使用協定有 IP 協定。

網路層下面是網路介面層，該層是整個系統結構的基礎部分，負責接收 IP 層的 IP 資料封包，透過網路向外發送；或接收處理從網路上來的物理訊框，抽出 IP 資料封包，向 IP 層發送。該層是主機與網路的實際連接層。鏈路層下面就是實體線路了（比如乙太網路、光纖網路等）。鏈路層有乙太網、權杖環網等標準，鏈路層負責網路卡裝置的驅動、訊框同步（就是說從網線上檢測到什麼訊號算作新訊框的開始）、衝突檢測（如果檢測到衝突就自動重發）、資料差錯驗證等工作。交換機是工作在鏈路層的網路裝置，可以在不同的鏈路層網路之間轉發資料訊框（比如 10MB

乙太網和 100MB 乙太網之間、乙太網和權杖環網之間），由於不同鏈路層的框架格式不同，交換機要將進來的資料封包拆掉鏈路層表頭重新封裝之後再轉發。

不同的協定層對資料封包有不同的稱呼，在傳輸層叫作段（Segment），在網路層叫作資料封包（Datagram），在鏈路層叫作訊框（Frame）。資料封裝成訊框後發到傳輸媒體上，到達目的主機後每層協定再剝掉對應的表頭，最後將應用層資料交給應用程式處理。

不同層包含不同的協定，如圖 1-1 所示為各個協定及其所在的層。

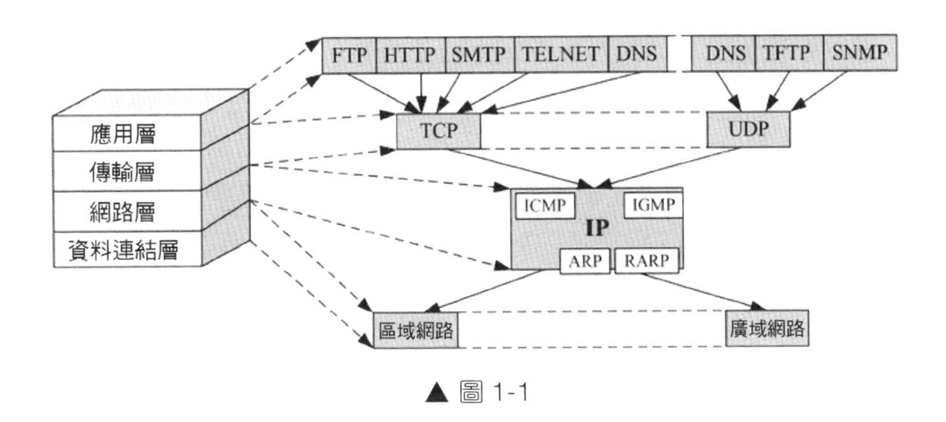

▲ 圖 1-1

在主機發送端，從傳輸層開始，會把上一層的資料加上一個表頭形成本層的資料，這個過程叫資料封裝。在主機接收端，從最下層開始，每一層資料會去掉表頭資訊，該過程叫作資料解封，如圖 1-2 所示。

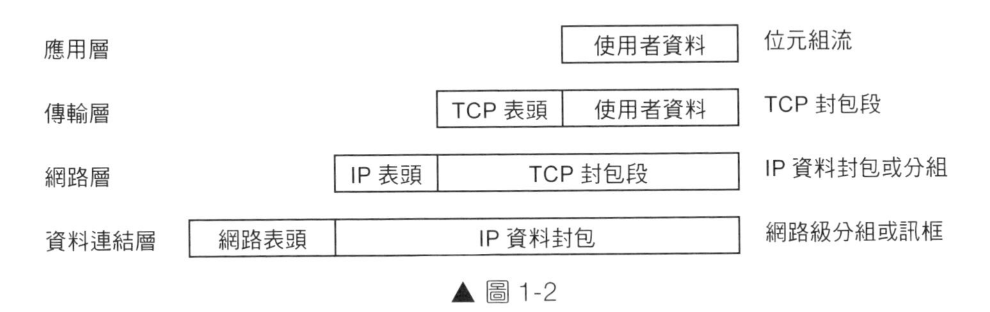

▲ 圖 1-2

下面以瀏覽某個網頁為例，了解瀏覽網頁的過程中 TCP/IP 各層所做的工作。

發送方：

（1）打開瀏覽器，輸入網址：www.xxx.com，按 Enter 鍵，存取網頁，其實就是存取 Web 伺服器上的網頁，在應用層採用的協定是 HTTP 協定，瀏覽器將網址等資訊組成 HTTP 資料，並將資料發送給下一層傳輸層。

（2）傳輸層將資料前加上 TCP 表頭，並標記通訊埠為 80（Web 伺服器預設通訊埠），將這個資料段發給下一層網路層。

（3）網路層在這個資料段前加上自己機器的 IP 和目的 IP，此時這個段被稱為 IP 資料封包（也可以稱為封包），然後將這個 IP 封包發給下一層網路介面層。

（4）網路介面層先將 IP 資料封包前面加上自己機器的 MAC 位址和目的 MAC 位址，這時加上 MAC 位址的資料稱為訊框，網路介面層透過物理網路卡將這個訊框以位元流的方式發送到網路上。

網際網路上有路由器，它會讀取位元流中的 IP 位址進行選路，以到達正確的網段，之後這個網段的交換機讀取位元流中的 MAC 位址，找到對應要接收的機器。

接收方：

（1）網路介面層用網路卡接收到了位元流，讀取位元流中的訊框，將訊框中的 MAC 位址去掉，就成了 IP 資料封包，傳遞給上一層網路層。

（2）網路層接收了下層傳上來的 IP 資料封包，將 IP 從封包的前面拿掉，取出帶有 TCP 的資料（資料段）交給傳輸層。

（3）傳輸層接收了這個資料段，看到 TCP 標記的通訊埠是 80，說明應用層協定是 HTTP 協定，之後將 TCP 標頭去掉並將資料交給應用層，告訴應用層發送方請求的是 HTTP 的資料。

（4）應用層發送方請求的是 HTTP 資料，就呼叫 Web 伺服器程式，把 www.xxx.com 的首頁檔案發送回去。

如果兩台電腦在不同的網段中，那麼資料從一台電腦到另一台電腦傳輸過程中要經過一個或多個路由器，如圖 1-3 所示。

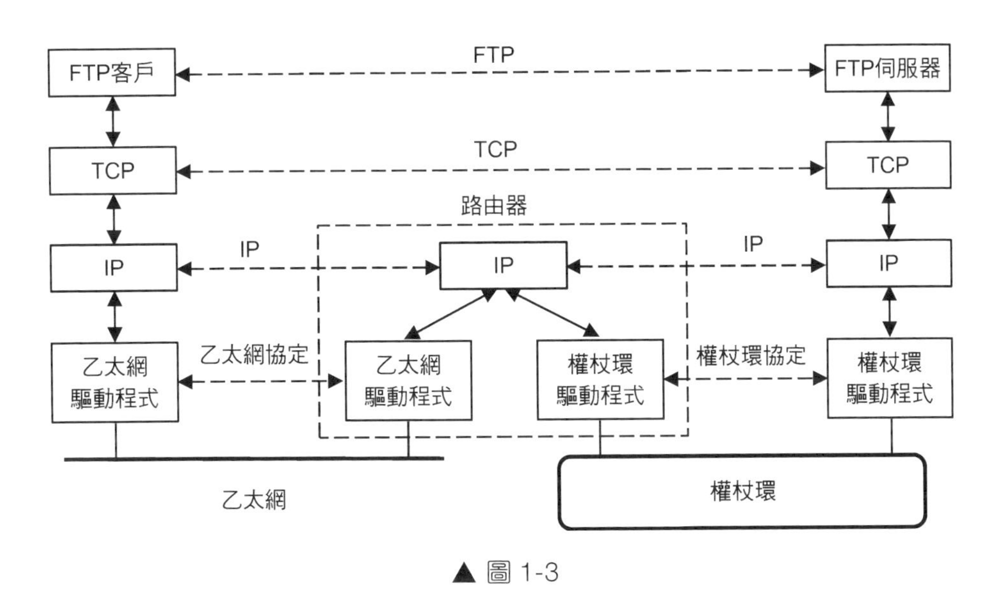

▲ 圖 1-3

目的主機收到資料封包後，經過各層協定層最後到達應用程式的過程如圖 1-4 所示。

乙太網驅動程式首先根據乙太網表頭中的「上層協定」欄位確定該資料訊框的有效酬載（Payload，指除去協定表頭之外實際傳輸的資料）是 IP、ARP 還是 RARP 協定的資料封包，然後交給對應的協定處理。假如是 IP 資料封包，IP 協定再根據 IP 表頭中的「上層協定」欄位確定該資料封包的有效酬載是 TCP、UDP、ICMP 還是 IGMP，然後交給對應的協定處理。假如是 TCP 段或 UDP 段，TCP 或 UDP 協定再根據 TCP 表頭或 UDP 表頭的「通訊埠編號」欄位確定應該將應用層資料交給哪個使用者處理程序。IP 位址是標識網路中不同主機的位址，而通訊埠編號就是同一台主機上標識不同處理程序的位址，IP 位址和通訊埠編號合起來標識網路中唯一的處理程序。

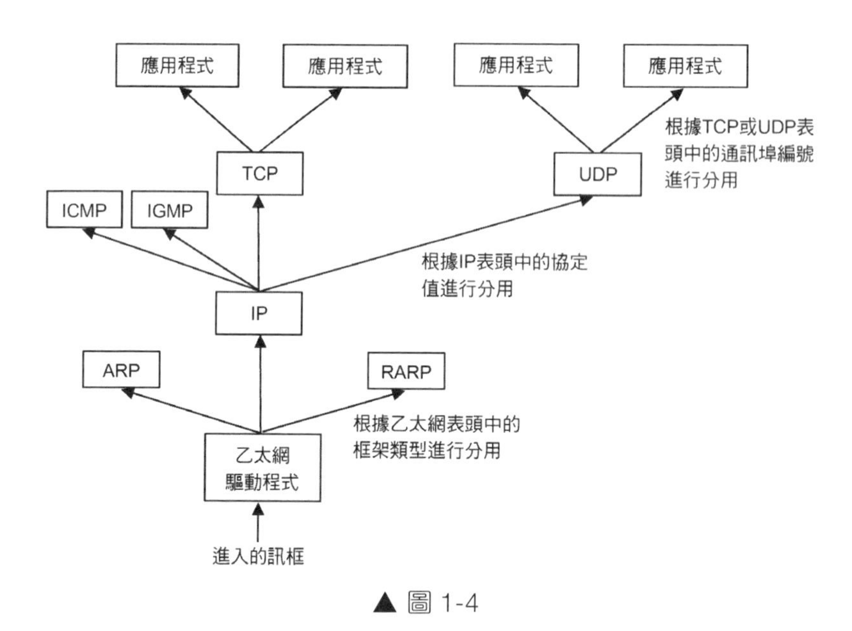

▲ 圖 1-4

注意，雖然 IP、ARP 和 RARP 資料封包都需要乙太網驅動程式來封裝成訊框，但是從功能上劃分，ARP 和 RARP 屬於鏈路層，IP 屬於網路層。雖然 ICMP、IGMP、TCP、UDP 的資料都需要 IP 協定來封裝成資料封包，但是從功能上劃分，ICMP、IGMP 與 IP 同屬於網路層，TCP 和 UDP 屬於傳輸層。

如圖 1-5 所示，複習 TCP/IP 協定模型對資料的封裝。

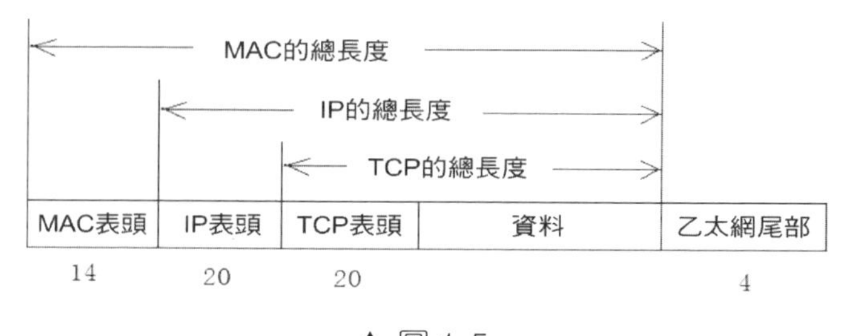

▲ 圖 1-5

1.2 應用層

應用層位於 TCP/IP 最高層，該層的協定主要有以下幾種：

（1）遠端登入協定（Telnet）。
（2）檔案傳送協定。
（3）電子郵件傳輸協定。
（4）網域名稱系統（Domain Name System，DNS）。
（5）簡單網路管理協定（Simple Network Management Protocol，SNMP）。
（6）超文字傳送協定。
（7）郵局協定（POP3）。

其中，從網路上下載檔案時使用的是 FTP 協定；上網遊覽網頁時使用的是 HTTP 協定；在網路上存取一台主機時，通常不直接輸入 IP 位址，而是輸入域名，使用的是 DNS 服務協定，它會將域名解析為 IP 位址；透過 Outlook 發送電子郵件時使用的是 SMTP 協定；接收電子郵件時使用的是 POP3 協定。

1.2.1 DNS

網際網路上的主機透過 IP 位址來標識自己，但由於 IP 位址是一串數字，使用者記這個數字去存取主機比較難記，因此，網際網路管理機構又採用了一串英文來標識一個主機，這串英文是有一定規則的，它的專業術語叫域名（Domain Name）。當使用者造訪一個網站時，既可以輸入該網站的 IP 位址，也可以輸入其域名。舉例來說，微軟公司的 Web 伺服器的域名是 www.microsoft.com，不管使用者在瀏覽器中輸入的是 www.microsoft.com，還是 Web 伺服器的 IP 位址，都可以造訪其 Web 網站。

域名由網際網路域名與位址管理機構（Internet Corporation for Assigned Names and Numbers，ICANN）管理，這是為承擔網域名稱系

統管理、IP 位址分配、協定參數設定以及主要伺服器系統管理等職能而設立的非盈利機構。ICANN 為不同的國家或地區設定了對應的頂層網域名，這些域名通常都由兩個英文字母組成。例如：.uk 代表英國、.fr 代表法國、.jp 代表日本。台灣的頂層網域名是 .tw，.tw 下的域名由 TWNIC 進行管理。

域名只是某個主機的別名，並不是真正的主機位址，主機位址只能是 IP 位址，為了透過域名來存取主機，就必須實現域名和 IP 位址之間的轉換。這個轉換工作就由 DNS 來完成。DNS 是網際網路的一項核心服務。它作為可以將域名和 IP 位址相互映射的分散式資料庫，能夠使人更方便地存取網際網路，而不用去記能夠被機器直接讀取的 IP 數字串。一個需要域名解析的使用者先將該解析請求發往本地的域名伺服器，如果本地的域名伺服器能夠解析，則直接得到結果，否則本地的域名伺服器將向根伺服器發送請求。依據根伺服器傳回的指標再查詢下一層的域名伺服器，依此類推，最後得到所要解析域名的 IP 位址。

1.2.2 通訊埠

網路上的主機透過 IP 位址來標識自己，方便其他主機上的程式和自己主機上的程式建立通訊。但主機上需要通訊的程式有很多，那麼如何才能找到對方主機上的目的程式呢？ IP 位址只是用來尋找目的主機的，最終通訊還需要找到目的程式。為此，人們提出了通訊埠這個概念，它就是用來標識目的程式的。有了通訊埠，一台擁有 IP 位址的主機可以提供許多服務，比如 Web 服務處理程序用 80 通訊埠提供 Web 服務、FTP 處理程序透過 21 通訊埠提供 FTP 服務、SMTP 處理程序透過 23 通訊埠提供 SMTP 服務等。

如果把 IP 位址比作一間旅館的地址，通訊埠就是這家旅館內某個房間的房號。旅館的地址只有一個，但房間卻有很多個，因此通訊埠也有很多個。通訊埠是透過通訊埠編號來標記的，通訊埠編號是一個 16 位元的不帶正負號的整數，範圍是從 0 到 65535（$2^{16}-1$），並且前面 1024 個通訊埠編號是留作作業系統使用，我們自己的應用程式如果要使用通訊埠，通常用 1024 後面的整數作為通訊埠編號。

1.3 傳輸層

傳輸層為應用層提供階段和資料封包通訊服務。傳輸層最重要的兩個協定是 TCP（Transmission Control Protocol）和 UDP（User Datagram Protocol）。TCP 協定提供一對一的、連線導向的可靠通訊服務，它能建立連接，對發送的資料封包進行排序和確認，並恢復在傳輸過程中遺失的資料封包。UDP 協定提供一對一或一對多的、不需連線的不可靠通訊服務。

1.3.1 TCP 協定

TCP 協定是連線導向、保證高可靠性（資料無遺失、資料無失序、資料無錯誤、資料無重複到達）的傳輸層協定。TCP 協定會把應用層資料加上一個 TCP 標頭，組成 TCP 封包。TCP 封包表頭（TCP 標頭）的格式如圖 1-6 所示。

<table>
<tr><td colspan="8">16位元來源通訊埠編號</td><td>16位元目的通訊埠編號</td></tr>
<tr><td colspan="9">32位元序號</td></tr>
<tr><td colspan="9">32位元確認序號</td></tr>
<tr><td>4位元
表頭
長度</td><td>保留
(6位)</td><td>U
R
G</td><td>A
C
K</td><td>P
S
H</td><td>R
S
T</td><td>S
Y
N</td><td>F
I
N</td><td>16位元視窗大小</td></tr>
<tr><td colspan="8">16位元校驗和</td><td>16位元緊急指標</td></tr>
<tr><td colspan="9">選項</td></tr>
<tr><td colspan="9">資料</td></tr>
</table>

▲ 圖 1-6

如果用 C 語言來定義，程式如下：

```
typedef struct _TCP_HEADER          //TCP 標頭定義，共 20 個位元組
{
 short  sSourPort;                  // 來源通訊埠編號 16bit
 short  sDestPort;                  // 目的通訊埠編號 16bit
 unsigned int  uiSequNum;           // 序號 32bit
 unsigned int  uiAcknowledgeNum;    // 確認號 32bit
 short  sHeaderLenAndFlag;          // 前 4 位元：TCP 標頭長度；中 6 位元：保留；
                                       後 6 位元：標識位元
 short  sWindowSize;                // 視窗大小 16bit
 short  sCheckSum;                  // 檢驗和 16bit
 short  surgentPointer;             // 緊急資料偏移量 16bit
}TCP_HEADER, *PTCP_HEADER;
```

1.3.2 UDP 協定

UDP 協定是無連接、不保證可靠的傳輸層協定。UDP 協定表頭相對比較簡單，如圖 1-7 所示。

源端通訊埠	目的地通訊埠
使用者資料封包長度	檢查和
資料	

▲ 圖 1-7

如果用 C 語言來定義，程式如下：

```
typedef struct _UDP_HEADER               //UDP 標頭定義，共 8 個位元組
{
 unsigned short m_usSourPort;            // 來源通訊埠編號 16bit
 unsigned short m_usDestPort;            // 目的通訊埠編號 16bit
 unsigned short m_usLength;              // 資料封包長度 16bit
 unsigned short m_usCheckSum;            // 校驗和 16bit
}UDP_HEADER, *PUDP_HEADER;
```

1.4 網路層

網路層向上層提供簡單靈活的、不需連線的、盡最大努力交付的資料封包服務。該層重要的協定有 IP、ICMP（Internet Control Message Protocol，網際網路控制封包協定）、IGMP（Internet Group Management Protocol，網際網路組織管理協定）、ARP（Address Resolution Protocol，位址轉換協定）、RARP（Reverse Address Resolution Protocol，反向位址轉換協定）等。

1.4.1 IP 協定

IP 協定是 TCP/IP 協定族中最為核心的協定。它把上層資料封包封裝成 IP 資料封包後進行傳輸。如果 IP 資料封包太大，還要對資料封包進行分片後再傳輸，到了目的位址處再進行組裝還原，以適應不同物理網路對一次所能傳輸資料大小的要求。

1. IP 協定的特點

（1）不可靠

不可靠的意思是它不能保證 IP 資料封包能成功地到達目的地。IP 協定僅提供最好的傳輸服務。如果發生某種錯誤時，如某個路由器暫時用完了緩衝區，IP 有一個簡單的錯誤處理演算法：捨棄該資料封包，然後發送 ICMP 訊息報給訊號來源端。任何要求的可靠性必須由上層協定來提供（如 TCP 協定）。

（2）無連接

不需連線的意思是 IP 協定並不維護任何關於後續資料封包的狀態資訊。每個資料封包的處理是相互獨立的。這也說明，IP 資料封包可以不按發送順序接收。如果一訊號來源向相同的信宿發送兩個連續的資料封包（先是 A，然後是 B），每個資料封包都是獨立地進行路由選擇，可能選擇不同的路線，因此 B 可能在 A 之前先到達。

（3）無狀態

無狀態的意思是通訊雙方不同步傳輸資料的狀態資訊，無法處理亂數和重複的 IP 資料封包；IP 資料封包提供了標識欄位用來唯一標識 IP 資料封包，用來處理 IP 分片和重組，不指示接收順序。

2. IPv4 資料封包的表頭格式

IPv4 資料封包的表頭格式如圖 1-8 所示，主要說明 IPv4 的表頭結構，IPv6 的表頭結構與之不同。圖 1-8 中的「資料」以上部分就是 IP 表頭的內容。因為有了選項部分，所以 IP 表頭長度是不定的。如果選項部分沒有，則 IP 表頭的長度為（4+4+8+16+16+3+13+8+8+16+32+32）bit=160bit=20 位元組，這也是 IP 表頭的最小長度。

<table>
<tr><td>4 位元版本</td><td>4 位元表頭長度</td><td>8 位元服務類型（ToS）</td><td colspan="2">16 位元總長度（位元組數）</td></tr>
<tr><td colspan="3">16 位元標識</td><td>3 位元標識</td><td>13 位元片偏移</td></tr>
<tr><td colspan="2">8 位元存活時間（TTL）</td><td>8 位元協定</td><td colspan="2">16 位元表頭校驗和</td></tr>
<tr><td colspan="5">32 位元來源 IP 位址</td></tr>
<tr><td colspan="5">32 位元目的 IP 位址</td></tr>
<tr><td colspan="4">選項（如果有）</td><td>填充</td></tr>
<tr><td colspan="5">資料</td></tr>
</table>

▲ 圖 1-8

- 版本（Version）：佔用 4 bit，標識目前採用的 IP 協定的版本編號，一般設定值為 0100（IPv4）和 0110（IPv6）。
- 表頭長度（Header Length）：即 IP 表頭長度，這個欄位的作用是為了描述 IP 表頭的長度。該欄位佔用 4 bit，由於在 IP 表頭中有變長的可選部分，為了能多表示一些長度，因此採用 4 位元組（32 bit）為本欄位數值的單位，比如，4 bit 最大能表示為 1111，即 15，單位是 4 位元組，因此最多能表示的長度為 15×4=60 位元組。

- 服務類型（Type of Service，TOS）：佔用 8 bit，可用 PPPDTRC0 這 8 個字元來表示，其中，PPP 定義了資料封包的優先順序，設定值越大表示資料越重要，設定值如表 1-1 所示。

表 1-1 資料封包的設定值及其含義

PPP 設定值	含　義	PPP 設定值	含　義
000	普通（Routine）	100	疾速（Flash Override）
001	優先（Priority）	101	關鍵（Critic）
010	立即（Immediate）	110	網間控制（Internetwork Control）
011	閃速（Flash）	111	網路控制（Network Control）

D：延遲，0 表示普通，1 表示延遲儘量小　T：輸送量，0 表示普通，1 表示流量儘量大
R：可靠性，0 表示普通，1 表示可靠性儘量大　C：傳輸成本，0 表示普通，1 表示成本儘量小
0：這是最後一位元，被保留，恒定為 0

- 總長度：佔用 16 bit，該欄位表示以位元組為單位的 IP 資料封包的總長度（包括 IP 表頭分和 IP 資料部分）。如果該欄位全為 1，就是最大長度了，即 $2^{16}-1=65535$ 位元組≈ 63.9990234375KB，有些書上寫最大是 64KB，其實是達不到的，最大長度只能是 65535 位元組，而非 65536 位元組。
- 標識：在協定層中保持著一個計數器，每產生一個資料封包，計數器就加 1，並將此值賦給標識欄位。注意這個「識別字」並不是序號，IP 是無連接服務，資料封包不存在按序接收的問題。當 IP 資料封包由於長度超過網路的 MTU（Maximum Transmission Unit，最大傳輸單元）而必須分片（把一個大的網路資料封包拆分成一個個小的資料封包）時，這個標識欄位的值就被複製到所有的小分片的標識欄位中。相同的標識欄位的值使得分片後的各資料封包片最後能正確地重裝成為原來的巨量資料報。該欄位佔用 16 bit。
- 標識（Flags）：該欄位佔用 3 bit，該欄位最高位元不使用，第二位元稱 DF（Don't Fragment）位元，DF 位元設為 1 時表明路由器不對該上層資料封包分片。如果一個上層資料封包無法在不分段

的情況下進行轉發，則路由器會捨棄該上層資料封包並傳回一個錯誤資訊。最低位元稱 MF（More Fragments）位元，為 1 時說明這個 IP 資料封包是分片的，並且後續還有資料封包；為 0 時說明這個 IP 資料封包是分片的，但已經是最後一個分片了。

- 片偏移：該欄位的含義是某個分片在原 IP 資料封包中的相對位置。第一個分片的偏移量為 0。片偏移以 8 個位元組為偏移單位。這樣，每個分片的長度一定是 8 位元組（64 位元）的整數倍。該欄位佔 13 bit。
- 存活時間（TTL，Time to Live）：表示資料報到達目標位址之前的路由跳數。TTL 是由發送端主機設定的計數器，每經過一個路由節點就減 1，減到為 0 時，路由就捨棄該資料封包，向來源端發送 ICMP 差錯封包。這個欄位的主要作用是防止資料封包不斷在 IP 網際網路上循環轉發。該欄位佔 8 bit。
- 協定：該欄位元用來標識資料部分所使用的協定，比如設定值 1 表示 ICMP、設定值 2 表示 IGMP、設定值 6 表示 TCP、設定值 17 表示 UDP、設定值 88 表示 IGRP、設定值 89 表示 OSPF。該欄位佔 8 bit。
- 表頭校驗和（Header Checksum）：該欄位用於對 IP 表頭的正確性檢測，但不包含資料部分。由於每個路由器會改變 TTL 的值，所以路由器會為每個透過的資料封包重新計算表頭校驗和。該欄位佔 16 bit。
- 起源和目標位址：用於標識這個 IP 資料封包的起源和目標 IP 位址。值得注意的是，除非使用 NAT（網路位址轉譯），否則整個傳輸的過程中，這兩個位址不會改變。這兩個地段都佔用 32 bit。
- 選項（可選）：這是一個可變長的欄位。該欄位屬於可選項，主要是給一些特殊的情況使用，最大長度是 40 位元組。
- 填充（Padding）：由於 IP 表頭長度這個欄位的單位為 32bit，所以 IP 表頭的長度必須為 32bit 的整數倍。因此，在可選項後面，IP 協定會填充若干個 0，以達到 32bit 的整數倍。

在 Linux 原始程式中，IP 表頭的定義如下：

```
struct iphdr {
#if defined(__LITTLE_ENDIAN_BITFIELD)
    __u8    ihl:4,
        version:4;
#elif defined (__BIG_ENDIAN_BITFIELD)
    __u8    version:4,
        ihl:4;
#else
#error    "Please fix <asm/byteorder.h>"
#endif
    __u8    tos;
    __be16    tot_len;
    __be16    id;
    __be16    frag_off;
    __u8    ttl;
    __u8    protocol;
    __sum16    check;
    __be32    saddr;
    __be32    daddr;
    /*The options start here. */
};
```

這個定義可以在原始程式目錄的 include/uapi/linux/ip.h 查到。

3. IP 資料封包分片

IP 協定在傳輸資料封包時，將資料封包分為若干分片（小資料封包）後進行傳輸，並在目的系統中進行重組，這一過程稱為分片（Fragmentation）。

要理解 IP 分片，首先要理解 MTU，物理網路一次傳送的資料是有最大長度的，因此網路層的下層（資料連結層）的傳輸單元（資料訊框）也有一個最大長度，這個最大長度值就是 MTU，每一種物理網路都會規定鏈路層資料訊框的最大長度，比如乙太網的 MTU 為 1500 位元組。

IP 協定在傳輸資料封包時，若 IP 資料封包加上資料訊框表頭後長度大於 MTU，則將資料封包切分成若干分片後再進行傳輸，並在目標系統中進行重組。IP 分片既可能在來源端主機進行，也可能發生在中間的路由器處，因為不同網路的 MTU 是不一樣的，而傳輸的整個過程可能會經過不同的物理網路。如果傳輸路徑上的某個網路的 MTU 比來源端網路的 MTU 要小，路由器就可能對 IP 資料封包再次進行分片。分片資料的重組只會發生在目的端的 IP 層。

4. IP 位址的定義

IP 協定中有個概念叫 IP 位址。所謂 IP 位址，就是 Internet 中主機的標識，Internet 中的主機要與別的主機通訊必須具有一個 IP 位址。就像房子要有個門牌號，這樣郵差才能根據信封上的位址送到目的地。

IP 位址現在有兩個版本，分別是 32 位元的 IPv4 和 128 位元的 IPv6，後者是為了解決前者不夠用的問題而產生的。每個 IP 資料封包都必須攜帶目的 IP 位址和來源 IP 位址，路由器依靠此資訊為資料封包選擇路由。

這裡以 IPv4 為例，IP 位址由四個數字組成，數字之間用小數點隔開，每個數字的設定值範圍在 0~255 之間（包括 0 和 255）。通常有兩種表示形式：

（1）十進位表示，比如 192.168.0.1。

（2）二進位表示，比如 11000000.10101000.00000000.00000001。

兩種方式可以相互轉換，每 8 位二進位數字對應一位十進位數字，如圖 1-9 所示。

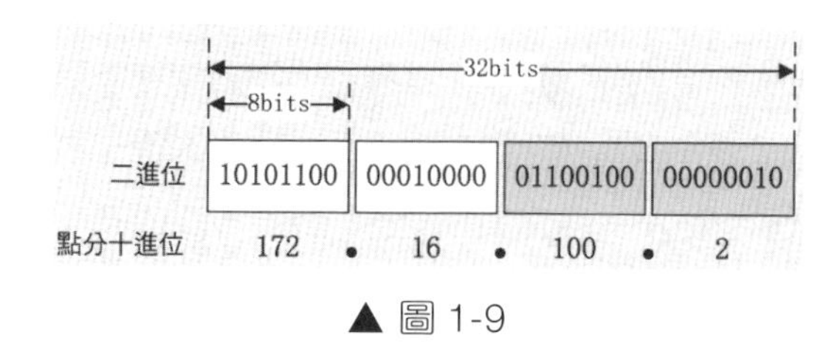

▲ 圖 1-9

實際應用中多用十進位表示，比如 172.16.100.2。

5. IP 位址的兩級分類編址

網際網路有很多網路組成，每個網路上都有很多主機，這樣便組成了一個有層次的結構。IP 位址在設計的時候就考慮到位址分配的層次特點，把每個 IP 位址分割成網路號（NetID）和主機號（HostID）兩個部分，網路號表示主機屬於網際網路中的哪一個網路，而主機號則表示其屬於該網路中的哪一台主機，兩者之間是主從關係。同一網路中絕對不能有主機號完全相同的兩台電腦，否則會顯示 IP 位址衝突。IP 位址分為兩部分後，IP 資料封包從網際上的網路到達另一個網路時，選擇路徑時可以基於網路而非主機。在大型的網際中，這一優勢特別明顯，因為路由表中只儲存網路資訊而非主機資訊，這樣可以大大簡化路由表，方便路由器的 IP 定址。

根據網路位址和主機位址在 IP 位址中所佔的位數可將 IP 位址分為 A、B、C、D、E 五類，每一類網路可以從 IP 位址的第一個數字看出，如圖 1-10 所示。

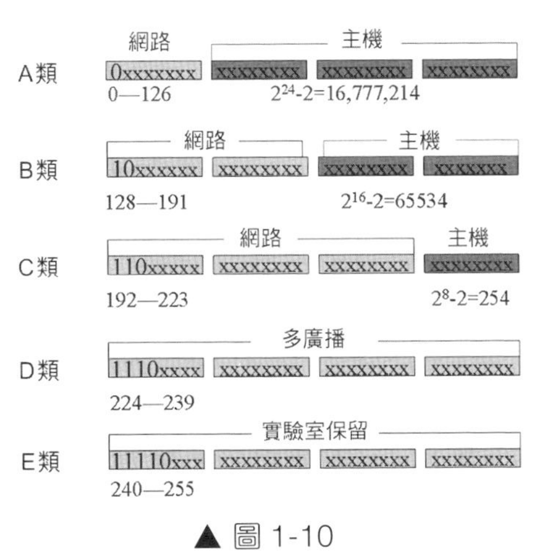

▲ 圖 1-10

這 5 類 IP 位址中，A 類位址，第一位元為 0，第二至八位元為網路位址，第九至三十二位元為主機位址，這類位址適用於為數不多的主機數大於 65536（2^{16}）的大型網路，A 類網路位址的數量最多不超過 126（2^7-2）個，每個 A 類網路最多可以容納 16777214（$2^{24}-2$）台主機。

B 類位址前兩位元分別為 1 和 0，第三至第十六位元為網路位址，第十七至三十二位元為主機位址，此類位址用於主機數介於 256 ～ 65536（2^8 ～ 2^{16}）之間的中型網路，B 類網路數量最多 16382（$2^{14}-2$）個。

C 類位址前三位元分別為 1、1、0，四到二十四位元為網路位址，其餘為主機位址，用於每個網路只能容納 254（2^8-2）台主機的大量小型網，C 類網路數量上限為 2097150（$2^{21}-2$）個。

D 類位址前四位元為 1、1、1、0，其餘為多目位址。

E 類位址前五位元為 1、1、1、1、0，其餘位數留待後用。

A 類 IP 的第一個位元組範圍是 0 到 126，B 類 IP 的第一個位元組範圍是 128 到 191，C 類 IP 的第一個位元組範圍是 192 到 223，例如 192.X.X.X 肯定是 C 類 IP 位址，根據 IP 位址的第一個位元組的範圍就能夠推導出該 IP 屬於 A 類、B 類或 C 類。

IP 位址以 A、B、C 三類為主，又以 B、C 兩類位址更為常見。除此之外還有一些特殊用途的 IP 位址：廣播位址（主機位址全為 1，用於廣播，這裡的廣播是指同時向網上所有主機發送封包，不是指我們日常聽的那種廣播）、有限廣播位址（所有位址全為 1，用於本網廣播）、本網位址（網路位址全為 0，後面的主機號表示本網位址）、回送測試位址（127.X.X.X 型，用於網路軟體測試及本地機處理程序間通訊）、主機位元全 0 位址（這種位址的網路位址就是本網位址）及保留位址（網路號全為 1 和 32 位元全為 0 兩種）。由此可見，網路位元全 1 或全 0 和主機位元全 1 或全 0 都是不能隨意分配的。這也就是前面的 A、B、C 類網路的網路數及主機數要減 2 的原因。

總之，主機號全為 0 或全為 1 時分別作為本網路位址和廣播位址使用，這種 IP 位址不能分配給使用者使用。D 類網路用於廣播，它可以將資訊同時傳送到網上的所有裝置，而非點對點的資訊傳送，這種網路可以用來召開電視電話會議。E 類網路常用於試驗。網路系統管理員在設定網路時不應該採用 D 類和 E 類網路。特殊的 IP 位址如表 1-2 所示。

表 1-2 特殊的 IP 位址

特殊 IP 位址	含　義
0.0.0.0	表示預設的路由，這個值用於簡化 IP 路由表
127.0.0.1	表示本主機，使用這個位址，應用程式可以像存取遠端主機一樣存取本主機
網路號全為 0 的 IP 位址	表示本網路的某主機，如 0.0.0.88 將存取本網路中節點為 88 的主機
主機號全為 0 的 IP 位址	表示網路本身
網路號或主機號位元全為 1	表示所有主機
255.255.255.255	表示本網路廣播

當前，A 類位址已經全部分配完，B 類也不多了，為了有效並連續地利用剩下的 C 類位址，網際網路採用 CIDR（Classless Inter Domain Routing，無類別域間路由）方式把許多 C 類位址合起來作 B 類位址分配，全球被分為四個地區，每個地區分配一段連續的 C 類位址：歐洲（194.0.0.0 ～ 195.255.255.255）、北美（198.0.0.0 ～ 199.255.255.255）、中南美（200.0.0.0 ～ 201.255.255.255）、亞太地區（202.0.0.0 ～ 203.255.255.255）、保留備用（204.0.0.0 ～ 223.255.255.255）。這樣每一地區都有約 3200 萬個網址供使用。

6. 網路遮罩

在 IP 位址的兩級編址中，IP 位址由網路號和主機號兩部分組成，如果我們把主機號部分全部置零，此時得到的位址就是網路位址，網路位址可以用於確定主機所在的網路，為此路由器只需計算出 IP 位址中的網路位址，然後與路由表中儲存的網路位址相比較就知道這個分組應該從哪個介面發送出去。當分組達到目的網路後，再根據主機號抵達目的主機。

要計算出 IP 位址中的網路位址，需要借助於網路遮罩，或稱預設遮罩。它是一個 32 位元的數，前面 n 位元全部為 1，後邊 32 ～ n 位元連續為 0。A、B、C 三類位址的網路遮罩分別為 255.0.0.0、255.255.0.0 和 255.255.255.0。我們透過 IP 位址和網路遮罩進行與運算，得到的結果就是該 IP 位址的網路位址。網路位址相同的兩台主機，就是處於同一個網路中，它們可以直接通訊，而不必借助於路由器了。

舉個例子，現在有兩台主機 A 和 B，A 的 IP 位址為 192.168.0.1，網路遮罩為 255.255.255.0；B 的 IP 位址為 192.168.0.254，網路遮罩為 255.255.255.0。我們先對 A 執行，把它的 IP 位址和子網路遮罩每位相與：

```
IP：           11010000.10101000.00000000.00000001
子網路遮罩：   11111111.11111111.11111111.00000000
AND 運算
網路號：       11000000.10101000.00000000.00000000
轉為十進位：   192.168.0.0
```

再把 B 的 IP 位址和子網路遮罩每位相與：

```
IP：           11010000.10101000.00000000.11111110
子網路遮罩：   11111111.11111111.11111111.00000000
AND 運算
網路號：       11000000.10101000.00000000.00000000
轉為十進位：   192.168.0.0
```

可以看到，A 和 B 的兩台主機的網路號是相同的，因此可以認為它們處於同一網路。

由於 IP 位址越來越不夠用，為了不浪費，人們對每類網路進一步劃分出子網，為此 IP 位址的編址又有了三級編址的方法，即子網內的某個主機 IP 位址 ={< 網路號 >,< 子網號 >,< 主機號 >}，該方法中有了子網路遮罩的概念。後來又提出了超網、無分類編址和 IPv6。限於篇幅，這裡不再贅述。

1.4.2 ARP 協定

網路上的 IP 資料報到達最終目的網路後，必須透過 MAC 位址來找到最終目的主機，而資料封包中只有 IP 位址，為此需要把 IP 位址轉為 MAC 位址，這個工作就由 ARP 協定來完成。ARP 協定是網路層中的協定，用於將 IP 位址解析為 MAC 位址。一般來說 ARP 協定只適用於區域網中。ARP 協定的工作過程如下：

（1）本地主機在區域網中廣播 ARP 請求，ARP 請求資料訊框中包含目的主機的 IP 位址。這一步所表達的意思就是「如果你是這個 IP 位址的擁有者，請回答你的硬體位址。」

（2）目的主機收到這個廣播封包後，用 ARP 協定解析這份封包，辨識出是詢問其硬體位址，於是發送 ARP 應答報，裡面包含 IP 位址及其對應的硬體位址。

（3）本地主機收到 ARP 應答後，知道了目的位址的硬體位址，之後的資料封包就可以傳送了。同時，會把目的主機的 IP 位址和 MAC 位址儲存在本機的 ARP 表中，以後通訊直接查詢此表即可。

在 Windows 作業系統的命令列下可以使用 arp –a 命令來查詢本機 ARP 快取列表，如圖 1-11 所示。另外，可以使用 arp -d 命令清除 ARP 快取表。

```
C:\Users\joshhu>arp -a

介面: 192.168.108.1 --- 0x3
  網際網路網址          實體位址              類型
  192.168.108.254       00-50-56-f4-45-d9     動態
  192.168.108.255       ff-ff-ff-ff-ff-ff     靜態
  224.0.0.2             01-00-5e-00-00-02     靜態
  224.0.0.22            01-00-5e-00-00-16     靜態
  224.0.0.251           01-00-5e-00-00-fb     靜態
  224.0.0.252           01-00-5e-00-00-fc     靜態
  226.0.201.115         01-00-5e-00-c9-73     靜態
  226.72.109.113        01-00-5e-48-6d-71     靜態
  234.52.226.112        01-00-5e-34-e2-70     靜態
  239.255.255.250       01-00-5e-7f-ff-fa     靜態
  255.255.255.255       ff-ff-ff-ff-ff-ff     靜態
```

▲ 圖 1-11

ARP 協定透過發送和接收 ARP 封包來獲取物理位址，ARP 封包的格式如圖 1-12 所示。

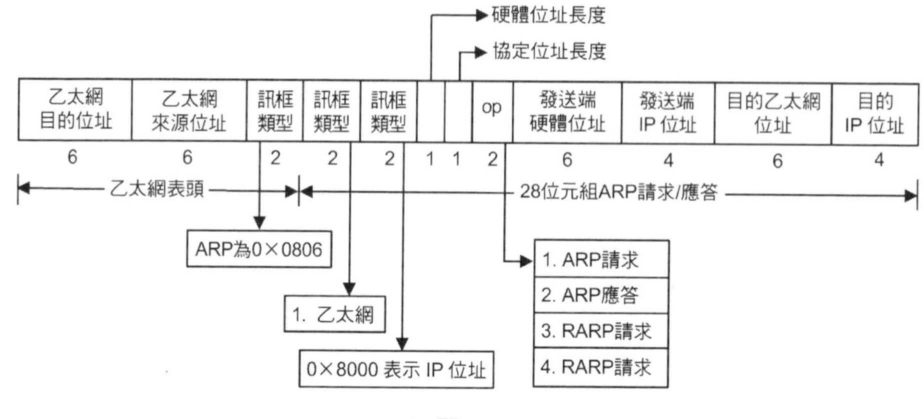

▲ 圖 1-12

結構 ether_header 定義了乙太網訊框表頭；結構 arphdr 定義了其後的 5 個欄位，其資訊用於在任何類型的媒體上傳送 ARP 請求和回答；結構 ether_arp 除了包含結構 arphdr 外，還包含來源主機和目的主機的位址。如果這個封包格式用 C 語言表述，程式如下：

```
// 定義常數
#define EPT_IP   0x0800          /* type: IP */
#define EPT_ARP   0x0806         /* type: ARP */
#define EPT_RARP 0x8035          /* type: RARP */
#define ARP_HARDWARE 0x0001      /* Dummy type for 802.3 frames */
#define ARP_REQUEST 0x0001       /* ARP request */
#define ARP_REPLY 0x0002         /* ARP reply */
// 定義乙太網表頭
typedef struct ehhdr
{
unsigned char eh_dst[6];         /* destination ethernet addrress */
unsigned char eh_src[6];         /* source ethernet addresss */
unsigned short eh_type;          /* ethernet pachet type */
}EHHDR, *PEHHDR;
// 定義乙太網 arp 欄位
typedef struct arphdr
```

```
{
//arp 表頭
unsigned short arp_hrd;          /* format of hardware address */
unsigned short arp_pro;          /* format of protocol address */
unsigned char arp_hln;           /* length of hardware address */
unsigned char arp_pln;           /* length of protocol address */
unsigned short arp_op;           /* ARP/RARP operation */

unsigned char arp_sha[6];        /* sender hardware address */
unsigned long arp_spa;           /* sender protocol address */
unsigned char arp_tha[6];        /* target hardware address */
unsigned long arp_tpa;           /* target protocol address */
}ARPHDR, *PARPHDR;
```

定義整個 ARP 封包，總長度 42 位元組，程式如下：

```
typedef struct arpPacket
{
EHHDR ehhdr;
ARPHDR arphdr;
} ARPPACKET, *PARPPACKET;
```

1.4.3 RARP 協定

RARP 協定允許區域網的物理機器從閘道伺服器的 ARP 表或快取上請求其 IP 位址。比如區域網中有一台主機只知道自己的物理位址而不知道自己的 IP 位址，那麼可以透過 RARP 協定發出請求自身 IP 位址的廣播，然後由 RARP 伺服器負責回答。RARP 協定廣泛應用於無碟工作站引導時獲取 IP 位址。RARP 允許區域網的物理機器從網管伺服器 ARP 表或快取上請求其 IP 位址。

RARP 協定的工作過程如下：

（1）主機發送一個本地的 RARP 廣播，在此廣播中，宣告自己的 MAC 位址並且請求任何收到此請求的 RARP 伺服器分配一個 IP 位址。

（2）本地網段上的 RARP 伺服器收到此請求後，檢查其 RARP 列表，查詢該 MAC 位址對應的 IP 位址。

（3）如果存在，RARP 伺服器就給來源主機發送一個回應資料封包並將此 IP 位址提供給對方主機使用。

（4）如果不存在，RARP 伺服器對此不做任何的回應。

（5）來源主機收到 RARP 伺服器的回應資訊，就利用得到的 IP 位址進行通訊。如果一直沒有收到 RARP 伺服器的回應資訊，表示初始化失敗。

RARP 的框架格式同 ARP 協定，只是框架類型欄位和操作類型不同。

1.4.4 ICMP 協定

ICMP 協定是網路層的協定，用於探測網路是否連通、主機是否可達、路由是否可用等。簡單來說，它是用來查詢診斷網路的。

雖然和 IP 協定同處網路層，但 ICMP 封包卻是作為 IP 資料封包的資料，然後加上 IP 表頭後再發送出去的，如圖 1-13 所示。

▲ 圖 1-13

IP 表頭的長度為 20 位元組。ICMP 封包作為 IP 資料封包的資料部分，當 IP 表頭的協定欄位設定值 1 時其資料部分是 ICMP 封包。ICMP 封包格式如圖 1-14 所示。

其中，最上面的（0、8、16、31）指的是位元，所以前 3 個欄位（類型、程式、校驗和）一共佔了 32 個位元（類型佔 8 位元，程式佔 8 位元，檢驗和佔 16 位元），即 4 位元組。所有 ICMP 封包前 4 位元組的格式都是一樣的，即任何 ICMP 封包都含有類型、程式和校驗和這 3 個欄位，8 位元類型和 8 位元程式欄位一起決定了 ICMP 封包的種類。緊接著後面 4 位元組取決於 ICMP 封包種類。前面 8 位元組就是 ICMP 封包的表頭，後面的 ICMP 資料部分的內容和長度也取決於 ICMP 封包種類。16 位元的檢驗和欄位是對包括選項資料在內的整個 ICMP 資料封包文的檢驗和，其計算方法和 IP 表頭檢驗和的計算方法一樣。

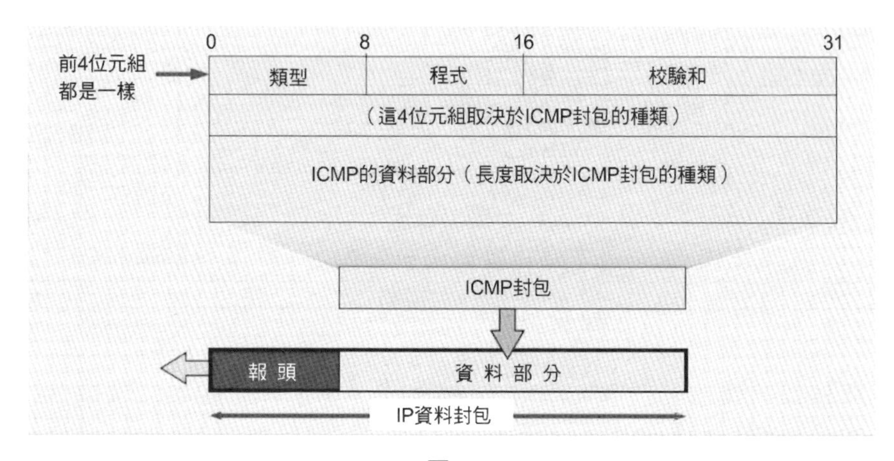

▲ 圖 1-14

ICMP 封包可分為 2 大類別：差錯報告封包和查詢封包。每一筆（或稱每一種）ICMP 封包不是屬於差錯報告封包，就是屬於查詢封包，如圖 1-15 所示。

1. ICMP 差錯報告封包

我們從圖 1-15 中可以發現屬於差錯報告封包的 ICMP 封包很多，為了歸納方便，根據其類型的不同，可以將這些差錯報告封包分為 5 種類型：目的不可達（類型為 3）、來源端被關閉（類型為 4）、重新導向（類型為 5）、逾時（類型為 11）和參數問題（類型為 12）。

程式欄位不同的設定值進一步表明了該類型 ICMP 封包的具體情況，比如類型為 3 的 ICMP 封包都是表明目的不可達，但目的不可達的原因可用程式欄位進一步說明，比如程式為 0 表示網路不可達、程式為 1 表示主機不可達等。

類型	程式	描述	查詢	差錯
0	0	回應應答 (Ping應答)	•	
3		目的不可達:		
	0	網路不可達		•
	1	主機不可達		•
	2	協定不可達		•
	3	通訊埠不可達		•
	4	需要進行分片但設定了不分片位元		•
	5	來源站選路失敗		•
	6	目的網路不認識		•
	7	目的主機不認識		•
	8	來源主機被隔離 (作廢不用)		•
	9	目的網路被強制禁止		•
	10	目的主機被強制禁止		•
	11	由於服務類型 TOS，網路不可達		•
	12	由於服務類型 TOS，主機不可達		•
	13	由於過濾，通訊被強制禁止		•
	14	主機越權		•
	15	優先權中止生效		•
4	0	來源端被關閉 (基本流量控制)		•
5		重新導向		•
	0	對網路重新導向		•
	1	對主機重新導向		•
	2	對服務類型和網路重新導向		•
	3	對服務類型和主機重新導向		•
8	0	請求回應(Ping請求)	•	
9	0	路由器通告	•	
10	0	路由器請求	•	
11		逾時:		
	0	傳輸期間存活時間為 0		•
	1	在資料封包組裝期間存活時間為 0		•
12		參數問題:		
	0	壞的IP表頭 (包括各種差錯)		•
	1	缺少必需的選項		•
13	0	時間戳記請求	•	
14	0	時間戳記應答	•	
15	0	資訊請求 (作廢不用)	•	
16	0	資訊應答 (作廢不用)	•	
17	0	位址遮罩請求	•	
18	0	位址遮罩應答	•	

▲ 圖 1-15

ICMP 協定規定，ICMP 差錯封包必須包括產生該差錯封包的來源資料報的 IP 表頭，還必須包括跟在該 IP（來源 IP）表頭後面的前 8 個位元組，這樣 ICMP 差錯封包的 IP 資料封包長度 = 本 IP 表頭（20 位元組）+ 本 ICMP 表頭（8 位元組）+ 來源 IP 表頭（20 位元組）+ 來源 IP 資料封包的 IP 表頭後的 8 個位元組 =56 位元組。ICMP 差錯封包如圖 1-16 所示。

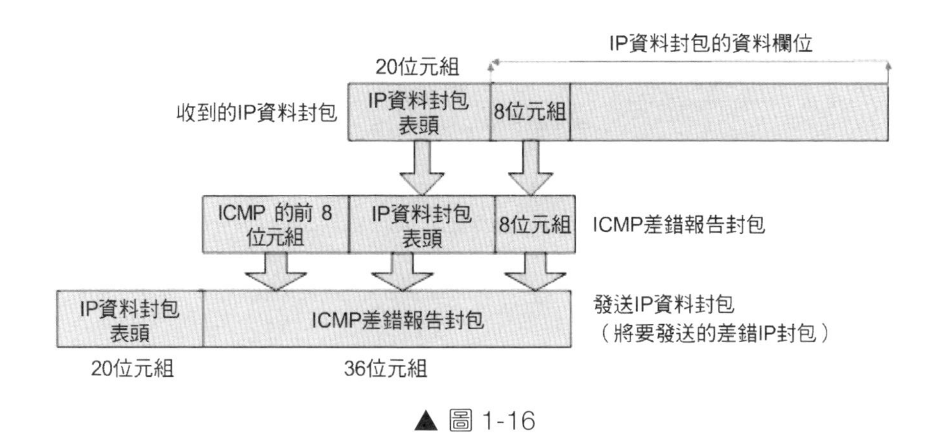

▲ 圖 1-16

如圖 1-17 所示為一個具體的 UDP 通訊埠不可達的差錯封包。

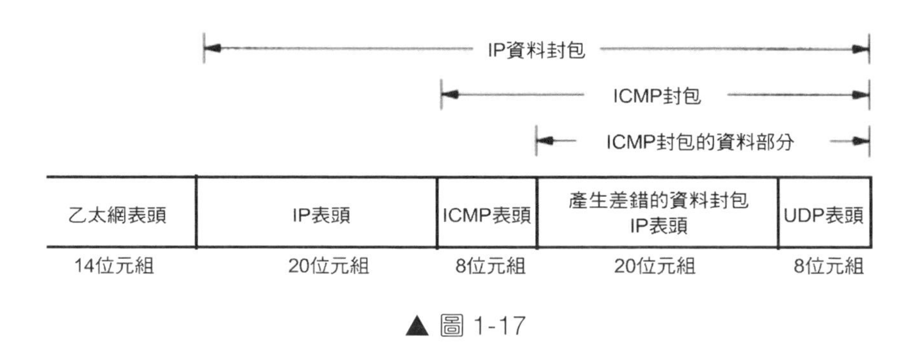

▲ 圖 1-17

從圖 1-17 中可看到，IP 資料封包的長度是 56 位元組。為了讓讀者更清晰地了解這五大類差錯報告封包格式，我們用圖形來表示每一類封包。

（1）ICMP 目的不可達封包

目的不可達也稱終點不可達，可分為網路不可達、主機不可達、協定不可達、通訊埠不可達、需要分片但 DF 位元已置為 1，以及來源站選路失敗等 16 種封包，其程式欄位分別置為 0 至 15。當出現以上 16 種情況時就向來源站發送目的不可達封包。該類封包格式如圖 1-18 所示。

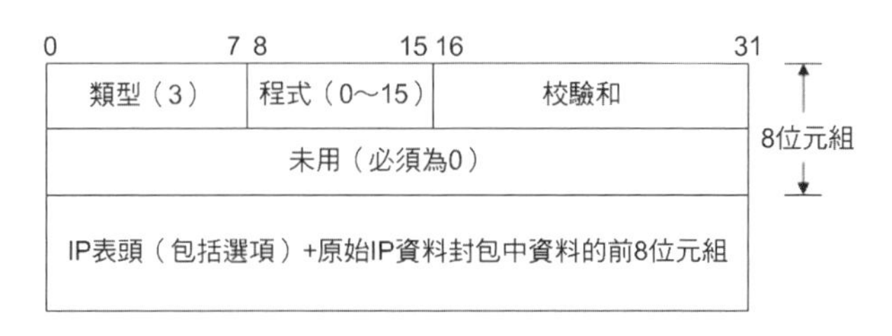

▲ 圖 1-18

（2）ICMP 來源端被關閉封包

也稱來源站抑制，當路由器或主機由於壅塞而捨棄資料封包時，就向來源站發送來源站抑制封包，使來源站知道應當將資料封包的發送速率放慢。該類封包格式如圖 1-19 所示。

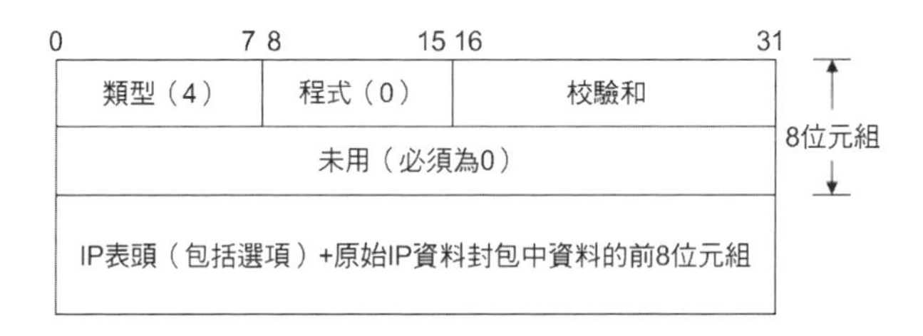

▲ 圖 1-19

（3）ICMP 重新導向封包

當 IP 資料報應該被發送到另一個路由器時，收到該資料封包的當前路由器就要發送 ICMP 重新導向差錯封包給 IP 資料封包的發送端。重新導向一般用來讓具有很少選路資訊的主機逐漸建立更完整的路由表。ICMP 重新導向封包只能有路由器產生。該類封包格式如圖 1-20 所示。

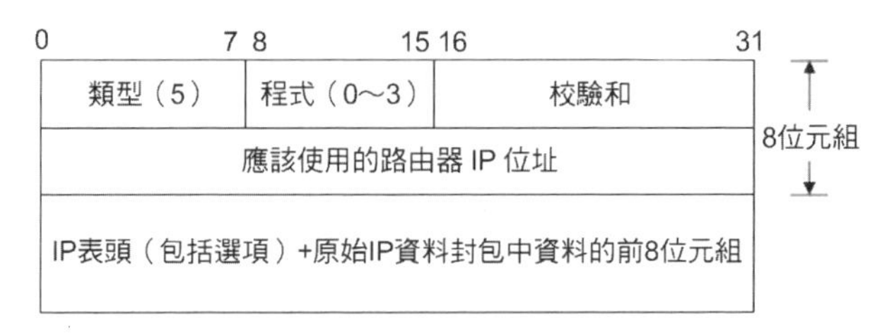

▲ 圖 1-20

（4）ICMP 逾時封包

當路由器收到存活時間為零的資料封包時，除捨棄該資料封包外，還要向來源站發送逾時封包。當目的站在預先規定的時間內不能收到一個資料封包的全部資料封包片時，就將已收到的資料封包片都捨棄，並向來源站發送時間逾時封包。該類封包格式如圖 1-21 所示。

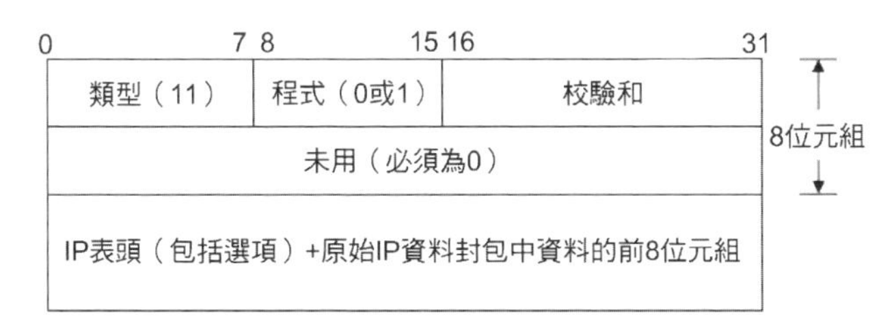

▲ 圖 1-21

（5）ICMP 參數問題

當路由器或目的主機收到的資料封包的表頭中的欄位的值不正確時，就捨棄該資料封包，並向來源站發送參數問題封包。該類封包格式如圖 1-22 所示。

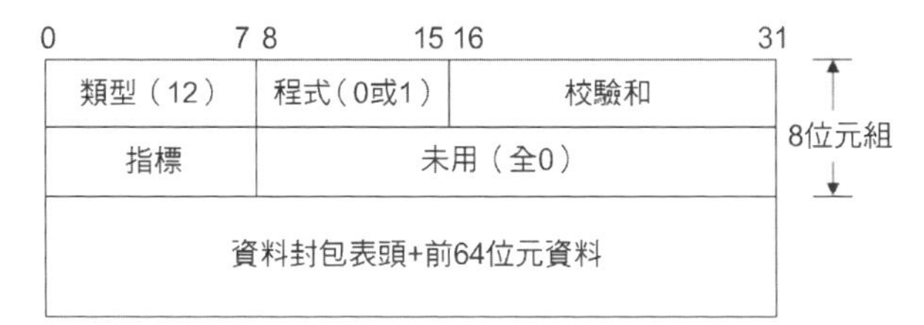

程式為0時，資料封包某個參數錯，指標域指向出錯的位元組；
程式為1時，資料封包缺少某個選項，無指標欄位。

▲ 圖 1-22

2. ICMP 查詢封包

根據功能的不同，ICMP 查詢封包可以分為 4 大類：請求回應（Echo）或應答、請求時間戳記（Timestamp）或應答、請求位址遮罩（Address Mask）或應答、請求路由器或通告。種類由類型和程式欄位決定，其類型和程式，如表 1-3 所示。

表 1-3 ICMP 查詢封包的種類

類型（Type）	代 碼	含 義
8、0	0	回應要求（Type=8）、應答（Type=0）
13、14	0	時間戳記請求（Type=13）、應答（Type=14）
17、18	0	位址遮罩請求（Type=17）、應答（Type=18）
10、9	0	路由器請求（Type=10）、通告（Type=9）

關於回應要求和應答，Echo 的中文翻譯為回聲，有的文獻用回送或回應，本書用回應。請求回應的含義就好比請求對方回覆一個應答。Linux 或 Windows 下有個 ping 命令，值得注意的是，Linux 下 ping 命令產生的 ICMP 封包大小是 64 位元組（56+8=64，56 是 ICMP 封包資料部分長度，8 是 ICMP 表頭分長度），而 Windows（如 XP）下 ping 命令產生的 ICMP 封包大小是 40 位元組（32+8=40）。該命令就是本機向一個目的主機發送一個請求回應（類型 Type=8）的 ICMP 封包，如果途中沒有異常（例如被路由器捨棄、目標不回應 ICMP 或傳輸失敗），則目標傳回一個回應應答的 ICMP 封包（類型 Type=0），表明這台主機存在。

為了讓讀者更清晰地了解這四類查詢封包格式，用圖表示每一類封包，如圖 1-23 ～圖 1-27 所示。

（1）ICMP 請求回應和應答封包格式

▲ 圖 1-23

（2）ICMP 時間戳記請求和應答封包格式

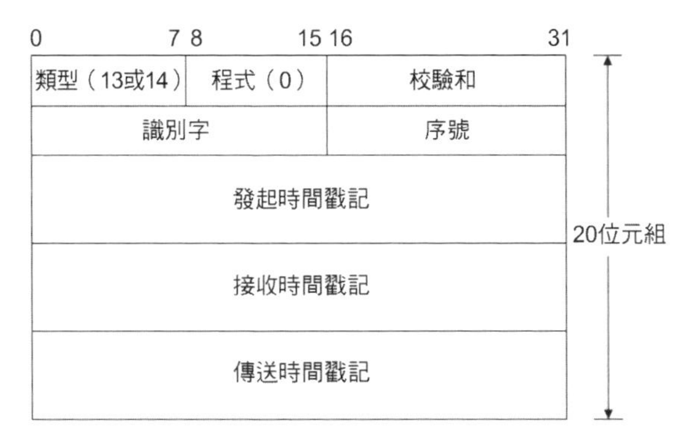

▲ 圖 1-24

（3）ICMP 位址遮罩請求和應答封包格式

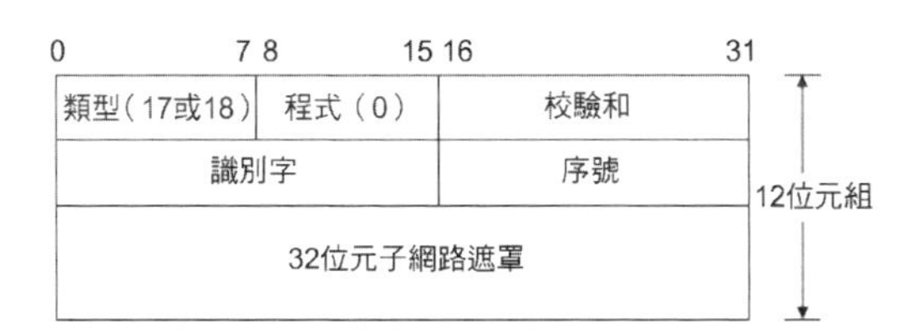

▲ 圖 1-25

（4）ICMP 路由器請求封包和通告封包格式

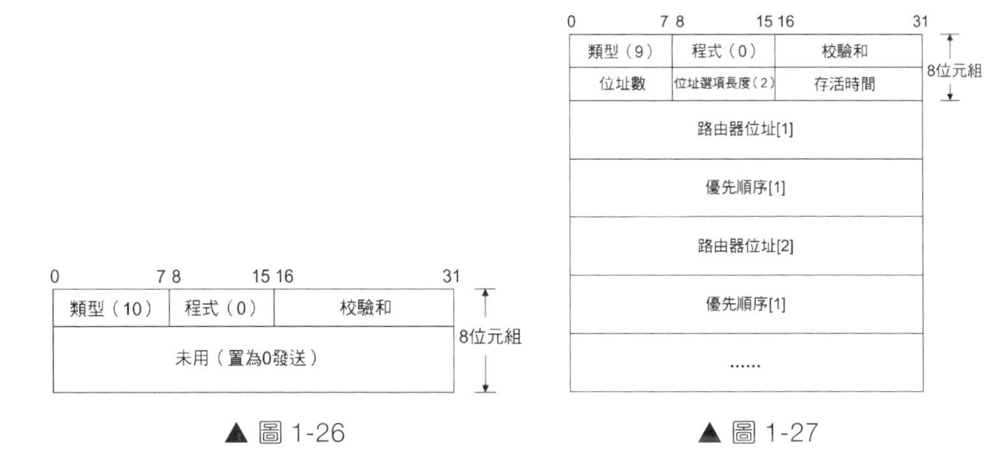

▲ 圖 1-26

▲ 圖 1-27

【例 1.1】抓取封包查看來自 Windows 的 ping 封包。

（1）啟動 VMware 下的虛擬機器 XP，設定網路連接方式為 NAT，則虛擬機器 XP 會連接到虛擬交換機 VMnet8 上。

（2）在 Windows 7 安裝並打開抓取封包軟體 Wireshark，選擇要捕捉網路資料封包的網路卡是 VMware Virtual Ethernet Adapter for VMnet8，如圖 1-28 所示。

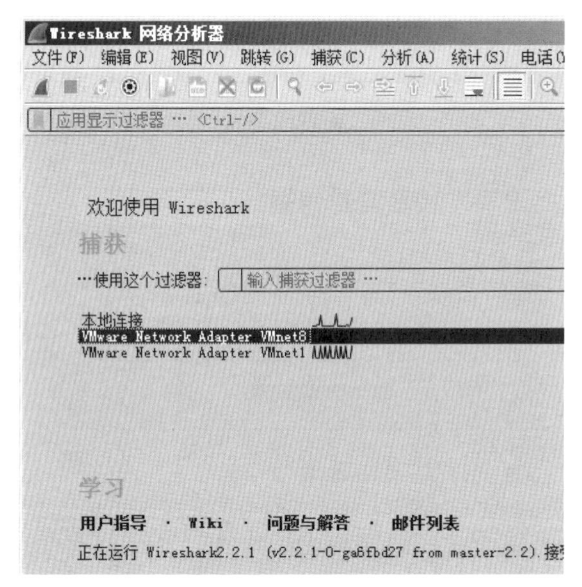

▲ 圖 1-28（編按：本圖例為簡體中文介面）

按兩下圖 1-28 中選中的網路卡，就開始在該網路卡上捕捉資料。此時在虛擬機器 XP（192.168.80.129）下 ping 宿主機（192.168.80.1)，可以在 Wireshark 下看到捕捉到的 ping 封包，如圖 1-29 所示為回應要求，可以看到 ICMP 封包的資料部分是 32 位元組，如果加上 ICMP 表頭（8 位元組），則為 40 位元組。

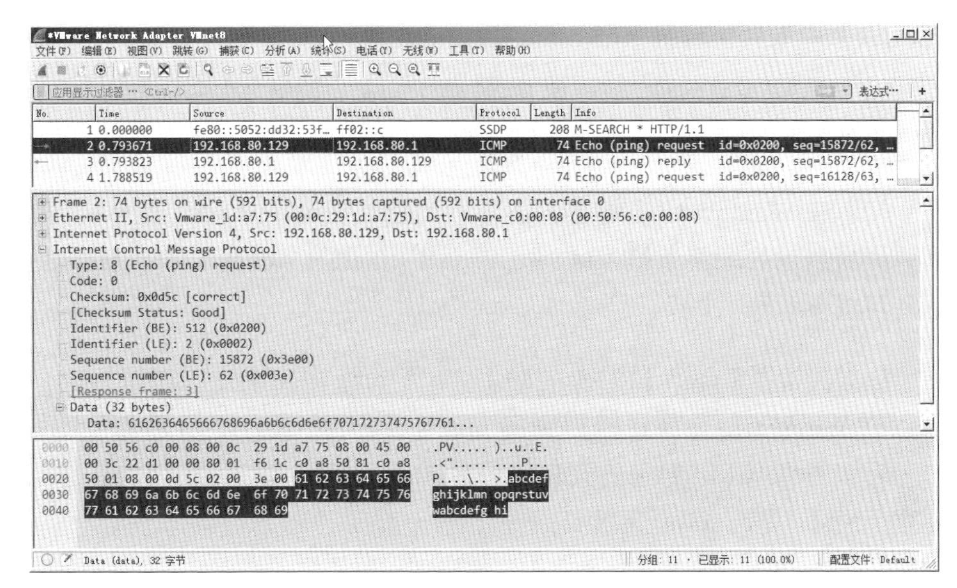

▲ 圖 1-29（編按：本圖例為簡體中文介面）

如圖 1-30 所示為回應應答，ICMP 封包的資料部分長度依然是 32 位元組。

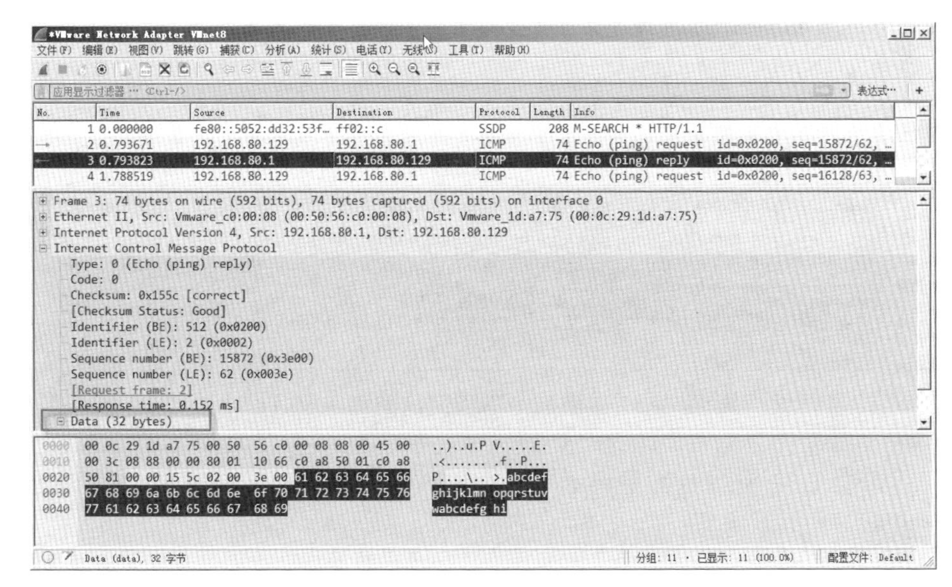

▲ 圖 1-30（編按：本圖例為簡體中文介面）

【例 1.2】 抓取封包查看來自 Linux 的 ping 封包。

（1）啟動 VMware 下的虛擬機器 Linux，設定網路連接方式為 NAT，則虛擬機器 Linux 會連接到虛擬交換機 VMnet8 上。

（2）在 Windows 7 安裝並打開抓取封包軟體 Wireshark，選擇要捕捉網路資料封包的網路卡是 VMware Virtual Ethernet Adapter for VMnet8，圖片可以參考例 1.1。

在虛擬機器 Linux（192.168.80.128）下 ping 宿主機（192.168.80.1)，可以在 Wireshark 下看到捕捉到的 ping 封包，如圖 1-31 所示為回應要求，可以看到 ICMP 封包的資料部分是 56 位元組，如果加上 ICMP 表頭（8 位元組），則為 64 位元組。

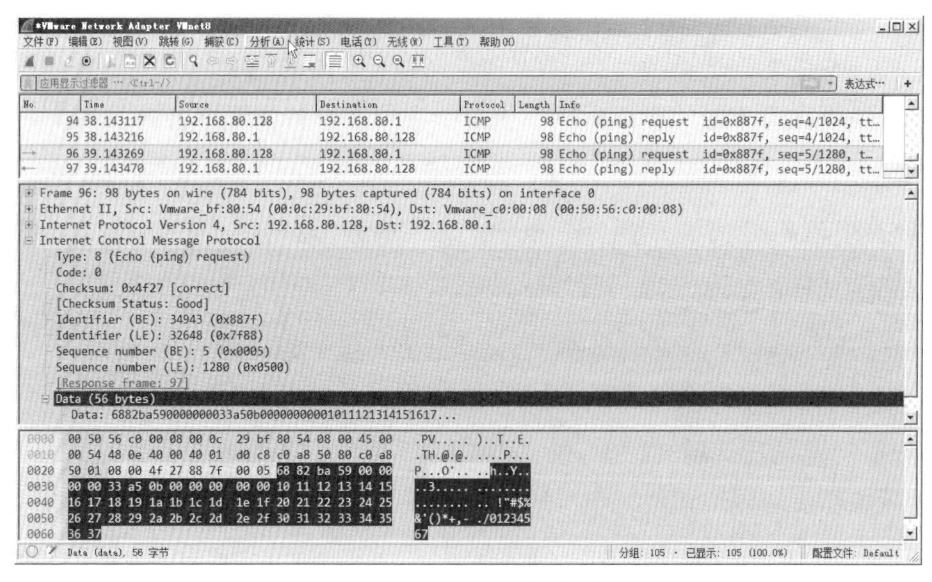

▲ 圖 1-31（編按：本圖例為簡體中文介面）

如圖 1-32 所示為回應應答，ICMP 封包的資料部分長度依然是 56 位元組。

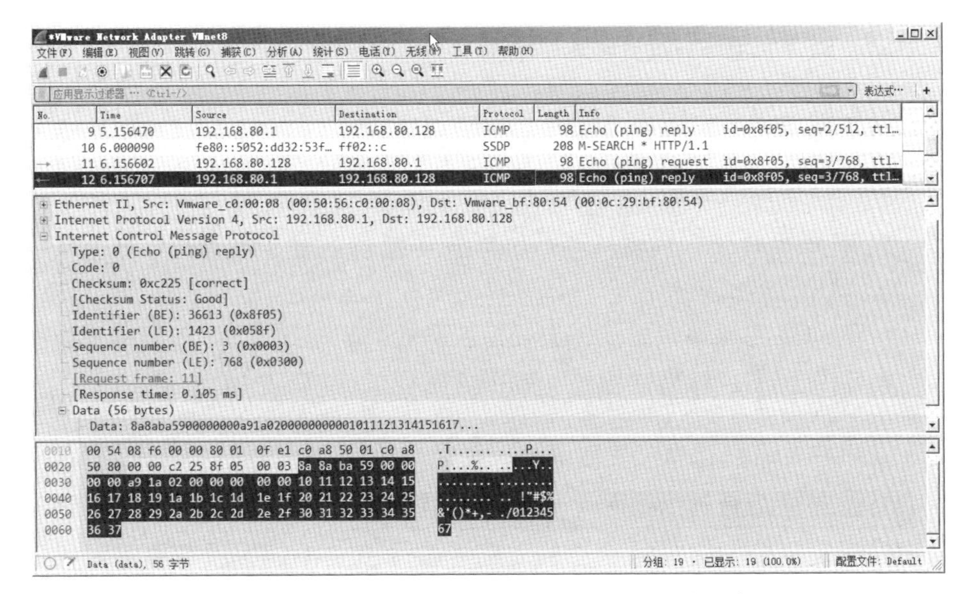

▲ 圖 1-32（編按：本圖例為簡體中文介面）

1.5 資料連結層

1.5.1 資料連結層的基本概念

資料連結層最基本的作用是將來源電腦網路層的資料可靠地傳輸到相鄰節點的目的電腦的網路層。為達到這一目的，資料連結層需要解決以下 3 個問題：

（1）如何將資料組合成資料區塊（在資料連結層中將這種資料區塊稱為訊框，訊框是資料連結層的傳送單位）。

（2）如何控制訊框在物理通道上的傳輸，包括如何處理傳輸差錯，如何調節發送速率以使之與接收方相匹配。

（3）在兩個網路實體之間提供資料連結通路的建立、維持和釋放管理。

1.5.2 資料連結層主要功能

資料連結層的主要功能如下：

（1）為網路層提供服務

- 無確定的無連接服務。適用於即時通訊或位元錯誤率較低的通訊通道，如乙太網。
- 有確定的無連接服務。位元錯誤率較高的通訊通道，如無線通訊。
- 有確認的連線導向服務。適用通訊要求比較高的場合。

（2）成訊框、訊框定界、訊框同步、透明傳輸

為了向網路層提供服務，資料連結層必須使用物理層提供的服務。而物理層是以位元流進行傳輸的，這種位元流並不能保證在資料傳輸過程中沒有錯誤，接收到的位元數量可能少於、等於或多於發送的位數量，而且它們還可能有不同的值。這時資料連結層為了能實現資料有效的差錯控制，就採用一種「訊框」的資料區塊進行傳輸。而要採用框架格式傳輸，就必須有對應的訊框同步技術，這就是資料連結層的「成訊框」（也稱為「訊框同步」）功能。

- 成訊框：兩個工作站之間傳輸資訊時，必須將網路層的分組封裝成訊框，以訊框的形式進行傳輸，將一段資料的前、後分別增加表頭和尾部，就組成了訊框。
- 訊框定界：表頭和尾部中含有很多控制資訊，它們的重要的作用是確定訊框的界限，即訊框定界。
- 訊框同步：指的是接收方應當能從接收的二進位位元流中區分出訊框的起始和終止。
- 透明傳輸：指的是不管所傳資料是什麼樣的位元組合都能在鏈路上傳輸。

（3）差錯控制

在資料通訊過程可能會因物理鏈路性能和網路通訊環境等因素，出

現一些傳送錯誤，但為了確保資料通訊的準確，必須使這些錯誤發生的機率盡可能低。這一功能也是在資料連結層實現的，即「差錯控制」功能。

（4）流量控制

在雙方的資料通訊中，如何控制資料通訊的流量同樣非常重要。它既可以確保資料通訊的有序進行，還可避免通訊過程中不會出現因為接收方來不及接收而造成的資料遺失。這就是資料連結層的「流量控制」功能。

（5）鏈路管理

資料連結層的「鏈路管理」功能包括資料連結的建立、鏈路的維持和釋放三個主要方面。當網路中的兩個節點要進行通訊時，資料的發送方必須確知接收方是否已處在準備接收的狀態。為此通訊雙方必須要先交換一些必要的資訊，以建立一筆基本的資料連結。在傳輸資料時要維持資料連結，而在通訊完畢時要釋放資料連結。

（6）MAC 定址

這是資料連結層中的 MAC 子層的主要功能。這裡所說的「定址」與「IP 位址定址」是完全不一樣的，因為此處所尋找位址是電腦網路卡的 MAC 位址，也稱「物理位址」或「硬體位址」，而非 IP 位址。在乙太網中，採用媒體存取控制（Media Access Control，MAC）進行定址，MAC 位址被燒入每個乙太網路卡中。

網路介面層中的資料通常稱為 MAC 訊框，訊框所用的位址為媒體裝置位址，即 MAC 位址，也就是通常所說的物理位址。每一片網路卡都有唯一的物理位址，它的長度固定為 6 位元組，比如 00-30-C8-01-08-39。在 Linux 作業系統的命令列下用 ifconfig -a 可以看到系統所有網路卡資訊。

MAC 訊框的訊框表頭的定義如下：

```
typedef struct _MAC_FRAME_HEADER   // 資料訊框表頭定義
{
 char  cDstMacAddress[6];  // 目的 MAC 位址
 char  cSrcMacAddress[6];  // 來源 MAC 位址
 short m_cType;            // 上一層協定類型，如 0x0800 代表上一層是 IP 協定，
                             0x0806 為 ARP
}MAC_FRAME_HEADER,*PMAC_FRAME_HEADER
```

Chapter 02

架設 Linux 開發環境

本章開始我們就要慢慢進入實戰了。實戰就像一個戰士要上戰場一樣，必須先打造好兵器，這裡就是架設好開發環境，準備好開發工具。俗話說，工欲善其事，必先利其器。這一章我們將說明 Linux 的 C/C++ 開發環境，雖然是開發 Linux 應用程式，但筆者建議大家在 Windows 下開發，然後把開發出來的程式上傳至 Linux 中執行。畢竟 Windows 用起來比 Linux 方便得多，所以開發效率也高得多。為了照顧初學者，使學習曲線盡可能平緩上升，我們將從 Linux 虛擬機器環境開始講起。

2.1 準備虛擬機器環境

2.1.1 在 VMware 下安裝 Linux

要開發 Linux 程式，前提需要一個 Linux 作業系統。通常在公司開發專案都會有一台專門的 Linux 伺服器，而讀者可以使用虛擬機器軟體比如 VMware 來安裝一個虛擬機器中的 Linux 作業系統。

VMware 是虛擬機器軟體，它通常分兩種版本：工作站版本 VMware Workstation 和伺服器用戶端設備版本 VMware vSphere。這兩類軟體都可以安裝作業系統作為虛擬機器作業系統。但個人用得較多的是工作站版本，供單人在本機使用。VMware vSphere 通常用於企業環境，供多人遠端使用。一般來說我們把自己真實 PC 上裝的作業系統叫宿主機系統，VMware 中安裝的作業系統叫虛擬機器系統。

VMware Workstation 大家可到網上去下載，它是 Windows 軟體，安裝非常簡單。筆者這裡使用的版本是 15.5，其他版本也可以。注意，VMware Workstation 16 不支援 Windows 7 了，必須 Windows 8 或以上 Windows 版本。

通常我們開發 Linux 程式，往往先在虛擬機器下安裝 Linux 作業系統，然後在這個虛擬機器的 Linux 系統中程式設計偵錯，或在宿主機系統（比如 Windows）中進行編輯，然後傳到 Linux 中進行編譯。有了虛擬機器的 Linux 系統，開發方式比較靈活。實際上，不少最前線開發工程師都是在 Windows 下閱讀編輯程式，然後放到 Linux 環境中編譯執行的。

這裡我們採用的虛擬機器軟體是 VMware Workstation 15.5（它是最後一個能安裝在 Windows 7 上的版本）。在安裝 Linux 之前我們要準備 Linux 映射檔案（ISO 檔案），可以從網上直接下載 Linux 作業系統的 ISO 檔案，也可以透過 UltraISO 等軟體從 Linux 系統光碟製作一個 ISO 檔案，製作方法是在選單上選擇「工具」|「製作光碟映射檔案」。

不過，筆者建議還是直接從網上下載一個 ISO 檔案來得簡單。筆者就從 Ubuntu 官網（https://ubuntu.com）上下載了一個 64 位元的 Ubuntu 20.04，下載下來的檔案名稱是 ubuntu-20.04.1-desktop-amd64.iso。當然其他發行版本也可以，如 Redhat、Debian、Ubuntu 或 Fedora 等，作為學習開發環境都可以，但建議用較新的版本。

ISO 檔案準備好了後，就可以透過 VMware 來安裝 Linux 了，打開 Vmware Workstation，然後根據下面幾個步驟操作即可。

Step 1 在 Vmware 的選單上選擇「檔案」｜「建立虛擬機器」，出現建立虛擬機器精靈對話方塊，如圖 2-1 所示。

▲ 圖 2-1

Step 2 點擊「下一步」按鈕，出現「安裝來源」選項群組，由於 VMware 15 預設會讓 Ubuntu 簡易安裝，而簡易安裝可能會導致很多軟體裝不全，為了避免 VMware 簡易安裝 Ubuntu，因此選擇「稍後安裝作業系統」，如圖 2-2 所示。

▲ 圖 2-2

Step 3 點擊「下一步」按鈕，在「安裝哪種作業系統」下選擇「Linux」和「Ubuntu 64 位元」，如圖 2-3 所示。

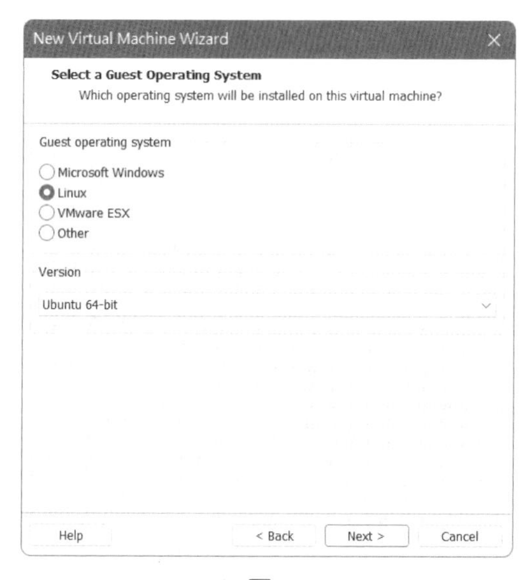

▲ 圖 2-3

Step 4 點擊「下一步」按鈕，此時出現「命名虛擬機器」對話方塊，設定虛擬機器名稱為 "Ubuntu20.04"，位置可以選一個磁碟空閒空間較多的磁碟，這裡選擇的是 "g:\vm\Ubuntu20.04"，然後點擊「下一步」按鈕，出現「指定磁碟容量」對話方塊，保持預設 20G，再多一些也可以，其他保持預設，繼續點擊「下一步」，此時出現「已準備好建立虛擬機器」對話方塊，這一步只是讓我們看一下前面設定的設定列表。直接點擊「完成」按鈕即可。此時 VMware 主介面上可以看到一個名為 "Ubuntu20.04" 的虛擬機器，如圖 2-4 所示。

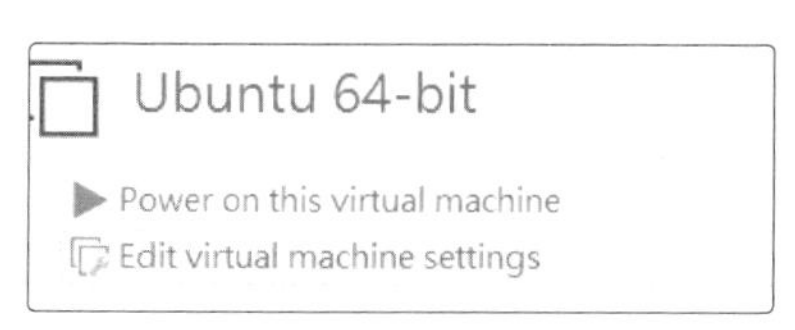

▲ 圖 2-4

Step 5 點擊「編輯虛擬機器設定」按鈕，此時出現「虛擬機器設定」對話方塊，在硬體清單中選中 "CD/DVD（IDE）"，右邊選中「使用 ISO 鏡像檔案」，並點擊「瀏覽」按鈕，選擇下載的 ubuntu-20.04.1-desktop-amd64.iso 檔案，如圖 2-5 所示。

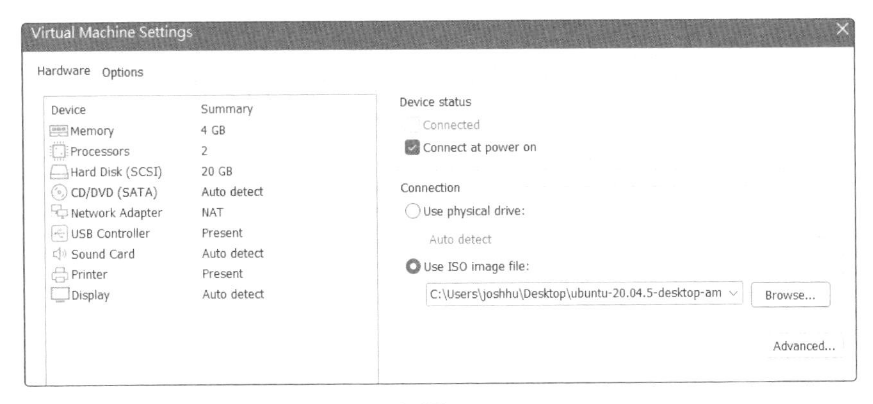

▲ 圖 2-5

Step 6 這裡虛擬機器 Ubuntu 使用的記憶體是 2GB。接著點擊下方「確定」按鈕，關閉「虛擬機器設定」對話方塊。此時回到了主介面，點擊「開啟此虛擬機器」，出現 Ubuntu20.04 的安裝介面，如圖 2-6 所示。

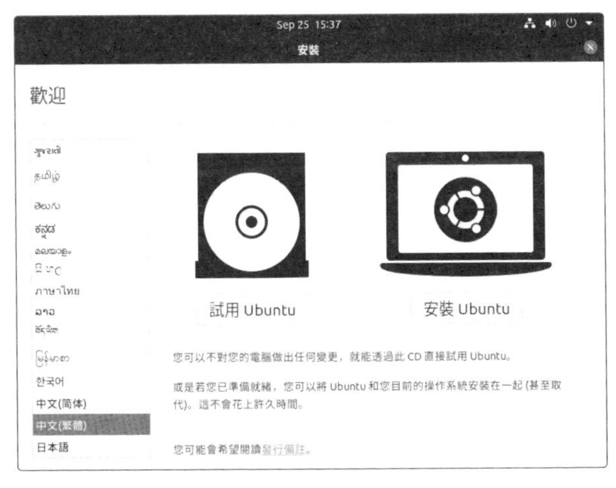

▲ 圖 2-6

Step 7 在介面左邊選擇語言為「中文（繁體）」，然後在介面右邊點擊「安裝 Ubuntu」按鈕。安裝過程很簡單，保持預設即可，這裡不再贅述。另外要注意的是，安裝時需要主機保持聯網，因為有很多軟體需要下載。

稍等片刻，虛擬機器 Ubuntu20.04 安裝完畢，下面我們需要對其進行一些設定，使其使用起來更加方便。

2.1.2 開啟 root 帳戶

我們在安裝 Ubuntu 的時候會建立一個普通使用者，該使用者許可權有限。開發者一般需要 root 帳戶，這樣操作和設定起來比較方便。Ubuntu 預設是不開啟 root 帳戶的，所以需要手動打開，步驟如下：

Step 1 設定 root 使用者密碼。

先以普通帳戶登入 Ubuntu，在桌面上按滑鼠右鍵選擇「在終端中打開」打開終端模擬器，並輸入命令：

```
sudo passwd root
```

然後輸入設定的密碼，輸入兩次，這樣就完成了設定 root 使用者密碼了。為了好記，我們把密碼設定為 123456。

Step 2 修改 50-ubuntu.conf。

執行 sudo gedit /usr/share/lightdm/lightdm.conf.d/50-ubuntu.conf 把設定改為如下所示：

```
[Seat:*]
user-session=ubuntu
greeter-show-manual-login=true
all-guest=false
```

儲存後關閉編輯器。

Step 3 修改 gdm-autologin 和 gdm-password。

執行 sudo gedit /etc/pam.d/gdm-autologin，然後註釋 auth required

pam_succeed_if.so user != root quiet_success 這一行（第三行左右），修改後如下所示：

```
#%PAM-1.0
auth    requisite        pam_nologin.so
#auth   required         pam_succeed_if.so user != root quiet_success
```

儲存後關閉編輯器。

再執行 sudo vim /etc/pam.d/gdm-password 註釋 auth required pam_succeed_if.so user != root quiet_success 這一行（第三行左右），修改後如下所示：

```
#%PAM-1.0
auth    requisite        pam_nologin.so
#auth   required         pam_succeed_if.so user != root quiet_success
```

儲存後關閉編輯器。

Step 4 修改 /root/.profile 檔案。

執行 sudo vim/root/.profile，將檔案尾端的 mesg n 2> /dev/null || true 這一行修改成：

```
tty -s&&mesg n || true
```

Step 5 修改 /etc/gdm3/custom.conf。

如果要每次自動登入到 root 帳戶，可以做這一步，否則不需要。

執行 sudo /etc/gdm3/custom.conf，修改後如下所示：

```
# Enabling automatic login
AutomaticLoginEnable = true
AutomaticLogin = root
# Enabling timed login
TimedLoginEnable = true
TimedLogin = root
TimedLoginDelay = 5
```

Step 6 重新啟動系統使其生效。

如果做了步驟（5），則重新啟動會自動登入到 root 帳戶，否則會提示輸入 root 帳戶密碼。

2.1.3 關閉防火牆

為了以後聯網方便，最好一開始就把防火牆關閉，輸入命令如下：

```
root@tom-virtual-machine:~/ 桌面 # sudo ufw disable
防火牆在系統啟動時自動禁用
root@tom-virtual-machine:~/ 桌面 # sudo ufw status
狀態：不活動
```

其中 ufw disable 表示關閉防火牆，而且系統啟動時會自動關閉。ufw status 是查詢當前防火牆是否在執行，不活動表示不在執行。如果以後要開啟防火牆，則輸入 sudo ufw enable 即可。

2.1.4 安裝網路工具套件

安裝網路工具套件，在命令列輸入以下命令：

```
apt install net-tools
```

待安裝完成，再輸入 ifconfig，可以查詢到當前 IP：

```
root@tom-virtual-machine:~/ 桌面 # ifconfig
ens33: flags=4163<UP,BROADCAST,RUNNING,MULTICAST>  mtu 1500
        inet 192.168.11.129  netmask 255.255.255.0  broadcast 192.168.11.255
        inet6 fe80::9114:9321:9e11:c73d  prefixlen 64  scopeid 0x20<link>
        ether 00:0c:29:1f:a1:18  txqueuelen 1000  （乙太網）
        RX packets 7505  bytes 10980041 (10.9 MB)
        RX errors 0  dropped 0  overruns 0  frame 0
        TX packets 1985  bytes 148476 (148.4 KB)
        TX errors 0  dropped 0 overruns 0  carrier 0  collisions 0
```

可以看到，網路卡 ens33 的 IP 位址是 192.168.11.129，這是系統自動分配（DHCP 方式）的，並且當前和宿主機採用的網路連接模式 NAT 方式，這也是剛剛安裝好系統預設的方式。只要宿主機 Windows 能上網，則虛擬機器也是可以上網的。

2.1.5 啟用 SSH

使用 Linux 一般不會在 Linux 附帶的圖形介面上操作，而是在 Windows 下透過 Windows 的終端工具（比如 SecureCRT 等）連接到 Linux，然後使用命令操作 Linux，這是因為 Linux 所處的機器通常不設定顯示器，也可能位於遠端，我們只透過網路和遠端 Linux 相連接。Windows 上的終端工具一般透過 SSH 協定和遠端 Linux 相連，該協定可以保證網路上傳輸資料的機密性。

Secure Shell（SSH）是用於用戶端和伺服器之間安全連接的網路通訊協定。伺服器與用戶端之間的每次互動均被加密。啟用 SSH 將允許讀者遠端連接到系統並執行管理任務。讀者還可以透過 scp 和 sftp 安全地傳輸檔案。啟用 SSH 後，我們可以在 Windows 上用一些終端軟體比如 SecureCRT 遠端命令操作 Linux，也可以用檔案傳輸工具比如 SecureFX 在 Windows 和 Linux 之間相互傳檔案。

Ubuntu 預設是不安裝 SSH 的，因此我們要手動安裝並啟用。

安裝並設定 SSH 的具體步驟如下：

Step 1 安裝 SSH 伺服器。

在 Ubuntu 20.04 的終端命令下輸入命令如下：

```
apt install openssh-server
```

稍等片刻，安裝完成。

Step 2 修改設定檔。

在命令列下輸入以下命令：

```
gedit /etc/ssh/sshd_config
```

此時將打開 SSH 伺服器設定檔 sshd_config，我們搜尋定位 PermitRootLogin，把下列 3 行：

```
#LoginGraceTime 2m
```

```
#PermitRootLogin prohibit-password
#StrictModes yes
```

改為：

```
LoginGraceTime 2m
PermitRootLogin yes
StrictModes yes
```

然後儲存並退出編輯器 gedit。

Step 3 重新啟動 SSH，使設定生效。

在命令列下輸入以下命令：

```
service ssh restart
```

再用命令 systemctl status ssh 查看是否在執行：

```
oot@tom-virtual-machine:~/桌面# systemctl status ssh
● ssh.service - OpenBSD Secure Shell server
     Loaded: loaded (/lib/systemd/system/ssh.service; enabled; vendor
preset: e>
     Active: active (running) since Thu 2020-12-03 21:12:39 CST; 55min ago
       Docs: man:sshd(8)
             man:sshd_config(5)
```

可以發現現在的狀態是 active (running)，説明 SSH 伺服器程式正在執行。稍後可以去 Windows 下用 Windows 終端工具連接虛擬機器 Ubuntu，下面我們來拍攝快照，儲存好前面做的工作。

2.1.6 拍攝快照

VMware 快照功能，可以把當前虛擬機器的狀態儲存下來，萬一以後虛擬機器作業系統出錯了，可以恢復到拍攝快照時候的系統狀態。選擇 VMware 主選單「虛擬機器」|「快照」|「拍攝快照」，然後出現「拍攝快照」對話方塊，如圖 2-7 所示。

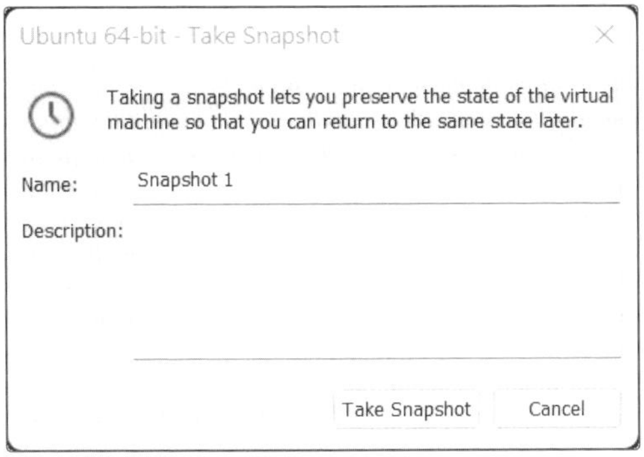

▲ 圖 2-7

我們可以增加一些描述，比如剛剛裝好之類的，然後點擊「拍攝快照」按鈕，此時正式製作快照，並在 VMware 左下角工作列上會有百分比進度顯示，在達到 100% 之前不要對 VMware 操作。待進度指示器顯示 100%，表示快照製作完畢。

2.1.7 連接虛擬機器 Linux

虛擬機器 Linux 準備好後，要在物理機器上的 Windows 作業系統（簡稱宿主機）上連接 VMware 中的虛擬機器 Linux（簡稱虛擬機器），以便傳送檔案和遠端控制編譯執行。基本上，兩個系統能相互 ping 通就算連接成功了。下面簡單介紹 VMware 的三種網路模式，以便連接失敗的時候可以嘗試修復。

VMware 虛擬機器網路模式的意思就是虛擬機器作業系統和宿主機作業系統之間的網路拓撲關係，通常有三種方式：橋接模式、主機模式、NAT（Network Adderss Translation，網路位址轉譯）模式。這三種網路模式都透過一台虛擬交換機和主機通訊。預設情況下，橋接模式下使用的虛擬交換機是 VMnet0，主機模式下使用的虛擬交換機為 VMnet1，NAT 模式下使用的虛擬交換機為 VMnet8。如果需要查看、修改或增加其他虛擬交換機，可以打開 VMware，然後選擇主選單「編輯」｜「虛擬網路編輯器」，此時會出現「虛擬網路編輯器」對話方塊，如圖 2-8 所示。

Virtual Network Editor

Name	Type	External Connection	Host Connection	DHCP	Subnet Address
VMnet0	Bridged	Realtek Gaming 2.5GbE Family...	-	-	-
VMnet1	Host-only	-	Connected	Enabled	192.168.158.0
VMnet8	NAT	NAT	Connected	Enabled	192.168.108.0

Add Network... Remove Network Rename Network...

VMnet Information

Bridged (connect VMs directly to the external network)

Bridged to: Realtek Gaming 2.5GbE Family Controller Automatic Settings...

NAT (shared host's IP address with VMs) NAT Settings...

Host-only (connect VMs internally in a private network)

Connect a host virtual adapter to this network

Host virtual adapter name: VMware Network Adapter VMnet0

Use local DHCP service to distribute IP address to VMs DHCP Settings...

Subnet IP: Subnet mask:

Restore Defaults Import... Export... OK Cancel Apply Help

▲ 圖 2-8

預設情況下，VMware 也會為宿主機作業系統（筆者這裡是 Windows 7）安裝兩片虛擬網路卡，分別是 "VMware Virtual Ethernet Adapter for VMnet1" 和 "VMware Virtual Ethernet Adapter for VMnet8"，前者用來連接虛擬交換機 VMnet1，後者用來連接 VMnet8。我們可以在宿主機 Windows 7 系統的「控制台 \ 網路和 Internet\ 網路連接」下看到這兩片網卡。如圖 2-9 所示。

▲ 圖 2-9

虛擬交換機 VMnet0 在宿主機系統裡沒有虛擬網路卡去連接，因為 VMnet0 這個虛擬交換機所建立的網路模式是橋接網路（橋接模式中的虛擬機器作業系統相當於是宿主機所在的網路中一台獨立主機），所以主機直接用物理網路卡去連接 VMnet0。

值得注意的是，這三種虛擬交換機都是預設就有的，我們也可以增加更多的虛擬交換機（在圖 2-8 中的「增加網路」按鈕便是起這樣的功能），如果增加的虛擬交換機的網路模式是主機模式或 NAT 模式，那 VMware 也會自動為主機系統增加對應的虛擬網路卡。本書在開發程式的時候一般是橋接模式連接的，如果要在虛擬機器中上網，則可以使用 NAT 模式。接下來我們具體闡述如何在這兩種模式下相互 ping 通，主機模式不常用，一般了解即可。

1. 橋接模式

橋接（或稱橋接器）模式是指宿主機作業系統的物理網路卡和虛擬機器作業系統的網路卡透過 VMnet0 虛擬交換機進行橋接，物理網路卡和虛擬網路卡在拓撲圖上處於同等地位。橋接器模式使用 VMnet0 這個虛擬交換機。橋接模式下的網路拓撲如圖 2-10 所示。

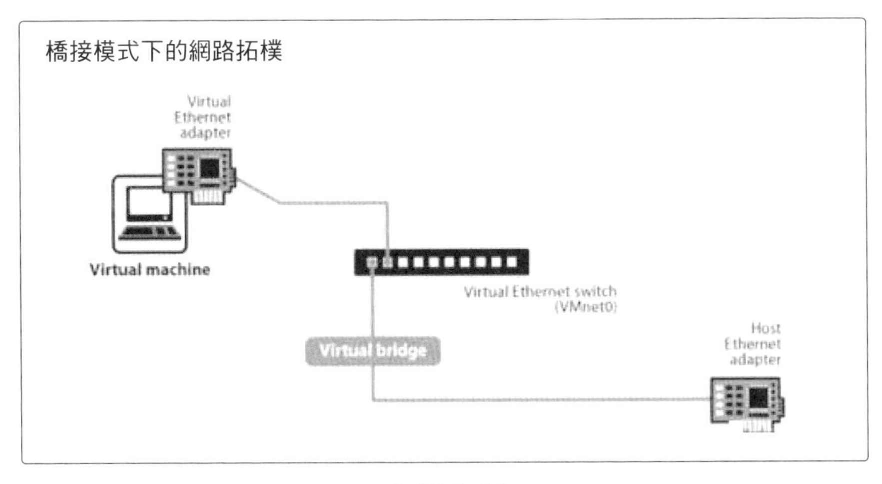

▲ 圖 2-10

設定橋接模式，使得宿主機和虛擬機器相互 ping 通。過程如下：

（1）打開 VMware，點擊 Ubuntu20.04 的「編輯虛擬機器設定」按鈕，如圖 2-11 所示。

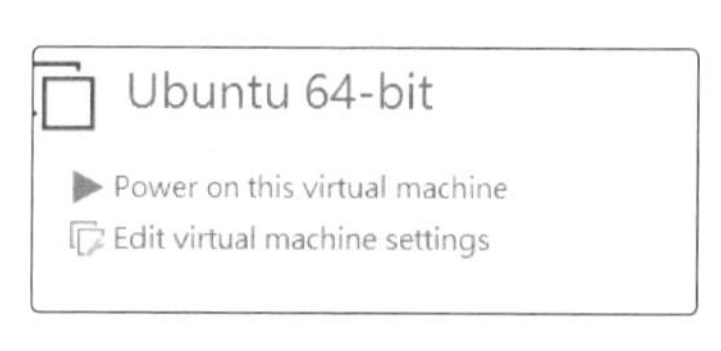

▲ 圖 2-11

要注意此時虛擬機器 Ubuntu20.04 必須處於關機狀態，即「編輯虛擬機器設定」上面的文字是「開啟此虛擬機器」，說明虛擬機器是關機狀態。一般來說，對虛擬機器進行設定最好是在虛擬機器的關機狀態，比如更改記憶體大小等。不過，如果只是設定網路卡資訊，也可以在開啟虛擬機器後再進行設定。

（2）點擊「編輯虛擬機器設定」按鈕後，彈出「虛擬機器設定」對話方塊，在該對話方塊中，我們在左邊選中「網路介面卡」，在右邊選中「橋接模式」選項按鈕，並對「複製物理網路連接狀態」單選方塊打勾，如圖 2-12 所示。

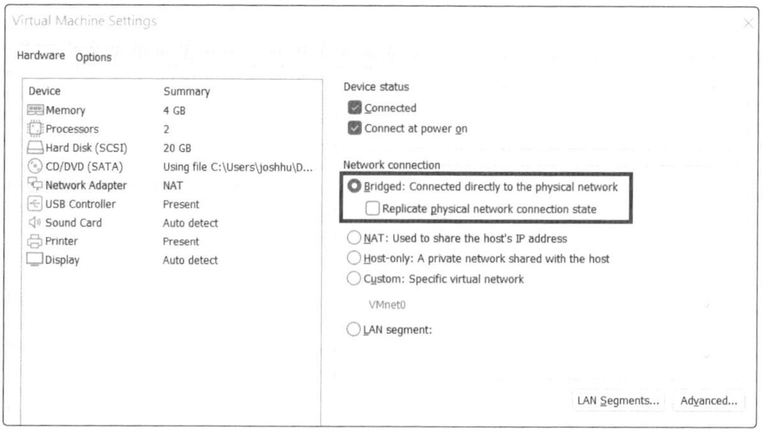

▲ 圖 2-12

然後點擊「確定」按鈕，開啟此虛擬機器，以 root 身份登入 Ubuntu。

（3）設定了橋接模式後，VMware 的虛擬機器作業系統就像是區域網中的一台獨立的主機，相當於物理區域網中的一台主機。它可以存取網內任何一台機器。在橋接模式下，VMware 的虛擬機器作業系統的 IP 位址、子網路遮罩可以手動設定，而且還要和宿主機器處於同一網段，這樣虛擬系統才能和宿主機器進行通訊，如果要連接網際網路，還需要設定 DNS 位址。當然，更方便的方法是從 DHCP 伺服器處獲得 IP、DNS 位址（家庭路由器通常包含 DHCP 伺服器，所以可以從它那裡自動獲取 IP 和 DNS 等資訊）。

在桌面上按滑鼠右鍵，然後在快顯功能表中選擇「在終端中打開」來打開終端視窗，然後在終端視窗（下面簡稱終端）中輸入查看網路卡資訊的命令 ifconfig，如圖 2-13 所示。

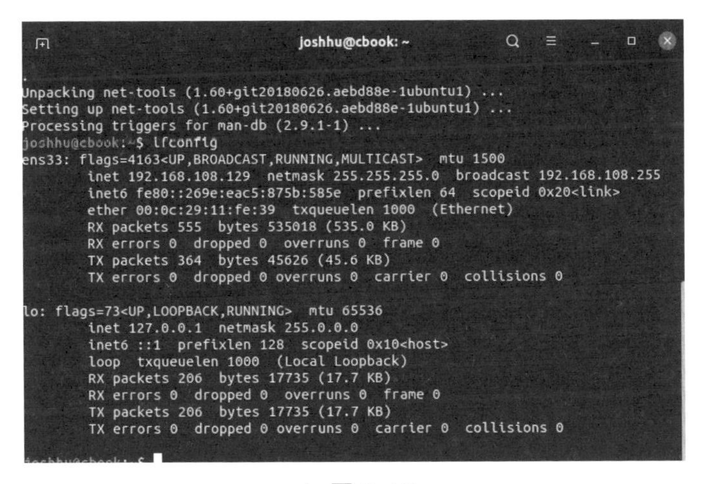

▲ 圖 2-13

其中 ens33 是當前虛擬機器 Linux 中的一片網路卡名稱，我們可以看到它已經有一個 IP 位址 192.168.108.129（注意：由於是從路由器上動態分配而得到的 IP 位址，讀者系統的 IP 位址不一定是這個，完全根據讀者的路由器而定），這個 IP 位址是由筆者宿主機 Windows 7 的一片上網網路卡所連接的路由器動態分配而來，説明路由器分配的網段是 192.168.108，這個網段是在路由器中設定好的。我們可到宿主機 Windows 7 下看看當前上網網路卡的 IP 位址，打開 Windows 命令列視窗，輸入 ipconfig 命令，如圖 2-14 所示。

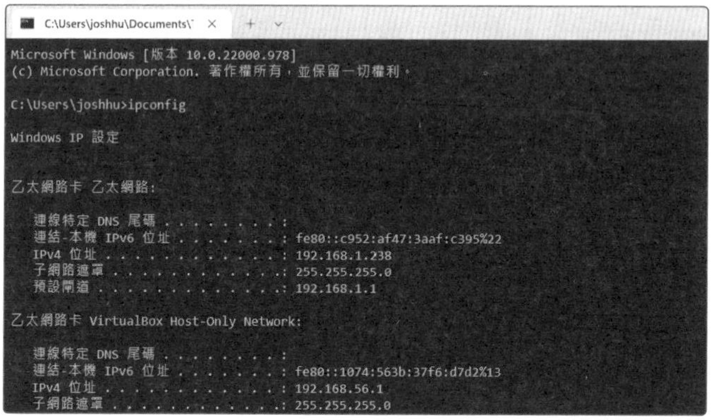
C:\Users\joshhu\Documents\
Microsoft Windows [版本 10.0.22000.978]
(c) Microsoft Corporation. 著作權所有，並保留一切權利。
C:\Users\joshhu>ipconfig
Windows IP 設定
乙太網路卡 乙太網路:
連線特定 DNS 尾碼 . . . . :
連結-本機 IPv6 位址 . . . . : fe80::c952:af47:3aaf:c395%22
IPv4 位址 . . . . : 192.168.1.238
子網路遮罩 . . . . : 255.255.255.0
預設閘道 . . . . : 192.168.1.1
乙太網路卡 VirtualBox Host-Only Network:
連線特定 DNS 尾碼 . . . . :
連結-本機 IPv6 位址 . . . . : fe80::1074:563b:37f6:d7d2%13
IPv4 位址 . . . . : 192.168.56.1
子網路遮罩 . . . . : 255.255.255.0

▲ 圖 2-14

可以看到，這個上網網路卡的 IP 位址是 192.168.1.238，這個 IP 也是路由器分配的，而且和虛擬機器 Linux 中的網路卡是處於同一網段。為了證明 IP 位址是動態分配的，我們可以打開 Windows 7 下該網路卡的屬性視窗，如圖 2-15 所示。

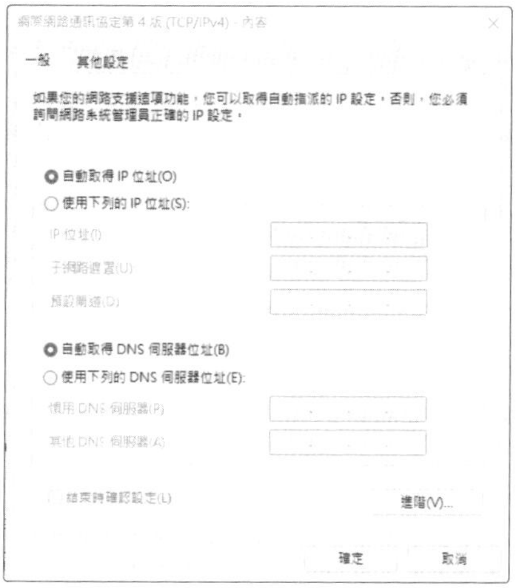
一般
其他設定
如果您的網路支援這項功能，您可以取得自動指派的 IP 設定。否則，您必須詢問網路系統管理員正確的 IP 設定。
自動取得 IP 位址(O)
使用下列的 IP 位址(S):
自動取得 DNS 伺服器位址(B)
使用下列的 DNS 伺服器位址(E):
進階(V)...
確定
取消

▲ 圖 2-15

那如何證明虛擬機器 Linux 網路卡的 IP 是動態分配的呢？我們可到 Ubuntu 下去看看它的網路卡設定檔，點擊 Ubuntu 桌面左下角出的 9 個小白點的圖示，彈出一個「設定」圖示，點擊「設定」圖示，出現「設定」對話方塊，在對話方塊左上方選擇「網路」，右邊點擊「有線」旁邊的「設定」圖示，如圖 2-16 所示。

Settings
Network
Network
Bluetooth
Background
Appearance
Notifications
Search
Wired
Connected - 1000 Mb/s
VPN
Not set up

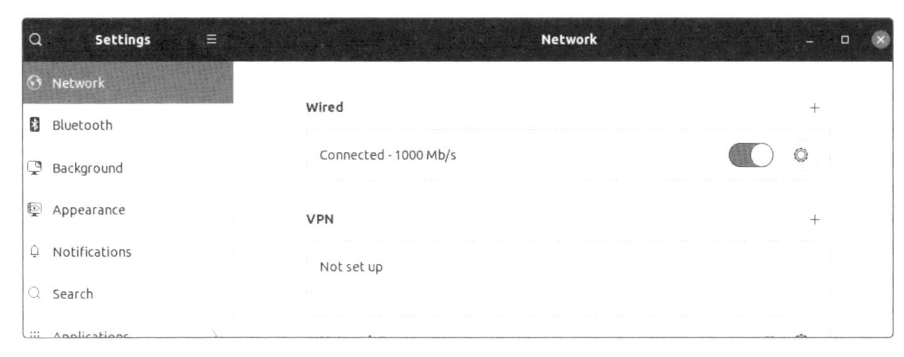

▲ 圖 2-16

此時出現「有線」對話方塊，選擇 IPv4，可以看到當前 IPv4 方式是「自動（DHCP）」，如圖 2-17 所示。

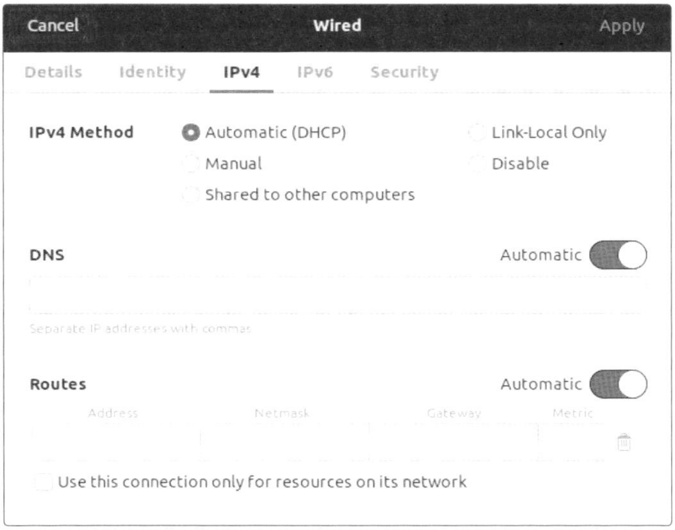

Cancel
Wired
Apply
Details
Identity
IPv4
IPv6
Security
IPv4 Method
Automatic (DHCP)
Link-Local Only
Manual
Disable
Shared to other computers
DNS
Automatic
Routes
Automatic
Use this connection only for resources on its network

▲ 圖 2-17

如果要設定靜態 IP，可以選擇「手動」，並設定 IP。虛擬機器 Linux 和宿主機 Windows 7 都透過 DHCP 方式從路由器那裡獲得了 IP 位址，我們可以讓它們相互 ping 一下。先從虛擬機器 Linux 中 ping 宿主機 Windows 7，可以發現能 ping 通（注意 Windows 7 的防火牆要先關閉），如圖 2-18 所示。

```
root@tom-virtual-machine:/etc/netplan# ping 192.168.0.162
PING 192.168.0.162 (192.168.0.162) 56(84) bytes of data.
64 bytes from 192.168.0.162: icmp_seq=1 ttl=64 time=0.174 ms
64 bytes from 192.168.0.162: icmp_seq=2 ttl=64 time=0.122 ms
64 bytes from 192.168.0.162: icmp_seq=3 ttl=64 time=0.144 ms
```

▲ 圖 2-18

再從宿主機 Windows 7 中 ping 虛擬機器 Linux，也可以 ping 通（注意 Ubuntu 的防火牆要先關閉），如圖 2-19 所示。

```
C:\Users\joshhu\Documents\
Microsoft Windows [版本 10.0.22000.978]
(c) Microsoft Corporation. 著作權所有，並保留一切權利。

C:\Users\joshhu>ping 192.168.108.129

Ping 192.168.108.129 (使用 32 位元組的資料):
回覆自 192.168.108.129: 位元組=32 時間<1ms TTL=64
回覆自 192.168.108.129: 位元組=32 時間<1ms TTL=64
回覆自 192.168.108.129: 位元組=32 時間<1ms TTL=64
回覆自 192.168.108.129: 位元組=32 時間<1ms TTL=64

192.168.108.129 的 Ping 統計資料:
    封包: 已傳送 = 4，已收到 = 4, 已遺失 = 0 (0% 遺失)，
大約的來回時間 (毫秒):
    最小值 = 0ms，最大值 = 0ms，平均 = 0ms

C:\Users\joshhu>
```

▲ 圖 2-19

至此，橋接模式的 DHCP 方式下，宿主機和虛擬機器能相互 ping 通了，而且現在在虛擬機器 Ubuntu 下是可以上網的（前提是宿主機也能上網），比如我們用火狐瀏覽器打開網頁，如圖 2-20 所示。

下面，我們再來看一下靜態方式下的相互 ping 通，靜態方式的網路環境比較單純，並且是手動設定 IP 位址，這樣可以和讀者的 IP 位址保持

完全一致，讀者學習起來比較方便。所以，本書很多網路場景都會用到橋接模式的靜態方式。

▲ 圖 2-20

首先設定宿主機 Windows 7 的 IP 位址為 120.4.2.200，再設定虛擬機器 Ubuntu 的 IP 位址為 120.4.2.8，如圖 2-21 所示。

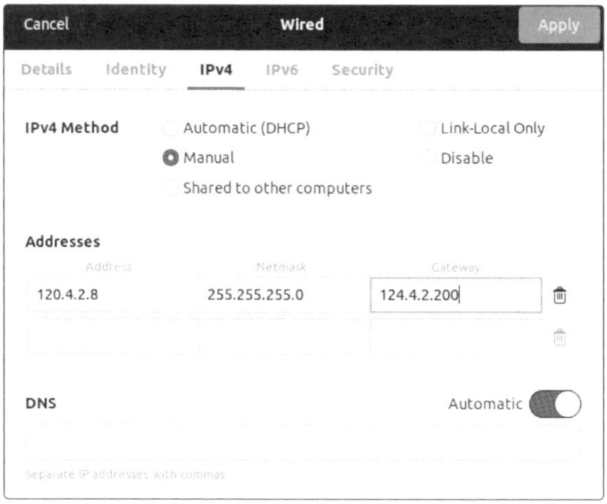

▲ 圖 2-21

點擊右上角「應用」按鈕後重新啟動即生效，然後就能相互 ping 通了，如圖 2-22 所示。

```
PING 120.4.2.200 (120.4.2.200) 56(84) bytes of data.
64 bytes from 120.4.2.200: icmp_seq=1 ttl=64 time=0.134 ms
64 bytes from 120.4.2.200: icmp_seq=2 ttl=64 time=0.129 ms
64 bytes from 120.4.2.200: icmp_seq=3 ttl=64 time=0.134 ms
64 bytes from 120.4.2.200: icmp_seq=4 ttl=64 time=0.131 ms
```

▲ 圖 2-22

至此，橋接模式下的靜態方式相通 ping 成功。如果想要重新恢復 DHCP 動態方式，則只需在圖 2-21 中選擇 IPv4 方式為「自動（DHCP）」，並點擊右上角「應用」按鈕，然後在終端視窗用命令重新啟動網路服務即可，命令如下：

```
root@tom-virtual-machine:~/ 桌面 # nmcli networking off
root@tom-virtual-machine:~/ 桌面 # nmcli networking on
```

然後再查看 IP 位址，可以發現 IP 位址變了，如圖 2-23 所示。

```
root@tom-virtual-machine:~/桌面# ifconfig
ens33: flags=4163<UP,BROADCAST,RUNNING,MULTICAST>  mtu 1500
        inet 192.168.0.118  netmask 255.255.255.0  broadcast 192.168.0.255
        inet6 fe80::9114:9321:9e11:c73d  prefixlen 64  scopeid 0x20<link>
        ether 00:0c:29:1f:a1:18  txqueuelen 1000  (以太网)
```

▲ 圖 2-23（編按：本圖例為簡體中文介面）

橋接模式的動態方式，不影響主機上網，故在虛擬機器 Linux 中也可以上網。

2. 主機模式

VMware 的 Host-Only（僅主機模式）就是主機模式。預設情況下物理主機和虛擬機器都連在虛擬交換機 VMnet1 上，VMware 為主機建立的虛擬網路卡是 VMware Virtual Ethernet Adapter for VMnet1，主機透過該虛擬網路卡和 VMnet1 相連。主機模式將虛擬機器與外網隔開，使得虛擬機器成為一個獨立的系統，只與主機相互通訊。當然主機模式下也可以讓虛擬機器連接網際網路，方法是可以將主機網路卡共用給 VMware Network Adapter for VMnet1 網路卡，從而達到虛擬機器聯網的目的。但一般主機模式都是為了和物理主機的網路隔開，僅讓虛擬機器和主機通訊。因為用得不多，這裡不再展開。

3. NAT 模式

如果虛擬機器 Linux 要上網，則 NAT 模式最方便。NAT 模式也是 VMware 建立虛擬機器的預設網路連接模式。使用 NAT 模式網路連接時，VMware 會在宿主機上建立單獨的私人網路，用以在主機和虛擬機器之間相互通訊。虛擬機器向外部網路發送的請求資料將被「包裹」，都會交由 NAT 網路介面卡加上「特殊標記」並以主機的名義轉發出去。外部網路傳回的回應資料將被拆「包裹」，也是先由主機接收，然後交由 NAT 網路介面卡根據「特殊標記」進行辨識並轉發給對應的虛擬機器，因此，虛擬機器在外部網路中不必具有自己的 IP 位址。從外部網路來看，虛擬機器和主機共用一個 IP 位址，預設情況下，外部網路終端也無法存取到虛擬機器。

此外，在一台宿主機上只允許有一個 NAT 模式的虛擬網路。因此，同一台宿主機上的多個採用 NAT 模式網路連接的虛擬機器也是可以相互存取的。

設定虛擬機器 NAT 模式過程如下：

（1）編輯虛擬機器設定，使得網路卡的網路連接模式為 NAT 模式，如圖 2-24 所示，然後點擊「確定」按鈕。

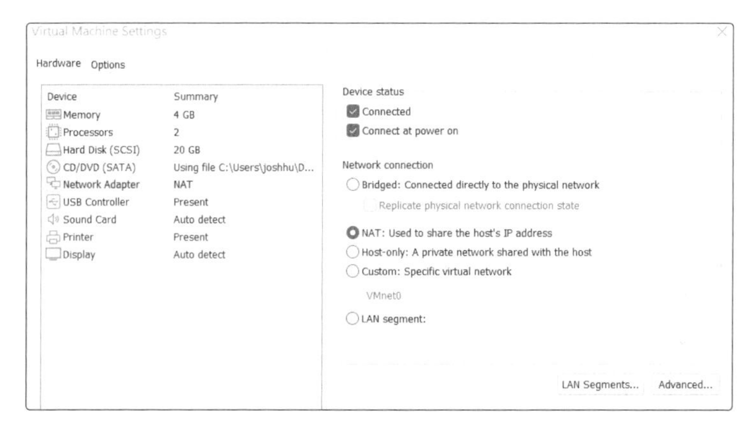

▲ 圖 2-24

（2）編輯網路卡設定檔，設定以 DHCP 方式獲取 IP 位址，即修改 ifcfg-ens33 檔案中的欄位 BOOTPROTO 為 dhcp 即可。命令如下：

```
[root@localhost ~]# cd /etc/sysconfig/network-scripts/
[root@localhost network-scripts]# ls
ifcfg-ens33
[root@localhost network-scripts]# gedit ifcfg-ens33
[root@localhost network-scripts]# vi ifcfg-ens33
```

編輯網路卡設定檔 ifcfg-ens33 內容如下：

```
TYPE=Ethernet
PROXY_METHOD=none
BROWSER_ONLY=no
BOOTPROTO=dhcp
DEFROUTE=yes
IPV4_FAILURE_FATAL=no
IPV6INIT=yes
IPV6_AUTOCONF=yes
IPV6_DEFROUTE=yes
IPV6_FAILURE_FATAL=no
IPV6_ADDR_GEN_MODE=stable-privacy
NAME=ens33
UUID=e816b1b3-1bb9-459b-a641-09d0285377f6
DEVICE=ens33
ONBOOT=yes
```

儲存並退出。接著再重新啟動網路服務，以生效剛才的設定：

```
[root@localhost network-scripts]# nmcli c reload
[root@localhost network-scripts]# nmcli c up ens33
```

連接已成功啟動（D-Bus，活動路徑：/org/freedesktop/NetworkManager/ActiveConnection/4）。

此時查看網路卡 ens 的 IP 位址，發現已經是新的 IP 位址了，如圖 2-25 所示。

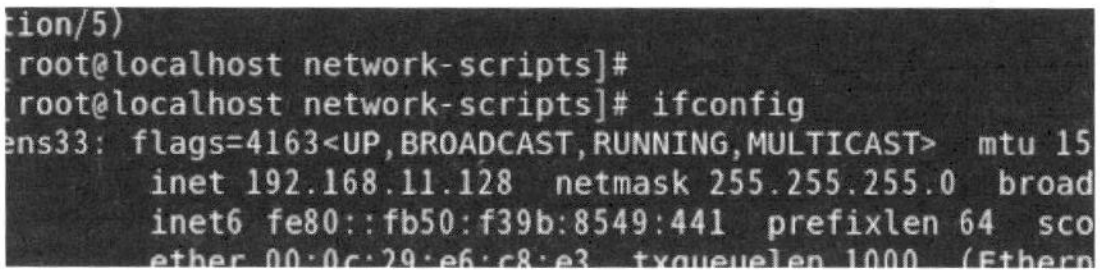

```
tion/5)
[root@localhost network-scripts]#
[root@localhost network-scripts]# ifconfig
ens33: flags=4163<UP,BROADCAST,RUNNING,MULTICAST>  mtu 15
        inet 192.168.11.128  netmask 255.255.255.0  broad
        inet6 fe80::fb50:f39b:8549:441  prefixlen 64  sco
```

▲ 圖 2-25

可以看到網路卡 ens33 的 IP 位址變為 192.168.11.128 了，值得注意的是，由於是 dhcp 動態分配 IP 位址，也有可能不是這個 IP 位址。是 192.168.108 的網段是因為 VMware 為 VMnet8 預設分配的網段就是 192.168.108 網段，我們可以點擊選單「編輯」|「虛擬網路編輯器」看到，如圖 2-26 所示。

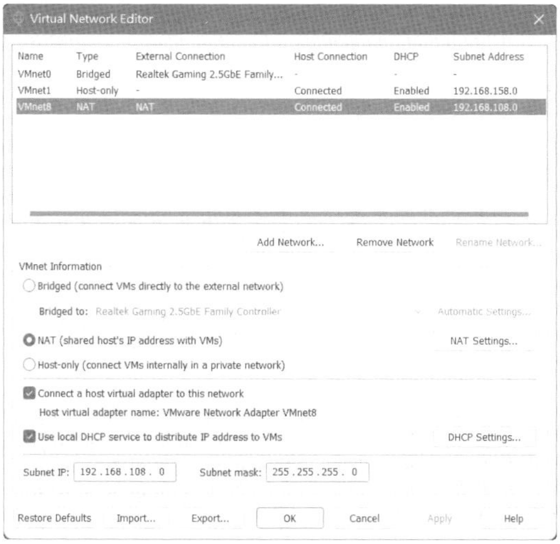

▲ 圖 2-26

當然我們也可以改成其他網段，只要對圖 2-26 中的 192.168.11.0 重新編輯即可。這裡就先不改了，保持預設。已經知道虛擬機器 Linux 中的 IP 位址了，那宿主機 Windows 7 的 IP 位址是多少呢？只要查看「控制台\網路和 Internet\網路連接」下的 "VMware Network Adapter VMnet8" 這片虛擬網路卡的 IP 位址即可，其 IP 位址也是自動分配的，如圖 2-27 所示。

```
乙太網路卡 VMware Network Adapter VMnet8:

   連線特定 DNS 尾碼 . . . . . . . . :
   連結-本機 IPv6 位址 . . . . . . . : fe80::f92d:4353:b7d8:176b%3
   IPv4 位址 . . . . . . . . . . . . : 192.168.108.1
   子網路遮罩 . . . . . . . . . . . .: 255.255.255.0
   預設閘道 . . . . . . . . . . . . .:
```

▲ 圖 2-27

192.168.108 也是 VMware 自動分配的。此時，就可以和宿主機相互 ping 通（如果 ping Windows 沒有通，可能是因為 Windows 中的防火牆開著，可以把它關閉），如圖 2-28 所示。

```
Microsoft Windows [版本 10.0.22000.978]
(c) Microsoft Corporation. 著作權所有，並保留一切權利。

C:\Users\joshhu>ping 192.168.108.129

Ping 192.168.108.129 (使用 32 位元組的資料):
回覆自 192.168.108.129: 位元組=32 時間<1ms TTL=64
回覆自 192.168.108.129: 位元組=32 時間<1ms TTL=64
回覆自 192.168.108.129: 位元組=32 時間<1ms TTL=64
回覆自 192.168.108.129: 位元組=32 時間<1ms TTL=64

192.168.108.129 的 Ping 統計資料:
    封包: 已傳送 = 4，已收到 = 4, 已遺失 = 0 (0% 遺失)，
大約的來回時間 (毫秒):
    最小值 = 0ms，最大值 = 0ms，平均 = 0ms

C:\Users\joshhu>
```

▲ 圖 2-28

在虛擬機器 Linux 下也可以 ping 通 Windows 7，如圖 2-29 所示。

```
[root@localhost network-scripts]# ping 192.168.11.1
PING 192.168.11.1 (192.168.11.1) 56(84) bytes of data.
64 bytes from 192.168.11.1: icmp_seq=1 ttl=64 time=2.66 ms
64 bytes from 192.168.11.1: icmp_seq=2 ttl=64 time=0.238 ms
64 bytes from 192.168.11.1: icmp_seq=3 ttl=64 time=0.239 ms
64 bytes from 192.168.11.1: icmp_seq=4 ttl=64 time=0.881 ms
```

▲ 圖 2-29

最後，在確保宿主機 Windows 7 能上網的情況下，虛擬機器 Linux 也可以上網瀏覽網頁了，如圖 2-30 所示。

▲ 圖 2-30

在虛擬機器 Linux 下上網是非常重要的，因為以後安裝軟體時，很多需要線上安裝。

4. 透過終端工具連接 Linux 虛擬機器

安裝完畢虛擬機器的 Linux 作業系統後，我們就要開始使用它了。通常都是在 Windows 下透過終端工具（比如 SecureCRT 或 SmarTTY）來操作 Linux。這裡我們使用 SecureCRT（下面簡稱 CRT）這個終端工具來連接 Linux，然後在 CRT 視窗下以命令列的方式使用 Linux。該工具既可以透過安全加密的網路連接方式（SSH）來連接 Linux，也可以透過序列埠的方式來連接 Linux，前者需要知道 Linux 的 IP 位址，後者需要知道序列埠號。除此以外，還能透過 Telnet 等方式，大家可以在實踐中慢慢體會。

雖然 CRT 的操作介面是命令列方式，但它比 Linux 附帶的字元介面還是更方便，比如 CRT 可以打開多個終端視窗，可以使用滑鼠等。SecureCRT 軟體是 Windows 下的軟體，可以在網上免費下載。建議使用比較新的版本，筆者使用的版本是 64 位元的 SecureCRT8.5 和 SecureFX8.5，其中 SecureCRT 表示終端工具本身，SecureFX 表示配套的用於相互傳輸檔案的工具。我們透過一個例子來說明如何連接虛擬機器 Linux，網路模式採用橋接模式，假設虛擬機器 Linux 的 IP 位址為 192.168.11.129。其他模式也類似，只是要連接的虛擬機器 Linux 的 IP 位址不同而已。使用 SecureCRT 連接虛擬機器 Linux 的步驟如下：

Step 1 打開 SecureCRT8.5 或以上版本，在左側 Session Manager 工具列上選擇第三個按鈕，這個按鈕表示 New Session，即建立一個新的連接，如圖 2-31 所示。

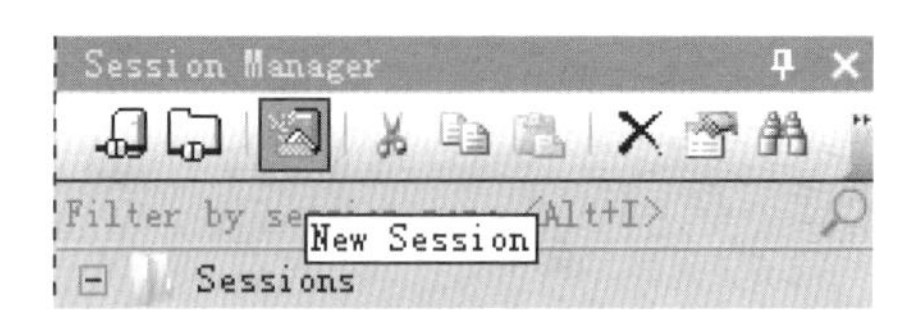

▲ 圖 2-31

此時出現 "New Session Wizard" 對話方塊，如圖 2-32 所示。

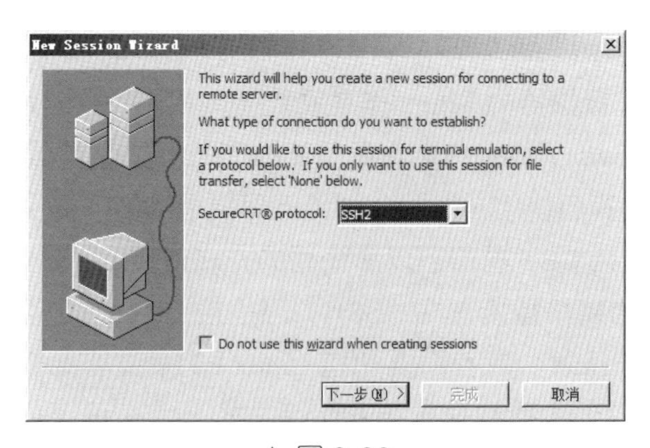

▲ 圖 2-32

在該對話方塊上，選中 SecureCRT protocol：SSH2，然後點擊「下一步」按鈕，出現精靈的第二個對話方塊。

Step 2 在該對話方塊出現的精靈對話方塊上輸入 Hostname 為 192.168.11.129，Username 為 root。這個 IP 位址就是我們前面安裝的虛擬機器 Linux 的 IP 位址，root 是 Linux 的超級使用者帳戶。輸入完畢後如圖 2-33 所示。再點擊「下一步」按鈕，出現精靈的第三個對話方塊。

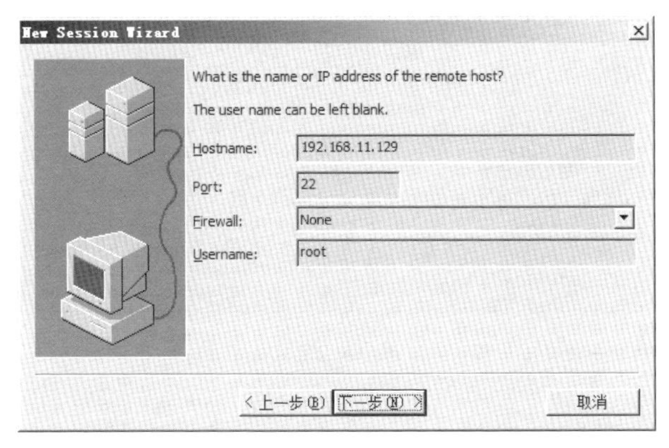

▲ 圖 2-33

Step 3 在該對話方塊上保持預設即可，即保持 SecureFX 協定為 SFTP，這個 SecureFX 是宿主機和虛擬機器之間傳輸檔案的軟體，採用的協定可以是 SFTP（安全的 FTP 傳輸協定）、FTP、SCP 等，如圖 2-34 所示。

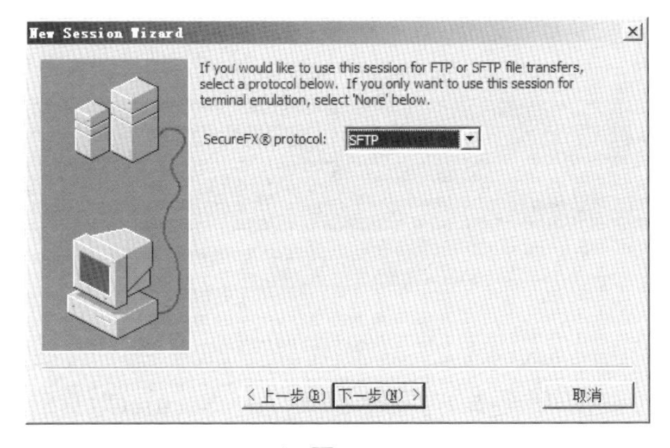

▲ 圖 2-34

再點擊「下一步」按鈕，出現精靈的最後一對話方塊，該對話方塊上可以重新命名階段的名稱，也可以保持預設，即用 IP 作為階段名稱，這裡保持預設，如圖 2-35 所示。

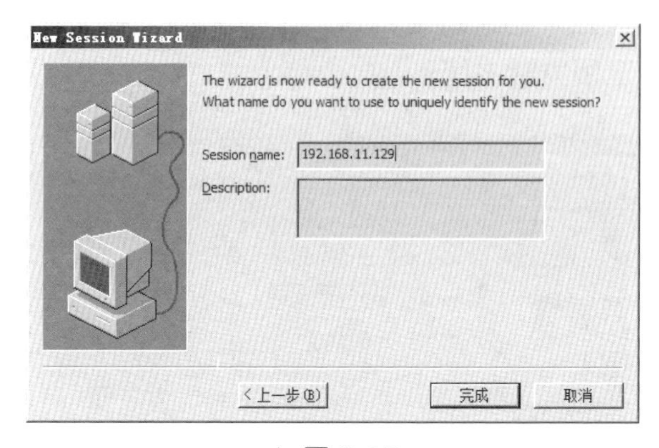

▲ 圖 2-35

最後點擊「完成」按鈕。此時可以看到左側的 Session Manager 中，出現了我們剛才建立的新的階段，如圖 2-36 所示。

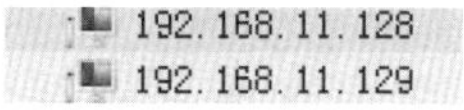

192.168.11.128
192.168.11.129

▲ 圖 2-36

按兩下 "192.168.11.129" 開始連接，但出現顯示出錯，如圖 2-37 所示。

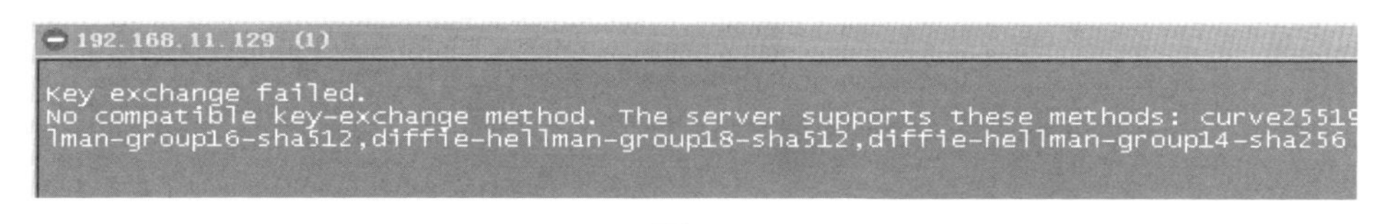

▲ 圖 2-37

前面我們講到 SecureCRT 是安全保密的連接，需要安全演算法，Ubuntu20.04 的 SSH 所要求的安全演算法，SecureCRT 預設沒有支援，所以顯示出錯了。我們可以在 SecureCRT 主介面上選擇選單 "Options/

Session Options..."，打開 Session Options 對話方塊，在該對話方塊的左邊選擇 SSH2，然後在右邊的 "Key exchange" 多選框下選取最後幾個演算法，即確保全部演算法都選取上，如圖 2-38 所示。

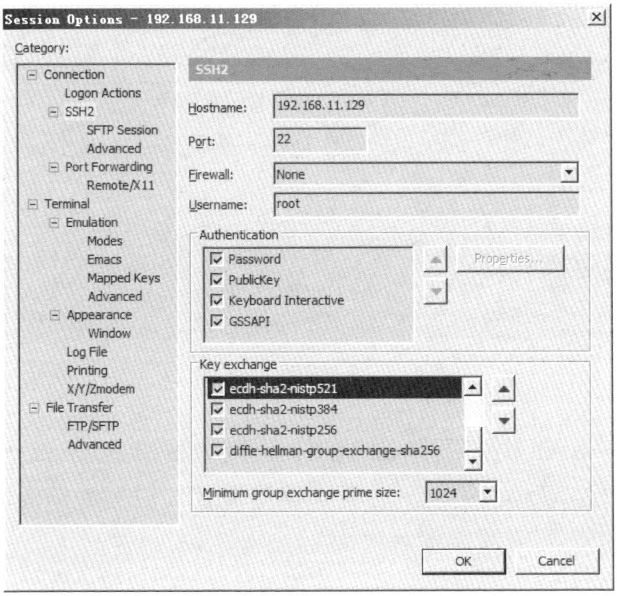

▲ 圖 2-38

最後點擊 "OK" 按鈕關閉該對話方塊。接著回到 SecureCRT 主介面，並再次按兩下左邊 Session Manager 中的 "192.168.11.129"，嘗試再次連接，這次成功了，出現登入框，如圖 2-39 所示。

▲ 圖 2-39

輸入 root 的 Password 為 123456，並選取 "Save password"，這樣不

用每次都輸入密碼，輸入完畢後，點擊 "OK" 按鈕，出現 Linux 命令提示符號，如圖 2-40 所示。

```
192.168.11.129
Welcome to Ubuntu 20.04.1 LTS (GNU/Linux 5.4.0-42-generic x86_64)

 * Documentation:  https://help.ubuntu.com
 * Management:     https://landscape.canonical.com
 * Support:        https://ubuntu.com/advantage

289 updates can be installed immediately.
118 of these updates are security updates.
To see these additional updates run: apt list --upgradable

Your Hardware Enablement Stack (HWE) is supported until April 2025.

The programs included with the Ubuntu system are free software;
the exact distribution terms for each program are described in the
individual files in /usr/share/doc/*/copyright.

Ubuntu comes with ABSOLUTELY NO WARRANTY, to the extent permitted by
applicable law.

root@tom-virtual-machine:~#
```

▲ 圖 2-40

這樣，在 NAT 模式下 SecureCRT 連接虛擬機器 Linux 成功，以後可以透過命令來使用 Linux 了。如果是橋接模式，只要把前面的步驟的目的 IP 位址改下即可，這裡不再贅述。

2.1.8 和虛擬機器互傳檔案

有時在 Windows 下編輯程式，然後傳檔案到 Linux 下去編譯執行，即需要在宿主機 Windows 和虛擬機器 Linux 之間傳送檔案。把檔案從 Windows 傳到 Linux 的方式很多，既有命令列的 sz/rz，也有 FTP 用戶端、SecureCRT 附帶的 SecureFX 等圖形化的工具，讀者可以根據習慣和實際情況選擇合適的工具。本書使用的是命令列工具 SecureFX。

首先我們用 SecureCRT 連接到 Linux，然後點擊右上角工具列的 "SecureFX" 按鈕，如圖 2-41 所示。

▲ 圖 2-41

點擊圖 2-41 中框選的圖示，啟動 SecureFX 程式，並自動打開 Windows 和 Linux 的檔案瀏覽視窗，介面如圖 2-42 所示。

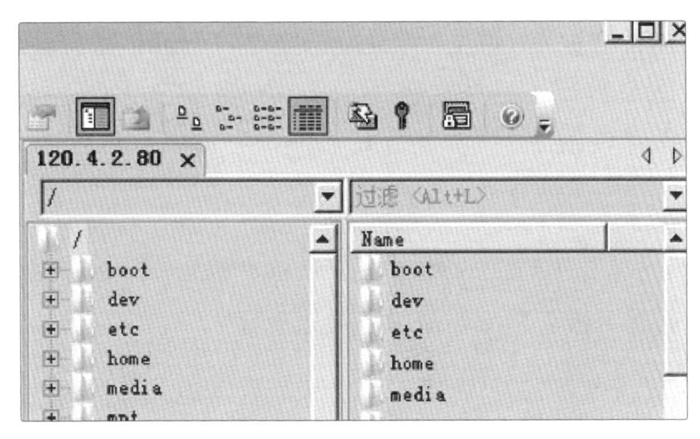

▲ 圖 2-42（編按：本圖例為簡體中文介面）

在圖 2-42 中，左邊是本地 Windows 的檔案瀏覽視窗，右邊是 IP 位址為 120.4.2.80 的虛擬機器 Linux 的檔案瀏覽視窗，如果需要把 Windows 中的某個檔案上傳到 Linux，只需要在左邊選中該檔案，然後拖放到右邊 Linux 視窗中，從 Linux 下載檔案到 Windows 也是這樣的操作，非常簡單。

2.2 架設 Linux 下 C/C++ 開發環境

由於我們安裝 Ubuntu 時附帶了圖形介面，所以也可以直接在 Ubuntu 下用其附帶的編輯器，如 gedit 來編輯原始程式碼檔案，然後在命令列下進行編譯，這種方法對撰寫小規模程式十分方便。本節的內容比較簡單，主要目的是用來測試各種編譯工具是否能正確工作，所以希望讀者能認真學習本節例題。在開始講解第一個範例之前，我們先檢查下編譯工具是否準備好，預設情況下，Ubuntu 不會自動安裝 gcc 或 g++，所以我們要先線上安裝。確保虛擬機器 Ubuntu 能連上 Internet，然後在命令列下輸入以下命令進行線上安裝：

```
apt-get install build-essential
```

稍等片刻，便會把 gcc/g++/gdb 等安裝在 Ubuntu 上。下面就可以開啟我們第一個 C 程式了，程式碼很簡單，主要目的是用來測試我們的環境是否支援編譯 C 語言。

【例 2.1】第一個 C 程式。

（1）在 Ubuntu 下打開終端視窗，然後在命令列下輸入命令 gedit 來打開文字編輯器，接著在編輯器中輸入以下程式：

```
#include <stdio.h>
void main()
{
   printf("Hello world\n");
}
```

然後儲存檔案到某個路徑（比如 /root/ex，ex 是自己建立的資料夾），檔案名稱是 test.c，並關閉 gedit 編輯器。

（2）在終端視窗的命令列下進入 test.c 所在路徑，並輸入編譯命令：

```
gcc test.c -o test
```

其中選項 -o 表示生成目的檔案，也就是可執行程式，這裡是 test。此時會在同一路徑下生成一個 test 程式，我們可以執行它：

```
./test
Hello world
```

至此，我們第一個 C 程式編譯執行成功，這說明 C 語言開發環境架設起來了。本節的小程式是為了驗證我們的編譯環境是否正常，如果這個小程式能跑起來了，說明 Linux 下的編譯環境已經沒有問題，以後到 Windows 下開發如果發現有問題，至少可以排除掉 Linux 本身的原因。

2.3 架設 Windows 下 Linux C/C++ 開發環境

2.3.1 Windows 下非整合式的 Linux C/C++ 開發環境

由於很多程式設計師習慣使用 Windows，因此我們這裡採取在 Windows 下開發 Linux 程式的方式。基本步驟就是先在 Windows 用自己熟悉的編輯器寫原始程式碼，然後透過網路連接到 Linux，把原始程式碼檔案（c 或 cpp 檔案）上傳到遠端 Linux 主機，在 Linux 主機上對原始程式碼進行編譯、偵錯和執行，當然編譯和偵錯所輸入的命令也可以在終端工具（比如 SecureCRT）裡完成，這樣從編輯到編譯、偵錯執行都可以在 Windows 下操作了，注意是操作（命令），真正的編譯、偵錯執行工作實際都是在 Linux 主機上完成的。

Windows 下的編輯器很多，大家可以根據自己的習慣來選擇使用。常用的編輯器有 VS Code、Source Insight（簡稱 SI）、UltraEdit（簡稱 UE），它們小巧且功能多，具有語法反白、函數清單顯示等撰寫程式所需的常用功能，對付普通的小程式開發綽綽有餘。但筆者推薦大家使用 VS Code，因為它免費且功能更強大，而後兩者是要收費的。

用編輯器寫完原始程式碼後，就可以透過網路上傳到 Linux 主機或虛擬機器 Linux，把檔案從 Windows 傳到 Linux 的方式也很多，既有命令列的 sz/rz，也有 FTP 用戶端、SecureFX 等圖形化的工具，大家可以根據習慣和實際情況選擇合適的工具。如果使用 VS Code，可以自動上傳到 Linux 主機，非常方便。本書後面對於非整合式的開發，用的編輯器都是 VS Code。

把原始程式碼檔案上傳到 Linux 下後，就可以進行編譯了，編譯的工具可以使用 gcc 或 g++，兩者都可以編譯 C/C++ 檔案。編譯過程中如果需要偵錯，可以使用命令列的偵錯工具 gdb，後面會詳細闡述。下面介紹一個在 Windows 下開發 Linux 程式的過程。關於 gcc、g++ 和 gdb 的詳細用法這裡就不再贅述了。

【例 2.2】第一個 VS Code 開發的 Linux C++ 程式。

（1）到官網 https://code.visualstudio.com/ 下載 VS Code，然後安裝。

（2）如果是第一次使用 VS Code，先安裝 2 個和 C/C++ 程式設計有關的外掛程式，點擊左方直條工具列上 "Extensions" 圖示或直接按快速鍵 Ctrl+Shift+X 切換到 Extensions 頁，該頁主要是用來搜尋和安裝（擴充）外掛程式的，在左上搜尋框中搜尋 "C++"，然後安裝兩個 C/C++ 外掛程式，如圖 2-43 所示。

▲ 圖 2-43

分別點擊 "Install" 按鈕開始安裝，安裝完畢後，程式的語法就反白了，也有函數定義跳躍功能了。接著再安裝一個外掛程式，該外掛程式能實現在 VS Code 中上傳檔案到遠端 Linux 主機上，這樣就不必切換軟體視窗了。搜尋 "sftp"，安裝第一個，如圖 2-44 所示。

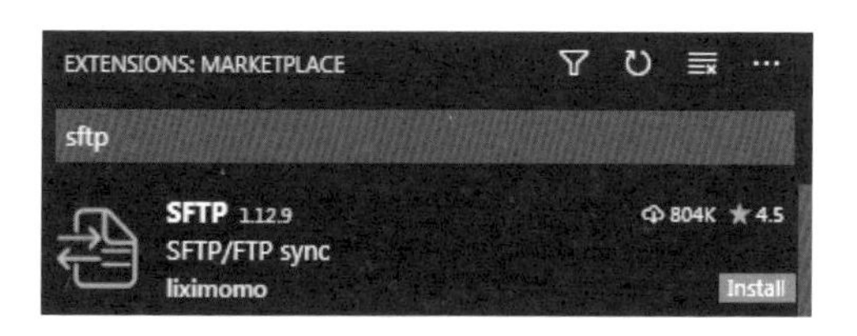

▲ 圖 2-44

點擊 "Install" 按鈕，重新啟動 VS Code。

（3）在 Windows 本地建立一個存放原始程式碼檔案的資料夾，比如 E:\ex\test\。打開 VS Code，點擊選單 "File" ｜ "New Folder"，此時將在左邊顯示 Explorer 視圖，在視圖的右上方點擊 "New File" 圖示，如圖 2-45 所示。

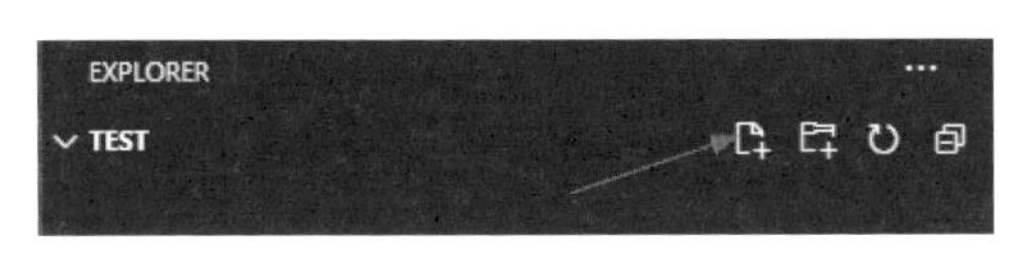

▲ 圖 2-45

然後下方會出現一行編輯方塊，用於輸入建立檔案的檔案名稱，輸入 "test.cpp"，然後按 Enter 鍵，此時會在 VS Code 中間出現一個編輯方塊，輸入程式如下：

```
#include <iostream>
using namespace std;
int main(int argc, char *argv[])
{
    char sz[] = "Hello, World!";
    cout << sz << endl;
    return 0;
}
```

如果前面 2 個 C/C++ 外掛程式安裝正確的話，可以看到程式的顏色是豐富多彩的，這就是語法反白。如果把滑鼠停留在某個變數、函數或物件上（比如 cout），還會出現更加完整的定義說明。

另外，如果不準備建立檔案，而是要增加已經存在的檔案，可以把檔案放到目前的目錄下，然後在 VS Code 中的 Explorer 視圖就能馬上看到了。

（4）上傳原始檔案到虛擬機器 Linux。我們用 SecureCRT 附帶的檔案傳輸工具 SecureFX 把 test.cpp 上傳到虛擬機器 Linux 的某個目錄下。SecureFX 的用法前面已經介紹過了，這裡不再贅述。這是手動上傳方式，有點繁瑣。在 VS Code，我們可以下載外掛程式 sftp，實現在 VS

Code 中就能同步本地檔案和伺服器端檔案。使用 sftp 外掛程式前，我們需要進行一些簡單設定，告訴 sftp，我們遠端的 Linux 主機的 IP 位址、使用者名稱和密碼等資訊。我們按快速鍵 Ctrl+Shift+P 後，會進入 VS Code 的命令輸入模式，然後可以在上方 "Search settings" 框中輸入 sftp:config 命令，會在當前資料夾（這裡是 E:\ex\test\）生成一個 .vscode 資料夾，裡面有一個 sftp.json 檔案，我們需要在這個檔案中設定遠端伺服器位址，VS Code 會自動打開這個檔案，輸入內容如下：

```
{
    "name": "My Server",
    "host": "192.168.11.129",
    "protocol": "sftp",
    "port": 22,
    "username": "root",
    "password": "123456",
    "remotePath": "/root/ex/3.2/",
    "uploadOnSave": true
}
```

輸入完畢，按快速鍵 Alt+F+S 儲存。其中，/root/ex/3.2/ 是虛擬機器 Ubuntu 上的路徑（可以不必預先建立，VS Code 會自動建立），我們上傳的檔案將存放到該路徑下。host 表示遠端 Linux 主機的 IP 位址或域名，注意這個 IP 位址必須要和 Windows 主機的 IP 位址相互 ping 通；protocol 表示使用的傳輸協定，用 SFTP，即安全的 FTP 協定；username 表示遠端 Linux 主機的使用者名稱；password 表示遠端 Linux 主機的使用者名稱對應的密碼；remotePath 表示遠端資料夾位址，預設是根目錄 /；uploadOnSave 表示本地更新檔案儲存會自動同步到遠端檔案（不會同步重新命名檔案和刪除檔案）。另外，如果原始程式在本地其他路徑，也可以透過 context 設定本地資料夾位址，預設為 VS Code 工作區根目錄。

在 Explorer 空白處按滑鼠右鍵，選擇快顯功能表 "Sync Local" | "Remote"，如果沒有問題，可以在 Output 視圖上看到如圖 2-46 所示的提示。

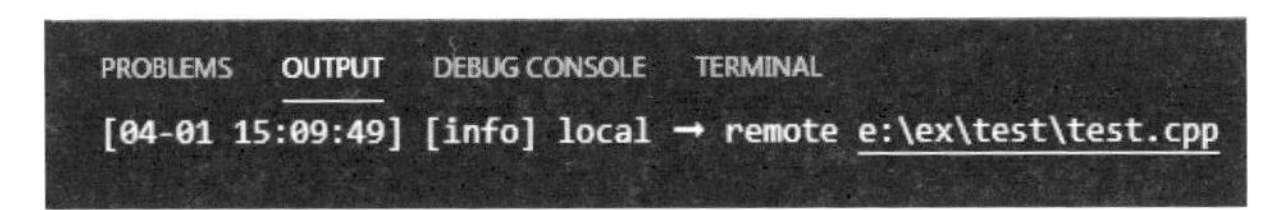

▲ 圖 2-46

這說明上傳成功了，另外，如果 Output 視圖沒有出現，可以點擊左下方狀態列上的小圖示 "SFTP"，如圖 2-47 所示。

⊗ 0 ⚠ 0 SFTP

▲ 圖 2-47

此時如果到虛擬機器 Ubuntu 上查看，可以發現 /root/ex/3.2/ 下有一個 test.cpp 了：

```
root@tom-virtual-machine:~/ex/3.2# ls
test.cpp
```

（5）編譯原始檔案。現在原始檔案已經在 Linux 的某個目錄下（本例是 /root/ex/3.2/）了，我們可以在命令列下對其進行編譯了。Linux 下編譯 C++ 來源程式通常有兩種命令，一種是 g++，另外一種是 gcc，它們都是根據原始檔案的副檔名來判斷是 C 程式還是 C++ 程式。編譯也是在 SecureCRT 的視窗下用命令進行，打開 SecureCRT，連接遠端 Linux，然後定位到原始檔案所在的資料夾，並輸入 g++ 編譯命令：

```
root@tom-virtual-machine:~/ex/3.2# g++ test.cpp -o test
root@tom-virtual-machine:~/ex/3.2# ls
test  test.cpp
root@tom-virtual-machine:~/ex/3.2# ./test
Hello, World!
```

-o 表示輸出，它後面的 test 表示最終輸出的可執行程式名字是 test。

如果要用 gcc 來編譯，gcc 是編譯 C 語言的，預設情況下，如果直接編譯 C++ 程式，會顯示出錯，我們可以透過增加參數 -lstdc++ 來編譯，結果如下：

```
root@tom-virtual-machine:~/ex/3.2# gcc -o test test.cpp -lstdc++
root@tom-virtual-machine:~/ex/3.2# ls
test  test.cpp
root@tom-virtual-machine:~/ex/3.2# ./test
Hello, World!
```

其中 -o 表示輸出，它後面的 test 表示最終輸出的可執行程式名字是 test；-l 表示要連接到某個函數庫，stdc++ 表示 C++ 標準函數庫，因此 -lstdc++ 表示連結到標準 C++ 函數庫。

前面我們上傳檔案是透過按滑鼠右鍵選單來實現，還是有點繁瑣。現在我們在 VS Code 中打開 test.cpp，稍微修改點程式，比如 sz 的定義改成：char sz[] = "Hello, World!--------"，然後儲存（按快速鍵 Alt+F+S）test.cpp，此時 VS Code 會自動上傳到遠端 Linux 上，Output 視圖裡也會有新的提示，如圖 2-48 所示。

```
[04-01 15:34:38] [info] [file-save] e:\ex\test\test.cpp
[04-01 15:34:38] [info] local → remote e:\ex\test\test.cpp
```

▲ 圖 2-48

其中，file-save 表示檔案儲存，local->remote 表示上傳到遠端主機。讀者只要儲存原始程式檔案，VS Code 就自動上傳。此時再到編譯，可以發現結果變了：

```
root@tom-virtual-machine:~/ex/3.2# gcc -o test test.cpp -lstdc++
root@tom-virtual-machine:~/ex/3.2# ./test
Hello, World!--------
```

順便提一句，程式後退的快速鍵是 Alt+ ←。

2.3.2 Windows 下整合式的 Linux C/C++ 開發環境

所謂整合式，簡單來講就是程式編輯、編譯、偵錯都在一個軟體（視窗）中做完，不需要在不同的視窗之間切換來切換去，更不需要從一個系統（Windows）手動傳檔案到另外一個系統（Linux）中，傳檔案也可以讓同一個軟體來完成。這樣的開發軟體（環境）稱為整合式開發環境（Integrated Development Environment，IDE）。

Windows 下也有能支援 Linux 開發的 IDE，在 Visual C++ 2017 上全面支援 Linux 的開發。Visual C++ 2017 簡稱 VC2017，是當前 Windows 平台上最主流的整合化視覺化開發軟體，功能非常強大。其介面和使用不再贅述。

在 VC2017 中，可以編譯、偵錯和執行 Linux 可執行程式，也可以生成 Linux 靜態程式庫（即 .a 函數庫）和動態函數庫（也稱共用函數庫，即 .so 函數庫）。但前提是在安裝 VC2017 的時候要選取支援 Linux 開發的元件，預設是不選取的。打開 VS2017 的安裝程式，在「工作負載」頁面的右下角處選取「使用 C++ 的 Linux 開發」單選方塊，如圖 2-49 所示。(編按：本小節範例圖為簡體中文的 VS2017)

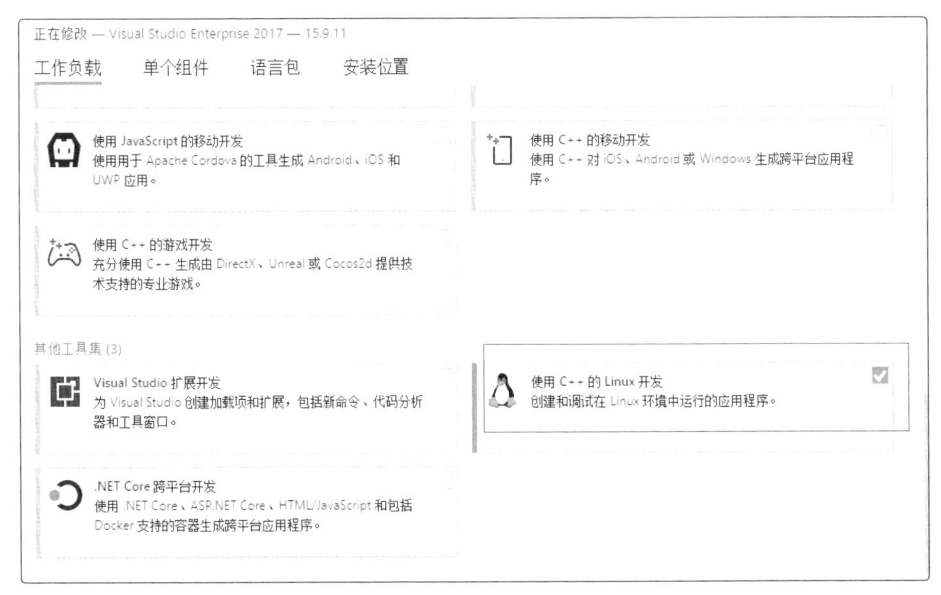

▲ 圖 2-49（編按：本圖例為簡體中文介面）

然後再繼續安裝 VC2017。安裝完畢後，建立專案的時候就可以看到有一個 Linux 專案選項了。下面我們透過一個例子來生成可執行程式。

【例 2.3】第一個 VC++ 開發的 Linux 可執行程式。

（1）打開 VC2017，點擊選單「檔案」｜「建立」｜「專案」或直接按快速鍵 Ctrl+Shift+N 來打開建立專案對話方塊，在建立專案對話方塊上，左邊展開 "Visual C++" ｜「跨平台」，並選中 "Linux" 節點，此時右邊出現專案類型，選中「主控台應用程式（Linux）」，並在對話方塊下方輸入專案名稱（比如 test）和專案路徑（比如 e:\ex\），如圖 2-50 所示。

▲ 圖 2-50（編按：本圖例為簡體中文介面）

然後點擊「確定」按鈕，這樣一個 Linux 專案就建好了。可以看到一個 main.cpp 已經建立內容如下：

```
#include <cstdio>

int main()
{
    printf("hello from test!\n");
    return 0;
}
```

（2）打開虛擬機器 Ubuntu20.04，並使用橋接模式靜態 IP 方式，虛擬機器 Ubuntu 的 IP 位址為 120.4.2.8，宿主機 Windows 7 的 IP 位址是 120.4.2.200，保持相互 ping 通。

（3）設定連接。點擊 VC 的選單「工具」|「選項」來打開選項對話方塊，在該對話方塊的左下方展開「跨平台」，並選中「連線管理員」節點，在右邊點擊「增加」按鈕，然後在出現的「連接到遠端系統」對話方塊中，輸入虛擬機器 Ubuntu20.04 的 IP 位址、root 密碼等資訊，如圖 2-51 所示。

连接到远程系统

通过此对话框使用 SSH 连接到 Linux、Mac、Windows 或其他系统。此处添加的连接稍后可用于生成或调试，或在使用远程生成的项目中使用。

主机名: 120.4.2.8

端口: 22

用户名: root

身份验证类型: 密码

密码: ••••••

连接 取消

▲ 圖 2-51（編按：本圖例為簡體中文介面）

點擊「連接」按鈕，此時將下載一些開發所需要的檔案，如圖 2-52 所示。

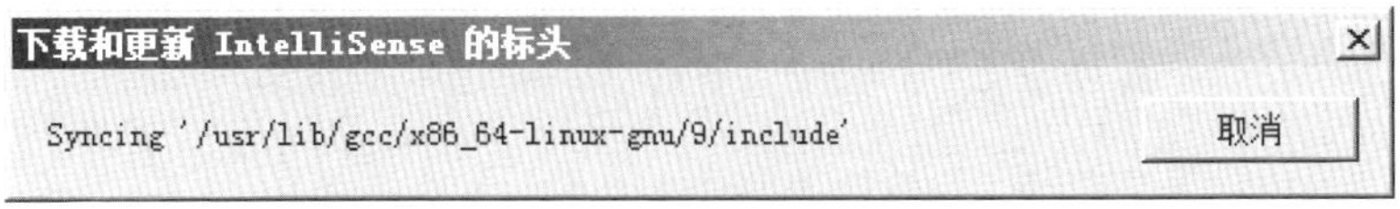

下载和更新 IntelliSense 的标头

Syncing '/usr/lib/gcc/x86_64-linux-gnu/9/include' 取消

▲ 圖 2-52（編按：本圖例為簡體中文介面）

稍等片刻，列表方塊內出現另一個主機名稱為 120.4.2.8 的 SSH 連接，如圖 2-53 所示。

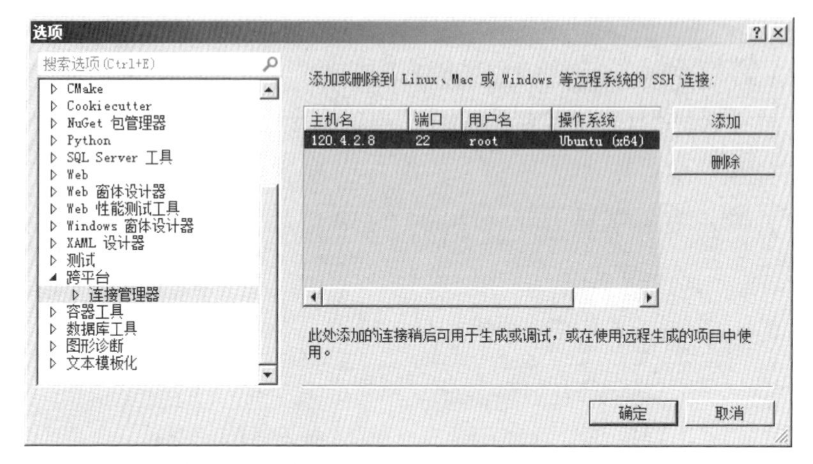

▲ 圖 2-53（編按：本圖例為簡體中文介面）

這說明增加連接成功，點擊「確定」按鈕。

（4）編譯執行，按 F7 鍵生成程式，如果沒有錯誤，將在「輸出」視窗中輸出編譯結果，如圖 2-54 所示。

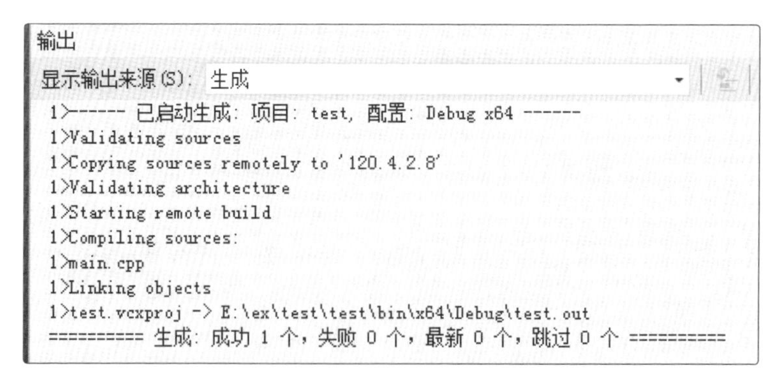

▲ 圖 2-54（編按：本圖例為簡體中文介面）

此時可以點擊 VC 工具列上的綠色三角形箭頭圖示，準備執行，如圖 2-55 所示。

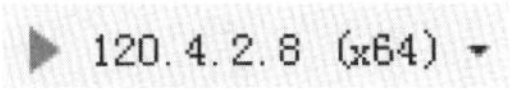

▶ 120.4.2.8 (x64) ▾

▲ 圖 2-55

此時將開始進行偵錯執行，稍等片刻執行完畢，現在我們可以點擊選單的「偵錯」｜「Linux 主控台」命令來打開「Linux 主控台視窗」，並且可以看到執行結果了，如圖 2-56 所示。

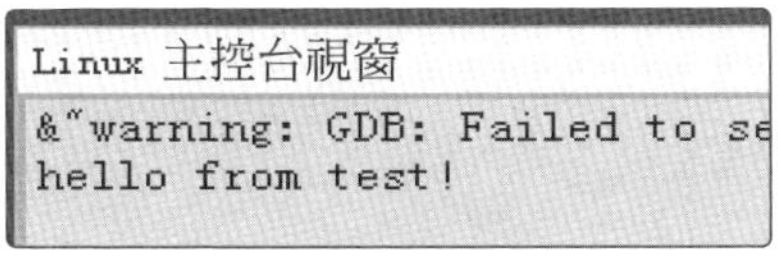

```
Linux 主控台視窗
&"warning: GDB: Failed to se
hello from test!
```

▲ 圖 2-56

這就說明，我們的 Linux 程式執行成功了。因為是第一個 VC2017 開發的 Linux 應用程式，所以說明得比較詳細，後面將直接打開 VC2017，建立一個 Linux 專案。

到目前為止，Linux 開發環境已經建立起來了。由於在 Windows 下整合開發 Linux C/C++ 最方便，因此筆者採用該方式的開發環境。

Chapter

03

多執行緒基本程式設計

首先請記住一句話，多執行緒的程式設計功力直接決定著伺服器性能的優異。

在這個多核心時代，如何充分利用每個 CPU 核心是一個繞不開的話題，從需要為成千上萬的使用者同時提供服務的伺服器端應用程式，到需要同時打開十幾個頁面並且每個頁面都有幾十、上百個連結的 Web 瀏覽器應用程式；從保持著幾太（T）甚或幾拍（P）的資料的資料庫系統，到手機上的有良好使用者回應能力的 App，為了充分利用每個 CPU 核心，都會想到是否可以使用多執行緒技術。這裡所說的「充分利用」包含了兩個層面的意思，一個是使用到所有的核心，另一個是核心不空閒，不讓某個核心長時間處於空閒狀態。在 C++98 的時代，C++ 標準並沒有包含多執行緒的支援，人們只能直接呼叫作業系統提供的 SDK API 來撰寫多執行緒程式，不同的作業系統提供的 SDK API 以及執行緒控制能力不盡相同。到了 C++11，終於在標準之中加入了正式的多執行緒的支援，由此我們可以使用標準形式的類別來建立與執行執行緒，也使得我們可以使用標準形式的鎖、原子操作、執行緒本機存放區（TLS）等來進行複雜的各種模式的多執行緒程式設計，而且 C++11 還提供了一些高級概念，比如 promise/future、packaged_task、async 等簡化某些模式的多執行緒程式設計。

多執行緒可以讓我們的應用程式擁有更加出色的性能，但是，如果沒有用好，多執行緒又比較容易出錯且難以查詢錯誤所在。作為一名 C++ 程式設計師，掌握好多執行緒併發開發技術，是學習的重中之重。而且為了能在實踐工作中承接舊程式系統的維護工作，學習 C++11 之前的多執行緒開發技術也是必不可少的，而以後開發新功能，C++11 將是大勢所趨。其實很多原理都是類似的，相信大家學的時候會感受到這一點。

3.1 使用多執行緒的好處

多執行緒程式設計技術作為現代軟體開發的流行技術，正確地使用它將帶來巨大的優勢。

（1）回應速度更靈敏

在單執行緒軟體中，如果軟體中有多個任務，比如讀寫檔案、更新使用者介面、網路連接、列印檔案等，若按照先後次序執行，即先完成前面的任務才能執行後面的任務，如果某個任務執行的時間較長，比如讀寫一個大檔案，那麼使用者介面無法即時更新，使得使用者體驗感很不好。為了解這個問題，人們提出了多執行緒程式設計技術。在採用多執行緒程式設計技術的程式中，多個任務由不同的執行緒去執行，不同執行緒各自佔用一段 CPU 時間，即使執行緒任務還沒完成，也會讓出 CPU 時間給其他執行緒去執行。這樣從使用者角度看，好像幾個任務是同時進行的，至少介面上能得到即時更新了，大大改善了使用者對軟體的體驗，提高了軟體的回應速度和友善度。

（2）執行效率更高

隨著多核心處理器日益普及，單執行緒程式式愈發成為性能瓶頸。比如電腦有 2 個 CPU 核心，單執行緒軟體同一時刻只能讓一個執行緒在一個 CPU 核心上執行，另外一個核心就可能空閒在那裡，無法發揮性能。如果軟體設計了 2 個執行緒，則同一時刻可以讓這兩個執行緒在不同的 CPU 核心上同時執行，執行效率增加一倍。

（3）通訊更高效

對同一處理程序的執行緒來說，它們共用該處理程序的位址空間，可以存取相同的資料。透過資料共用方式使得執行緒之間的通訊比處理程序之間的通訊更高效和方便。

（4）銷耗更小

建立執行緒、執行緒切換等操作所帶來的系統銷耗比處理程序的類似操作所需銷耗要小得多。由於執行緒共用處理程序資源，所以建立執行緒時不需要再為其分配記憶體空間等資源，因此建立時間也更小。比如在 Solaris2 作業系統上，建立處理程序的時間大約是建立執行緒的 30 倍。執行緒作為基本執行單元，當從同一個處理程序的某個執行緒切換到另一個執行緒時，需要載入的資訊比處理程序之間切換要少，所以切換速度更快，比如 Solaris2 作業系統中執行緒的切換速度比處理程序切換大約快 5 倍。

3.2 多執行緒程式設計的基本概念

3.2.1 作業系統和多執行緒

要在應用程式中實現多執行緒，必須要有作業系統的支援。Linux 32 位元或 64 位元作業系統對應用程式提供了多執行緒支援，所以 Windows NT/2000/XP/7/8/10 是一個多執行緒作業系統。根據處理程序與執行緒的支援情況，可以把作業系統大致分為以下幾類：

（1）單處理程序、單執行緒，MS-DOS 大致是這種作業系統。

（2）多處理程序、單執行緒，多數 UNIX（及類 UNIX 的 Linux）是這種作業系統。

（3）多處理程序、多執行緒，Win32（Windows NT/2000/XP/7/8/10 等）、Solaris 2.x 和 OS/2 都是這種作業系統。

（4）單處理程序、多執行緒，VxWorks 是這種作業系統。

具體到 Linux C++ 的開發環境，它提供了一套 POSIX API 函數來管理執行緒，使用者既可以直接使用這些 POSIX API 函數，也可以使用 C++ 附帶的執行緒類別。作為一名 Linux C++ 開發者，這兩者都應該會使用，因為 Linux C++ 程式中，這兩種方式都有可能會出現。

3.2.2 執行緒的基本概念

現代作業系統大多支援多執行緒概念，每個處理程序中至少有一個執行緒，所以即使沒有使用多執行緒程式設計技術，處理程序也含有一個主執行緒。也可以說，CPU 中執行的是執行緒，執行緒是程式的最小執行單位，是作業系統分配 CPU 時間的最小實體。一個處理程序的執行是從主執行緒開始的，如果需要可以在程式的任何地方開闢新的執行緒，其他執行緒都是由主執行緒建立。一個處理程序正在執行，也可以說是一個處理程序中的某個執行緒正在執行。一個處理程序的所有執行緒共用該處理程序的公共資源，比如虛擬位址空間、全域變數等。每個執行緒也可以擁有自己私有的資源，如堆疊、在堆疊中定義的靜態變數和動態變數、CPU 暫存器的狀態等。

執行緒總是在某個處理程序環境中建立，並且會在這個處理程序內部銷毀。執行緒和處理程序的關係是：執行緒是屬於處理程序的，執行緒執行在處理程序空間內，同一處理程序所產生的執行緒共用同一記憶體空間，當處理程序退出時該處理程序所產生的執行緒都會被強制退出並清除。執行緒可與屬於同一處理程序的其他執行緒共用處理程序所擁有的全部資源，但是其本身基本不擁有系統資源，只擁有一點在執行中必不可少的資訊（如程式計數器、一組暫存器和執行緒堆疊，執行緒堆疊用於維護執行緒在執行程式時所需要的所有的函數參數和區域變數）。

相對處理程序來說，執行緒所佔用資源更少，比如建立處理程序，系統要為它分配很大的私有空間，佔用的資源較多；而對多執行緒程式來說，由於多個執行緒共用一個處理程序位址空間，所以佔用資源較少。此外，處理程序間切換時，需要交換整個位址空間；而執行緒之間切換時只是切換執行緒的上下文環境，因此效率更高。在作業系統中引入執行緒帶來的主要好處是：

（1）在處理程序內建立、終止執行緒比建立、終止處理程序要快。
（2）同一處理程序內的執行緒間切換比處理程序間的切換要快，尤其是使用者級執行緒間的切換。
（3）每個處理程序具有獨立的位址空間，而該處理程序內的所有執行緒共用該位址空間，因此執行緒可以解決父子處理程序模型中子處理程序必須複製父處理程序位址空間的問題。
（4）執行緒對解決客戶 / 伺服器模型非常有效。

雖然多執行緒給應用程式開發帶來了不少好處，但並不是所有情況下都適合使用多執行緒，要具體問題具體分析，通常在下列情況下可以考慮使用多執行緒：

（1）應用程式中的各任務相對獨立。
（2）某些任務耗時較多。
（3）各任務有不同的優先順序。
（4）一些即時系統應用。

需要注意的是，一個處理程序中的所有執行緒共用它們父處理程序的變數，但同時每個執行緒可以擁有自己的變數。

3.2.3 執行緒的狀態

一個執行緒從建立到結束，是一個生命週期，它總是處於下面 4 個狀態中的：

（1）就緒態

執行緒能夠執行的條件已經滿足，只是在等待處理器的排程（處理器要根據排程策略來把就緒態的執行緒排程到處理器中執行）。處於就緒態的原因可能是執行緒剛剛被建立（剛建立的執行緒不一定馬上執行，一般先處於就緒態），也可能剛剛從阻塞狀態中恢復，或被其他執行緒先佔而處於就緒態。

（2）執行態

執行態表示執行緒正在處理器中執行，正佔用著處理器。

（3）阻塞態

由於在等待處理器之外的其他條件而無法執行的狀態叫作阻塞態。這裡的其他條件包括 I/O 操作、互斥鎖的釋放、條件變數的改變等。

（4）終止態

終止態就是執行緒的執行緒函數執行結束或被其他執行緒取消後處於的狀態。處於終止態的執行緒雖然已經結束了，但其所佔資源還沒有被回收，而且還可以被重新復活。應該避免讓執行緒長時間處於這種狀態。執行緒處於終止態後應該即時進行資源回收。

3.2.4 執行緒函數

執行緒函數就是執行緒建立後進入執行態後要執行的函數。執行執行緒，實際上就是執行執行緒函數。這個函數是我們自訂的，然後在建立執行緒函數時把函數名稱作為參數傳入執行緒建立的函數。

同理，中斷執行緒的執行，就是中斷執行緒函數的執行，以後再恢復執行緒的時候，就會在前面執行緒函數暫停的地方開始繼續執行下面的程式。結束執行緒也就不再執行執行緒函數。執行緒函數可以是一個全域函數或類別的靜態函數，比如在 POSIX 執行緒函數庫中，它通常這樣宣告：

```
void *ThreadProc (void *arg);
```

其中參數 arg 指向要傳給執行緒的資料，這個參數是在建立執行緒的時候作為參數傳入執行緒建立函數中的。函數的傳回值應該表示執行緒函數執行的結果：成功還是失敗。注意函數名稱 ThreadProc 可以是自訂的函數名稱，這個函數是使用者自己先定義好，然後系統來呼叫的函數。

3.2.5 執行緒標識

控制碼是用來標識執行緒物件的，而執行緒本身用 ID 來標識。在建立執行緒的時候，系統會為執行緒分配一個唯一的 ID 作為執行緒的標識，這個 ID 從執行緒建立開始存在，一直伴隨著執行緒的結束才消失。執行緒結束後該 ID 就自動不存在，不需要去顯性清除。通常執行緒建立成功後會傳回一個執行緒 ID。

3.2.6 C++ 多執行緒開發的兩種方式

在 Linux C++ 開發環境中，通常有兩種方式來開發多執行緒程式，一種是利用 POSIX 多執行緒 API 函數來開發多執行緒程式，另外一種是利用 C++ 附帶執行緒類別來開發多執行緒程式。這兩種方式各有利弊，前一種方法比較傳統，後一種方式比較新，是 C++11 推出的方式。C++ 程式設計師也要熟悉 POSIX 多執行緒開發，因為在 C++11 之前，C++ 使用多執行緒一般都是利用 POSIX 多執行緒 API，或把 POSIX 多執行緒 API 封裝成類別，然後再在公司內部供大家使用，所以一些舊專案都是和

POSIX 多執行緒函數庫相關的。這也使得我們必須要熟悉它，因為很可能進入公司後會要求維護以前的程式碼。而 C++ 附帶執行緒類別很可能在以後開發新的專案時會用到。

3.3 利用 POSIX 多執行緒 API 函數進行多執行緒開發

在用 POSIX 多執行緒 API 函數進行開發之前，我們首先要熟悉這些 API 函數。常見的與執行緒有關的基本 API 函數見表 3-1。

表 3-1 常見的與執行緒有關的基本 API 函數

API 函數	含　義
pthread_create	建立執行緒
pthread_exit	執行緒終止自身執行
pthread_join	等待一個執行緒的結束
pthread_self	獲取執行緒 ID
pthread_cancel	取消另一個執行緒
pthread_exit	在執行緒函數中呼叫來退出執行緒函數
pthread_kill	向執行緒發送一個訊號

使用這些 API 函數，需要包含標頭檔 pthread.h，並且在編譯的時候需要加上函數庫 pthread，表示包含多執行緒函數庫檔案。

3.3.1 執行緒的建立

POSIX API 中，建立執行緒的函數是 pthread_create，該函數宣告如下：

```
int pthread_create(pthread_t *pid, const pthread_attr_t *attr, void
*(*start_routine)(void *),void *arg);
```

其中參數 pid 是一個指標，指向建立成功後的執行緒的 ID；pthread_t 其實就是 unsigned long int；attr 是指向執行緒屬性結構 pthread_attr_t 的指標，如果為 NULL 則使用預設屬性；start_routine 指向執行緒函數的位址，執行緒函數就是執行緒建立後要執行的函數；arg 指向傳給執行緒函數的參數，如果成功，函數傳回 0 。

CreateThread 建立完子執行緒後，主執行緒會繼續執行 CreateThread 後面的程式，這就可能會出現建立的子執行緒還沒執行完主執行緒就結束了的情況，比如主控台程式，主執行緒結束就表示處理程序結束了。在這種情況下，我們就需要讓主執行緒等待，待子執行緒全部執行結束後再繼續執行主執行緒。還有一種情況，主執行緒為了統計各個子執行緒的工作結果而需要等待子執行緒結束完畢後再繼續執行，此時主執行緒就要等待了。POSIX 提供了函數 pthread_join 來等待子執行緒結束，即子執行緒的執行緒函數執行完畢後，pthread_join 才傳回，因此 pthread_join 是個阻塞函數。函數 pthread_join 會讓主執行緒暫停（即休眠，讓出 CPU），直到子執行緒都退出，同時 pthread_join 能讓子執行緒所佔資源得到釋放。子執行緒退出後，主執行緒會接收到系統的訊號，從休眠中恢復。函數 pthread_join 宣告如下：

```
int pthread_join(pthread_t pid, void **value_ptr);
```

其中參數 pid 是所等待中的執行緒的 ID；value_ptr 通常可設為 NULL，如果不為 NULL，則 pthread_join 複製一份執行緒退出值到一個記憶體區域，並讓 *value_ptr 指向該記憶體區域，因此 pthread_join 還有一個重要功能就是能獲得子執行緒的傳回值（這一點後面會看到）。如果函數成功，傳回 0，否則傳回錯誤碼。

接下來介紹幾個簡單的例子，建立執行緒。

【例 3.1】建立一個簡單的執行緒，不傳參數。

（1）打開 UE，建立一個 test.cpp 檔案，在 test.cpp 中輸入程式如下：

```
#include <pthread.h>
#include <stdio.h>
#include <unistd.h> //sleep

void *thfunc(void *arg) // 執行緒函數
{
    printf("in thfunc\n");
  return (void *)0;
}
int main(int argc, char *argv [])
 {
    pthread_t tidp;
    int ret;

    ret = pthread_create(&tidp, NULL, thfunc, NULL); // 建立執行緒
    if (ret)
    {
        printf("pthread_create failed:%d\n", ret);
        return -1;
    }

    sleep(1); //main 執行緒暫停 1 秒鐘，為了讓子執行緒有機會執行
    printf("in main:thread is created\n");

    return 0;
}
```

（2）上傳 test.cpp 到 Linux，在終端下輸入命令：g++ -o test test.cpp -lpthread，其中 pthread 是執行緒函數庫的名字，然後執行 test，執行結果如下：

```
[root@localhost test]# g++ -o test test.cpp -lpthread
[root@localhost test]# ./test
in thfunc
in main:thread is created
[root@localhost test]#
```

在這個例子中，首先建立一個執行緒，執行緒函數在列印一行字串後結束，而主執行緒在建立子執行緒後，會等待一秒鐘，避免因為主執

行緒的過早結束而導致處理程序結束。如果沒有等待函數 sleep，則可能子執行緒的執行緒函數還沒來得及執行，主執行緒就結束了，這樣導致子執行緒的執行緒都沒有機會執行，因為主執行緒已經結束，整個應用程式已經退出了。

【例 3.2】 建立一個執行緒，並傳入整數參數。

（1）打開 SI，建立一個 test.cpp 檔案，在 test.cpp 中輸入程式如下：

```
#include <pthread.h>
#include <stdio.h>

void *thfunc(void *arg)
{
    int *pn = (int*)(arg);                          // 獲取參數的位址
    int n = *pn;

    printf("in thfunc:n=%d\n", n);
    return (void *)0;
}
int main(int argc, char *argv [])
{
    pthread_t tidp;
    int ret, n=110;

    ret = pthread_create(&tidp, NULL, thfunc, &n);
    // 建立執行緒並傳遞 n 的位址
    if (ret)
    {
        printf("pthread_create failed:%d\n", ret);
        return -1;
    }

    pthread_join(tidp,NULL);                        // 等待子執行緒結束
    printf("in main:thread is created\n");

    return 0;
}
```

（2）上傳 test.cpp 到 Linux，在終端下輸入命令：g++ -o test test.cpp -lpthread，其中 pthread 是執行緒函數庫的名字，然後執行 test，執行結果如下：

```
[root@localhost test]# g++ -o test test.cpp -lpthread
[root@localhost test]# ./test
in thfunc:n=110
in main:thread is created
[root@localhost test]#
```

這個例子和例 3.1 有兩點不同，一是建立執行緒的時候，把一個整數變數的位址作為參數傳給執行緒函數；二是等待子執行緒結束沒有用 sleep 函數，而是用 pthread_join。sleep 只是等待一個固定的時間，有可能在這個固定的時間內，子執行緒早已經結束，或子執行緒執行的時間大於這個固定時間，因此用它來等待子執行緒結束並不精確；而用函數 pthread_join 則會一直等到子執行緒結束後才會執行該函數後面的程式，我們可以看到它的第一個參數是子執行緒的 ID。

【例 3.3】建立一個執行緒，並傳遞字串作為參數。

（1）打開 SI，建立一個 test.cpp 檔案，在 test.cpp 中輸入程式如下：

```
#include <pthread.h>
#include <stdio.h>

void *thfunc(void *arg)
{
    char *str;
    str = (char *)arg;                        // 得到傳進來的字串
    printf("in thfunc:str=%s\n", str);     // 列印字串
    return (void *)0;
}
int main(int argc, char *argv [])
{
    pthread_t tidp;
    int ret;
    const char *str = "hello world";
```

```
    ret = pthread_create(&tidp, NULL, thfunc, (void *)str);
    //建立執行緒並傳遞str
    if (ret)
    {
        printf("pthread_create failed:%d\n", ret);
        return -1;
    }
    pthread_join(tidp, NULL);                         //等待子執行緒結束
    printf("in main:thread is created\n");

    return 0;
}
```

（2）上傳 test.cpp 到 Linux，在終端下輸入命令：g++ -o test test.cpp -lpthread，其中 pthread 是執行緒函數庫的名字，然後執行 test，執行結果如下：

```
[root@localhost test]# g++ -o test test.cpp -lpthread
[root@localhost test]# ./test
in thfunc:n=110,str=hello world
in main:thread is created
[root@localhost test]#
```

【例 3.4】 建立一個執行緒，並傳遞結構作為參數。

（1）打開 SI，建立一個 test.cpp 檔案，在 test.cpp 中輸入程式如下：

```
#include <pthread.h>
#include <stdio.h>

typedef struct  //定義結構的類型
{
    int n;
    char *str;
}MYSTRUCT;
void *thfunc(void *arg)
{
    MYSTRUCT *p = (MYSTRUCT*)arg;
```

```
    printf("in thfunc:n=%d,str=%s\n", p->n,p->str);    // 列印結構的內容
    return (void *)0;
}
int main(int argc, char *argv [])
{
    pthread_t tidp;
    int ret;
    MYSTRUCT mystruct;                                // 定義結構
    // 初始化結構
    mystruct.n = 110;
    mystruct.str = "hello world";

    ret = pthread_create(&tidp, NULL, thfunc, (void *)&mystruct);
    // 建立執行緒並傳遞結構位址
    if (ret)
    {
        printf("pthread_create failed:%d\n", ret);
        return -1;
    }
    pthread_join(tidp, NULL);                         // 等待子執行緒結束
    printf("in main:thread is created\n");

    return 0;
}
```

（2）上傳 test.cpp 到 Linux，在終端下輸入命令：g++ -o test test.cpp -lpthread，其中 pthread 是執行緒函數庫的名字，然後執行 test，執行結果如下：

```
-bash-4.2# g++ -o test test.cpp -lpthread
-bash-4.2# ./test
in thfunc:n=110,str=hello world
in main:thread is created
-bash-4.2#
```

【例 3.5】建立一個執行緒，共用處理程序資料。

（1）打開 UE，建立一個 test.cpp 檔案，在 test.cpp 中輸入程式如下：

```
#include <pthread.h>
#include <stdio.h>

int gn = 10; // 定義一個全域變數，將在主執行緒和子執行緒中用到
void *thfunc(void *arg)
{
    gn++;    // 遞增 1
    printf("in thfunc:gn=%d,\n", gn);    // 列印全域變數 gn 值
    return (void *)0;
}

int main(int argc, char *argv [])
{
    pthread_t tidp;
    int ret;

    ret = pthread_create(&tidp, NULL, thfunc, NULL);
    if (ret)
    {
        printf("pthread_create failed:%d\n", ret);
        return -1;
    }
    pthread_join(tidp, NULL);           // 等待子執行緒結束
    gn++;                               // 子執行緒結束後，gn 再遞增 1
    printf("in main:gn=%d\n", gn);      // 再次列印全域變數 gn 值

    return 0;
}
```

（2）上傳 test.cpp 到 Linux，在終端下輸入命令：g++ -o test test.cpp -lpthread，其中 pthread 是執行緒函數庫的名字，然後執行 test，執行結果如下：

```
-bash-4.2# g++ -o test test.cpp -lpthread
-bash-4.2# ./test
in thfunc:gn=11,
in main:gn=12
-bash-4.2#
```

從此例中可以看到，全域變數 gn 首先在子執行緒中遞增 1，等子執行緒結束後，再在主執行緒中遞增 1。兩個執行緒都對同一個全域變數進行了存取。

3.3.2 執行緒的屬性

POSIX 標準規定執行緒具有多個屬性。執行緒的主要屬性包括：分離狀態（Detached State）、排程策略和參數（Scheduling Policy and Parameters）、作用域（Scope）、堆疊尺寸（Stack Size）、堆疊位址（Stack Address）、優先順序（Priority）等。Linux 為執行緒屬性定義一個聯合體 pthread_attr_t，注意是聯合體而非結構，定義的地方在 /usr/include/bits/ pthreadtypes.h 中，定義如下：

```
union pthread_attr_t
{
  char __size[__SIZEOF_PTHREAD_ATTR_T];
  long int __align;
};
```

從這個定義中可以看出，屬性值都是存放在陣列 __size 中的，不方便存取。但 Linux 中有一組專門用於存取屬性值的函數。如果要獲取執行緒的屬性，首先要用函數 pthread_getattr_np 來獲取屬性結構值，再用對應的函數來獲得某個屬性具體值。函數 pthread_getattr_np 宣告如下：

```
int pthread_getattr_np(pthread_t thread, pthread_attr_t *attr);
```

其中參數 thread 是執行緒 ID，attr 傳回執行緒屬性結構的內容。如果函數成功，傳回 0，否則傳回錯誤碼。注意，使用該函數需要在 pthread.h 前定義巨集 _GNU_SOURCE，程式如下：

```
   #define _GNU_SOURCE             /* See feature_test_macros(7) */
   #include <pthread.h>
```

並且，當函數 pthread_getattr_np 獲得的屬性結構變數不再需要的時候，應該用函數 pthread_attr_destroy 進行銷毀。

我們前面用 pthread_create 建立執行緒時，屬性結構指標參數用了 NULL，此時建立的執行緒具有預設屬性，即為非分離、大小為 1MB 的堆疊，與父處理程序具有同樣等級的優先順序。如果要建立非預設屬性的執行緒，可以在建立執行緒之前用函數 pthread_attr_init 來初始化一個執行緒屬性結構，再呼叫對應 API 函數來設定對應的屬性，接著把屬性結構的指標作為參數傳入 pthread_create。函數 pthread_attr_init 宣告如下：

```
int pthread_attr_init(pthread_attr_t *attr);
```

其中參數 attr 為指向執行緒屬性結構的指標。如果函數成功，傳回 0，否則傳回一個錯誤碼。

需要注意的是，使用 pthread_attr_init 初始化執行緒屬性，使用完（即傳入 pthread_create）後需要使用 pthread_attr_destroy 進行銷毀，從而釋放相關資源。函數 pthread_attr_destroy 宣告如下：

```
int pthread_attr_destroy(pthread_attr_t *attr);
```

其中參數 attr 為指向執行緒屬性結構的指標，如果函數成功，傳回 0，否則傳回一個錯誤碼。

除了建立時指定屬性外，我們也可以透過一些 API 函數來改變已經建立了執行緒的預設屬性。透過函數 pthread_getattr_np 可以獲取執行緒的屬性，該函數可以獲取某個正在執行的執行緒的屬性，函數宣告如下：

```
int pthread_getattr_np(pthread_t thread, pthread_attr_t *attr);
```

其中參數 thread 用於獲取屬性的執行緒 ID，attr 用於傳回得到的屬性。如果函數成功，傳回 0，否則傳回錯誤碼。

下面我們透過例子來演示該函數的使用方法。

1. 分離狀態

分離狀態是執行緒的很重要的屬性。POSIX 執行緒的分離狀態決定一個執行緒以什麼樣的方式終止。要注意和前面執行緒狀態的區別，前面所說的執行緒的狀態是不同作業系統上的執行緒都有的狀態（它是執行緒當前活動狀態的說明），而這裡所說的分離狀態是 POSIX 標準下的屬性所特有的，它用於表明該執行緒以何種方式終止。預設的分離狀態是可連接，即建立執行緒時如果使用預設屬性，則分離狀態屬性就是可連接，因此，預設屬性下建立的執行緒是可連接執行緒。

POSIX 下的執行緒不是分離狀態的，就是非分離狀態的（也稱可連接的，joinable）。前者用巨集 PTHREAD_CREATE_DETACHED 表示，後者用巨集 PTHREAD_CREATE_JOINABLEB 表示。預設情況下建立的執行緒是可連接的，一個可連接的執行緒可以被其他執行緒收回資源和取消，並且它不會主動釋放資源（比如堆疊空間），必須等待其他執行緒來回收其資源，因此我們要在主執行緒使用函數 pthread_join，該函數是個阻塞函數，當它傳回時，所等待的執行緒的資源也就被釋放了。

再次強調，如果是可連接執行緒，當執行緒函數自己傳回結束時或呼叫 pthread_exit 結束時都不會釋放執行緒所佔用的堆疊和執行緒描述符號（總計 8KB 多），必須呼叫 pthread_join 且傳回後，這些資源才會被釋放。這對父處理程序長時間執行的執行緒來說，其結果會是災難性的。因為父處理程序不退出並且沒有呼叫 pthread_join，則這些可連接執行緒的資源就一直不會釋放，相當於變成僵屍執行緒了，僵屍執行緒越來越多，以後再想建立新執行緒將變得沒有資源可用。

如果不用 pthread_join，即使父處理程序先於可連接子執行緒退出，也不會洩露資源。如果父處理程序先於子執行緒退出，那麼它將被 init 處理程序所收養，這個時候 init 處理程序就是它的父處理程序，它將呼叫 wait 系列函數為其回收資源，因此不會洩露資源。總之，一個可連接的執行緒所佔用的記憶體僅當有執行緒對其執行 pthread_join 後才會釋放，因此為了避免記憶體洩漏，可連接的執行緒在終止時，不是已被設為 DETACHED（可分離），就是使用 pthread_join 來回收資源。另外，一個執行緒不能被多個執行緒等待，否則第一個接收到訊號的執行緒成功傳回，其餘呼叫 pthread_join 的執行緒將得到錯誤程式 ESRCH。

了解了可連接執行緒，我們來看可分離的執行緒，這種執行緒執行結束時，其資源將立刻被系統回收。可以這樣理解，這種執行緒能獨立（分離）出去，可以自生自滅，父執行緒不用管它了。將一個執行緒設定為可分離狀態有兩種方式，一種是呼叫函數 pthread_detach，它可以將執行緒轉為可分離執行緒；另一種是在建立執行緒時就將它設定為可分離狀態，基本過程是首先初始化一個執行緒屬性的結構變數（透過函數 pthread_attr_init），然後將其設定為可分離狀態（透過函數 pthread_attr_setdetachstate），最後將該結構變數的位址作為參數傳入執行緒建立函數 pthread_create，這樣所建立出來的執行緒就直接處於可分離狀態。

函數 pthread_attr_setdetachstate 用來設定執行緒的分離狀態屬性，宣告如下：

```
int pthread_attr_setdetachstate(pthread_attr_t * attr, int detachstate);
```

其中參數 attr 是要設定的屬性結構；detachstate 是要設定的分離狀態值，可以設定值 PTHREAD_CREATE_DETACHED 或 PTHREAD_CREATE_JOINABLE。如果函數成功，傳回 0，否則傳回非零錯誤碼。

【例 3.6】建立一個可分離執行緒。

（1）打開 UE，建立一個 test.cpp 檔案，在 test.cpp 中輸入程式如下：

```
#include <iostream>
#include <pthread.h>

using namespace std;

void *thfunc(void *arg)
```

```
{
    cout<<("sub thread is running\n");
    return NULL;
}

int main(int argc, char *argv[])
{
    pthread_t thread_id;
    pthread_attr_t thread_attr;
    struct sched_param thread_param;
    size_t stack_size;
    int res;

    res = pthread_attr_init(&thread_attr);
    if (res)
        cout<<"pthread_attr_init failed:"<<res<<endl;

    res = pthread_attr_setdetachstate( &thread_attr,PTHREAD_CREATE_
DETACHED);
    if (res)
        cout<<"pthread_attr_setdetachstate failed:"<<res<<endl;

    res = pthread_create(   &thread_id,     &thread_attr, thfunc,
        NULL);
    if (res )
        cout<<"pthread_create failed:"<<res<<endl;
    cout<<"main thread will exit\n"<<endl;

    sleep(1);
    return 0;
}
```

（2）上傳 test.cpp 到 Linux，在終端下輸入命令：g++ -o test test.cpp -lpthread，其中 pthread 是執行緒函數庫的名字，然後執行 test，執行結果如下：

```
[root@localhost test]# g++ -o test test.cpp -lpthread
[root@localhost test]# ./test
main thread will exit
```

```
sub thread is running
[root@localhost test]#
```

在上面程式中，我們首先初始化了一個執行緒屬性結構，然後設定其分離狀態為 PTHREAD_CREATE_DETACHED，並用這個屬性結構作為參數傳入執行緒建立函數中。這樣建立出來的執行緒就是可分離執行緒。這表示，該執行緒結束時，它所佔用的任何資源都可以立刻被系統回收。程式的最後我們讓主執行緒暫停 1 秒，讓子執行緒有機會執行。因為如果主執行緒很早就退出，將導致整個處理程序很早退出，子執行緒就沒機會執行了。

如果子執行緒執行的時間長，則 sleep 的設定比較麻煩。有一種機制不用 sleep 函數即可讓子執行緒完整執行。對於可連接執行緒，主執行緒可以用 pthread_join 函數等待子執行緒結束。而對於可分離執行緒，並沒有這樣的函數，但可以採用這樣的方法：先讓主執行緒退出而處理程序不退出，一直等到子執行緒退出了，處理程序才退出，即在主執行緒中呼叫函數 pthread_exit，在主執行緒如果呼叫了 pthread_exit，那麼此時終止的只是主執行緒，而處理程序的資源會為由主執行緒建立的其他執行緒保持打開的狀態，直到其他執行緒都終止。值得注意的是，如果在非主執行緒（即其他子執行緒）中呼叫 pthread_exit 則不會有這樣的效果，只會退出當前子執行緒。下面不用 sleep 函數，重新改寫例 3.6。

【例 3.7】建立一個可分離執行緒，且主執行緒先退出。

（1）打開 UE，建立一個 test.cpp 檔案，在 test.cpp 中輸入程式如下：

```
#include <iostream>
#include <pthread.h>

using namespace std;

void *thfunc(void *arg)
{
```

```
    cout<<("sub thread is running\n");
    return NULL;
}

int main(int argc, char *argv[])
{
    pthread_t thread_id;
    pthread_attr_t thread_attr;
    struct sched_param thread_param;
    size_t stack_size;
    int res;

    res = pthread_attr_init(&thread_attr);  // 初始化執行緒結構
    if (res)
        cout<<"pthread_attr_init failed:"<<res<<endl;

    res = pthread_attr_setdetachstate( &thread_attr,PTHREAD_CREATE_
DETACHED); // 設定分離狀態
    if (res)
        cout<<"pthread_attr_setdetachstate failed:"<<res<<endl;

    res = pthread_create(   &thread_id,     &thread_attr, thfunc,
    // 建立一個可分離執行緒
        NULL);
    if (res )
        cout<<"pthread_create failed:"<<res<<endl;
    cout<<"main thread will exit\n"<<endl;

    pthread_exit(NULL);     // 主執行緒退出，但處理程序不會此刻退出，下面的
敘述不會再執行
    cout << "main thread has  exited,this line will not run\n" << endl;
    // 此句不會執行
    return 0;
}
```

（2）上傳 test.cpp 到 Linux，在終端下輸入命令：g++ -o test test.cpp -lpthread，其中 pthread 是執行緒函數庫的名字，然後執行 test，執行結果如下：

```
[root@localhost test]# g++ -o test test.cpp -lpthread
[root@localhost test]# ./test
main thread will exit

sub thread is running
[root@localhost test]#
```

正如我們預料的那樣，主執行緒中呼叫了函數 pthread_exit 將退出主執行緒，但處理程序並不會在此刻退出，而是要等到子執行緒結束後才退出。因為是分離執行緒，它結束的時候，所佔用的資源會立刻被系統回收。而如果是一個可連接執行緒，則必須在建立它的執行緒中呼叫 pthread_join 來等待可連接執行緒的結束並釋放該執行緒所佔的資源。因此上面程式中，如果我們建立的是可連接執行緒，則函數 main 中不能呼叫 pthread_exit 預先退出。

除了直接建立可分離執行緒外，還能把一個可連接執行緒轉為可分離執行緒。這有個好處，就是我們把執行緒的分離狀態轉為可分離後，它自己退出或呼叫 pthread_exit 後就可以由系統回收其資源。轉換方法是呼叫函數 pthread_detach，該函數可以把一個可連接執行緒轉變為一個可分離的執行緒，宣告如下：

```
int pthread_detach(pthread_t thread);
```

其中參數 thread 是要設定為分離狀態的執行緒的 ID。如果函數成功，傳回 0，否則傳回一個錯誤碼，比如錯誤碼 EINVAL 表示目標執行緒不是一個可連接的執行緒，ESRCH 表示該 ID 的執行緒沒有找到。要注意的是，如果一個執行緒已經被其他執行緒連接了，則 pthread_detach 不會產生作用，並且該執行緒繼續處於可連接狀態。同時，如果一個執行緒成功進行了 pthread_detach 後，則無法被連接。

下面我們來看一個例子，首先建立一個可連接執行緒，然後獲取其分離狀態，再把它轉為可分離執行緒來獲取其分離狀態屬性。獲取分離狀態的函數是 pthread_attr_getdetachstate，該函數宣告如下：

```
int pthread_attr_getdetachstate(pthread_attr_t *attr, int *detachstate);
```

其中參數 attr 為屬性結構指標，detachstate 傳回分離狀態。如果函數成功，傳回 0，否則傳回錯誤碼。

【例 3.8】獲取執行緒的分離狀態屬性。

（1）打開 UE，建立一個 test.cpp 檔案，在 test.cpp 中輸入程式如下：

```
#ifndef _GNU_SOURCE
#define _GNU_SOURCE     /* To get pthread_getattr_np() declaration */
#endif
#include <pthread.h>
#include <stdio.h>
#include <stdlib.h>
#include <unistd.h>
#include <errno.h>

#define handle_error_en(en, msg) \      // 輸出自訂的錯誤資訊
        do { errno = en; perror(msg); exit(EXIT_FAILURE); } while (0)

static void * thread_start(void *arg)
{
    int i,s;
    pthread_attr_t gattr;                          // 定義執行緒屬性結構

    s = pthread_getattr_np(pthread_self(), &gattr); // 獲取當前執行緒屬性
結構值，該函數前面講過了
    if (s != 0)
        handle_error_en(s, "pthread_getattr_np");   // 列印錯誤資訊

    printf("Thread's detachstate attributes:\n");

    s = pthread_attr_getdetachstate(&gattr, &i);    // 從屬性結構值中獲取
分離狀態屬性
    if (s)
        handle_error_en(s, "pthread_attr_getdetachstate");
    printf("Detach state        = %s\n",            // 列印當前分離狀態屬性
        (i == PTHREAD_CREATE_DETACHED) ? "PTHREAD_CREATE_DETACHED" :
```

```
        (i == PTHREAD_CREATE_JOINABLE) ? "PTHREAD_CREATE_JOINABLE" :
        "???");

    pthread_attr_destroy(&gattr);
}

int main(int argc, char *argv[])
{
    pthread_t thr;
    int s;

    s = pthread_create(&thr, NULL, &thread_start, NULL);  //建立執行緒
    if (s != 0)
{
        handle_error_en(s, "pthread_create");
         return 0;
}

    pthread_join(thr, NULL);                              //等待子執行緒結束
 return 0;
}
```

（2）上傳 test.cpp 到 Linux，在終端下輸入命令：g++ -o test test.cpp -lpthread，其中 pthread 是執行緒函數庫的名字，然後執行 test，執行結果如下：

```
[root@localhost Debug]# ./test
Thread's detachstate attributes:
Detach state        = PTHREAD_CREATE_JOINABLE
```

從執行結果可見，預設建立的執行緒就是一個可連接執行緒，即其分離狀態屬性是可連接的。下面我們再看一個例子，把一個可連接執行緒轉換成可分離執行緒，並查看其前後的分離狀態屬性。

【例 3.9】把可連接執行緒轉為可分離執行緒。

（1）打開 UE，建立一個 test.cpp 檔案，在 test.cpp 中輸入程式如下：

```
#ifndef _GNU_SOURCE
#define _GNU_SOURCE     /* To get pthread_getattr_np() declaration */
#endif
#include <pthread.h>
#include <stdio.h>
#include <stdlib.h>
#include <unistd.h>
#include <errno.h>

static void * thread_start(void *arg)
{
    int i,s;
    pthread_attr_t gattr;

    s = pthread_getattr_np(pthread_self(), &gattr);
    if (s != 0)
        printf("pthread_getattr_np failed\n");

    s = pthread_attr_getdetachstate(&gattr, &i);
    if (s)
        printf(  "pthread_attr_getdetachstate failed");
    printf("Detach state        = %s\n",
        (i == PTHREAD_CREATE_DETACHED) ? "PTHREAD_CREATE_DETACHED" :
        (i == PTHREAD_CREATE_JOINABLE) ? "PTHREAD_CREATE_JOINABLE" :
        "???");

    pthread_detach(pthread_self());  //轉換執行緒為可分離執行緒

    s = pthread_getattr_np(pthread_self(), &gattr);
    if (s != 0)
        printf("pthread_getattr_np failed\n");
    s = pthread_attr_getdetachstate(&gattr, &i);
    if (s)
        printf(" pthread_attr_getdetachstate failed");
    printf("after pthread_detach,\nDetach state        = %s\n",
        (i == PTHREAD_CREATE_DETACHED) ? "PTHREAD_CREATE_DETACHED" :
        (i == PTHREAD_CREATE_JOINABLE) ? "PTHREAD_CREATE_JOINABLE" :
        "???");
```

```
    pthread_attr_destroy(&gattr);  // 銷毀屬性
}

int main(int argc, char *argv[])
{
    pthread_t thread_id;
    int s;

    s = pthread_create(&thread_id, NULL, &thread_start, NULL);
    if (s != 0)
    {
        printf("pthread_create failed\n");
        return 0;
    }
    pthread_exit(NULL);  // 主執行緒退出，但處理程序並不馬上結束
}
```

（2）上傳 test.cpp 到 Linux，在終端下輸入命令：g++ -o test test.cpp -lpthread，其中 pthread 是執行緒函數庫的名字，然後執行 test，執行結果如下：

```
[root@localhost Debug]# ./test
Detach state          = PTHREAD_CREATE_JOINABLE
after pthread_detach,
Detach state          = PTHREAD_CREATE_DETACHED
```

2. 堆疊尺寸

堆疊尺寸是執行緒的重要屬性。這對於在執行緒函數中開設堆疊上的記憶體空間非常重要。如區域變數、函數參數、傳回位址等都存放在堆疊空間裡，而動態分配的記憶體（比如用 malloc）或全域變數等都屬於堆積空間。在執行緒函數中開設區域變數（尤其陣列）要注意不要超過預設堆疊尺寸大小。獲取執行緒堆疊尺寸屬性的函數是 pthread_attr_getstacksize，宣告如下：

```
int pthread_attr_getstacksize(pthread_attr_t *attr, size_t *stacksize);
```

其中參數 attr 指向屬性結構，stacksize 用於獲得堆疊尺寸（單位是位元組），它指向 size_t 類型的變數。如果函數成功，傳回 0，否則傳回錯誤碼。

【例 3.10】獲得執行緒預設堆疊尺寸大小和最小尺寸。

（1）打開 UE，建立一個 test.cpp 檔案，在 test.cpp 中輸入程式如下：

```
#ifndef _GNU_SOURCE
#define _GNU_SOURCE     /* To get pthread_getattr_np() declaration */
#endif
#include <pthread.h>
#include <stdio.h>
#include <stdlib.h>
#include <unistd.h>
#include <errno.h>
#include <limits.h>
static void * thread_start(void *arg)
{
    int i,res;
    size_t stack_size;
    pthread_attr_t gattr;

    res = pthread_getattr_np(pthread_self(), &gattr);
    if (res)
        printf("pthread_getattr_np failed\n");

    res = pthread_attr_getstacksize(&gattr, &stack_size);
    if (res)
        printf("pthread_getattr_np failed\n");

    printf("Default stack size is %u byte; minimum is %u byte\n",
stack_size, PTHREAD_STACK_MIN);

     pthread_attr_destroy(&gattr);
}

int main(int argc, char *argv[])
{
```

```
    pthread_t thread_id;
    int s;

    s = pthread_create(&thread_id, NULL, &thread_start, NULL);
    if (s != 0)
    {
        printf("pthread_create failed\n");
        return 0;
    }
    pthread_join(thread_id, NULL);    //等待子執行緒結束
}
```

（2）上傳 test.cpp 到 Linux，在終端下輸入命令：g++ -o test test.cpp -lpthread，其中 pthread 是執行緒函數庫的名字，然後執行 test，執行結果如下：

```
[root@localhost Debug]# ./test
Default stack size is 8392704 byte; minimum is 16384 byte
```

3. 排程策略

排程策略也是執行緒的重要屬性。某個執行緒肯定有一種策略來排程它。處理程序中有了多個執行緒後，就要管理這些執行緒如何去佔用 CPU，這就是執行緒排程。執行緒排程通常由作業系統來安排，不同的作業系統其排程方法（或稱排程策略）不同，比如有的作業系統採用輪詢法來排程。在理解執行緒排程之前，先要了解即時與非即時。即時就是指作業系統對一些中斷等的回應時效性非常高，非即時則正好相反。目前像 VxWorks 屬於即時作業系統（Real-time Operating System，RTOS），而 Windows 和 Linux 則屬於非即時作業系統，也叫分時作業系統（Time-sharing Operating System，TSOS）。回應即時的表現主要是先佔，先佔是透過優先順序來控制的，優先順序高的任務最先佔用 CPU。

Linux 雖然是個非即時作業系統，但其執行緒也有即時和分時之分，具體的排程策略可以分為 3 種：SCHED_OTHER（分時排程策略）、SCHED_FIFO（先來先服務排程策略）、SCHED_RR（即時的分時排程

策略）。我們建立執行緒的時候可以指定其排程策略。預設的排程策略是 SCHED_OTHER。SCHED_FIFO 和 SCHED_RR 只用於即時執行緒。

（1）SCHED_OTHER

SCHED_OTHER 表示分時排程策略（也可稱作輪轉策略），是一種非即時排程策略，系統會為每個執行緒分配一段執行時間，稱為時間切片。該排程策略是不支援優先順序的，如果我們去獲取該排程策略下的最高和最低優先順序，可以發現都是 0。該排程策略有點像在售樓處選房，對每個選房人都預先給定相同的一段時間，前面的人在選房，他不出來，後一個人是不能進去選房的，而且不能強行趕他出來（即不支援優先順序，沒有 VIP 特權之説）。

（2）SCHED_FIFO

SCHED_FIFO 表示先來先服務排程策略，是一種即時排程策略，支援優先順序先佔（真實支援優先順序，因此可以算一種即時排程策略）。在 SCHED_FIFO 策略下，CPU 讓一個先來的執行緒執行完再排程下一個執行緒，順序就是按照建立執行緒的先後。執行緒一旦佔用 CPU 則一直執行，直到有更高優先順序任務到達或自己放棄 CPU。如果有和正在執行的執行緒具有同樣優先順序的執行緒已經就緒，則必須等待正在執行的執行緒主動放棄後才可以執行這個就緒的執行緒。在 SCHED_FIFO 策略下，可設定的優先順序的範圍是 1 ～ 99。

（3）SHCED_RR

SHCED_RR 表示時間切片輪轉（輪詢）排程策略，但支援優先順序先佔，因此也是一種即時排程策略。SHCED_RR 策略下，CPU 會分配給每個執行緒一個特定的時間切片，當執行緒的時間切片用完，系統將重新分配時間切片，並將執行緒置於即時執行緒就緒佇列的尾部，這樣保證了所有具有相同優先順序的執行緒能夠被公平地排程。

下面我們來看個例子，獲取這 3 種排程策略下可設定的最低和最高優先順序。主要使用的函數是 sched_get_priority_min 和 sched_get_priority_max，這兩個函數都在 sched.h 中宣告，其宣告如下：

```
int sched_get_priority_min(int policy);
int sched_get_priority_max(int policy);
```

該函數獲取即時執行緒可設定的最低和最高優先順序值。其中參數 policy 為排程策略，可以設定值為 SCHED_FIFO、SCHED_RR 或 SCHED_OTHER。函數傳回可設定的最低和最高優先順序。對於 SCHED_OTHER，由於是分時策略，因此傳回 0；另外兩個策略，傳回最低優先順序是 1，最高優先順序是 99。

【例 3.11】 獲取執行緒 3 種排程策略下可設定的最低和最高優先順序。

（1）打開 UE，建立一個 test.cpp 檔案，在 test.cpp 中輸入程式如下：

```
#include <stdio.h>
#include <unistd.h>
#include <sched.h>
main()
{
    printf("Valid priority range for SCHED_OTHER: %d - %d\n",
        sched_get_priority_min(SCHED_OTHER),  // 獲取 SCHED_OTHER 的可設定
的最低優先順序
        sched_get_priority_max(SCHED_OTHER)); // 獲取 SCHED_OTHER 的可設定
的最高優先順序
    printf("Valid priority range for SCHED_FIFO: %d - %d\n",
        sched_get_priority_min(SCHED_FIFO), // 獲取 SCHED_ FIFO 的可設定的
最低優先順序
        sched_get_priority_max(SCHED_FIFO)); // 獲取 SCHED_ FIFO 的可設定的
最高優先順序
    printf("Valid priority range for SCHED_RR: %d - %d\n",
        sched_get_priority_min(SCHED_RR),  // 獲取 SCHED_ RR 的可設定的最低
優先順序
        sched_get_priority_max(SCHED_RR)); // 獲取 SCHED_ RR 的可設定的最高
優先順序
}
```

（2）上傳 test.cpp 到 Linux，在終端下輸入命令：g++ -o test test.cpp -lpthread，其中 pthread 是執行緒函數庫的名字，然後執行 test，執行結果如下：

```
[root@localhost Debug]# ./test
Valid priority range for SCHED_OTHER: 0 - 0
Valid priority range for SCHED_FIFO: 1 - 99
Valid priority range for SCHED_RR: 1 - 99
```

對於 SCHED_FIFO 和 SHCED_RR 排程策略，由於支援優先順序先佔，因此具有高優先順序的可執行的（就緒狀態下的）執行緒總是先執行。並且，一個正在執行的執行緒在未完成其時間切片時，如果出現一個更高優先順序的執行緒就緒，正在執行的這個執行緒就可能在未完成其時間切片前被先佔，甚至一個執行緒會在未開始其時間切片前就被先佔了，而要等待下一次被選擇執行。當 Linux 系統進行切換執行緒的時候，將執行一個上下文轉換的操作，即儲存正在執行的執行緒的相關狀態，加載另一個執行緒的狀態，開始新執行緒的執行。

需要說明的是，雖然 Linux 支援即時排程策略（比如 SCHED_FIFO 和 SCHED_RR），但它依舊屬於非即時作業系統，這是因為即時作業系統對回應時間有著非常嚴格的要求，而 Linux 作為一個通用作業系統達不到這一要求（通用作業系統要求能支援一些較差的硬體，從硬體角度來看達不到即時要求），此外 Linux 的執行緒優先順序是動態的，也就是說即使高優先順序執行緒還沒有完成，低優先順序的執行緒還是會得到一定的時間切片。USA 的太空船常用的作業系統 VxWorks 就是一個 RTOS（即時作業系統）。

3.3.3 執行緒的結束

執行緒安全退出是撰寫多執行緒程式時的重要部分。Linux 下，執行緒的結束通常有以下幾種方法：

（1）在執行緒函數中呼叫函數 pthread_exit。

（2）執行緒所屬的處理程序結束了，比如處理程序呼叫了 exit。

（3）執行緒函數執行結束後（return）傳回了。

（4）執行緒被同一處理程序中的其他執行緒通知結束或取消。

和 Windows 下的執行緒退出函數 ExitThread 不同，方法（1）中的 pthread_exit 不會導致 C++ 物件被解構，所以可以放心使用；方法（2）最好不用，因為執行緒函數如果有 C++ 物件，則 C++ 物件不會被銷毀；方法（3）推薦使用，執行緒函數執行到 return 後結束，是最安全的方式，應該儘量將執行緒設計成這樣的形式，即想讓執行緒終止執行時期，它們就能夠 return（傳回）；方法（4）通常用於其他執行緒要求目標執行緒結束執行的情況，比如目標執行緒正執行一個耗時的複雜科學計算，但使用者等不及了想中途停止它，此時就可以向目標執行緒發送取消訊號。其實，方法（1）和（3）屬於執行緒自己主動終止；方法（2）和（4）屬於被動結束，就是自己並不想結束，但外部執行緒希望自己終止。

一般情況下，處理程序中各個執行緒的執行是相互獨立的，執行緒的終止並不會相互通知，也不會影響其他的執行緒。對於可連接執行緒，它終止後所佔用的資源並不會隨著執行緒的終止而歸還系統，而是仍為執行緒所在的處理程序持有，可以呼叫函數 pthread_join 來同步並釋放資源。

1. 執行緒主動結束

執行緒主動結束，一般就是在執行緒函數中使用 return 敘述或呼叫函數 pthread_exit。函數 pthread_exit 宣告如下：

```
void pthread_exit(void *retval);
```

其中參數 retval 就是執行緒退出的時候傳回給主執行緒的值。注意執行緒函數的傳回類型是 void*；在主執行緒中呼叫 pthread_exit(NULL); 的時候，將結束主執行緒，但處理程序並不會立即退出。

下面來看個執行緒主動結束的例子。

【例 3.12】執行緒終止並得到執行緒的退出碼。

（1）打開 UE，建立一個 test.cpp 檔案，在 test.cpp 中輸入程式如下：

```
#include <pthread.h>
#include <stdio.h>
#include <string.h>
#include <unistd.h>
#include <errno.h>

#define PTHREAD_NUM    2

void *thrfunc1(void *arg)                // 第一個執行緒函數
{
    static int count = 1;                // 這裡需要是靜態變數
    pthread_exit((void*)(&count));       // 透過 pthread_exit 結束執行緒
}
void *thrfunc2(void *arg)
{
    static int count = 2;
    return (void *)(&count);             // 執行緒函數傳回
}

int main(int argc, char *argv[])
{
    pthread_t pid[PTHREAD_NUM];          // 定義兩個執行緒 ID
    int retPid;
    int *pRet1;                          // 注意這裡是指標
    int * pRet2;

    if ((retPid = pthread_create(&pid[0], NULL, thrfunc1, NULL)) != 0)
    // 建立第 1 個執行緒
    {
        perror("create pid first failed");
        return -1;
    }
```

```
    if ((retPid = pthread_create(&pid[1], NULL, thrfunc2, NULL)) != 0)
    // 建立第 2 個執行緒
    {
        perror("create pid second failed");
        return -1;
    }

    if (pid[0] != 0)
    {
        pthread_join(pid[0], (void**)& pRet1);  // 注意 pthread_join 的第二
個參數的用法
        printf("get thread 0 exitcode: %d\n", * pRet1);// 列印執行緒傳回值
    }
    if (pid[1] != 0)
    {
        pthread_join(pid[1], (void**)& pRet2);
        printf("get thread 1 exitcode: %d\n", * pRet2);// 列印執行緒傳回值
    }
    return 0;
}
```

（2）上傳 test.cpp 到 Linux，在終端下輸入命令：g++ -o test test.cpp -lpthread，其中 pthread 是執行緒函數庫的名字，然後執行 test，執行結果如下：

```
[root@localhost Debug]# ./test
get thread 0 exitcode: 1
get thread 1 exitcode: 2
```

從這個例子可以看到，執行緒傳回值有兩種方式，一種是呼叫函數 pthread_exit，另一種是直接 return。這個例子中，用了不少強制轉換，首先看函數 thrfunc1 中的最後一句 pthread_exit((void*)(&count));，我們知道函數 pthread_exit 的參數的類型為 void *，因此只能透過指標的形式出去，故先把整數變數 count 轉為整數指標，即 &count，那麼 &count 為 int* 類型，這個時候再與 void* 匹配，需要進行強制轉換，也就是程式中的 (void*)(&count);。函數 thrfunc2 中的 return 這個關鍵字進行傳回

值的時候，同樣也是需要進行強制類型的轉換，執行緒函數的傳回類型是 void*，那麼對 count 這個整數變數來說，必須轉為 void 型的指標類型（即 void*），因此有 (void*)((int*)&count);。

對接收傳回值的函數 pthread_join 來說，有兩個作用，其一就是等待中的執行緒結束，其二就是獲取執行緒結束時的傳回值。pthread_join 的第二個參數類型是 void** 二級指標，那我們就把整數指標 pRet1 的位址，即 int** 類型賦給它，再顯性地轉為 void** 即可。

再要注意一點，傳回整數數值的時候使用到了 static 這個關鍵字，這是因為必須確定傳回值的位址是不變的。如果不用 static，則對於 count 變數而言，在記憶體上來講，屬於在堆疊區域開闢的變數，那麼在呼叫結束的時候，必然是釋放記憶體空間的，就沒辦法找到 count 所代表內容的位址空間。這就是為什麼很多人在看到 swap 交換函數的時候，寫成 swap(int,int) 是沒有辦法進行交換的，所以，如果我們需要修改傳過來的參數的話，必須要使用這個參數的位址，或是一個變數本身是不變的記憶體位址空間，才可以進行修改，不然修改失敗或傳回值是隨機值。而把傳回值定義成靜態變數，這樣執行緒結束，其儲存單元依然存在，這樣做在主執行緒中可以透過指標引用到它的值，並列印出來。若用靜態變數，結果必將不同。讀者可以試著傳回一個字串，這樣就比傳回一個整數更加簡單明瞭。

2. 執行緒被動結束

某個執行緒在執行一項耗時的計算任務時，使用者可能沒耐心等待，希望結束該執行緒。此時執行緒就要被動地結束了。一種方法是可以在同處理程序的另外一個執行緒中透過函數 pthread_kill 發送訊號給要結束的執行緒，目標執行緒收到訊號後再退出；另外一種方法是在同處理程序的其他執行緒中透過函數 pthread_cancel 來取消目標執行緒的執行。我們先來看看 pthread_kill，向執行緒發送訊號的函數是 pthread_kill，注意它不是殺死（kill）執行緒，是向執行緒發信號，因此執行緒之間交流資訊可以用這個函數，要注意的是接收訊號的執行緒必須先用函數 sigaction 註冊該訊號的處理函數。函數 pthread_kill 宣告如下：

```
int pthread_kill(pthread_t threadId, int signal);
```

其中參數 threadId 是接收訊號的執行緒 ID；signal 是訊號，通常是一個大於 0 的值，如果等於 0，則用來探測執行緒是否存在。如果函數成功，傳回 0，否則傳回錯誤碼，如 ESRCH 表示執行緒不存在，EINVAL 表示訊號不合法。

向指定 ID 的執行緒發送 signal 訊號，如果執行緒程式內不做處理，則按照訊號預設的行為影響整個處理程序，也就是說，如果給一個執行緒發送了 SIGQUIT，但執行緒卻沒有實現 signal 處理函數，則整個處理程序退出。所以，如果 int sig 的參數不是 0，則一定要實現執行緒的訊號處理函數，否則就會影響整個處理程序。

【例 3.13】向執行緒發送請求結束訊號。

（1）打開 UE，建立一個 test.cpp 檔案，在 test.cpp 中輸入程式如下：

```
#include <iostream>
#include <pthread.h>
#include <signal.h>
#include <unistd.h>                          //sleep
using namespace std;

static void on_signal_term(int sig)     // 訊號處理函數
{
    cout << "sub thread will exit" << endl;
    pthread_exit(NULL);
}
void *thfunc(void *arg)
{
     signal(SIGQUIT, on_signal_term);   // 註冊訊號處理函數

    int tm = 50;
    while (true)                             // 無窮迴圈，模擬一個長時間計算任務
```

```
    {
        cout << "thrfunc--left:"<<tm<<" s--" <<endl;
        sleep(1);
        tm--;                              // 每過一秒，tm 就減 1
    }

    return (void *)0;
}

int main(int argc, char *argv[])
{
    pthread_t     pid;
    int res;

    res = pthread_create(&pid, NULL, thfunc, NULL);  // 建立子執行緒
    sleep(5);                              // 讓出 CPU 5 秒，讓子執行緒執行
    pthread_kill(pid, SIGQUIT);            //5 秒結束後，開始向子執行緒發送 SIGQUIT
訊號，通知其結束
    pthread_join(pid, NULL);               // 等待子執行緒結束
     cout << "sub thread has completed,main thread will exit\n";
    return 0;
}
```

（2）上傳 test.cpp 到 Linux，在終端下輸入命令：g++ -o test test.cpp -lpthread，其中 pthread 是執行緒函數庫的名字，然後執行 test，執行結果如下：

```
[root@localhost cpp98]# ./test
thrfunc--left:50 s--
thrfunc--left:49 s--
thrfunc--left:48 s--
thrfunc--left:47 s--
thrfunc--left:46 s--
sub thread will exit
sub thread has completed,main thread will exit
```

可以看到，子執行緒在執行的時候，主執行緒等了 5 秒後就開始向其發送訊號 SIGQUIT。在子執行緒中已經註冊了 SIGQUIT 的處理函數

on_signal_term。如果不註冊訊號 SIGQUIT 的處理函數，則將呼叫預設處理，即結束執行緒所屬的處理程序。讀者可以試試把 signal(SIGQUIT, on_signal_term); 註釋起來，再執行一下可以發現子執行緒在執行 5 秒後，整個處理程序結束了。pthread_kill(pid, SIGQUIT); 後面的敘述不會再執行。

pthread_kill 還有一種常見的應用，即判斷執行緒是否還存活，方法是發送訊號 0，這是一個保留訊號，然後判斷其傳回值，根據傳回值就可以知道目標執行緒是否還存活著。

【例 3.14】判斷執行緒是否已經結束。

（1）打開 UE，建立一個 test.cpp 檔案，在 test.cpp 中輸入程式如下：

```
#include <iostream>
#include <pthread.h>
#include <signal.h>
#include <unistd.h>         //sleep
#include "errno.h"          //for ESRCH
using namespace std;

void *thfunc(void *arg)    // 執行緒函數
{
    int tm = 50;
    while (1)              // 如果要執行緒停止，這裡可以改為 tm>48 或其他
    {
        cout << "thrfunc--left:"<<tm<<" s--" <<endl;
        sleep(1);
        tm--;
    }
    return (void *)0;
}

int main(int argc, char *argv[])
{
    pthread_t     pid;
    int res;
```

```
    res = pthread_create(&pid, NULL, thfunc, NULL); // 建立執行緒
    sleep(5);
    int kill_rc = pthread_kill(pid, 0);    // 發送訊號 0，探測執行緒是否存活
    // 列印探測結果
    if (kill_rc == ESRCH)
        cout<<"the specified thread did not exists or already quit\n";
    else if (kill_rc == EINVAL)
        cout<<"signal is invalid\n";
    else
        cout<<"the specified thread is alive\n";

    return 0;
}
```

（2）上傳 test.cpp 到 Linux，在終端下輸入命令：g++ -o test test.cpp -lpthread，其中 pthread 是執行緒函數庫的名字，然後執行 test，執行結果如下：

```
[root@localhost cpp98]# g++ -o test test.cpp -lpthread
[root@localhost cpp98]# ./test
thrfunc--left:50 s--
thrfunc--left:49 s--
thrfunc--left:48 s--
thrfunc--left:47 s--
thrfunc--left:46 s--
the specified thread is alive
```

上面例子中主執行緒休眠 5 秒後，探測子執行緒是否存活，結果是活著，因為子執行緒一直在無窮迴圈。如果要讓探測結果為子執行緒不存在了，可以把無窮迴圈改為一個可以跳出迴圈的條件，比如 while(tm>48)。

除了透過函數 pthread_kill 發送訊號來通知執行緒結束外，還可以透過函數 pthread_cancel 來取消某個執行緒的執行，所謂取消某個執行緒的執行，也是發送取消請求，請求其終止執行。要注意，就算發送成功也不一定表示執行緒停止執行了。函數 pthread_cancel 宣告如下：

```
int pthread_cancel(pthread_t thread);
```

其中參數 thread 表示要被取消執行緒（目標執行緒）的執行緒 ID。如果發送取消請求成功則函數傳回 0，否則傳回錯誤碼。發送取消請求成功並不表示目標執行緒立即停止執行，即系統並不會馬上關閉被取消的執行緒，只有在被取消的執行緒下次呼叫一些系統函數或 C 函數庫函數（比如 printf），或呼叫函數 pthread_testcancel（讓核心去檢測是否需要取消當前執行緒）時，才會真正結束執行緒。這種在執行緒執行過程中，檢測是否有未回應取消訊號的地方，叫取消點。常見的取消點在有 printf、pthread_testcancel、read/write、sleep 等函數呼叫的地方。如果被取消執行緒成功停止執行，將自動傳回常數 PTHREAD_CANCELED（這個值是 -1），可以透過 pthread_join 獲得這個退出值。

函數 pthread_testcancel 讓核心去檢測是否需要取消當前執行緒，宣告如下：

```
void pthread_testcancel(void);
```

pthread_testcancel 函數可以在執行緒的無窮迴圈中讓系統（核心）有機會去檢查是否有取消請求過來，如果不呼叫 pthread_testcancel，則函數 pthread_cancel 取消不了目標執行緒。我們可以來看下面兩個例子，第一個例子不呼叫函數 pthread_testcancel，則無法取消目標執行緒；第二個例子呼叫了函數 pthread_testcancel，取消成功了，即取消請求不但發送成功了，而且目標執行緒停止執行了。

【例 3.15】取消執行緒失敗。

（1）打開 UE，建立一個 test.cpp 檔案，在 test.cpp 中輸入程式如下：

```
#include<stdio.h>
#include<stdlib.h>
#include <pthread.h>
#include <unistd.h> //sleep
void *thfunc(void *arg)
```

```
{
    int i = 1;
    printf("thread start-------- \n");
    while (1)  //無窮迴圈
        i++;

    return (void *)0;
}
int main()
{
    void *ret = NULL;
    int iret = 0;
    pthread_t tid;
    pthread_create(&tid, NULL, thfunc, NULL);  //建立執行緒
    sleep(1);
          //發送取消執行緒的請求
    pthread_join(tid, &ret);                    //等待中的執行緒結束
    if (ret == PTHREAD_CANCELED)                //判斷是否成功取消執行緒
        printf("thread has stopped,and exit code: %d\n", ret); //列印下傳
回值，應該是 -1
    else
        printf("some error occured");

    return 0;
}
```

（2）上傳 test.cpp 到 Linux，在終端下輸入命令：g++ -o test test.cpp -lpthread，其中 pthread 是執行緒函數庫的名字，然後執行 test，執行結果如下：

```
[root@localhost cpp98]# ./test
thread start--------
^C
[root@localhost cpp98]#
```

從執行結果可以看到，程式列印 thread start-------- 後就沒反應了，只能按快速鍵 Ctrl+C 來停止處理程序，這說明在主執行緒中雖然發送取消請求了，但並沒有讓子執行緒停止執行，因為如果停止執行，pthread_ join 是會傳回並列印其後面的敘述的。下面我們來改進這個程式，在 while 迴圈中加一個函數 pthread_testcancel。

【例 3.16】取消執行緒成功。

（1）打開 UE，建立一個 test.cpp 檔案，在 test.cpp 中輸入程式如下：

```
#include<stdio.h>
#include<stdlib.h>
#include <pthread.h>
#include <unistd.h> //sleep
void *thfunc(void *arg)
{
    int i = 1;
    printf("thread start-------- \n");
while (1)
    {
        i++;
        pthread_testcancel();                    //讓系統測試取消請求
    }
    return (void *)0;
}
int main()
{
    void *ret = NULL;
    int iret = 0;
    pthread_t tid;
    pthread_create(&tid, NULL, thfunc, NULL);  //建立執行緒
    sleep(1);

    pthread_cancel(tid);                         //發送取消執行緒的請求
    pthread_join(tid, &ret);                     //等待中的執行緒結束
    if (ret == PTHREAD_CANCELED)                 //判斷是否成功取消執行緒
        printf("thread has stopped,and exit code: %d\n", ret); //列印下
傳回值，應該是 -1
    else
        printf("some error occured");

    return 0;
}
```

（2）上傳 test.cpp 到 Linux，在終端下輸入命令：g++ -o test test.cpp -lpthread，其中 pthread 是執行緒函數庫的名字，然後執行 test，執行結果如下：

```
[root@localhost cpp98]# g++ -o test test.cpp -lpthread
[root@localhost cpp98]# ./test
thread start--------
thread has stopped,and exit code: -1
```

可以看到，這個例子取消執行緒成功，目標執行緒停止執行，pthread_join 傳回，並且得到的執行緒傳回值正是 PTHREAD_CANCELED。原因是在 while 無窮迴圈中增加了函數 pthread_testcancel，讓系統每次迴圈都去檢查下有沒有取消請求。如果不用 pthread_testcancel，則可以在 while 迴圈中用 sleep 函數來代替，但這樣會影響 while 的速度，在實際開發中，可以根據具體專案具體分析。

3.3.4 執行緒退出時的清理機會

主動結束可以認為是執行緒正常終止，這種方式是可預見的；被動結束是其他執行緒要求其結束，這種退出方式是不可預見的，是一種異常終止。不論是可預見的執行緒終止還是異常終止，都會存在資源釋放的問題。在不考慮因執行出錯而退出的前提下，如何保證執行緒終止時能順利地釋放掉自己所佔用的資源，特別是鎖資源，就是一個必須考慮的問題。最經常出現的情形是資源獨佔鎖的使用：執行緒為了存取臨界資源而為其加上鎖，但在存取過程中被外界取消，如果取消成功了，則該臨界資源將永遠處於鎖定狀態得不到釋放。外界取消操作是不可預見的，因此的確需要一個機制來簡化用於資源釋放的程式設計，也就是需要一個在執行緒退出時執行清理的機會。關於鎖後面會講到，這裡只需要知道誰上了鎖，誰就要負責解鎖，否則會引起程式鎖死。我們來看一個場景。

比如執行緒 1 執行這樣一段程式：

```
void *thread1(void *arg)
{
pthread_mutex_lock(&mutex);  // 上鎖
// 呼叫某個阻塞函數，比如通訊端的 accept，該函數等待客戶連接
sock = accept(...);
pthread_mutex_unlock(&mutex);
}
```

在這個例子中，如果執行緒 1 執行 accept 時，執行緒會阻塞（也就是等在那裡，有用戶端連接的時候才傳回，或出現其他故障），在執行緒 1 等待時，執行緒 2 想關掉執行緒 1，於是呼叫 pthread_cancel 或類似函數，請求執行緒 1 立即退出。這時候執行緒 1 仍然在 accept 等待中，當它收到執行緒 2 的 cancel 訊號後，就會從 accept 中退出，終止執行緒，但注意這個時候執行緒 1 還沒有執行解鎖函數 pthread_mutex_unlock(&mutex);，即鎖資源沒有釋放，造成其他執行緒的鎖死問題，也就是其他在等待這個鎖資源的執行緒將永遠等不到了。所以必須在執行緒接收到 cancel 後用一種方法來保證異常退出（也就是執行緒沒達到終點）時可以做清理工作（主要是解鎖方面）。

POSIX 執行緒函數庫提供了函數 pthread_cleanup_push 和 pthread_cleanup_pop，讓執行緒退出時可以做一些清理工作。這兩個函數採用先入後出的堆疊結構管理，前者會把一個函數存入清理函數堆疊，後者用來彈移出堆疊頂的清理函數，並根據參數來決定是否執行清理函數。多次呼叫函數 pthread_cleanup_push 將把當前在堆疊頂的清理函數往下壓，彈出清理函數時，在堆疊頂的清理函數先被彈出。綜上所述，堆疊的特點是，先進後出。函數 pthread_cleanup_push 宣告如下：

```
void pthread_cleanup_push(void (*routine)(void *), void *arg);
```

其中參數 routine 是一個函數指標，arg 是該函數的參數。由 pthread_cleanup_push 壓堆疊的清理函數在下面三種情況下會執行：

（1）執行緒主動結束時，比如 return 或呼叫 pthread_exit 時。

（2）呼叫函數 pthread_cleanup_pop，且其參數為非 0 時。

（3）執行緒被其他執行緒取消時，也就是有其他執行緒對該執行緒呼叫 pthread_cancel 函數。

函數 pthread_cleanup_pop 宣告如下：

```
void pthread_cleanup_pop(int execute);
```

其中參數 execute 用來決定在彈移出堆疊頂清理函數的同時，是否執行清理函數，取 0 時表示不執行清理函數，非 0 時則執行清理函數。需要注意的是，函數 pthread_cleanup_pop 與 pthread_cleanup_push 必須成對出現在同一個函數中，否則就是語法錯誤。

了解了這兩個函數，我們把上面可能會引起鎖死的執行緒 1 的程式這樣改寫：

```
void *thread1(void *arg)
{
pthread_cleanup_push(clean_func,...)  //壓堆疊一個清理函數 clean_func
pthread_mutex_lock(&mutex);           //上鎖
//呼叫某個阻塞函數，比如通訊端的 accept，該函數等待客戶連接
sock = accept(...);

pthread_mutex_unlock(&mutex);         //解鎖
pthread_cleanup_pop(0);               //彈出清理函數，但不執行，因為參數是 0
return NULL;
}
```

在上面的程式中，如果 accept 被其他執行緒取消後執行緒退出，會自動呼叫函數 clean_func，在這個函數中可以釋放鎖資源。如果 accept 沒有被取消，那麼執行緒繼續執行，當執行到 pthread_mutex_unlock(&mutex); 時，表示執行緒正確地釋放資源了，再執行到 pthread_cleanup_pop(0); 會把前面壓堆疊的清理函數 clean_func 彈移出堆疊，並且不會去執行它（因為參數是 0）。現在的流程就安全了。

【例 3.17】執行緒主動結束時呼叫清理函數。

（1）打開 UE，建立一個 test.cpp 檔案，在 test.cpp 中輸入程式如下：

```
#include <stdio.h>
#include <stdlib.h>
#include <pthread.h>
#include <string.h>                                //strerror

void mycleanfunc(void *arg)                        // 清理函數
{
    printf("mycleanfunc:%d\n", *((int *)arg)); // 列印傳進來的不同參數
}
void *thfrunc1(void *arg)
{
    int m=1;
    printf("thfrunc1 comes \n");
    pthread_cleanup_push(mycleanfunc, &m);         // 把清理函數壓堆疊
    return (void *)0;                              // 退出執行緒
    pthread_cleanup_pop(0);  // 把清理函數移出堆疊，這句不會執行，但必須有，
否則編譯不過
}

void *thfrunc2(void *arg)
{
    int m = 2;
    printf("thfrunc2 comes \n");
    pthread_cleanup_push(mycleanfunc, &m);         // 把清理函數壓堆疊
    pthread_exit(0);                               // 退出執行緒
    pthread_cleanup_pop(0);  // 把清理函數移出堆疊，這句不會執行，但必須有，
否則編譯不過
}

int main(void)
{
    pthread_t pid1,pid2;
    int res;
    res = pthread_create(&pid1, NULL, thfrunc1, NULL);  // 建立執行緒 1
    if (res)
    {
```

```
        printf("pthread_create failed: %d\n", strerror(res));
        exit(1);
    }
    pthread_join(pid1, NULL);                          // 等待中的執行緒 1 結束

    res = pthread_create(&pid2, NULL, thfrunc2, NULL);  // 建立執行緒 2
    if (res)
    {
        printf("pthread_create failed: %d\n", strerror(res));
        exit(1);
    }
    pthread_join(pid2, NULL);                          // 等待中的執行緒 2 結束

    printf("main over\n");
    return 0;
}
```

（2）上傳 test.cpp 到 Linux，在終端下輸入命令：g++ -o test test.cpp -lpthread，其中 pthread 是執行緒函數庫的名字，然後執行 test，執行結果如下：

```
[root@localhost cpp98]# g++ -o test test.cpp -lpthread
[root@localhost cpp98]# ./test
thfrunc1 comes
mycleanfunc:1
thfrunc2 comes
mycleanfunc:2
main over
```

從此例中可以看到，無論 return 或 pthread_exit 都會引起清理函數的執行。值得注意的是，pthread_cleanup_pop 必須和 pthread_cleanup_push 成對出現在同一個函數中，否則編譯不過，讀者可以把 pthread_cleanup_pop 註釋起來後再編譯試試。這個例子是執行緒主動呼叫清理函數，下面我們再看由 pthread_cleanup_pop 執行清理函數的情況。

【例 3.18】 pthread_cleanup_pop 呼叫清理函數。

（1）打開 UE，建立一個 test.cpp 檔案，在 test.cpp 中輸入程式如下：

```
#include <stdio.h>
#include <stdlib.h>
#include <pthread.h>
#include <string.h> //strerror

void mycleanfunc(void *arg)                    // 清理函數
{
    printf("mycleanfunc:%d\n", *((int *)arg));
}
void *thfrunc1(void *arg)                      // 執行緒函數
{
    int m=1,n=2;
    printf("thfrunc1 comes \n");
    pthread_cleanup_push(mycleanfunc, &m);     // 把清理函數壓堆疊
    pthread_cleanup_push(mycleanfunc, &n);     // 再壓一個清理函數壓堆疊
    pthread_cleanup_pop(1);                    // 移出堆疊清理函數，並執行
    pthread_exit(0);                           // 退出執行緒
    pthread_cleanup_pop(0);                    // 不會執行，僅為了成對
}

int main(void)
{
    pthread_t pid1 ;
    int res;
    res = pthread_create(&pid1, NULL, thfrunc1, NULL);  // 建立執行緒
    if (res)
    {
        printf("pthread_create failed: %d\n", strerror(res));
        exit(1);
    }
    pthread_join(pid1, NULL);                  // 等待中的執行緒結束

    printf("main over\n");
    return 0;
}
```

（2）上傳 test.cpp 到 Linux，在終端下輸入命令：g++ -o test test.cpp -lpthread，其中 pthread 是執行緒函數庫的名字，然後執行 test，執行結果如下：

```
[root@localhost cpp98]# g++ -o test test.cpp -lpthread
[root@localhost cpp98]# ./test
thfrunc1 comes
mycleanfunc:2
mycleanfunc:1
main over
```

從此例中可以看出，我們連續壓了兩次清理函數存入堆疊，第一次壓堆疊的清理函數就到堆疊底，第二次壓堆疊的清理函數就到了堆疊頂，移出堆疊的時候應該是第二次壓堆疊的清理函數先執行，因此 pthread_cleanup_pop(1); 執行的是傳 n 進去的清理函數，輸出的整數值是 2。pthread_exit 退出執行緒時，引發執行的清理函數是傳 m 進去的清理函數，輸出的整數值是 1。下面介紹最後一種情況，執行緒被取消時引發清理函數。

【例 3.19】取消執行緒時引發清理函數。

（1）打開 UE，建立一個 test.cpp 檔案，在 test.cpp 中輸入程式如下：

```
#include<stdio.h>
#include<stdlib.h>
#include <pthread.h>
#include <unistd.h> //sleep

void mycleanfunc(void *arg)                          // 清理函數
{
    printf("mycleanfunc:%d\n", *((int *)arg));
}

void *thfunc(void *arg)
{
    int i = 1;
    printf("thread start-------- \n");
    pthread_cleanup_push(mycleanfunc, &i);       // 把清理函數壓堆疊
    while (1)
    {
        i++;
        printf("i=%d\n", i);
```

```
    }
    printf("this line will not run\n");        //這句不會呼叫
    pthread_cleanup_pop(0);                    //僅為了成對呼叫

    return (void *)0;
}
int main()
{
    void *ret = NULL;
    int iret = 0;
    pthread_t tid;
    pthread_create(&tid, NULL, thfunc, NULL); //建立執行緒
    sleep(1);                           //等待片刻，讓子執行緒開始 while 迴圈

    pthread_cancel(tid);                       //發送取消執行緒的請求
    pthread_join(tid, &ret);                   //等待中的執行緒結束
    if (ret == PTHREAD_CANCELED)               //判斷是否成功取消執行緒
        printf("thread has stopped,and exit code: %d\n", ret); //列印下
傳回值，應該是 -1
    else
        printf("some error occured");

    return 0;
}
```

（2）上傳 test.cpp 到 Linux，在終端下輸入命令：g++ -o test test.cpp -lpthread，其中 pthread 是執行緒函數庫的名字，然後執行 test，執行結果如下：

```
[root@localhost cpp98]# g++ -o test test.cpp -lpthread
[root@localhost cpp98]# ./test
i=2
i=3
i=4
...
i=24383
i=24384
i=24385
i=24386
```

```
i=24387
i=24388
i=24389i=24389
mycleanfunc:24389
thread has stopped,and exit code: -1
```

從這個例子可以看出，子執行緒在迴圈列印 i 的值，直到被取消。由於迴圈裡有系統呼叫 printf，因此取消成功時，將執行清理函數，在清理函數中列印的 i 值，將是執行很多次 i++ 後的 i 值，這是因為我們壓堆疊清理函數的時候，傳給清理函數的是 i 的位址，而執行清理函數的時候，i 的值已經變了，因此列印的是最新的 i 值。

3.4 C++11 中的執行緒類別

前面介紹的執行緒是利用了 POSIX 執行緒函數庫，這是傳統 C/C++ 程式設計師使用執行緒的方式，而 C++11 提供了語言層面使用執行緒的方式。

C++11 新標準中引入了 5 個標頭檔來支援多執行緒程式設計，分別是 atomic、thread、mutex、condition_variable 和 future。

- atomic：該標頭檔主要宣告了兩個類別 , std::atomic 和 std::atomic_flag，另外還宣告了一套 C 風格的原子類型和與 C 相容的原子操作的函數。
- thread：該標頭檔主要宣告了類別 std::thread，另外 std::this_thread 命名空間也在該標頭檔中。
- mutex：該標頭檔主要宣告了與互斥鎖（mutex）相關的類別，包括 std::mutex 系列類別、std::lock_guard、std::unique_lock，以及其他的類型和函數。

- condition_variable：該標頭檔主要宣告了與條件變數相關的類別，包括 std::condition_variable 和 std::condition_variable_any。
- future：該標頭檔主要宣告了 std::promise 和 std::package_task 兩個 Provider 類別，以及 std::future 和 std::shared_future 兩個 Future 類別，另外還有一些與之相關的類型和函數，std::async 函數就宣告在該標頭檔中。

顯然，類別 std::thread 是非常重要的類別，下面我們來概覽下這個類別的成員，類別 std::thread 的常用成員函數如表 3-2 所示。

表 3-2 類別 std::thread 的常用成員函數

成員函數	說明（public 存取方式）
thread	建構函數，有 4 種建構函數
get_id	獲得執行緒 ID
joinable	判斷執行緒物件是否可連接的
join	等待中的執行緒結束，該函數是阻塞函數
native_handle	用於獲得與作業系統相關的原生執行緒控制碼（需要本地函數庫支援）
swap	執行緒交換
detach	分離執行緒

3.4.1 執行緒的建立

在 C++11 中，建立執行緒的方式是用類別 std::thread 的建構函數，std::thread 在 #include<thread> 標頭檔中宣告，因此使用 std::thread 時需要包含標頭檔 thread，即 #include <thread>。std::thread 的建構函數有三種形式：沒有參數的預設建構函數、初始化建構函數、移動建構函數。

雖然類別 thread 的初始化可以提供豐富且方便的形式，但其實現的底層依然是建立一個 pthread 執行緒並執行之，有些實現甚至是直接呼叫 pthread_create 來建立的。

1. 預設建構函數

預設建構函數是不帶有參數的，宣告如下：

```
thread();
```

剛定義預設建構函數的 thread 物件，其執行緒是不會馬上執行的。

【例 3.20】批次建立執行緒。

（1）打開 UE，建立一個 test.cpp 檔案，在 test.cpp 中輸入程式如下：

```
#include <stdio.h>
#include <stdlib.h>

#include <chrono>       //std::chrono::seconds
#include <iostream>     //std::cout
#include <thread>       //std::thread, std::this_thread::sleep_for
using namespace std;
void thfunc(int n)      // 執行緒函數
{
    std::cout << "thfunc:" << n  <<  endl;
}

int main(int argc, const char *argv[])
{
    std::thread threads[5];    // 批次定義 5 個 thread 物件，但此時並不會執行
執行緒
    std::cout << "create 5 threads...\n";
    for (int i = 0; i < 5; i++)
        threads[i] = std::thread(thfunc, i + 1); // 這裡開始執行執行緒函數
thfunc

    for (auto& t : threads)                          // 等待每個執行緒結束
        t.join();

    std::cout << "All threads joined.\n";

    return EXIT_SUCCESS;
}
```

（2）上傳 test.cpp 到 Linux，在終端下輸入命令：g++ -o test test.cpp -lpthread -std=c++11，其中 pthread 是執行緒函數庫的名字，然後執行 test，執行結果如下：

```
[root@localhost test]# g++ -o test test.cpp -lpthread -std=c++11
[root@localhost test]# ./test
create 5 threads...
thfunc:5
thfunc:1
thfunc:2
thfunc:3
thfunc:4
All threads joined.
```

此例定義了 5 個執行緒物件，剛定義的時候並不會執行執行緒，而是用另外初始化建構函數的傳回值賦給它們。建立的執行緒都是可連接執行緒，所以要用函數 join 來等待它們結束。多次執行這個程式，可以發現它們列印的次序並不每次都一樣，這個與 CPU 的排程有關。

2. 初始化建構函數

這裡所說的初始化建構函數，是指把執行緒函數的指標和執行緒函數的參數（如果有的話）都傳入到執行緒類別的建構函數中。這種形式最常用，由於傳入了執行緒函數，因此在定義執行緒物件的時候，就會開始執行執行緒函數，如果執行緒函數需要參數，可以在建構函數中傳入。初始化建構函數的形式如下：

```
template <class Fn, class... Args>
explicit thread (Fn&& fn, Args&&... args);
```

其中 fn 是執行緒函數指標，args 是可選的，是要傳入執行緒函數的參數。執行緒物件定義後，主執行緒會繼續執行後面的程式，這就可能會出現建立的子執行緒還沒執行完，主執行緒就結束了的情況，比如主控台程式，主執行緒結束就表示處理程序就結束了。在這種情況下，我們就需要讓主執行緒等待，待子執行緒全部執行結束後再繼續執行主執行緒。還有一種情況，主執行緒為了統計各個子執行緒的工作的結果而需要等待子執行緒結束完畢後再繼續執行，此時主執行緒就要等待了。類別 thread 提供了成員函數 join 來等待子執行緒結束，即子執行緒的執行緒函數執行完畢後，join 才傳回，因此 join 是個阻塞函數。函數 join 會讓主執行緒暫停，直到子執行緒都退出，同時 join 能讓子執行緒所佔資源得到釋放。子執行緒退出後，主執行緒會接收到系統的訊號，從休眠中恢復。這一過程和 POSIX 類似，只是函數形式不同而已。成員函數 join 宣告如下：

```
void join();
```

值得注意的是，這樣建立的執行緒是可連接執行緒，因此 thread 物件必須在銷毀時呼叫 join 函數，或將其設定為可分離的。

下面我們來看透過初始化建構函數來建立執行緒的例子。

【例 3.21】建立一個執行緒，不傳參數。

（1）打開 UE，建立一個 test.cpp 檔案，在 test.cpp 中輸入程式如下：

```
#include <iostream>
#include <thread>
#include <unistd.h>          // sleep
using namespace std;         // 使用命名空間 std

void thfunc()                // 子執行緒的執行緒函數
{
     cout << "i am c++11 thread func" << endl;
}

int main(int argc, char *argv[])
{
    thread t(thfunc);        // 定義執行緒物件，並把執行緒函數指標傳入
    sleep(1);                // 主執行緒暫停 1 秒鐘，為了讓子執行緒有機會執行

    return 0;
}
```

（2）上傳 test.cpp 到 Linux，在終端下輸入命令：g++ -o test test.cpp -lpthread -std=c++11，其中 pthread 是執行緒函數庫的名字，然後執行 test，執行結果如下：

```
[root@localhost ch08-2]# g++ -o test test.cpp -lpthread -std=c++11
[root@localhost ch08-2]# ./test
i am c++11 thread func
```

值得注意的是，編譯 C++11 程式的時候，要加上編譯命令函數 -std=c++11。在這個例子中，首先定義一個執行緒物件，定義物件後馬上會執行傳入建構函數的執行緒函數，執行緒函數在列印一行字串後結束，而主執行緒在建立子執行緒後會等待一秒後再結束，這樣不至於因為主執行緒的過早結束而導致處理程序結束，處理程序結束子執行緒就沒有機會執行了。如果沒有等待函數 sleep，則可能子執行緒的執行緒函數還沒來得及執行，主執行緒就結束了，這樣導致子執行緒的執行緒都沒有機會執行，因為主執行緒已經結束，整個應用程式已經退出了。

【例 3.22】建立一個執行緒，並傳入整數參數。

（1）打開 UE，建立一個 test.cpp 檔案，在 test.cpp 中輸入程式如下：

```
#include <iostream>
#include <thread>
using namespace std;

void thfunc(int n)                          // 執行緒函數
{
    cout << "thfunc: " << n << "\n"; // 這裡的 n 是 1
}

int main(int argc, char *argv[])
{
    thread t(thfunc,1);      // 定義執行緒物件 t，並傳入執行緒函數指標和執行緒
函數參數
    t.join();                // 等待中的執行緒物件 t 結束

    return 0;
}
```

（2）上傳 test.cpp 到 Linux，在終端下輸入命令：g++ -o test test.cpp -lpthread -std=c++11，其中 pthread 是執行緒函數庫的名字，然後執行 test，執行結果如下：

```
[root@localhost test]# g++ -o test test.cpp -lpthread -std=c++11
[root@localhost test]# ./test
thfunc: 1
```

這個例子和例 3.21 有兩點不同，一是建立執行緒時，把一個整數作為參數傳給建構函數；另外一點是等待子執行緒結束沒有用函數 sleep，而是用函數 join。函數 sleep 只是等待一個固定的時間，有可能在這個固定的時間內子執行緒早已經結束，或子執行緒執行的時間大於這個固定時間，因此用它來等待子執行緒結束並不準確，而用函數 join 則會一直等到子執行緒結束後才會執行該函數後面的程式。

【例 3.23】建立一個執行緒，並傳遞字串作為參數。

（1）打開 UE，建立一個 test.cpp 檔案，在 test.cpp 中輸入程式如下：

```
#include <iostream>
#include <thread>
using namespace std;

void thfunc(char *s)                    // 執行緒函數
{
    cout << "thfunc: " <<s << "\n";  // 這裡 s 就是 boy and girl
}

int main(int argc, char *argv[])
{
    char s[] = "boy and girl";          // 定義一個字串
    thread t(thfunc,s);                 // 定義執行緒物件，並傳入字串 s
    t.join();                           // 等待 t 執行結束

    return 0;
}
```

（2）上傳 test.cpp 到 Linux，在終端下輸入命令：g++ -o test test.cpp -lpthread -std=c++11，其中 pthread 是執行緒函數庫的名字，然後執行 test，執行結果如下：

```
[root@localhost test]# g++ -o test test.cpp -lpthread -std=c++11
[root@localhost test]# ./test
thfunc: boy and girl
```

【例 3.24】建立一個執行緒，並傳遞結構作為參數。

（1）打開 UE，建立一個 test.cpp 檔案，在 test.cpp 中輸入程式如下：

```
#include <iostream>
#include <thread>
using namespace std;

typedef struct                          // 定義結構的類型
{
    int n;
    const char *str;                    // 注意這裡要有 const，否則會有警告
}MYSTRUCT;

void thfunc(void *arg)                  // 執行緒函數
{
    MYSTRUCT *p = (MYSTRUCT*)arg;
cout << "in thfunc:n=" << p->n<<",str="<< p->str <<endl; // 列印結構的內容
}

int main(int argc, char *argv[])
{
    MYSTRUCT mystruct;                  // 定義結構
    // 初始化結構
    mystruct.n = 110;
    mystruct.str = "hello world";

    thread t(thfunc, &mystruct);  // 定義執行緒物件 t，並傳入結構變數的位址
    t.join();                           // 等待中的執行緒物件 t 結束

    return 0;
}
```

（2）上傳 test.cpp 到 Linux，在終端下輸入命令：g++ -o test test.cpp -lpthread -std=c++11，其中 pthread 是執行緒函數庫的名字，然後執行 test，執行結果如下：

```
[root@localhost test]# g++ -o test test.cpp -lpthread -std=c++11
[root@localhost test]# ./test
in thfunc:n=110,str=hello world
```

透過結構我們把多個值傳給了執行緒函數。現在不用結構作為載體，直接把多個值透過建構函數來傳給執行緒函數，其中有一個參數是指標，可以在執行緒中修改其值。

【例 3.25】建立一個執行緒，傳多個參數給執行緒函數。

（1）打開 UE，建立一個 test.cpp 檔案，在 test.cpp 中輸入程式如下：

```
#include <iostream>
#include <thread>
using namespace std;

void thfunc(int n,int m,int *pk,char s[])        // 執行緒函數
{
    cout << "in thfunc:n=" <<n<<",m="<<m<<",k="<<* pk <<"\nstr="<<s<<endl;
    *pk = 5000;                          // 修改 * pk
}

int main(int argc, char *argv[])
{
    int n = 110,m=200,k=5;
    char str[] = "hello world";

    thread t(thfunc, n,m,&k,str);    // 定義執行緒物件 t，並傳入多個參數
    t.join();                        // 等待中的執行緒物件 t 結束
    cout << "k=" << k << endl;       // 此時列印應該是 5000

    return 0;
}
```

（2）上傳 test.cpp 到 Linux，在終端下輸入命令：g++ -o test test.cpp -lpthread -std=c++11，其中 pthread 是執行緒函數庫的名字，然後執行 test，執行結果如下：

```
[root@localhost test]# g++ -o test test.cpp -lpthread -std=c++11
[root@localhost test]# ./test
in thfunc:n=110,m=200,k=5
str=hello world
k=5000
```

這個例子中，我們傳入了多個參數給建構函數，這樣執行緒函數也要準備好同樣多的形式參數，並且其中一個是整數位址（&k），我們在執行緒中修改了它所指變數的內容，等子執行緒結束後，再在主執行緒中列印 k，發現它的值變了。

前面提到，預設建立的執行緒都是可連接執行緒，可連接執行緒需要呼叫函數 join 來等待其結束並釋放資源。除了 join 方式來等待結束外，還可以把可連接執行緒進行分離，即呼叫成員函數 detach，變成可分離執行緒後，執行緒結束後就可以被系統自動回收資源了。而且主執行緒並不需要等待子執行緒結束，主執行緒可以自己先結束。將執行緒進行分離的成員函數是 detach，宣告如下：

```
void detach();
```

【例 3.26】把可連接執行緒轉為分離執行緒（C++11 和 POSIX 結合使用）。

（1）打開 SI，建立一個 test.cpp 檔案，在 test.cpp 中輸入程式如下：

```
#include <iostream>
#include <thread>
using namespace std;
void thfunc(int n,int m,int *k,char s[])        // 執行緒函數
{
    cout << "in thfunc:n=" <<n<<",m="<<m<<",k="<<*k<<"\nstr="<<s<<endl;
    *k = 5000;
```

```
}

int main(int argc, char *argv[])
{
    int n = 110,m=200,k=5;
    char str[] = "hello world";

    thread t(thfunc, n,m,&k,str);    // 定義執行緒物件
    t.detach();                       // 分離執行緒

    cout << "k=" << k << endl;       // 這裡輸出 3
    pthread_exit(NULL);               // 主執行緒結束，但處理程序並不會結束，
下面一句不會執行

    cout << "this line will not run"<< endl;   // 這一句不會執行
    return 0;
}
```

（2）上傳 test.cpp 到 Linux，在終端下輸入命令：g++ -o test test.cpp -lpthread -std=c++11，其中 pthread 是執行緒函數庫的名字，然後執行 test，執行結果如下：

```
[root@localhost test]# ./test
k=5
in thfunc:n=110,m=200,k=5
str=hello world
```

在這個例子中，我們呼叫 detach 來分離執行緒，這樣主執行緒可以不用等子執行緒結束而可以自己先結束了。為了展示效果，我們在主執行緒中呼叫了 pthread_exit(NULL) 來結束主執行緒，前面提到過，在主執行緒中呼叫 pthread_exit(NULL); 的時候，將結束主執行緒，但處理程序並不會立即退出，而要等所有的執行緒全部結束後處理程序才會結束，所以我們能看到子執行緒函數列印的內容。主執行緒中會先列印 k，這是因為列印 k 的時候執行緒還沒有切換。從這個例子可以看出，C++11 可以和 POSIX 結合使用。

3. 移動（move）建構函數

透過移動建構函數的方式來建立執行緒是 C++11 建立執行緒的另一種常用方式。它透過向建構函數 thread 中傳入一個 C++ 物件來建立執行緒。這種形式的構造函數定義如下：

```
thread (thread&& x);
```

呼叫成功之後，x 不代表任何 thread 物件。

【例 3.27】透過移動建構函數來啟動執行緒。

（1）打開 UE，建立一個 test.cpp 檔案，在 test.cpp 中輸入程式如下：

```
#include <iostream>
#include <thread>

using namespace std;

void fun(int & n)                                          // 執行緒函數
{
    cout << "fun: " << n << "\n";
    n += 20;
    this_thread::sleep_for(chrono::milliseconds(10));   // 等待 10 毫秒
}
int main()
{
    int n = 0;

    cout << "n=" << n << '\n';
    n = 10;
 thread t1(fun, ref(n));                //ref(n) 是取 n 的引用
     thread t2(move(t1));               //t2 執行 fun，t1 不是 thread 物件
     t2.join();                         // 等待 t2 執行完畢
    cout << "n=" << n << '\n';
    return 0;
}
```

（2）上傳 test.cpp 到 Linux，在終端下輸入命令：g++ -o test test.cpp -lpthread -std=c++11，其中 pthread 是執行緒函數庫的名字，然後執行

test，執行結果如下：

```
[root@localhost test]# g++ -o test test.cpp -lpthread -std=c++11
[root@localhost test]# ./test
n=0
fun: 10
n=30
```

從這個例子可以看出，t1 並不會執行，執行的是 t2，因為 t1 的執行緒函數移動給 t2 了。

3.4.2 執行緒的識別字

執行緒的識別字（ID）可以用來唯一標識某個 thread 物件所對應的執行緒，這樣可以用來區別不同的執行緒。兩個識別字相同的 thread 物件，它們代表的執行緒是同一個執行緒，或代表這兩個物件還都還沒有執行緒。兩個識別字不同的 thread 物件，表示它們代表著不同的執行緒，或一個 thread 物件已經有執行緒了，另外一個還沒有。

類別 thread 提供了成員函數 get_id() 來獲取執行緒 ID，該函數宣告如下：

```
thread::id get_id()
```

其中 ID 是執行緒識別字的類型，它是類別 thread 的成員，用來唯一表示某個執行緒。

有時候，為了查看兩個 thread 物件的 ID 是否相同，可以在偵錯的時候把 ID 列印出來，它們數值雖然沒有含義，但卻可以比較是否相同。

【例 3.28】執行緒比較。

（1）打開 UE，建立一個 test.cpp 檔案，在 test.cpp 中輸入程式如下：

```
#include <iostream>        //std::cout
#include <thread>          //std::thread, std::thread::id, std::this_
```

```
thread::get_id
using namespace std;

thread::id main_thread_id =  this_thread::get_id();  //獲取主執行緒 ID

void is_main_thread()
{
    if (main_thread_id == this_thread::get_id())     //判斷是否和主執行緒
ID 相同
        std::cout << "This is the main thread.\n";
    else
        std::cout << "This is not the main thread.\n";
}

int main()
{
    is_main_thread();           //is_main_thread 作為主執行緒的普通函數呼叫
    thread th(is_main_thread); //is_main_thread 作為執行緒函數使用
    th.join();                  //等待 th 結束
    return 0;
}
```

（2）上傳 test.cpp 到 Linux，在終端下輸入命令：g++ -o test test.cpp -lpthread -std=c++11，其中 pthread 是執行緒函數庫的名字，然後執行 test，執行結果如下：

```
[root@localhost test]# ./test
This is the main thread.
This is not the main thread.
```

此例中，is_main_thread 第一次使用時是作為主執行緒中的普通函數，得到的 ID 肯定和 main_thread_id 相同。第二次是作為一個子執行緒的執行緒函數，此時得到的 ID 是子執行緒的 ID，和 main_thread_id 就不同了。this_thread 是一個命名空間，用來表示當前執行緒，主要作用是集合了一些函數來存取當前執行緒。

3.4.3 當前執行緒 this_thread

在實際執行緒開發中，經常需要存取當前執行緒。C++11 提供了一個命名空間 this_thread 來引用當前執行緒，該命名空間集合了 4 個有用的函數，get_id、yield、sleep_until、sleep_for。函數 get_id 和類別 thread 的成員函數 get_id 作用相同，都可用來獲取執行緒 ID。

1. 讓出 CPU 時間

呼叫函數 yield 的執行緒將讓出自己的 CPU 時間切片，以便其他執行緒有機會執行，宣告如下：

```
void yield();
```

呼叫該函數的執行緒放棄執行，回到就緒態。我們透過一個例子來說明該函數的作用。這個例子要實現這樣一個功能：建立 10 個執行緒，每個執行緒中讓一個變數從 1 累加到一百萬，誰先完成就列印誰的編號，以此排名。為了公平起見，建立執行緒時，先不讓它們佔用 CPU 時間，直到主執行緒改變全域變數值，各個子執行緒才一起開始累加。

【例 3.29】 執行緒賽跑排名次。

（1）打開 UE，建立一個 test.cpp 檔案，在 test.cpp 中輸入程式如下：

```
#include <iostream>                //std::cout
#include <thread>                  //std::thread, std::this_thread::yield
#include <atomic>                  //std::atomic
using namespace std;

atomic<bool> ready(false);         // 定義全域變數

void thfunc(int id)
{
    while (!ready)                 // 一直等待，直到主執行緒中重置全域變數 ready
         this_thread::yield();                        // 讓出自己的 CPU 時間切片

    for (volatile int i = 0; i < 1000000; ++i)  // 開始累加到一百萬
```

```
    {}
     cout << id<<",";  // 累加完畢後，列印本執行緒的序號，這樣最終輸出的是排
名，先完成先列印
}

int main()
{
     thread threads[10];                          // 定義 10 個執行緒物件
     cout << "race of 10 threads that count to 1 million:\n";
    for (int i = 0; i < 10; ++i)
        threads[i] = thread(thfunc, i);      // 啟動執行緒，把 i 當作參數傳入
執行緒函數，用於標記執行緒的序號
    ready = true;                                // 重置全域變數
    for (auto& th : threads) th.join();          // 等待 10 個執行緒全部結束
     cout << '\n';

    return 0;
}
```

（2）上傳 test.cpp 到 Linux，在終端下輸入命令：g++ -o test test.cpp -lpthread -std=c++11，其中 pthread 是執行緒函數庫的名字，然後執行 test，執行結果如下：

```
[root@localhost test]# g++ -o test test.cpp -lpthread -std=c++11
[root@localhost test]# ./test
race of 10 threads that count to 1 million:
9,4,5,0,1,2,6,7,8,3,
```

多次執行此例，可發現每次結果是不同的。執行緒剛啟動時，一直 while 迴圈讓出自己的 CPU 時間，這就是函數 yield 的作用，this_thread 在子執行緒中使用，就代表這個子執行緒一旦跳出 while，就開始累加，直到一百萬，最後輸出序號，全部序號輸出後，得到先跑完一百萬的排名。atomic 用來定義在全域變數 ready 上的操作都是原子操作，原子操作（後面章節會講到）表示在多個執行緒存取同一個全域資源的時候，能夠確保所有其他的執行緒都不在同一時間內存取相同的資源。也就是它確保了在同一時刻只有唯一的執行緒對這個資源進行存取。這有點類似互

斥物件對共用資源的存取的保護，但是原子操作更加接近底層，因而效率更高。

2. 執行緒暫停一段時間

命名空間 this_thread 還有 2 個函數 sleep_until、sleep_for，它們用來阻塞執行緒，暫停執行一段時間。函數 sleep_until 宣告如下：

```
template <class Clock, class Duration>
void sleep_until (const chrono::time_point<Clock,Duration>& abs_time);
```

其中參數 abs_time 表示函數阻塞執行緒到 abs_time 這個時間點，到了這個時間點後再繼續 執行。

函數 sleep_for 的功能與函數 sleep_until 類似，只是它是暫停執行緒一段時間，時間長度由參數決定，宣告如下：

```
template <class Rep, class Period>
void sleep_for (const chrono::duration<Rep,Period>& rel_time);
```

其中參數 rel_time 表示執行緒暫停的時間段，在這段時間內執行緒暫停執行。

下面我們來看兩個小例子來加深對這兩個函數的理解。

【例 3.30】暫停執行緒到下一分鐘。

（1）打開 UE，建立一個 test.cpp 檔案，在 test.cpp 中輸入程式如下：

```
#include <iostream>  //std::cout
#include <thread>    //std::this_thread::sleep_until
#include <chrono>    //std::chrono::system_clock
#include <ctime>     //std::time_t, std::tm, std::localtime, std::mktime
#include <time.h>
#include <stddef.h>
using namespace std;

void getNowTime()                                    // 獲取並列印當前時間
```

```
{
    timespec time;
    struct  tm nowTime;
    clock_gettime(CLOCK_REALTIME, &time); // 獲取相對於 1970 到現在的秒數

    localtime_r(&time.tv_sec, &nowTime);
    char current[1024];
    printf(
        "%04d-%02d-%02d %02d:%02d:%02d\n",
        nowTime.tm_year + 1900,
        nowTime.tm_mon+1,
        nowTime.tm_mday,
        nowTime.tm_hour,
        nowTime.tm_min,
        nowTime.tm_sec);
}

int main()
{
    using std::chrono::system_clock;
    std::time_t tt = system_clock::to_time_t(system_clock::now());
    struct std::tm * ptm = std::localtime(&tt);
    getNowTime();                             // 列印當前時間
    cout << "Waiting for the next minute to begin...\n";
    ++ptm->tm_min;                            // 累加一分鐘
    ptm->tm_sec = 0;                          // 秒數置 0
    this_thread::sleep_until(system_clock::from_time_t(mktime(ptm)));
    // 暫停執行到下一個整分時間
    getNowTime();                             // 列印當前時間

    return 0;
}
```

（2）上傳 test.cpp 到 Linux，在終端下輸入命令：g++ -o test test.cpp -lpthread -std=c++11，其中 pthread 是執行緒函數庫的名字，然後執行 test，執行結果如下：

```
[root@localhost test]# g++ -o test test.cpp -lpthread -std=c++11
[root@localhost test]# ./test
```

```
2017-10-05 13:02:31
Waiting for the next minute to begin...
2017-10-05 13:03:00
```

在此例中，主執行緒從 sleep_until 處開始暫停，然後到了下一個整分時間（分鐘加 1，秒鐘為 0）的時候再繼續執行。

【例 3.31】暫停執行緒 5 秒。

（1）打開 UE，建立一個 test.cpp 檔案，在 test.cpp 中輸入程式如下：

```
#include <iostream>        //std::cout, std::endl
#include <thread>          //std::this_thread::sleep_for
#include <chrono>          //std::chrono::seconds

int main()
{
    std::cout << "countdown:\n";
    for (int i = 5; i > 0; --i)
    {
        std::cout << i << std::endl;
        std::this_thread::sleep_for(std::chrono::seconds(1)); //暫停一秒
    }
    std::cout << "Lift off!\n";

    return 0;
}
```

（2）上傳 test.cpp 到 Linux，在終端下輸入命令：g++ -o test test.cpp -lpthread -std=c++11，其中 pthread 是執行緒函數庫的名字，然後執行 test，執行結果如下：

```
[root@localhost test]# g++ -o test test.cpp -lpthread -std=c++11
[root@localhost test]# ./test
countdown:
5
4
3
```

```
2
1
Lift off!
```

在多執行緒程式設計中，執行緒間是相互獨立而又相互依賴的，所有的執行緒都是併發、平行且是非同步執行的。多執行緒程式設計提供了一種新型的模組化程式設計思想和方法。這種方法能清晰地表達各種獨立事件的相互關係，但是多執行緒程式設計也帶來了一定的複雜度：併發和非同步機制帶來了執行緒間資源競爭的無序性。因此我們需要引入同步機制來消除這種複雜度和實現執行緒間資料共用，以一致的循序執行一組操作。而如何使用同步機制來消除因執行緒併發、平行和非同步執行而帶來的複雜度是多執行緒程式設計中最核心的問題。

3.5 執行緒同步

多個執行緒可能在同一時間對同一共用資源操作，其結果是某個執行緒無法獲得資源，或會導致資源的破壞。為保證共用資源的穩定性，需要採用執行緒同步機制來調整多個執行緒的執行順序，比如用一把「鎖」，一旦某個執行緒獲得了鎖的擁有權，可保證只有它（擁有鎖的執行緒）才能對共用資源操作。同樣，利用這把鎖，其他執行緒可一直處於等候狀態，直到鎖沒有被任何執行緒擁有為止。

非同步是當一個呼叫或請求發給被呼叫者時，呼叫者不用等待其結果的傳回而繼續當前的處理。實現非同步機制的方式有多執行緒、中斷和訊息等，也就是說多執行緒是實現非同步的一種方式。C++11 對非同步非常支援。

3.5.1 同步的基本概念

併發和非同步機制帶來了執行緒間資源競爭的無序性。因此需要引入同步機制來消除這種複雜度，以實現執行緒間正確有序地共用資料，以一致的循序執行一組操作。

執行緒同步是多執行緒程式設計中重要的概念，其基本意思是同步各個執行緒對資源（比如全域變數、檔案）的存取。如果不對資源存取進行執行緒同步，則會產生資源存取衝突的問題。對於多執行緒程式，存取衝突的問題是很普遍的，解決的辦法是引入鎖（比如互斥鎖、讀寫鎖等），獲得鎖的執行緒可以完成「讀 - 修改 - 寫」的操作，然後釋放鎖給其他執行緒，沒有獲得鎖的執行緒只能等待而不能存取共用資料，這樣「讀 - 修改 - 寫」三步操作組成一個原子操作，不是都執行，就是都不執行，不會執行到中間被打斷，也不會在其他處理器上平行做這個操作。比如，一個執行緒正在讀取一個全域變數，雖然讀取全域變數的這個敘述在 C/C++ 中是一行敘述，但在 CPU 指令處理這個過程的時候，需要用多行指令來處理這個讀取變數的過程，如果這一系列指令被另外一個執行緒打斷了，就是說 CPU 還沒執行完全部讀取變數的所有指令而去執行另外一個執行緒了，而另外一個執行緒卻要對這個全域變數進行修改，這樣修改完後又傳回原先的執行緒，繼續執行讀取變數的指令，此時變數的值已經改變了，這樣第一個執行緒的執行結果就不是預料的結果了。

我們來看一個對於多執行緒存取共用變數造成競爭的例子，假設增量操作分為以下三個 步驟：

（1）從記憶體單元讀取暫存器。

（2）在暫存器中進行變數值的增加。

（3）把新的值寫回記憶體單元。

那麼當兩個執行緒對同一個變數做增量操作時就可能出現如圖 3-1 所示的情況。

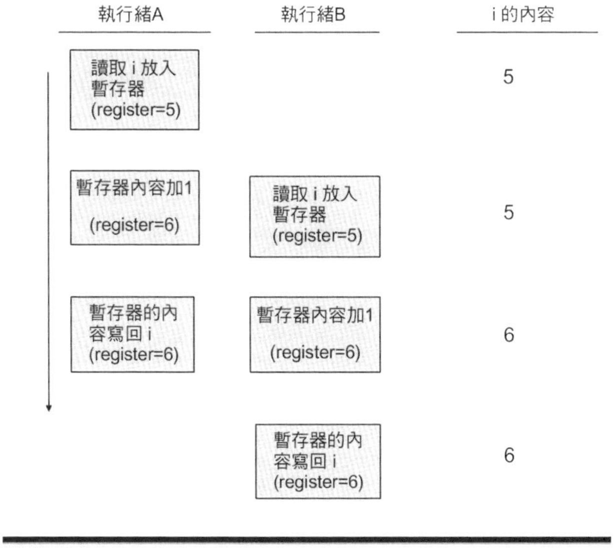

執行緒A	執行緒B	i 的內容
讀取 i 放入暫存器 (register=5)		5
暫存器內容加1 (register=6)	讀取 i 放入暫存器 (register=5)	5
暫存器的內容寫回 i (register=6)	暫存器內容加1 (register=6)	6
	暫存器的內容寫回 i (register=6)	6

▲ 圖 3-1

i 的初值為 5，如果兩個執行緒在串列操作下，分別做了對 i 進行加 1，i 的值應該是 7 了。但上圖的兩個執行緒執行後的 i 值是 6。因為 B 執行緒並沒有等 A 執行緒做完 i+1 後開始執行，而是 A 執行緒剛把 i 從記憶體讀取暫存器後就開始執行了，所以 B 執行緒是在 i=5 的時候開始執行的，這樣 A 執行的結果是 6，B 執行的結果也是 6。因此像這種沒有做同步情況，多個執行緒對全域變數進行累加，最終結果是小於或等於它們串列操作結果的。

【例 3.32】不用執行緒同步的多執行緒累加。

（1）打開 UE，建立一個 test.cpp 檔案，在 test.cpp 中輸入程式如下：

```
#include <stdio.h>
#include <unistd.h>
#include <pthread.h>
#include <sys/time.h>
```

```
#include <string.h>
#include <cstdlib>

int gcn = 0;                              // 定義一個全域變數，用於累加

void *thread_1(void *arg) {               // 第一個執行緒
    int j;
    for (j = 0; j < 10000000; j++) {      // 開始累加
        gcn++;
    }
    pthread_exit((void *)0);
}

void *thread_2(void *arg) {               // 第二個執行緒
    int j;
    for (j = 0; j < 10000000; j++) {      // 開始累加
        gcn++;
    }
    pthread_exit((void *)0);
}
int main(void)
{
    int j,err;
    pthread_t th1, th2;

    for (j = 0; j < 10; j++)              // 做 10 次
    {
        err = pthread_create(&th1, NULL, thread_1, (void *)0);
        // 建立第一個執行緒
        if (err != 0) {
            printf("create new thread error:%s\n", strerror(err));
            exit(0);
        }
        err = pthread_create(&th2, NULL, thread_2, (void *)0);
        // 建立第二個執行緒
        if (err != 0) {
            printf("create new thread error:%s\n", strerror(err));
            exit(0);
        }
```

```
        err = pthread_join(th1, NULL);    //等待第一個執行緒結束
        if (err != 0) {
            printf("wait thread done error:%s\n", strerror(err));
            exit(1);
        }
        err = pthread_join(th2, NULL);        //等待第二個執行緒結束
        if (err != 0) {
            printf("wait thread done error:%s\n", strerror(err));
            exit(1);
        }
        printf("gcn=%d\n", gcn);
        gcn = 0;
    }

    return 0;
}
```

（2）上傳 test.cpp 到 Linux，在終端下輸入命令：g++ -o test test.cpp -lpthread，其中 pthread 是執行緒函數庫的名字，然後執行 test，執行結果如下：

```
[root@localhost cpp98]# ./test
gcn=17945938
gcn=20000000
gcn=20000000
gcn=20000000
gcn=20000000
gcn=20000000
gcn=20000000
gcn=15315061
gcn=20000000
gcn=16248825
```

從結果可以看到，有幾次沒有達到 20000000。

上面的例子是一個敘述被打斷的情況，有時候還會有一個事務不能打斷的情況。比如，一個事務需要多行敘述完成，並且不可打斷。如果

打斷的話，其他需要這個事務結果的執行緒，則可能會得到非預料的結果。下面我們再看個例子，夥計在賣商品，每賣出 50 元的貨物就要收 50 元的錢，老闆每隔一秒鐘就要去清點店裡的貨物和金錢的總和。我們可以建立 2 個執行緒，一個代表夥計在賣貨收錢這個事務，另外一個執行緒模擬老闆在驗證總和的操作。簡單來說，就是一個執行緒對全域變數進行寫入操作，另外一個執行緒對全域變數進行讀取操作。

【例 3.33】不用執行緒同步的賣貨程式。

（1）打開 UE，建立一個 test.cpp 檔案，在 test.cpp 中輸入程式如下：

```
#include <stdio.h>
#include <unistd.h>
#include <pthread.h>

int a = 200;                                // 代表價值 200 元的貨物
int b = 100;                                // 代表現在有 100 元現金

void* ThreadA(void*)                        // 模擬夥計賣貨收錢
{
    while (1)
    {
        a -= 50;                            // 賣出價值 50 元的貨物
        b += 50;                            // 收回 50 元
    }
}

void* ThreadB(void*)                        // 模擬老闆對賬
{
    while (1)
    {
        printf("%d\n", a + b);              // 列印當前貨物和現金的總和
        sleep(1);                           // 隔一秒
    }
}

int main()
{
```

```
    pthread_t tida, tidb;

    pthread_create(&tida, NULL, ThreadA, NULL);    //建立夥計賣貨執行緒
    pthread_create(&tidb, NULL, ThreadB, NULL);    //建立老闆對賬執行緒
    pthread_join(tida, NULL);                      //等待中的執行緒結束
    pthread_join(tidb, NULL);                      //等待中的執行緒結束
    return 1;
}
```

（2）上傳 test.cpp 到 Linux，在終端下輸入命令：g++ -o test test.cpp -lpthread，其中 pthread 是執行緒函數庫的名字，然後執行 test，執行結果如下：

```
[root@localhost cpp98]# ./test
300
250
250
300
250
300
250
^C
[root@localhost cpp98]#
```

程式在按快速鍵 Ctrl+C 後停止。在這個例子中，執行緒 B 每隔一秒就檢查一下當前貨物和現金的總和是否為 300，以此來判斷夥計是否私吞錢款。夥計雖然沒有私吞，但還是出現了總和為 250 的情況。原因是夥計在賣出貨物和收貨款之間被老闆的對賬執行緒打斷了。下面我們用互斥鎖來幫夥計證明清白。

3.5.2 臨界資源和臨界區

在說明互斥鎖之前，我們首先要了解臨界資源和臨界區（Critical Section）的概念。所謂臨界資源，是指一次僅允許一個執行緒使用的共用資源。對於臨界資源，各執行緒應該互斥對其存取。每個執行緒中存取臨界資源的那段程式稱為臨界區，又稱臨界段。因為臨界資源要求每

個執行緒互斥對其存取，所以每次只准許一個執行緒進入臨界區，進入後其他處理程序不允許再進入，直到臨界區中的執行緒退出。我們可以用執行緒同步機制來互斥地進入臨界區。

一般來講，執行緒進入臨界區需要遵循下列原則：

（1）如果有若干執行緒要求進入空閒的臨界區，一次僅允許一個執行緒進入。
（2）任何時候，處於臨界區內的執行緒不可多於一個。如已有執行緒進入臨界區，則其他所有試圖進入臨界區的處理程序必須等待。
（3）進入臨界區的執行緒要在有限時間內退出，以便其他執行緒能即時進入臨界區。
（4）如果處理程序不能進入臨界區，則應讓出 CPU（即阻塞），避免處理程序出現「忙等」現象。

3.6 基於 POSIX 進行執行緒同步

POSIX 提供了三種方式進行執行緒同步，即互斥鎖、讀寫鎖和條件變數。

3.6.1 互斥鎖

1. 互斥鎖的概念

互斥鎖（也可稱互斥鎖）是執行緒同步的一種機制，用來保護多執行緒的共用資源。同一時刻，只允許一個執行緒對臨界區進行存取。互斥鎖的工作流程：初始化一個互斥鎖，在進入臨界區之前把互斥鎖加鎖（防止其他執行緒進入臨界區），退出臨界區的時候把互斥鎖解鎖（讓別的執行緒有機會進入臨界區），最後不用互斥鎖的時候就銷毀它。POSIX

函數庫中用類型 pthread_mutex_t 來定義一個互斥鎖，pthread_mutex_t 是一個聯合體類型，定義在 pthreadtypes.h 中，定義如下：

```
/* Data structures for mutex handling.  The structure of the attribute
   type is not exposed on purpose.  */
typedef union
{
  struct __pthread_mutex_s
  {
    int __lock;
    unsigned int __count;
    int __owner;
#ifdef __x86_64__
    unsigned int __nusers;
#endif
    /* KIND must stay at this position in the structure to maintain
       binary compatibility.  */
    int __kind;
#ifdef __x86_64__
    int __spins;
    __pthread_list_t __list;
# define __PTHREAD_MUTEX_HAVE_PREV    1
#else
    unsigned int __nusers;
    __extension__ union
    {
      int __spins;
      __pthread_slist_t __list;
    };
#endif
  } __data;
  char __size[__SIZEOF_PTHREAD_MUTEX_T];
  long int __align;
} pthread_mutex_t;
```

我們不需要去深究這個類型，只用了解即可。注意使用的時候不需要包含 pthreadtypes.h，只需要引用檔案 pthread.h 即可，因為 pthread.h 會引用檔案 pthreadtypes.h。

我們可以定義一個互斥變數：

```
pthread_mutex_t mutex;
```

2. 互斥鎖的初始化

用於初始化互斥鎖的函數是 pthread_mutex_init（這種初始化方式叫函數初始化），宣告如下：

```
int pthread_mutex_init(pthread_mutex_t *restrict mutex,const pthread_
mutexattr_t *restrict attr);
```

其中參數 mutex 是指向 pthread_mutex_t 變數的指標；attr 是指向 pthread_mutexattr_t 的指標，表示互斥鎖的屬性，如果給予值 NULL，則使用預設的互斥鎖屬性，該參數通常使用 NULL。如果函數成功，傳回 0，否則傳回錯誤碼。

> **注意**
>
> 關鍵字 restrict 只用於限定指標，該關鍵字用於告知編譯器，所有修改該指標所指向內容的操作全部都是基於該指標的，即不存在其他進行修改操作的途徑。這樣做的好處是幫助編譯器進行更好的程式最佳化，生成更有效率的組合語言程式碼。

使用函數 pthread_mutex_init 初始化互斥鎖屬於動態方式，還可以用巨集 PTHREAD_MUTEX_INITIALIZER 的靜態方式來初始化互斥鎖（這種方式叫常數初始化），這個巨集定義在 pthread.h 中，定義如下：

```
# define PTHREAD_MUTEX_INITIALIZER \
  { { 0, 0, 0, 0, 0, { 0 } } }
```

它用一些初始化值來初始化一個互斥鎖。用 PTHREAD_MUTEX_INITIALIZER 初始化一個互斥鎖，程式如下：

```
pthread_mutex_t  mutex = PTHREAD_MUTEX_INITIALIZER;
```

注意，如果 mutex 是指標，則不能用這種靜態方式，程式如下：

```
pthread_mutex_t  * pmutex =  (pthread_mutex_t *)malloc(sizeof(pthread_
mutex_t));
pmutex = PTHREAD_MUTEX_INITIALIZER;  // 這樣是錯誤的
```

因為 PTHREAD_MUTEX_INITIALIZER 相當於一組常數，它只能對 pthread_mutex_t 的變數進行給予值，而不能對指標給予值，即使這個指標已經分配了記憶體空間。如果要對指標進行初始化，可以用函數 pthread_mutex_init，程式如下：

```
pthread_mutex_t  *pmutex =  (pthread_mutex_t *)malloc(sizeof(pthread_
mutex_t));
pthread_mutex_init(pmutex, NULL);  // 這個寫法是正確的，動態初始化一個互斥鎖
```

或可以先定義變數，再呼叫初始化函數進行初始化，程式如下：

```
pthread_mutex_t  mutex;
pthread_mutex_init(&mutex, NULL);
```

注意，靜態初始化的互斥鎖是不需要銷毀的，而動態初始化的互斥鎖是需要銷毀的。

3. 互斥鎖的上鎖和解鎖

初始化成功後一個互斥鎖，我們就把它用於上鎖和解鎖了，上鎖是為了防止其他執行緒進入臨界區，解鎖則允許其他執行緒進入臨界區。用於上鎖的函數是 pthread_mutex_lock 或 pthread_mutex_trylock，前者宣告如下：

```
int pthread_mutex_lock(pthread_mutex_t *mutex);
```

其中參數 mutex 是指向 pthread_mutex_t 變數的指標，它是已經成功初始化過的。函數成功時傳回 0，否則傳回錯誤碼。值得注意的是，如果呼叫該函數時，互斥鎖已經被其他執行緒上鎖了，則呼叫該函數的執行緒將阻塞（即讓出 CPU，避免處理程序出現「忙等」現象）。

另外一個上鎖函數 pthread_mutex_trylock 在呼叫時，如果互斥鎖已

經上鎖了，則並不阻塞，而是立即傳回，並且函數傳回 EBUSY，函數宣告如下：

```
int pthread_mutex_trylock(pthread_mutex_t *mutex);
```

其中參數 mutex 是指向 pthread_mutex_t 變數的指標，它是已經成功初始化過的。函數執行成功時傳回 0，否則傳回錯誤碼。

當執行緒退出臨界區後，要對互斥鎖進行解鎖，解鎖的函數是 pthread_mutex_unlock，宣告如下：

```
int pthread_mutex_unlock(pthread_mutex_t *mutex);
```

其中參數 mutex 是指向 pthread_mutex_t 變數的指標，它應該是已上鎖的互斥鎖。函數執行成功時傳回 0，否則傳回錯誤碼。要注意的是 pthread_mutex_unlock 要和 pthread_mutex_lock 成對使用。

4. 互斥鎖的銷毀

當互斥鎖用完後，最終要銷毀，用於銷毀互斥鎖的函數是 pthread_mutex_destroy，宣告如下：

```
int pthread_mutex_destroy(pthread_mutex_t *mutex);
```

其中參數 mutex 是指向 pthread_mutex_t 變數的指標，它是已初始化的互斥鎖。函數成功時傳回 0，否則傳回錯誤碼。

關於互斥鎖的基本函數介紹完了，下面我們透過例子來加深理解。

【例 3.34】用互斥鎖的多執行緒累加。

（1）打開 UE，建立一個 test.cpp 檔案，在 test.cpp 中輸入程式如下：

```
#include <stdio.h>
#include <unistd.h>
#include <pthread.h>
#include <sys/time.h>
#include <string.h>
```

```
#include <cstdlib>

int gcn = 0;

pthread_mutex_t mutex;

void *thread_1(void *arg) {
    int j;
    for (j = 0; j < 10000000; j++) {
        pthread_mutex_lock(&mutex);
        gcn++;
        pthread_mutex_unlock(&mutex);
    }
    pthread_exit((void *)0);
}

void *thread_2(void *arg) {
    int j;
    for (j = 0; j < 10000000; j++) {
        pthread_mutex_lock(&mutex);
        gcn++;
        pthread_mutex_unlock(&mutex);        //解鎖
    }
    pthread_exit((void *)0);
}
int main(void)
{
    int j,err;
    pthread_t th1, th2;

    pthread_mutex_init(&mutex, NULL);        //初始化互斥鎖
    for (j = 0; j < 10; j++)
    {
        err = pthread_create(&th1, NULL, thread_1, (void *)0);
        if (err != 0) {
            printf("create new thread error:%s\n", strerror(err));
            exit(0);
        }
        err = pthread_create(&th2, NULL, thread_2, (void *)0);
```

```
        if (err != 0) {
            printf("create new thread error:%s\n", strerror(err));
            exit(0);
        }

        err = pthread_join(th1, NULL);
        if (err != 0) {
            printf("wait thread done error:%s\n", strerror(err));
            exit(1);
        }
        err = pthread_join(th2, NULL);
        if (err != 0) {
            printf("wait thread done error:%s\n", strerror(err));
            exit(1);
        }
        printf("gcn=%d\n", gcn);
        gcn = 0;
    }
    pthread_mutex_destroy(&mutex);            //銷毀互斥鎖

    return 0;
}
```

（2）上傳 test.cpp 到 Linux，在終端下輸入命令：g++ -o test test.cpp -lpthread，其中 pthread 是執行緒函數庫的名字，然後執行 test，執行結果如下：

```
[root@localhost cpp98]# ./test
gcn=20000000
gcn=20000000
gcn=20000000
gcn=20000000
gcn=20000000
gcn=20000000
gcn=20000000
gcn=20000000
gcn=20000000
gcn=20000000
```

正如我們所料，加了互斥鎖來同步執行緒後，每次都能得到正確的結果了。

【例 3.35】用互斥鎖進行同步的銷售程式。

（1）打開 UE，建立一個 test.cpp 檔案，在 test.cpp 中輸入程式如下：

```
#include <stdio.h>
#include <unistd.h>
#include <pthread.h>

int a = 200;                                    // 當前貨物價值
int b = 100;                                    // 當前現金

pthread_mutex_t lock;                           // 定義一個全域的互斥鎖

void* ThreadA(void*)                            // 夥計賣貨執行緒
{

    while (1)
    {
        pthread_mutex_lock(&lock);              // 上鎖
        a -= 50;                                // 賣出價值 50 元的貨物
        b += 50;                                // 收回 50 元錢
        pthread_mutex_unlock(&lock);            // 解鎖
    }


}

void* ThreadB(void*)                            // 老闆對賬執行緒
{
    while (1)
    {
        pthread_mutex_lock(&lock);              // 上鎖
        printf("%d\n", a + b);
        pthread_mutex_unlock(&lock);            // 解鎖
        sleep(1);
    }
}
```

```
int main()
{
    pthread_t tida, tidb;
    pthread_mutex_init(&lock, NULL);                    // 初始化互斥鎖
    pthread_create(&tida, NULL, ThreadA, NULL);    // 建立夥計賣貨執行緒
    pthread_create(&tidb, NULL, ThreadB, NULL);    // 建立老闆對賬執行緒
    pthread_join(tida, NULL);
    pthread_join(tidb, NULL);

    pthread_mutex_destroy(&lock);                       // 銷毀互斥鎖

    return 1;
}
```

（2）上傳 test.cpp 到 Linux，在終端下輸入命令：g++ -o test test.cpp -lpthread，其中 pthread 是執行緒函數庫的名字，然後執行 test，執行結果如下：

```
[root@localhost cpp98]# g++ -o test test.cpp -lpthread
[root@localhost cpp98]# ./test
300
300
300
300
300
300
^C
[root@localhost cpp98]#
```

加了互斥鎖同步後可以發現，老闆每次對賬輸出的結果都是 300 了。這是因為夥計賣貨收錢的過程沒有被打斷，帳面就能對上了。

3.6.2 讀寫鎖

1. 讀寫鎖的概念

前面我們說明瞭透過互斥鎖來同步執行緒存取臨界資源的方法。回想一下前面介紹的互斥鎖，它只有兩個狀態，不是加鎖狀態，就是不加鎖狀態。假如現在一個執行緒 a 只是想讀取一個共用變數 i，因為不確定是否會有執行緒去寫它，所以我們還是要對它進行加鎖。但是這時候又有一個執行緒 b 試圖讀取共用變數 i，可是發現 i 被鎖住了，那麼 b 不得不等到 a 釋放了鎖後才能獲得鎖並讀取 i 的值，但是兩個讀取操作即使是同時發生也並不會像寫入操作那樣造成競爭，因為它們不修改變數的值。所以我們期望如果是多個執行緒試圖讀取共用變數的值的話，那麼它們應該可以立刻獲取因為讀取而加的鎖，而不需要等待前一個執行緒釋放。讀寫鎖解決了上面的問題。它提供了比互斥鎖更好的平行性。因為以讀取模式加鎖後當又有多個執行緒僅是試圖再以讀取模式加鎖時，並不會造成這些執行緒阻塞在等待鎖的釋放上。

讀寫鎖是多執行緒同步的另一種機制。在一些程式中存在讀取操作和寫入操作的問題，也就是說，對某些資源的存取會存在兩種情況，一種是存取方式是獨佔的，這種操作稱作寫入操作；另一種情況就是存取方式是可以共用的，就是說可以有多個執行緒同時去存取某個資源，這種操作稱作讀取操作。這個問題模型是從對檔案的讀寫操作中引申出來的。把對資源的存取細分為讀和寫兩種操作模式，這樣可以大大增加併發效率。讀寫鎖比起互斥鎖具有更高的適用性和平行性。但要注意的是，這裡只是說平行效率比互斥鎖高，並不是速度上一定比互斥鎖快，讀寫鎖更複雜，系統銷耗更大。併發性好對於使用者體驗非常重要，假設使用互斥鎖需要 0.5 秒，使用讀寫鎖需要 0.8 秒，在類似學生管理系統這類軟體中，可能 90% 的操作都是查詢操作，那麼假如現在突然來了 20 個查詢請求，如果使用的是互斥鎖，則最後的那個查詢請求被滿足需要 10 秒後，使用者體驗不好。而使用讀寫鎖，因為讀取鎖能夠多次獲得，所以這 20 個請求，每個請求都在 1 秒左右得到回應，使用者體驗好得多。

讀寫鎖有幾個重要特點需要記住：

（1）如果一個執行緒用讀取鎖鎖定了臨界區，那麼其他執行緒也可以用讀取鎖來進入臨界區，這樣就可以有多個執行緒平行作業。但這個時候，如果再進行寫入鎖加鎖就會發生阻塞，寫入鎖請求阻塞後，後面如果繼續有讀取鎖請求，這些後來的讀取鎖都會被阻塞。這樣避免了讀取鎖長期佔用資源，也避免了寫入鎖饑餓。

（2）如果一個執行緒用寫入鎖鎖住了臨界區，那麼其他執行緒不管是讀取鎖還是寫入鎖都會發生阻塞。

POSIX 函數庫中用類型 pthread_rwlock_t 來定義一個讀寫鎖，pthread_rwlock_t 是一個聯合體類型，定義在 pthreadtypes.h 中，定義如下：

```
typedef union
{
# ifdef __x86_64__
  struct
  {
    int __lock;
    unsigned int __nr_readers;
    unsigned int __readers_wakeup;
    unsigned int __writer_wakeup;
    unsigned int __nr_readers_queued;
    unsigned int __nr_writers_queued;
    int __writer;
    int __shared;
    unsigned long int __pad1;
    unsigned long int __pad2;
    /* FLAGS must stay at this position in the structure to maintain
       binary compatibility.  */
    unsigned int __flags;
# define __PTHREAD_RWLOCK_INT_FLAGS_SHARED     1
```

```
    } __data;
  # else
    struct
    {
      int __lock;
      unsigned int __nr_readers;
      unsigned int __readers_wakeup;
      unsigned int __writer_wakeup;
      unsigned int __nr_readers_queued;
      unsigned int __nr_writers_queued;
      /* FLAGS must stay at this position in the structure to maintain
         binary compatibility.  */
      unsigned char __flags;
      unsigned char __shared;
      unsigned char __pad1;
      unsigned char __pad2;
      int __writer;
    } __data;
  # endif
    char __size[__SIZEOF_PTHREAD_RWLOCK_T];
    long int __align;
  } pthread_rwlock_t;
```

我們不需要去深究這個類型，只要了解即可。注意使用的時候不需要包含 pthreadtypes.h，只需要引用檔案 pthread.h 即可，因為 pthread.h 會引用檔案 pthreadtypes.h。

我們可以這樣定義一個讀寫鎖：

```
pthread_rwlock_t rwlock;
```

2. 讀寫鎖的初始化

讀寫鎖有 2 種初始化方式，常數初始化和函數初始化。常數初始化透過巨集 PTHREAD_RWLOCK_INITIALIZER 來給一個讀寫鎖變數給予值，比如：

```
pthread_rwlock_t rwlock = PTHREAD_RWLOCK_INITIALIZER;
```

同互斥鎖一樣，這種方式屬於靜態初始化方式，不能對一個讀寫鎖指標進行初始化，比以下面程式是錯誤的：

```
pthread_rwlock_t  *prwlock =  (pthread_rwlock_t *)malloc(sizeof (pthread_
rwlock_t));
prwlock = PTHREAD_RWLOCK_INITIALIZER;  //這樣是錯誤的
```

函數初始化方式屬於動態初始化方式，它透過函數 pthread_rwlock_init 進行，該函數宣告如下：

```
int pthread_rwlock_init(pthread_rwlock_t *restrict rwlock,const pthread_
rwlockattr_t *restrict attr);
```

其中參數 rwlock 是指向 pthread_rwlock_t 類型變數的指標，表示一個讀寫鎖；attr 是指向 pthread_rwlockattr_t 類型變數的指標，表示讀寫鎖的屬性，如果該參數為 NULL，則使用預設的讀寫鎖屬性。如果函數執行成功則傳回 0，否則傳回錯誤碼。

靜態初始化的讀寫鎖是不需要銷毀的，而動態初始化的讀寫鎖是需要銷毀的，銷毀函數我們會在後面講到。

我們對以下條件變數進行初始化：

```
pthread_rwlock_t  *prwlock = (pthread_rwlock_t *)malloc(sizeof (pthread_
rwlock_t));
pthread_rwlock_init (prwlock,NULL);
```

或：

```
pthread_rwlock_t rwlock;
pthread_rwlock_init (&rwlock,NULL);
```

3. 讀寫鎖的上鎖和解鎖

讀寫鎖的上鎖可分為讀取模式下的上鎖和寫入模式下的上鎖。讀取模式下的上鎖函數有 pthread_rwlock_rdlock 和 pthread_rwlock_tryrdlock。前者宣告如下：

```
int pthread_rwlock_rdlock(pthread_rwlock_t *rwlock);
```

其中參數 rwlock 是指向 pthread_rwlock_t 變數的指標，它是已經成功初始化過。函數成功時傳回 0，否則傳回錯誤碼。值得注意的是，如果呼叫該函數時，讀寫鎖已經被其他執行緒在寫入模式下上鎖了或有個執行緒在寫入模式下等待該鎖，則呼叫該函數的執行緒將阻塞；如果其他執行緒在讀模式下已經上鎖，則可以獲得該鎖，進入臨界區。

另外一個讀取模式下的上鎖函數 pthread_rwlock_tryrdlock 在呼叫時，如果讀寫鎖已經上鎖了，則並不阻塞，而是立即傳回，並且函數傳回 EBUSY，函數宣告如下：

```
int pthread_rwlock_tryrdlock(pthread_rwlock_t *rwlock);
```

其中參數 rwlock 是指向 pthread_rwlock_t 變數的指標，它是已經成功初始化過。函數執行成功時傳回 0，否則傳回錯誤碼。

相對於讀取模式下的上鎖，寫入模式下的讀寫鎖也有兩個上鎖函數 pthread_rwlock_wrlock 和 pthread_rwlock_trywrlock，前者宣告如下：

```
int pthread_rwlock_wrlock(pthread_rwlock_t *rwlock);
```

其中參數 rwlock 是指向 pthread_rwlock_t 變數的指標，它是已經成功初始化過。函數執行成功時傳回 0，否則傳回錯誤碼。值得注意的是，如果呼叫該函數時，讀寫鎖已經被其他執行緒上鎖了（無論是讀取模式還是寫入模式），則呼叫該函數的執行緒將阻塞。

函數 pthread_rwlock_trywrlock 和 pthread_rwlock_wrlock 類似，唯一區別是讀寫鎖不可用時不會阻塞，而是傳回一個錯誤值 EBUSY，該函數宣告如下：

```
int pthread_rwlock_trywrlock(pthread_rwlock_t *rwlock);
```

其中參數 rwlock 是指向 pthread_rwlock_t 變數的指標，它是已經成功初始化過。函數執行成功時傳回 0，否則傳回錯誤碼。

除了上述上鎖函數外，還有兩個不常用的上鎖函數 pthread_rwlock_timedrdlock 和 pthread_rwlock_timedwrlock，它們可以設定在規定的時間內等待讀寫鎖，如果等不到就傳回 ETIMEDOUT，這兩個函數宣告如下：

```
int pthread_rwlock_timedrdlock(pthread_rwlock_t *restrict rwlock, const
struct timespec *restrict abs_timeout);
int pthread_rwlock_timedwrlock(pthread_rwlock_t *restrict rwlock, const
struct timespec *restrict abs_timeout);
```

它們不常用，所以這裡不再贅述。

當執行緒退出臨界區後，要對讀寫鎖進行解鎖，解鎖的函數是 pthread_rwlock_unlock，宣告如下：

```
int pthread_rwlock_unlock(pthread_rwlock_t *rwlock);
```

其中參數 rwlock 是指向 pthread_rwlock_t 變數的指標，它是已上鎖的讀寫鎖。函數執行成功時傳回 0，否則傳回錯誤碼。要注意的是該函數要與上鎖函數成對使用。

4. 讀寫鎖的銷毀

當讀寫鎖用完後，最終要銷毀，用於銷毀讀寫鎖的函數是 pthread_rwlock_destroy，宣告　如下：

```
int pthread_rwlock_destroy(pthread_rwlock_t *rwlock);
```

其中參數 rwlock 是指向 pthread_rwlock_t 變數的指標，它是已初始化的讀寫鎖。函數執行成功時傳回 0，否則傳回錯誤碼。

關於讀寫鎖的基本函數介紹完了，下面我們透過例子來加深理解。

【例 3.36】互斥鎖和讀寫鎖的速度相比較。

（1）打開 UE，建立一個 test.cpp 檔案，在 test.cpp 中輸入程式如下：

```
#include <stdio.h>
```

```
#include <unistd.h>
#include <pthread.h>
#include <sys/time.h>
#include <string.h>
#include <cstdlib>

int gcn = 0;

pthread_mutex_t mutex;
pthread_rwlock_t rwlock;

void *thread_1(void *arg) {
    int j;
    volatile int a;
    for (j = 0; j < 10000000; j++) {
        pthread_mutex_lock(&mutex);              // 上鎖
        a = gcn;                                 // 唯讀全域變數 gcn
        pthread_mutex_unlock(&mutex);            // 解鎖
    }
    pthread_exit((void *)0);
}

void *thread_2(void *arg) {
    int j;
    volatile int b;
    for (j = 0; j < 10000000; j++) {
        pthread_mutex_lock(&mutex);              // 上鎖
        b = gcn;                                 // 唯讀全域變數 gcn
        pthread_mutex_unlock(&mutex);            // 解鎖
    }
    pthread_exit((void *)0);
}

void *thread_3(void *arg) {
    int j;
    volatile int a;
    for (j = 0; j < 10000000; j++) {
        pthread_rwlock_rdlock(&rwlock);          // 上鎖
        a = gcn;                                 // 唯讀全域變數 gcn
```

```
        pthread_rwlock_unlock(&rwlock);        // 解鎖
    }
    pthread_exit((void *)0);
}

void *thread_4(void *arg) {
    int j;
    volatile int b;
    for (j = 0; j < 10000000; j++) {
        pthread_rwlock_rdlock(&rwlock);        // 上鎖
        b = gcn;                               // 唯讀全域變數 gcn
        pthread_rwlock_unlock(&rwlock);        // 解鎖
    }
    pthread_exit((void *)0);
}

int mutextVer(void)
{
    int j,err;
    pthread_t th1, th2;

    struct  timeval start;
    clock_t t1, t2;
    struct  timeval end;

    pthread_mutex_init(&mutex, NULL);        // 初始化互斥鎖

    gettimeofday(&start, NULL);

        err = pthread_create(&th1, NULL, thread_1, (void *)0);
        if (err != 0) {
            printf("create new thread error:%s\n", strerror(err));
            exit(0);
        }
        err = pthread_create(&th2, NULL, thread_2, (void *)0);
        if (err != 0) {
            printf("create new thread error:%s\n", strerror(err));
            exit(0);
        }
```

```
        err = pthread_join(th1, NULL);
        if (err != 0) {
            printf("wait thread done error:%s\n", strerror(err));
            exit(1);
        }
        err = pthread_join(th2, NULL);
        if (err != 0) {
            printf("wait thread done error:%s\n", strerror(err));
            exit(1);
        }

    gettimeofday(&end, NULL);

    pthread_mutex_destroy(&mutex);        // 銷毀互斥鎖

    long long total_time = (end.tv_sec - start.tv_sec) * 1000000 +
(end.tv_usec - start.tv_usec);

    total_time /= 1000; //get the run time by millisecond
    printf("total mutex time is %lld ms\n", total_time);

    return 0;
}

int rdlockVer(void)
{
    int j, err;
    pthread_t th1, th2;

    struct  timeval start;
    clock_t t1, t2;
    struct  timeval end;

    pthread_rwlock_init(&rwlock, NULL);    // 初始化讀寫鎖

    gettimeofday(&start, NULL);

        err = pthread_create(&th1, NULL, thread_3, (void *)0);
        if (err != 0) {
```

```
            printf("create new thread error:%s\n", strerror(err));
            exit(0);
        }
        err = pthread_create(&th2, NULL, thread_4, (void *)0);
        if (err != 0) {
            printf("create new thread error:%s\n", strerror(err));
            exit(0);
        }

        err = pthread_join(th1, NULL);
        if (err != 0) {
            printf("wait thread done error:%s\n", strerror(err));
            exit(1);
        }
        err = pthread_join(th2, NULL);
        if (err != 0) {
            printf("wait thread done error:%s\n", strerror(err));
            exit(1);
        }

    gettimeofday(&end, NULL);

    pthread_rwlock_destroy(&rwlock);        // 銷毀讀寫鎖

    long long total_time = (end.tv_sec - start.tv_sec) * 1000000 +
(end.tv_usec - start.tv_usec);
    total_time /= 1000; //get the run time by millisecond
    printf("total rwlock time is %lld ms\n", total_time);

    return 0;
}

int main()
{
    mutextVer();
    rdlockVer();

    return 0;
}
```

（2）上傳 test.cpp 到 Linux，在終端下輸入命令：g++ -o test test.cpp -lpthread，其中 pthread 是執行緒函數庫的名字，然後執行 test，執行結果如下：

```
[root@localhost cpp98]# g++ -o test test.cpp -lpthread
[root@localhost cpp98]# ./test
total mutex time is 439 ms
total rwlock time is 836 ms
```

從這個例子中可以看出，即使都是讀取情況下，讀寫鎖依然比互斥鎖速度慢。雖然讀寫鎖速度上可能不如互斥鎖，但併發性好，併發性對於使用者體驗非常重要。對於併發性要求高的地方，應該優先考慮讀寫鎖。

3.6.3 條件變數

1. 條件變數的概念

執行緒間的同步有這種情況：執行緒 A 需要等某個條件成立才能繼續往下執行，如果這個條件不成立，執行緒 A 就阻塞等待，而執行緒 B 在執行過程中使這個條件成立了，就喚醒執行緒 A 繼續執行。在 POSIX 執行緒函數庫中，同步機制之一的條件變數（Condition Variable）就是用在這種場合，它可以讓一個執行緒因等待「條件變數的條件」而暫停，另外一個執行緒在條件成立後向暫停的執行緒發送條件成立的訊號。這兩種行為都是透過條件變數相關的函數實現的。

為了防止執行緒間競爭，使用條件變數時，需要聯合互斥鎖一起使用。條件變數常用在多執行緒之間關於共用資料狀態變化的通訊中，當一個執行緒的行為依賴於另外一個執行緒對共用資料狀態的改變時，就可以使用條件變數來同步它們。

我們首先來看個經典問題，即生產者消費者（Producer-Consumer）問題。生產者－消費者問題也稱作有界緩衝區（Bounded Buffer）問題，兩個執行緒共用一個公共的固定大小的緩衝區，其中一個是生產者，用於將資料放入緩衝區，如此反覆；另外一個是消費者，用於從緩衝區中取出資料，如此反覆。問題出現在當緩衝區已經滿了，而此時生產者還想在其中放入一個新的資料項目的情形，其解決方法是讓生產者此時進行休眠，等待消費者從緩衝區中取走一個或多個資料後再去喚醒它。同樣地，當緩衝區已經空了，而消費者還想去取資料，此時也可以讓消費者進行休眠，等待生產者放入一個或多個資料時再喚醒它。但是在實現時會有一個鎖死情況存在。為了追蹤緩衝區中的訊息數目，需要一個全域變數 count。如果緩衝區最多存放 N 個資料，則生產者的程式會首先檢查 count 是否達到 N，如果是，則生產者休眠；不然生產者向緩衝區中放入一個資料，並增加 count 的值。消費者的程式也與此類似，首先檢測 count 是否為 0，如果是，則休眠；不然從緩衝區中取出訊息並遞減 count 的值。同時，每個執行緒也需要檢查是否需要喚醒另一個執行緒。虛擬程式碼可能如下：

```
pthread_mutex_t mutex;  // 定義一個互斥鎖，用於讓生產執行緒和消費執行緒對緩衝區進行互斥存取
#define N 100                                   // 緩衝區大小
int count = 0;                                  // 追蹤緩衝區的記錄數

/* 生產者執行緒 */
void procedure(void)
{
        int item;                               // 緩衝區中的資料項目

        while(true)                             // 無限迴圈
        {
                item = produce_item();          // 產生下一個資料項目
                if (count == N)                 // 如果緩衝區滿了，進行休眠
                {
                        sleep();
                }
                pthread_mutex_lock(&mutex);     // 上鎖
                insert_item(item);              // 將新資料項目放入緩衝區
```

```
            count = count + 1;            //計數器加 1
            pthread_mutex_unlock(&mutex); //解鎖

            if (count == 1)               //表明插入之前為空
            {                             //消費者等待
                    wakeup(consumer);     //喚醒消費者
            }
        }
}

/* 消費者執行緒 */
void consumer(void)
{
        int item;                         //緩衝區中的資料項目

        while(true)                       //無限迴圈
        {
            if (count == 0)               //如果緩衝區為空，進入休眠
            {
                    sleep();
            }
            pthread_mutex_lock(&mutex);   //上鎖
            item = remove_item();         //從緩衝區中取出一個資料項目
            count = count - 1;            //計數器減 1
            pthread_mutex_unlock(&mutex); //解鎖
            if (count == N -1)            //緩衝區有空槽
            {                             //喚醒生產者
                    wakeup(producer);
            }
         }
}
```

當緩衝區為空時，消費執行緒剛剛讀取 count 的值為 0，準備開始休眠了，而此時排程程式決定暫停消費執行緒並啟動執行生產執行緒。生產者向緩衝區中加入一個資料項目，count 加 1。現在 count 的值變成了 1。它推斷剛才 count 為 0，所以此時消費者一定在休眠，於是生產者開始呼叫 wakeup(consumer) 來喚醒消費者。但是，此時消費者在實際上並沒有休眠，所以 wakeup 訊號就遺失了。當消費者下次執行時期，它將進

入休眠（因為它已經判斷過 count 是 0 了），於是開始休眠。而生產者下次執行的時候，count 會繼續遞增，並且不會喚醒消費者了（生產者認為消費者醒著），所以遲早會填滿緩衝區，然後生產者也休眠，這樣兩個執行緒就都永遠地休眠下去了。 產生這個問題的關鍵是消費者從解鎖到休眠這段程式有可能被打斷，而條件變數的重要功能是把釋放互斥鎖到休眠當作了一個原子操作，不容打斷。

POSIX 函數庫中用類型 pthread_cond_t 來定義一個條件變數，比如定義一個條件變數：

```
#include <pthread.h>
pthread_cond_t  cond;
```

2. 條件變數的初始化

條件變數有 2 種初始化方式，常數初始化和函數初始化。常數初始化透過巨集 PTHREAD_ RWLOCK_INITIALIZER 來給一個讀寫鎖變數給予值，程式如下：

```
pthread_cond_t cond = PTHREAD_COND_INITIALIER;
```

這種方式屬於靜態初始化方式，不能對一個讀寫鎖指標進行初始化，比以下面的程式是錯誤的：

```
pthread_cond_t  *pcond = (pthread_cond_t *)malloc(sizeof(pthread_cond_t));
pcond = PTHREAD_COND_INITIALIER;    //這樣是錯誤的
```

函數初始化方式屬於動態初始化方式，它透過函數 pthread_cond_init 進行，該函數宣告如下：

```
int pthread_cond_init(pthread_cond_t *cond,pthread_condattr_t *cond_attr);
```

其中參數 cond 是指向 pthread_cond_t 變數的指標；attr 是指向 pthread_condattr_t 變數的指標，表示條件變數的屬性，如果給予值 NULL，則使用預設的條件變數屬性，該參數通常使用 NULL。如果函數執行成功則傳回 0，否則傳回錯誤碼。

靜態初始化的條件變數是不需要銷毀的，而動態初始化的條件變數是需要銷毀的，銷毀函數我們會在後面講到。

比如我們對以下條件變數進行了初始化：

```
pthread_cond_t  *pcond =  (pthread_cond_t *)malloc(sizeof(pthread_cond_t));
pthread_cond_init(pcond,NULL);
```

或：

```
pthread_cond_t   cond;
pthread_cond_init(&cond,NULL);
```

下面的程式演示了一個條件變數的靜態初始化過程：

```
#include <pthread.h>
#include "errors.h"

typedef struct my_struct_tag {
    pthread_mutex_t     mutex;      /* 對變數存取進行保護 */
    pthread_cond_t      cond;       /* 變數值發生改變會發生訊號 */
    int                  value;     /* 被互斥鎖保護的變數 */
} my_struct_t;

my_struct_t data = {
    PTHREAD_MUTEX_INITIALIZER, PTHREAD_COND_INITIALIZER, 0};

int main (int argc, char *argv[])
{
    return 0;
}
```

上面程式初始化的效果和用函數 pthread_mutex_init 與 pthread_cond_init（屬性都使用預設）進行初始化的效果是一樣的。

3. 等待條件變數

函數 pthread_cond_wait 和 pthread_cond_timedwait 用於等待條件變數，並且將執行緒阻塞在一個條件變數上。函數 pthread_cond_wait 宣告

如下：

```
int pthread_cond_wait(pthread_cond_t *restrict cond,pthread_mutex_t
*restrict mutex);
```

其中參數 cond 指向 pthread_cond_t 類型變數的指標，表示一個已經初始化的條件變數；參數 mutex 指向一個互斥鎖變數的指標，用於同步執行緒對共用資源的存取。如果函數執行成功則傳回 0，出錯則傳回錯誤編號。

再次強調，為了防止因多個執行緒同時請求函數 pthread_cond_wait 而形成的競爭條件，條件變數必須和一個互斥鎖聯合使用。如果條件不滿足，呼叫 pthread_cond_wait 會發生下列原子操作：執行緒將互斥鎖解鎖、執行緒被條件變數 cond 阻塞。這是一個原子操作，不會被打斷。被阻塞的執行緒可以在以後某個時間透過其他執行緒執行函數 pthread_cond_signal 或 pthread_cond_broadcast 來喚醒。執行緒被喚醒後，如果條件還不滿足，該執行緒將繼續阻塞在這裡，等待被下一次喚醒。這個過程可以用 while 迴圈敘述來實現，程式如下：

```
Lock (mutex)

while (condition is false) {
        Cond_wait(cond, mutex, timeout)
}

DoSomething()

Unlock (mutex)
```

使用 while 迴圈還有一個原因，阻塞在條件變數上的執行緒被喚醒有可能不是因為條件滿足，而是由於虛假喚醒（Spurious Wakeups）。虛假喚醒在 POSIX 標準裡預設是允許的，所以 wait 傳回只是代表共用資料有可能被改變，因此必須要重新判斷。

在多核心處理器下，pthread_cond_signal 可能會啟動多於一個執行緒（阻塞在條件變數上的執行緒）。結果是，當一個執行緒呼叫 pthread_cond_signal() 後，多個呼叫 pthread_cond_wait() 或 pthread_cond_timedwait() 的執行緒傳回。

當函數等到條件變數時，將對互斥鎖上鎖並喚醒本執行緒，這也是一個原子操作。由於 pthread_cond_wait 需要釋放鎖，因此當呼叫 pthread_cond_wait 的時候，互斥鎖必須已經被呼叫執行緒鎖定。由於收到訊號時要對互斥鎖上鎖，因此等到訊號時，除了訊號來到外，互斥鎖也應該已經解鎖了，只有兩個條件都滿足了，該函數才會傳回。

函數 pthread_cond_timedwait 是計時等待條件變數，宣告如下：

```
int pthread_cond_timedwait(pthread_cond_t *restrict cond,
     pthread_mutex_t *restrict mutex,const struct timespec *restrict
abstime);
```

其中參數 cond 指向 pthread_cond_t 類型變數的指標，表示一個已經初始化的條件變數；參數 mutex 指向一個互斥鎖變數的指標，用於同步執行緒對共用資源的存取；參數 abstime 指向結構 timespec 變數，表示等待的時間，如果等於或超過這個時間，則傳回 ETIME。結構 timespec 定義如下：

```
typedef struct timespec{
        time_t tv_sec;        // 秒
        long tv_nsex;         // 毫微秒
}timespec_t;
```

這裡的秒和毫微秒數是自 1970 年 1 月 1 號 00:00:00 開始計時，到現在所經歷的時間。如果函數執行成功則傳回 0，出錯則傳回錯誤編號。

4. 喚醒等待條件變數的執行緒

pthread_cond_signal 用於喚醒一個等待條件變數的執行緒，該函數宣告如下：

```
int pthread_cond_signal(pthread_cond_t *cond);
```

其中參數 cond 指向 pthread_cond_t 類型變數的指標，表示一個已經阻塞執行緒的條件變數，如果函數執行成功則傳回 0，出錯則傳回錯誤編號。

pthread_cond_signal 只喚醒一個等待該條件變數的執行緒，另一個函數 pthread_cond_broadcast 將喚醒所有等待該條件變數的執行緒，該函數宣告如下：

```
int pthread_cond_broadcast(pthread_cond_t *cond);
```

其中參數 cond 指向 pthread_cond_t 類型變數的指標，表示一個已經阻塞執行緒的條件變數，如果函數執行成功則傳回 0，出錯則傳回錯誤編號。

5. 條件變數的銷毀

當不再使用條件變數的時候，應該把它銷毀，用於銷毀條件變數的函數是 pthread_cond_destroy，宣告如下：

```
int pthread_cond_destroy(pthread_cond_t *cond);
```

其中參數 cond 指向 pthread_cond_t 類型變數的指標，表示一個不再使用的條件變數，如果函數執行成功則傳回 0，出錯則傳回錯誤編號。

關於條件變數的基本函數介紹完了，下面我們透過例子來加深理解。

【例 3.37】找出 1 到 20 中能整除 3 的整數。

（1）打開 UE，建立一個 test.cpp 檔案，在 test.cpp 中輸入程式如下：

```
#include <pthread.h>
#include <stdio.h>
#include <stdlib.h>
#include <unistd.h>
```

```
pthread_mutex_t mutex = PTHREAD_MUTEX_INITIALIZER; /* 初始化互斥鎖 */
pthread_cond_t cond = PTHREAD_COND_INITIALIZER;    /* 初始化條件變數 */

void *thread1(void *);
void *thread2(void *);

int i = 1;
int main(void)
{
    pthread_t t_a;
    pthread_t t_b;

    pthread_create(&t_a, NULL, thread2, (void *)NULL);    // 建立執行緒 t_a
    pthread_create(&t_b, NULL, thread1, (void *)NULL);    // 建立執行緒 t_b
    pthread_join(t_b, NULL);/* 等待處理程序 t_b 結束 */
    pthread_mutex_destroy(&mutex);
    pthread_cond_destroy(&cond);
    exit(0);
}

void *thread1(void *junk)
{
    for (i = 1; i <= 20; i++)
    {
        pthread_mutex_lock(&mutex);       // 鎖住互斥鎖
        if (i % 3 == 0)
            pthread_cond_signal(&cond);   // 喚醒等待條件變數 cond 的執行緒
        else
            printf("thead1:%d\n", i);     // 列印不能整除 3 的 i
        pthread_mutex_unlock(&mutex);     // 解鎖互斥鎖

        sleep(1);
    }

}

void *thread2(void *junk)
{
    while (i < 20)
```

```
    {
        pthread_mutex_lock(&mutex);

        if (i % 3 != 0)
            pthread_cond_wait(&cond, &mutex);       // 等待條件變數
        printf("------------thread2:%d\n", i);      // 列印能整除 3 的 i
        pthread_mutex_unlock(&mutex);

        sleep(1);
        i++;
    }

}
```

（2）上傳 test.cpp 到 Linux，在終端下輸入命令：g++ -o test test.cpp -lpthread，其中 pthread 是執行緒函數庫的名字，然後執行 test，執行結果如下：

```
[root@localhost cpp98]# g++ -o test test.cpp -lpthread
[root@localhost cpp98]# ./test
thead1:1
thead1:2
------------thread2:3
thead1:5
------------thread2:6
thead1:8
------------thread2:9
thead1:10
------------thread2:12
thead1:13
------------thread2:15
thead1:16
------------thread2:18
thead1:19
```

在此例中，執行緒 1 在累加 i 過程中，如果發現 i 能整除 3，就喚醒等待條件變數 cond 的執行緒；執行緒 2 在迴圈中，如果 i 不能整除 3，則阻塞執行緒，等待條件變數。要注意的是，由於 pthread_cond_wait 需

要釋放鎖，因此當呼叫 pthread_cond_wait 的時候，互斥鎖必須已經被呼叫執行緒鎖定，所以執行緒 2 中 pthread_cond_wait 函數前會先加鎖 pthread_mutex_lock(&mutex);。此外，pthread_cond_wait 收到條件變數訊號時，要對互斥鎖加鎖，因此在執行緒 1 中 pthread_cond_signal 的後面要解鎖後，才會讓執行緒 2 中的 pthread_cond_wait 傳回，並執行它後面的敘述。並且 pthread_cond_wait 可以對互斥鎖上鎖，當用完 i 的時候，還要對互斥鎖解鎖，這樣可以讓執行緒 1 繼續進行。當執行緒 1 列印了一個非整除 3 的 i 後，就休眠了，此時將切換到執行緒 2 的執行，執行緒發現 i 不能整除 3，就阻塞。

3.7 C++11/14 中的執行緒同步

在 C++11/14 中，經常透過互斥鎖來進行執行緒同步。同 POSIX 執行緒函數庫一樣，C++11 也提供了互斥鎖來同步執行緒對共用資源的存取，而且是語言等級上的支援。互斥鎖是執行緒同步的一種機制，用來保護多執行緒的共用資源。同一時刻，只允許一個執行緒對臨界區進行存取。互斥鎖的工作流程：初始化一個互斥鎖，在進入臨界區之前把互斥鎖加鎖（防止其他執行緒進入臨界區），退出臨界區時把互斥鎖解鎖（讓別的執行緒有機會進入臨界區），最後不用互斥鎖的時候就銷毀它。

C++11 中與互斥鎖相關的類別（包括鎖類型）和函數都宣告在標頭檔 <mutex> 中，所以如果需要使用互斥鎖相關的類別，就必須包含標頭檔 <mutex>。C++11 中的互斥鎖有 4 種，並對應著 4 種不同的類別：

（1）基本互斥鎖，對應的類別為 std::mutex。

（2）遞迴互斥鎖，對應的類別為 std::recursive_mutex。

（3）定時互斥鎖，對應的類別為 std::time_mutex。

（4）定時遞迴互斥鎖，對應的類別為 std::time_mutex。

既然是互斥鎖，則必然有上鎖和解鎖操作，這些類別裡面都有上鎖的成員函數 lock、try_lock 以及解鎖的成員函數 unlock。

3.7.1 基本互斥鎖 std::mutex

類別 std::mutex 是最基本的互斥鎖，用來同步執行緒對臨界資源的互斥存取。它的成員函數如表 3-3 所示。

表 3-3 類別 std::mutex 的成員函數

成員函數	說 明
mutex	建構函數
lock	互斥鎖上鎖
try_lock	如果互斥鎖沒有上鎖，則上鎖
native_handle	得到本地互斥鎖控制碼

函數 lock 用來對一個互斥鎖上鎖，如果互斥鎖當前沒有被上鎖，當前執行緒（即呼叫執行緒，呼叫該函數的執行緒）可以成功對互斥鎖上鎖，即當前執行緒擁有互斥鎖，直到當前執行緒呼叫解鎖函數 unlock。如果互斥鎖已經被其他執行緒上鎖了，當前執行緒暫停，直到互斥鎖被其他執行緒解鎖。如果互斥鎖已經被當前執行緒上鎖了，則再次呼叫該函數時將鎖死，若需要遞迴上鎖，可以呼叫成員函數 recursive_mutex。該函數宣告如下：

```
void lock();
```

函數 unlock 用來對一個互斥鎖解鎖，釋放呼叫執行緒對其擁有的所有權。如果有其他執行緒因為要對互斥鎖上鎖而阻塞，則互斥鎖被呼叫執行緒解鎖後，阻塞的其他執行緒就可以繼續往下執行，即能對互斥鎖上鎖。如果互斥鎖當前沒有被呼叫執行緒上鎖，則呼叫執行緒呼叫 unlock 後將產生不可預知的結果。函數 unlock 宣告如下：

```
void unlock();
```

lock 和 unlock 都要被呼叫執行緒配對使用。

【例 3.38】多執行緒統計計數器到 10 萬。

（1）打開 UE，建立一個 test.cpp 檔案，在 test.cpp 中輸入程式如下：

```
#include <iostream>                    //std::cout
#include <thread>                      //std::thread
#include <mutex>                       //std::mutex

volatile int counter(0);               // 定義一個全域變數，當作計數器用於累加
std::mutex mtx;                        // 用於保護計數器的互斥鎖

void thrfunc()
{
    for (int i = 0; i < 10000; ++i)
    {
        mtx.lock();                    // 互斥鎖上鎖
        ++counter;                     // 計數器累加
        mtx.unlock();                  // 互斥鎖解鎖
    }
}

int main(int argc, const char* argv[])
{
    std::thread threads[10];

    for (int i = 0; i < 10; ++i)
        threads[i] = std::thread(thrfunc);  // 啟動 10 個執行緒

    for (auto& th : threads) th.join();     // 等待 10 個執行緒結束
    std::cout <<"count to "<< counter << " successfully \n";

    return 0;
}
```

（2）上傳 test.cpp 到 Linux，在終端下輸入命令：g++ -o test test.cpp -lpthread -std=c++11，其中 pthread 是執行緒函數庫的名字，然後執行 test，執行結果如下：

```
[root@localhost test]# g++ -o test test.cpp -lpthread -std=c++11
[root@localhost test]# ./test
count to 100000 successfully
```

3.7.2 定時互斥鎖 std::time_mutex

類別 std:: time_mutex 是定時互斥鎖，和基本互斥鎖類似，用來同步執行緒對臨界資源的互斥存取，區別是多了個定時功能。它的成員函數如表 3-4 所示。

表 3-4 類別 std:: time_mutex 的成員函數

成員函數	說　明
mutex	建構函數
lock	互斥鎖上鎖
try_lock	如果互斥鎖沒有上鎖，則努力上鎖，但不阻塞
try_lock_for	如果互斥鎖沒有上鎖，則努力一段時間上鎖，這段時間內阻塞，過了這段時間就退出
try_lock_until	努力上鎖，直到某個時間點，時間點到達之前將一直阻塞
native_handle	得到本地互斥鎖控制碼

函數 try_lock 嘗試鎖住互斥鎖，如果互斥鎖被其他執行緒佔有，當前執行緒也不會被阻塞，執行緒呼叫該函數會出現下面 3 種情況：

（1）如果當前互斥鎖沒有被其他執行緒佔有，則該執行緒鎖住互斥鎖，直到該執行緒呼叫 unlock 釋放互斥鎖。

（2）如果當前互斥鎖被其他執行緒鎖住，當前呼叫執行緒傳回 false，而並不會被阻塞掉。

（3）如果當前互斥鎖被當前呼叫執行緒鎖住，則會產生鎖死。該函數宣告如下：

```
bool try_lock();   // 注意有個底線
```

如果函數成功上鎖則傳回 true，否則傳回 false。該函數不會阻塞，不能上鎖時將立即傳回 false。

【例 3.39】 用非阻塞上鎖版本改寫例 3.38。

（1）打開 UE，建立一個 test.cpp 檔案，在 test.cpp 中輸入程式如下：

```
#include <iostream>                    //std::cout
#include <thread>                      //std::thread
#include <mutex>                       //std::mutex

volatile int counter(0);               // 定義一個全域變數，當作計數器用於累加
std::mutex mtx;                        // 用於保護計數器的互斥鎖

void thrfunc()
{
    for (int i = 0; i < 10000; ++i)
    {
        if (mtx.try_lock())            // 互斥鎖上鎖
        {
            ++counter;                 // 計數器累加
            mtx.unlock();              // 互斥鎖解鎖
        }
        else std::cout << "try_lock false\n"  ;
    }
}

int main(int argc, const char* argv[])
{
    std::thread threads[10];

    for (int i = 0; i < 10; ++i)
        threads[i] = std::thread(thrfunc);     // 啟動 10 個執行緒

    for (auto& th : threads) th.join();        // 等待 10 個執行緒結束
    std::cout << "count to " << counter << " successfully \n";

    return 0;
}
```

（2）上傳 test.cpp 到 Linux，在終端下輸入命令：g++ -o test test.cpp -lpthread -std=c++11，其中 pthread 是執行緒函數庫的名字，然後執行 test，執行結果如下：

```
[root@localhost test]# g++ -o test test.cpp -lpthread -std=c++11
[root@localhost test]# ./test
count to 100000 successfully
```

從例 3.38 和例 3.39 可以看出，當臨界區的程式很短時，比如只有 counter++ 時，lock 和 try_lock 效果一樣。

3.8 執行緒池

3.8.1 執行緒池的定義

這裡的池是形象的說法。執行緒池就是有一堆已經建立好了的執行緒，初始它們都處於空閒等候狀態，當有新的任務需要處理的時候，就從這堆執行緒中（這堆執行緒比喻為執行緒池）裡面取一個空閒等待的執行緒來處理該任務，當任務處理完畢後就再次把該執行緒放回池中（一般就是將執行緒狀態置為空閒），以供後面的任務繼續使用。當池子裡的執行緒全都處於忙碌狀態時，執行緒池中沒有可用的空閒等待中的執行緒，此時，根據需要選擇建立一個新的執行緒並置入池中，或通知任務當前執行緒池裡所有執行緒都在忙，需等待片刻再試。這個過程如圖 3-2 所示。

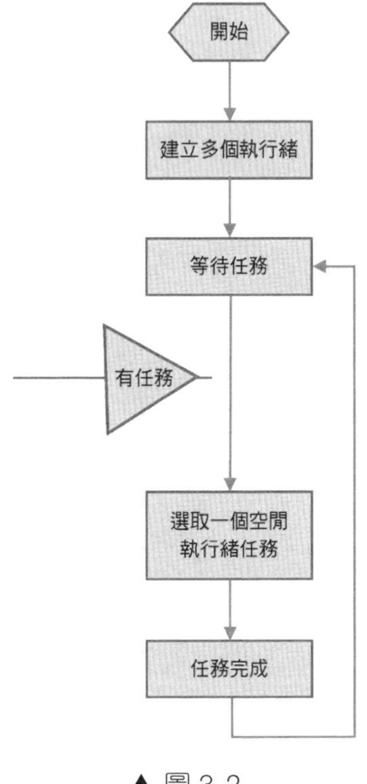

▲ 圖 3-2

3.8.2 使用執行緒池的原因

執行緒的建立和銷毀相對處理程序的建立和銷毀來說是輕量級的（即銷耗沒有處理程序那麼大），但是當我們的任務需要進行大量執行緒的建立和銷毀操作時，這些銷耗合在一起就比較大了。比如，當設計一個壓力性能測試框架時，需要連續產生大量的併發操作。執行緒池在這種場合是非常適用的。執行緒池的好處就在於執行緒重複使用，某個執行緒在處理完一個任務後，可以繼續處理下一個任務，而不用銷毀後再建立，這樣可以避免無謂的銷耗，因此執行緒池尤其適用於連續產生大量併發任務的場合。

3.8.3 基於 POSIX 實現執行緒池

在了解了執行緒池的基本概念後，下面我們用傳統 C++ 方式（也就是基於 POSIX）來實現一個基本的執行緒池，該執行緒池雖然簡單，但能表現執行緒池的基本工作原理。執行緒池的實現千變萬化，有時候要根據實際應用場合來訂製，但原理都是一樣的。現在我們從簡單的、基本的執行緒池開始實踐，為以後工作中設計複雜高效的執行緒池做準備。

【例 3.40】 C++ 實現一個簡單的執行緒池。

（1）打開 UE 並輸入程式如下：

```
#ifndef __THREAD_POOL_H
#define __THREAD_POOL_H

#include <vector>
#include <string>
#include <pthread.h>

using namespace std;

/* 執行任務的類別：設定任務資料並執行 */
class CTask {
```

```
protected:
    string m_strTaskName;                          // 任務的名稱
    void* m_ptrData;                               // 要執行的任務的具體資料

public:
    CTask() = default;
    CTask(string &taskName)
        : m_strTaskName(taskName)
        , m_ptrData(NULL) {}
    virtual int Run() = 0;
    void setData(void* data);                      // 設定任務資料

    virtual ~CTask() {}

};

/* 執行緒池管理類別 */
class CThreadPool {
private:
    static vector<CTask*> m_vecTaskList;           // 任務列表
    static bool shutdown;                          // 執行緒退出標識
    int m_iThreadNum;                              // 執行緒池中啟動的執行緒數
    pthread_t *pthread_id;

    static pthread_mutex_t m_pthreadMutex;         // 執行緒同步鎖
    static pthread_cond_t m_pthreadCond;           // 執行緒同步條件變數

protected:
    static void* ThreadFunc(void *threadData);    // 新執行緒的執行緒回呼函數
    static int MoveToIdle(pthread_t tid);          // 執行緒執行結束後，把自己
放入空閒執行緒中
    static int MoveToBusy(pthread_t tid);          // 移入到忙碌執行緒中去
    int Create();                                  // 建立執行緒池中的執行緒

public:
    CThreadPool(int threadNum);
    int AddTask(CTask *task);                  // 把任務增加到任務佇列中
    int StopAll();                             // 使執行緒池中的所有執行緒退出
    int getTaskSize();                         // 獲取當前任務佇列中的任務數
```

```
};

#endif
```

（2）儲存程式為標頭檔 thread_pool.h，再建立一個 thread_pool.cpp 檔案，並輸入程式如下：

```
#include "thread_pool.h"
#include <cstdio>

void CTask::setData(void* data) {
    m_ptrData = data;
}

// 靜態成員初始化
vector<CTask*> CThreadPool::m_vecTaskList;
bool CThreadPool::shutdown = false;
pthread_mutex_t CThreadPool::m_pthreadMutex = PTHREAD_MUTEX_INITIALIZER;
pthread_cond_t CThreadPool::m_pthreadCond = PTHREAD_COND_INITIALIZER;

// 執行緒管理類別建構函數
CThreadPool::CThreadPool(int threadNum) {
    this->m_iThreadNum = threadNum;
    printf("I will create %d threads.\n", threadNum);
    Create();
}

// 執行緒回呼函數
void* CThreadPool::ThreadFunc(void* threadData) {
    pthread_t tid = pthread_self();
    while (1)
    {
        pthread_mutex_lock(&m_pthreadMutex);
        // 如果佇列為空，等待新任務進入任務佇列
        while (m_vecTaskList.size() == 0 && !shutdown)
            pthread_cond_wait(&m_pthreadCond, &m_pthreadMutex);

        // 關閉執行緒
        if (shutdown)
```

```
        {
            pthread_mutex_unlock(&m_pthreadMutex);
            printf("[tid: %lu]\texit\n", pthread_self());
            pthread_exit(NULL);
        }

        printf("[tid: %lu]\trun: ", tid);
        vector<CTask*>::iterator iter = m_vecTaskList.begin();
        //取出一個任務並處理之
        CTask* task = *iter;
        if (iter != m_vecTaskList.end())
        {
            task = *iter;
            m_vecTaskList.erase(iter);
        }

        pthread_mutex_unlock(&m_pthreadMutex);

        task->Run();    //執行任務
        printf("[tid: %lu]\tidle\n", tid);

    }

    return (void*)0;
}

//往任務佇列裡增加任務並發出執行緒同步訊號
int CThreadPool::AddTask(CTask *task) {
    pthread_mutex_lock(&m_pthreadMutex);
    m_vecTaskList.push_back(task);
    pthread_mutex_unlock(&m_pthreadMutex);
    pthread_cond_signal(&m_pthreadCond);

    return 0;
}

//建立執行緒
int CThreadPool::Create() {
    pthread_id = new pthread_t[m_iThreadNum];
    for (int i = 0; i < m_iThreadNum; i++)
```

```
        pthread_create(&pthread_id[i], NULL, ThreadFunc, NULL);

    return 0;
}

// 停止所有執行緒
int CThreadPool::StopAll() {
    // 避免重複呼叫
    if (shutdown)
        return -1;
    printf("Now I will end all threads!\n\n");

    // 喚醒所有等待處理程序，執行緒池也要銷毀了
    shutdown = true;
    pthread_cond_broadcast(&m_pthreadCond);

    // 清除僵屍執行緒
    for (int i = 0; i < m_iThreadNum; i++)
        pthread_join(pthread_id[i], NULL);

    delete[] pthread_id;
    pthread_id = NULL;

    // 銷毀互斥鎖和條件變數
    pthread_mutex_destroy(&m_pthreadMutex);
    pthread_cond_destroy(&m_pthreadCond);

    return 0;
}

// 獲取當前佇列中的任務數
int CThreadPool::getTaskSize() {
    return m_vecTaskList.size();
}
```

（3）再建立一個 main.cpp，輸入程式如下：

```
#include "thread_pool.h"
#include <cstdio>
#include <stdlib.h>
```

```
#include <unistd.h>

class CMyTask : public CTask {
public:
    CMyTask() = default;
    int Run() {
        printf("%s\n", (char*)m_ptrData);
        int x = rand() % 4 + 1;
        sleep(x);
        return 0;
    }
    ~CMyTask() {}
};

int main() {
    CMyTask taskObj;
    char szTmp[] = "hello!";
    taskObj.setData((void*)szTmp);
    CThreadPool threadpool(5);          // 執行緒池大小為 5

    for (int i = 0; i < 10; i++)
        threadpool.AddTask(&taskObj);

    while (1) {
        printf("There are still %d tasks need to handle\n", threadpool.
getTaskSize());
        // 任務佇列已沒有任務了
        if (threadpool.getTaskSize() == 0) {
            // 清除執行緒池
            if (threadpool.StopAll() == -1) {
                printf("Thread pool clear, exit.\n");
                exit(0);
            }
        }
        sleep(2);
        printf("2 seconds later...\n");
    }
    return 0;
}
```

（4）把這 3 個檔案上傳到 Linux，在命令列下編譯執行：

```
[root@localhost test]# g++ thread_pool.cpp test.cpp -o test -lpthread
[root@localhost test]# ./test
I will create 5 threads.
There are still 10 tasks need to handle
[tid: 139992529053440]  run: hello!
[tid: 139992520660736]  run: hello!
[tid: 139992512268032]  run: hello!
[tid: 139992503875328]  run: hello!
[tid: 139992495482624]  run: hello!
2 seconds later...
There are still 5 tasks need to handle
[tid: 139992512268032]  idle
[tid: 139992512268032]  run: hello!
[tid: 139992495482624]  idle
[tid: 139992495482624]  run: hello!
[tid: 139992520660736]  idle
[tid: 139992520660736]  run: hello!
[tid: 139992529053440]  idle
[tid: 139992529053440]  run: hello!
[tid: 139992503875328]  idle
[tid: 139992503875328]  run: hello!
2 seconds later...
There are still 0 tasks need to handle
Now I will end all threads!

[tid: 139992520660736]  idle
[tid: 139992520660736]  exit
[tid: 139992495482624]  idle
[tid: 139992495482624]  exit
[tid: 139992512268032]  idle
[tid: 139992512268032]  exit
[tid: 139992529053440]  idle
[tid: 139992529053440]  exit
[tid: 139992503875328]  idle
[tid: 139992503875328]  exit
2 seconds later...
There are still 0 tasks need to handle
Thread pool clear, exit.
```

至此，基於 POSIX 實現的執行緒池成功了。

3.8.4 基於 C++11 實現執行緒池

由於 C++11 在網路程式設計中應用廣泛，基於 C++11 的執行緒池也是一個必須要學習的主題，我們後面的開發 FTP 伺服器就是採用 C++11 執行緒池。執行緒池其實就是管理任務和多個執行緒的一套機制，一個簡單明瞭的執行緒池對外只需要提供初始化執行緒池和向執行緒池分配任務這 2 個介面，初始化執行緒池介面在程式啟動時呼叫，而分配任務的介面則在程式中有特定任務產生時呼叫，將該特定任務分配到執行緒池中去執行。

【例 3.41】 C++11 實現執行緒池。

（1）實現執行緒類別。在 Windows 下用編輯器建立一個文字檔，並輸入程式如下：

```
#pragma once

#include <list>
#include <mutex>
class XTask;
struct event_base;
class XThread
{
public:
    void Start();                    // 啟動執行緒
    void Main();                     // 執行緒入口函數
    void Activate(int arg);          // 執行緒啟動
    void AddTack(XTask *);           // 增加任務，一個執行緒可以同時處理多個任
務，共用一個 event_base
    XThread();                       // 建構函數
    ~XThread();                      // 解構函數
    int id = 0;                      // 執行緒編號

private:
```

```
    event_base *base = 0;         // 為了方便管理所有執行緒，根據需要實現
    std::list<XTask*> tasks;      // 任務鏈結串列
    std::mutex tasks_mutex;       // 在任務鏈結串列中增加和刪除任務時需要用訊
號進行互斥
};
```

我們定義了一個類別 XThread，這個類別表示一個執行緒，裡面包含成員函數實現了啟動執行緒、執行緒入口函數、執行緒啟動、增加任務等功能。儲存該檔案為 XThread.h。然後再建立一個文字檔來實現該類別，程式如下：

```
//... 標頭檔部分，為了節省篇幅，這裡就不列出，詳見原始程式

// 啟動執行緒，但不一定執行任務，因為可能現在還沒有任務
void XThread::Start() {
    testout(id << " thread At Start()");
    thread th(&XThread::Main, this);    // 執行緒一旦被建立就開始執行了
    th.detach();      // 將本執行緒從呼叫執行緒中分離出來，同意本執行緒獨立執行
}

// 執行緒啟動時做的事情
void XThread::Main() {
    cout << id << " thread::Main() begin" << endl;
    // 執行緒啟動時做的事情
    //...
    cout << id << " thread::Main() end" << endl;
}

// 啟動執行緒，通常是有任務了就要啟動執行緒
void XThread::Activate(int arg) {
    testout(id << " thread At Activate()");
    // 從任務列表中獲取任務，並初始化
    XTask *t = NULL;
    tasks_mutex.lock();             // 上鎖
    if (tasks.empty()) {            // 如果任務列表為空，則傳回
        tasks_mutex.unlock();
        return;
    }
```

```
        t = tasks.front();
        tasks.pop_front();              // 彈出任務
        tasks_mutex.unlock();           // 解鎖
        t->Init(arg);
    }
    // 增加任務
    void XThread::AddTack(XTask *t) {
        if (!t) return;
        t->base = this->base;
        tasks_mutex.lock();             // 增加任務也要上鎖
        tasks.push_back(t);             // 增加任務
        tasks_mutex.unlock();           // 解鎖
    }
    XThread::XThread() {                // 建構函數
    }
    XThread::~XThread() {               // 解構函數
    }
```

儲存該檔案為 XThread.cpp，在這個檔案中，我們實現了類別 XThread 的成員函數。

（2）實現執行緒池類別。實現了執行緒類別後，就可以開始實現執行緒池類別了，在 Windows 下用編輯器建立一個文字檔，並輸入程式如下：

```
#pragma once
#include <vector>

class XThread;
class XTask;
class XThreadPool
{
public:
    // 單例模式
    static XThreadPool *Get() {
        static XThreadPool p;
        return &p;
    }
```

```
    void Init(int threadCount);         // 初始化所有執行緒
    // 分發任務給執行緒
    void Dispatch(XTask*,int arg);      //arg 是任務所帶的參數，可以自己重新
實現，弄成更加複雜的形式
private:
    int threadCount;                    // 統計執行緒數量
    int lastThread = -1;
    std::vector<XThread *> threads;     // 所有執行緒的向量
    XThreadPool() {};
};
```

執行緒池類別主要提供 2 個函數介面，一個是初始化所有執行緒，另外一個是分發任務給執行緒。儲存該檔案為 XThreadPool.h。然後再建立一個文字檔來實現類別 XThreadPool，輸入程式如下：

```
// 為了節省篇幅，標頭檔不列出

// 分配任務到執行緒池
void XThreadPool::Dispatch(XTask *task,int arg) {
    testout("main thread At XThreadPoll::dispathch()");

    if (!task) return;
    int tid = (lastThread + 1) % threadCount;  // 這裡簡單地累加得到新的
執行緒 ID
    lastThread = tid;
    XThread *t = threads[tid];                 // 得到最新執行緒的指標

    t->AddTack(task);                          // 增加任務
    t->Activate(arg);                          // 啟動執行緒
}

// 初始化執行緒池
void XThreadPool::Init(int threadCount) {
    testout("main thread At XThreadPoll::Init()");
    this->threadCount = threadCount;
    this->lastThread = -1;
    for (int i = 0; i < threadCount; i++) {
        cout << "Create thread" << i << endl;
        XThread *t = new XThread();     // 實體化執行緒類別，這裡建構函數
```

```
XThread 並不做事情
        t->id = i;
        t->Start();                        // 啟動執行緒
        threads.push_back(t);         // 增加到執行緒向量中
        this_thread::sleep_for(chrono::milliseconds(10));
    }
}
```

儲存檔案為 XThreadPool.cpp，該檔案實現了執行緒池類別的成員函數。

（3）實現任務類別。執行緒池準備好後，下面準備任務類別，有任務才能讓執行緒池裡的執行緒工作。建立文字檔，輸入程式如下：

```
#pragma once
class XTask
{
public:
    // 一用戶端一個 base
    struct event_base *base = 0;
    int thread_id = 0;                    // 執行緒池 ID
    // 初始化任務
    virtual bool Init(int arg) = 0;     // 具體如何初始化，就要根據具體的任務
而多載
};
```

儲存檔案為 XTask.h。這是個描述任務的基礎類別，比較簡單，虛擬函數 Init 是需要子類別來實現的，也就是說，具體做什麼任務，需要子類別來實現。下面實現任務子類別，建立文字檔，輸入程式如下：

```
#include "mytask.h"
bool CMyTask::Init(int arg)    // 這裡模擬一個任務，就是兩個迴圈，最後列印
{
    long long i=0,c=0;
    while(c<10000000)
    {
        while(i<1000000000)
            i++;
```

```
        c++;
    }
    printf("%d---------%d--------\n",arg,c);
}
```

這裡設計的任務比較簡單，就是兩個迴圈累加，以此來模擬一段耗時的工作，迴圈結束後再把任務傳進來的參數 arg 列印出來。限於篇幅，標頭檔 mytask.h 這裡不再列出，該標頭檔中定義了 CMyTask。至此，程式基本實現完畢，下面就要開始編譯執行了。

（4）準備編譯。因為存在多個 cpp 檔案，用命令比較麻煩，所以這裡用了一個 makefile 檔案，只需在命令列下執行 make 命令，就能生成可執行檔了。限於篇幅，makefile 內容不再列出，可以直接參考原始程式專案。我們把所有 cpp 檔案、標頭檔和 makefile 檔案上傳到 Linux 中的某個目錄下，然後在該目錄下執行 make 命令，就可以生成可執行檔 threadPool，然後再執行 ./threadPool，得到執行結果如下：

```
Create thread0
0 thread::Main() begin
0 thread::Main() end
Create thread1
1 thread::Main() begin
1 thread::Main() end
Create thread2
2 thread::Main() begin
2 thread::Main() end
Create thread3
3 thread::Main() begin
3 thread::Main() end
Create thread4
4 thread::Main() begin
4 thread::Main() end
Create thread5
5 thread::Main() begin
5 thread::Main() end
Create thread6
```

```
6 thread::Main() begin
6 thread::Main() end
Create thread7
7 thread::Main() begin
7 thread::Main() end
Create thread8
8 thread::Main() begin
8 thread::Main() end
Create thread9
9 thread::Main() begin
9 thread::Main() end
0---------10000000--------
1---------10000000--------
2---------10000000--------
3---------10000000--------
4---------10000000--------
5---------10000000--------
6---------10000000--------
7---------10000000--------
8---------10000000--------
9---------10000000--------
```

可以看出，一開始生成了 10 個執行緒，這 10 個執行緒組成了執行緒池，然後單獨執行各自的耗時任務，最終全部完成。這個例子比較簡單，後面我們會把執行緒池和 FTP 伺服器開發結合起來。

Chapter

04

TCP 伺服器程式設計

Linux 網路程式設計常見的應用主要基於通訊端（socket，也稱 Socket 埠）API，通訊端 API 是 Linux 提供的一網路拓樸路程式設計介面。透過它，開發人員既可以在傳輸層之上進行網路程式設計，也可以跨越傳輸層直接對網路層進行開發。通訊端 API 已經是開發 Linux 網路應用程式的必須要掌握的內容。通訊端程式設計可以分為 TCP 通訊端程式設計、UDP 通訊端程式設計和原始通訊端程式設計，將在後面章節分別介紹。

4.1 通訊端的基本概念

通訊端是 TCP/IP 網路程式設計中的基本操作單元，可以看作是不同主機的處理程序之間相互通訊的端點。通訊端是應用層與 TCP/IP 協定族通訊的中間軟體抽象層，是一組介面，它把複雜的 TCP/IP 協定族隱藏在通訊端介面後面。某個主機上的某個處理程序透過該處理程序中定義的通訊端可以與其他主機上同樣定義了通訊端的處理程序建立通訊，傳輸資料。

socket 起源於 UNIX，在 UNIX 一切皆檔案的思想下，socket 是一種「打開－讀 / 寫－關閉」模式的實現，伺服器和用戶端各自維護一個「檔案」，在建立連接後，可以向自己檔案寫入內容供對方讀取或讀取對方內容，通訊結束時關閉檔案。當然這只是一個整體路線，實際程式設計還有不少細節需要考慮。

無論在 Windows 平台還是 Linux 平台，都對通訊端實現了自己的一套程式設計介面。Windows 下的 socket 實現叫 Windows socket。Linux 下的實現有兩套：一套是柏克萊通訊端（Berkeley sockets），起源於 Berkeley UNIX，介面簡單，應用廣泛，已經成為 Linux 網路程式設計事實上的標準；另一套實現是傳輸層介面（Transport Layer Interface，TLI），它是 System V 系統上的網路程式設計 API，所以這套程式設計介面更多的是在 UNIX 上使用。

簡單介紹下 SystemV 和 BSD（Berkeley Software Distribution），SystemV 的鼻祖正是 1969 年 AT&T 開發的 UNIX，隨著 1993 年 Novell 收購 AT&T 後開放了 UNIX 的商標，SystemV 的風格也逐漸成為 UNIX 廠商的標準。BSD 的鼻祖是加州大學柏克萊分校在 1975 年開發的 BSDUNIX，後來被開放原始碼組織發展為現在的 *BSD 作業系統。這裡需要說明的是，Linux 不能稱為「標準的 UNIX」而只被稱為「UNIX Like」的原因有一部分就是來自它的操作風格介乎兩者之間（SystemV 和 BSD），而且廠商為了照顧不同的使用者，各 Linux 發行版本的操作風格之間也不盡相同。本書說明的 Linux 網路程式設計，都是基於 Berkeley sockets API。

socket 是在應用層和傳輸層之間的抽象層，它把 TCP/IP 層複雜的操作抽象為幾個簡單的介面，供應用層呼叫已實現處理程序在網路中通訊。它在 TCP/IP 中的地位如圖 4-1 所示。

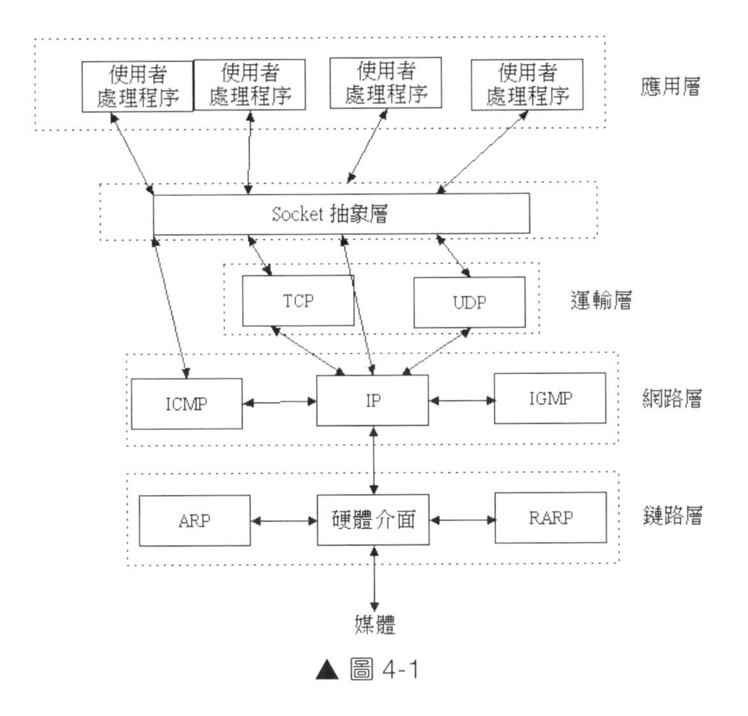

▲ 圖 4-1

由圖 4-1 可以看出，socket 程式設計介面其實就是使用者處理程序（應用層）和傳輸層之間的程式設計介面。

4.2 網路程式的架構

網路程式通常有兩種架構，一種是 B/S（Browser/Server，瀏覽器 / 伺服器）架構，比如我們使用火狐瀏覽器瀏覽 Web 網站，火狐瀏覽器就是一個 Browser，網站上執行的 Web 就是一個伺服器。這種架構的優點是使用者只需要在自己電腦上安裝一個網頁瀏覽器就可以了，主要工作邏輯都在伺服器上完成，減輕了使用者端的升級和維護的工作量。另外一種架構是 C/S（Client/Server，用戶端設備 / 伺服器）架構，這種架構要在伺服器端和用戶端分部安裝不同的軟體，並且不同的應用，用戶端也要安裝不同的用戶端設備軟體，有時候用戶端的軟體安裝或升級比較複雜，維護起來成本較大。但此種架構的優點是可以較充分地利用兩端的硬體能力，較為合理地分配任務。值得注意的是，用戶端設備和伺服器實際指兩個不同的處理程序，伺服器是提供服務的處理程序，用戶端設備是請求服務和接受服務的處理程序，它們通常位元於不同的主機上（也可以是同一主機上的兩個處理程序），這些主機有網路連接，伺服器端提供服務並對來自用戶端處理程序的請求做出回應。比如我們常用的 QQ，我們自己電腦上的 QQ 程式就是一個用戶端，而在騰訊公司內部還有伺服器端器程式。

基於通訊端的網路程式設計中，通常使用 C/S 架構。一個簡單的用戶端設備和伺服器之間的通訊過程如下：

（1）用戶端設備向伺服器提出一個請求。

（2）伺服器收到用戶端設備的請求，進行分析處理。

（3）伺服器將處理的結果傳回給用戶端設備。

一般來說一個伺服器可以向多個用戶端設備提供服務。因此對伺服器來說，還需要考慮如何有效地處理多個用戶端設備的請求。

4.3 IP 位址的格式轉換

IP 位址轉換是指將點分十進位形式的字串 IP 位址與二進位 IP 位址相互轉換。比如，"192.168.1.100" 就是一個點分十進位形式的字串 IP 位址。IP 位址轉換可以透過 inet_aton、inet_addr 和 inet_ntoa 這三個函數完成，這三個位址轉換函數都只能處理 IPv4 位址，而不能處理 IPv6 位址。使用這些函數需要包含標頭檔 <arpa/inet.h>，絕對路徑是在 /usr/include/arpa/ 下。

函數 inet_addr 將點分十進位 IP 位址轉為二進位位址，它傳回的結果是網路位元組順序，該函數宣告如下：

```
in_addr_t inet_addr (const char *__cp);
```

其中參數 cp 指向點分十進位形式的字串 IP 位址，如 "172.16.2.6"。如果函數執行成功，則傳回二進位形式的 IP 位址，類型是 32 位元無號整數（in_addr_t 就是 uint32），失敗則傳回 -1。通常失敗的情況是參數 cp 所指的字串 IP 位址不合法，比如，"300.1000.1.1"（超過 255 了）。需要注意的是，這個函數的傳回值在大、小端序機器上是不同的，例如輸入一個 "192.168.0.1" 的字串，在記憶體中的排列（位元組從低到高）為 0xC0,0xA8,0x00,0x4A，那麼在小端序機器上，傳回的數字就是 0x4a00a8c0，而在大端序機器上則是 0xc0a8004a。同樣 inet_pton inet_ntop 也存在這個問題。

下面我們再看看將結構 in_addr 類型的 IP 位址轉為點分字串 IP 位址的函數 inet_ntoa，注意這裡說的是結構 in_addr 類型，即 inet_ntoa 函數的參數類型是 struct in_addr，函數 inet_ntoa 宣告如下：

```
char *inet_ntoa (struct in_addr __in);
```

其中 _in 存放 struct in_addr 類型的 IP 位址。如函數成功傳回字串指標，此指標指向了轉換後的點分十進位 IP 位址。

如果想要把 inet_addr 的結果再透過函數 inet_ntoa 轉為字串形式，則要將 inet_addr 傳回的 in_addr_t 類型轉為 struct in_addr 類型，程式如下：

```
struct  in_addr  ia;
in_addr_t dwIP = inet_addr("172.16.2.6");
ia.s_addr = dwIP;
printf("real_ip=%s\n", inet_ntoa(ia));
```

s_addr 就是 in_addr_t 類型，因此可以把 dwIP 直接給予值給 ia.s_addr，然後再把 ia 傳入 inet_ntoa 中。

【例 4.1】IP 位址的字串和二進位的互轉。

（1）打開 VC2017，建立一個 Linux 主控台專案，專案名稱是 test。

（2）在 main.cpp 中輸入程式如下：

```
#include <cstdio>
#include <arpa/inet.h>
int main()
{
    struct in_addr ia;

    in_addr_t dwIP = inet_addr("172.16.2.6");
    ia.s_addr = dwIP;
    printf("ia.s_addr=0x%x\n", ia.s_addr);
    printf("real_ip=%s\n", inet_ntoa(ia));
    return 0;
}
```

（3）IP 位址 172.16.2.6 透過函數 inet_addr 轉為二進位並存於 ia.s_addr 中，然後以十六進位形式列印出來，接著透過函數 inet_ntoa 轉為點陣的字串形式並輸出。

（4）儲存專案並執行，執行結果如下：

```
ia.s_addr=0x60210ac
real_ip=172.16.2.6
```

4.4 通訊端的類型

在 Windows 系統下，有三種類型的通訊端：

（1）串流通訊端（SOCK_STREAM）

串流通訊端用於提供連線導向的、可靠的資料傳輸服務。該服務將保證資料能夠實現無差錯、無重複發送，並按順序接收。串流通訊端之所以能夠實現可靠的資料服務，原因在於其使用了傳輸控制協定即 TCP。

（2）資料通訊端（SOCK_DGRAM）

資料通訊端提供了一種不需連線的服務。該服務並不能保證資料傳輸的可靠性，資料有可能在傳輸過程中遺失或出現資料重複，且無法保證順序地接收到資料。資料通訊端使用 UDP 進行資料的傳輸。由於資料通訊端不能保證資料傳輸的可靠性，對於有可能出現的資料遺失情況，需要在程式中做對應的處理。

（3）原始通訊端（SOCK_RAW）

原始通訊端允許對較低層次的協定直接存取，比如 IP、ICMP，它常用於檢驗新的協定實現，或存取現有服務中設定的新裝置，因為原始通訊端可以自如地控制 Linux 下的多種協定，能夠對網路底層的傳輸機制進行控制，所以可以應用原始通訊端來操縱網路層和傳輸層應用。比如，我們可以透過原始通訊端來接收發向本機的 ICMP、IGMP 協定封包，或接收 TCP/IP 堆疊不能夠處理的 IP 封包，也可以用來發送一些自訂表頭或自訂協定的 IP 封包。網路監聽技術經常會用到原始通訊端。

原始通訊端與標準通訊端（標準通訊端包括串流通訊端和資料通訊端）的區別在於：原始通訊端可以讀寫核心沒有處理的 IP 資料封包，而串流通訊端只能讀取 TCP 的資料，資料通訊端只能讀取 UDP 的資料。

4.5 通訊端位址

一個通訊端代表通訊的一端，每端都有一個通訊端位址，這個 socket 位址包含了 IP 位址和通訊埠資訊。有了 IP 位址，就能從網路中辨識對方主機；有了通訊埠資訊，就能辨識對方主機上的處理程序。

socket 位址可以分為通用 socket 位址和專用 socket 位址。前者會出現在一些 socket API 函數中（比如 bind 函數、connect 函數等），通用位址原本用來表示大多數網路位址，但現在一般不用，因為現在很多網路通訊協定都定義了自己的專用網路位址；專用網路位址主要是為了方便使用而提出來的，兩者通常可以相互轉換。

4.5.1 通用 socket 位址

通用 socket 位址就是一個結構，名字是 sockaddr，它同樣定義在 socket.h 中，該結構宣告如下：

```
struct sockaddr {
    sa_family_t    sa_family;    /* address family, AF_xxx    */
    char          sa_data[14];    /* 14 bytes of protocol address   */
};
```

其中 sa_pfamily 是無號短整數變數，用來存放位址族（或協定族）類型，常用設定值如下：

- PF_UNIX：UNIX 本地域協定族。
- PF_INET：IPv4 協定族。
- PF_INET6：IPv6 協定族。
- AF_UNIX：UNIX 本地域位址族。
- AF_INET：IPv4 位址族。
- AF_INET6：IPv6 位址族。

sa_data 用來存放具體的位址資料，即 IP 位址資料和通訊埠資料。

由於 sa_data 只有 14 位元組，隨著時代的發展，一些新的協定被提出來，比如 IPv6，它的位址長度不夠 14 位元組，不同協定族的具體位址長度見表 4-1。

表 4-1 不同協定族的具體位址長度

協定族	位址的含義和長度
PF_INET	32 位元 IPv4 位址和 16 位元通訊埠編號，共 6 位元組
PF_INET6	128 位元 IPv6 位址、16 位元通訊埠編號、32 位元流標識和 32 位元範圍 ID，共 26 位元組
PF_UNIX	檔案全路徑名稱，最大長度可達 108 位元組

由於 sa_data 太小，容納不下位址資料，故 Linux 定義了新的通用的

位址儲存結構，程式如下：

```
 /*
 * The definition uses anonymous union and struct in order to control the
 * default alignment.
 */
struct __kernel_sockaddr_storage {
    union {
        struct {
            __kernel_sa_family_t    ss_family; /* address family */
            /* Following field(s) are implementation specific */
            char __data[_K_SS_MAXSIZE - sizeof(unsigned short)];
                /* space to achieve desired size, */
                /* _SS_MAXSIZE value minus size of ss_family */
        };
        void *__align; /* implementation specific desired alignment */
    };
};
```

該結構在 /usr/src/linux-headers-5.8.0-38-generic/include/uapi/linux/socket.h 中定義，另外在 /usr/src/linux-headers-5.8.0-38-generic/include/linux/ socket.h 中定義了 sockaddr_storage：

```
#define sockaddr_storage __kernel_sockaddr_storage
```

這個結構儲存的位址就大了，而且是記憶體對齊的。

4.5.2 專用 socket 位址

上面兩個通用位址結構把 IP 位址、通訊埠等資料全都放到一個 char 陣列中，使用起來不方便。為此，Linux 為不同的協定族定義了不同的 socket 位址結構，這些不同的 socket 位址被稱為專用 socket 位址。比如，IPv4 有自己專用的 socket 位址，IPv6 有自己專用的 socket 位址。

在 /usr/include/netinet/in.h 中，IPv4 的 socket 位址定義了下面的結構：

```
/* Structure describing an Internet socket address.  */
struct sockaddr_in
  {
    __SOCKADDR_COMMON (sin_);
    in_port_t sin_port;                 /* Port number.  */
    struct in_addr sin_addr;            /* Internet address.  */

    /* Pad to size of `struct sockaddr'.  */
    unsigned char sin_zero[sizeof (struct sockaddr)
               - __SOCKADDR_COMMON_SIZE
               - sizeof (in_port_t)
               - sizeof (struct in_addr)];
  };
```

其中，類型 struct in_addr 也在 in.h 中定義如下：

```
/* Internet address.  */
typedef uint32_t in_addr_t;
struct in_addr
  {
    in_addr_t s_addr;
  };
```

本質上就是個 uint32_t，定義如下：

在 /usr/include/netinet/in.h 中，來看下 IPv6 的 socket 位址專用結構：

```
struct sockaddr_in6
  {
    __SOCKADDR_COMMON (sin6_);
    in_port_t sin6_port;            /* Transport layer port # */
    uint32_t sin6_flowinfo;         /* IPv6 flow information */
    struct in6_addr sin6_addr;      /* IPv6 address */
    uint32_t sin6_scope_id;         /* IPv6 scope-id */
  };
```

其中類型 in6_addr 在 in.h 中定義如下：

```
/* IPv6 address */
struct in6_addr
```

```
    {
      union
        {
      uint8_t __u6_addr8[16];
      uint16_t __u6_addr16[8];
      uint32_t __u6_addr32[4];
        } __in6_u;
```

這些專用的 socket 位址結構顯然比通用的 socket 位址結構更清楚，它把各個資訊用不同的欄位來表示。但要注意的是，socket API 函數使用的是通用位址結構，因此我們在具體使用的時候，最終要把專用位址結構轉為通用位址結構，不過可以強制轉換。

4.5.3 獲取通訊端位址

一個通訊端綁定了位址，就可以透過函數來獲取它的通訊端位址了。通訊端通訊需要在本地和遠端兩端建立通訊端，這樣獲取通訊端位址可以分為獲取本地通訊端位址和獲取遠端通訊端位址。其中獲取本地通訊端位址的函數是 getsockname，這個函數在下面兩種情況下可以獲得本地通訊端位址：

（1）本地通訊端透過 bind 函數獲取位址（bind 函數下一節會講到）。

（2）本地通訊端沒有綁定位址，但透過 connect 函數和遠端建立了連接，此時核心會分配一個位址給本地通訊端。

getsockname 函數宣告如下：

```
#include<sys/socket.h>
int getsockname(int sockfd, struct sockaddr *localaddr, socklen_t
*addrlen);
```

其中參數 sockfd 是通訊端描述符號；localaddr 為指向存放本地通訊端位址的結構指標；addrlen 是 localaddr 所指結構的大小，socklen_t 必須要和當前機器的 int 類型具有一致的位元組長度，此類型是為了跨平台而存在的。如果函數呼叫成功，則傳回 0；如果呼叫出錯，則傳回 -1。值得注意的是，addrlen 是輸入輸出參數，所以必須要初始化給予值為 sizeof(struct sockaddr_in)。

如果要獲取通訊對端的 socket 位址，可以使用函數 getpeername，該函數宣告如下：

```
int getpeername(int sockfd, struct sockaddr *peeraddr, socklen_t
*addrlen);
```

其中參數 sockfd 是通訊端描述符號；peeraddr 為指向存放對端通訊端位址的結構指標；addrlen 是 peeraddr 所指結構的大小。如果函數呼叫成功，則傳回 0；如果呼叫出錯，則傳回 -1。

【例 4.2】綁定後獲取本地通訊端位址。

（1）打開 VC2017，建立一個主控台專案 test，在 test.cpp 中輸入程式如下：

```
#include <cstdio>
#include<sys/socket.h>
#include <arpa/inet.h>
#include<string.h>
#include <errno.h>

int main()
{
    int sfp;
    struct sockaddr_in s_add;
    unsigned short portnum = 10051;
    struct sockaddr_in serv = { 0 };
    char on = 1;
    int serv_len = sizeof(serv);
    int err;
    sfp = socket(AF_INET, SOCK_STREAM, 0);
    if (-1 == sfp)
    {
```

```
        printf("socket fail ! \r\n");
        return -1;
    }
    printf("socket ok !\n");
    // 列印沒綁定前的位址
    printf("ip=%s,port=%d\n", inet_ntoa(serv.sin_addr), ntohs(serv.sin_
port));
    // 允許位址立即重用
    setsockopt(sfp, SOL_SOCKET, SO_REUSEADDR, &on, sizeof(on));
    memset(&s_add, 0, sizeof(struct sockaddr_in));
    s_add.sin_family = AF_INET;
    s_add.sin_addr.s_addr = inet_addr("192.168.0.118"); // 這個 IP 位址必須
是本機上有的
    s_add.sin_port = htons(portnum);

    if (-1 == bind(sfp, (struct sockaddr *)(&s_add), sizeof(struct
sockaddr)))  // 綁定
    {
        printf("bind fail:%d!\r\n", errno);
        return -1;
    }
    printf("bind ok !\n");
    // 獲取本地通訊端位址，serv_len 是輸入輸出參數，輸入時 serv_len=sizeof
(serv);
    getsockname(sfp, (struct sockaddr *)&serv, (socklen_t*)&serv_len);
    // 列印通訊端位址裡的 IP 位址和通訊埠值
    printf("ip=%s,port=%d\n", inet_ntoa(serv.sin_addr), ntohs(serv.sin_
port));
    return 0;
}
```

在該程式中，我們首先建立了通訊端，獲取它的位址資訊，然後綁定了 IP 位址和通訊埠編號，獲取通訊端位址。待執行後可以看到沒有綁定前獲取到的都是 0，綁定後就可以正確獲取到了。再次注意，serv_len 傳入函數 getsockname 前必須要初始化給予值為 sizeof(struct sockaddr_in)。

（2）儲存專案並執行，執行結果如下：

```
socket ok !
ip=0.0.0.0,port=0
bind ok !
ip=192.168.0.118,port=10051
```

需要注意的是，192.168.0.118 必須是 Linux 主機上存在的 IP 位址，否則程式會傳回錯誤。讀者可以修改一個並不存在的 IP 位址（比如 192.168.0.117，該位址不是筆者 Linux 的 IP）後編譯執行，應該會出現下面的結果：

```
socket ok !
ip=0.0.0.0,port=0
bind fail:99!
```

4.6 主機位元組順序和網路位元組順序

位元組順序，就是一個資料的某個位元組在記憶體位址中存放的順序。主機位元組順序就是在主機內部，資料在記憶體中的儲存順序。不同的 CPU 的位元組順序是不同的，即該資料的低位元位元組可以從記憶體低位址開始存放，也可以從高位址開始存放。因此，主機位元組順序通常可以分為兩種模式：小端位元組順序（Little Endian）和大端位元組順序（Big Endian）。

有大、小端模式之分的原因是，在電腦系統中是以位元組為單位的，一個位址單元（儲存單元）對應著一個位元組，即一個儲存單元存放一個位元組資料。但是在 C 語言中除了 8bit 的 char 型之外，還有 16bit 的 short 型、32bit 的 long 型（要看具體的編譯器），另外，對於位數大於 8 位元的處理器，例如 16 位元或 32 位元的處理器，由於暫存器寬度大於一個位元組，那麼必然存在著一個如何安排多個位元組的問題。因此就導致了大端儲存模式和小端儲存模式。例如一個 16bit 的 short 型 x，在記憶體中的位址為 0x0010，x 的值為 0x1122，那麼 0x11 為高位元組，0x22 為低位元組。對於大端模式，就將 0x11 放在低位址中，即 0x0010 中，0x22 放在高位址中，即 0x0011 中；小端模式，則剛好相反。我們常用的 X86 結構是小端模式，而 KEIL C51 則為大端模式。很多的 ARM、DSP 都為小端模式。有些 ARM 處理器還可以由硬體來選擇是大端模式還是小端模式。

(1) 小端位元組順序

小端位元組順序就是資料的低位元組存於記憶體低位址，高位元組存於記憶體高位址。比如一個 long 型態資料 0x12345678，採用小端位元組順序的話，它在記憶體中的存放情況是這樣的：

```
0x0029f458    0x78         // 低記憶體位址存放低位元組資料
0x0029f459    0x56
0x0029f45a    0x34
0x0029f45b    0x12         // 高記憶體位址存放高位元組資料
```

(2) 大端位元組順序

大端位元組順序就是資料的高位元組存於記憶體低位址，低位元組存於記憶體高位址。比如一個 long 型態資料 0x12345678，採用大端位元組順序的話，它在記憶體中的存放情況是這樣的：

```
0x0029f458  0x12                        // 低記憶體位址存放高位元組資料
            0x0029f459    0x34
            0x0029f45a    0x56
            0x0029f45b    0x79         // 高記憶體位址存放低位元組資料
```

以下 4 個函數可以將主機位元組順序和網路位元組順序相互轉換：

```
#include <arpa/inet.h>
uint32_t htonl(uint32_t hostlong);
uint16_t htons(uint16_t hostshort);
uint32_t ntohl(uint32_t netlong);
uint16_t ntohs(uint16_t netshort);
```

函數 htonl 可以將一個 uint32_t 類型的主機位元組順序轉為網路位元

組順序（大端）。其中參數 hostlong 是要轉為網路位元組順序的資料，函數傳回網路位元組順序資料。ntohl 則正好相反。

函數 htons 將一個 uint16_t 類型的主機位元組順序轉為網路位元組順序（大端），參數 hostshort 是要轉為網路位元組順序的資料，函數傳回網路位元組順序資料。ntohs 則正好相反。

我們可以用下面的例子來測試主機的位元組順序。

【例 4.3】 測試主機的位元組順序。

（1）打開 VC2017，建立一個 Linux 主控台專案，專案名稱是 test。

（2）在 main.cpp 中輸入程式如下：

```
#include <iostream>
using namespace std;

int main()
{
    int nNum = 0x12345678;
    char *p = (char*)&nNum;          //p 指向儲存 nNum 的記憶體的低位址
    // 判斷低位址是否存放的是資料高位元
    if (*p == 0x12) cout << "This machine is big endian." << endl;
    else cout << "This machine is small endian." << endl;
    return 0;
}
```

首先定義 nNum 為 int，資料長度為 4 位元組，然後定義字元指標 p 指向 nNum 的位址。因為字元長度是 1 位元組，所以賦字元指標 p 的值時，會取存放 nNum 的位址的最低位元組出來，即 p 指向低位址。如果 *p 為 0x78（0x78 為資料的低位元），則為小端；如果為 *p 為 0x12（0x12 為資料的高位元），則為大端。

（3）儲存專案並執行，執行結果如下：

```
This machine is small endian.
```

4.7 協定族和位址族

協定族就是不同協定的集合，在 Linux 中用巨集來表示不同的協定族，這個巨集的形式是以 PF_ 開頭，比如 IPv4 協定族為 PF_INET，PF 的意思是 PROTOCOL FAMILY。在 UNIX/Linux 系統中，不同版本中這兩者有微小差別，對於 BSD 是 AF，對於 POSIX 是 PF。理論上建立 socket 時是指定協定，應該用 PF_xxxx，設定位址時應該用 AF_xxxx。當然 AF_INET 和 PF_INET 的值是相同的，混用也不會有太大的問題。

在 Ubuntu20.04 下，/usr/include/x86_64-linux-gnu/bits/socket.h 中定義了協定族的巨集定義：

```
/* Address families.  */
#define AF_UNSPEC           PF_UNSPEC
#define AF_LOCAL            PF_LOCAL
#define AF_UNIX             PF_UNIX
#define AF_FILE             PF_FILE
#define AF_INET             PF_INET
#define AF_AX25             PF_AX25
#define AF_IPX              PF_IPX
#define AF_APPLETALK        PF_APPLETALK
#define AF_NETROM           PF_NETROM
#define AF_BRIDGE           PF_BRIDGE
#define AF_ATMPVC           PF_ATMPVC
#define AF_X25              PF_X25
#define AF_INET6            PF_INET6
#define AF_ROSE             PF_ROSE
#define AF_DECnet           PF_DECnet
#define AF_NETBEUI          PF_NETBEUI
#define AF_SECURITY         PF_SECURITY
#define AF_KEY              PF_KEY
#define AF_NETLINK          PF_NETLINK
#define AF_ROUTE            PF_ROUTE
#define AF_PACKET           PF_PACKET
#define AF_ASH              PF_ASH
#define AF_ECONET           PF_ECONET
```

```
#define AF_ATMSVC              PF_ATMSVC
#define AF_RDS                 PF_RDS
#define AF_SNA                 PF_SNA
#define AF_IRDA                PF_IRDA
#define AF_PPPOX               PF_PPPOX
#define AF_WANPIPE             PF_WANPIPE
#define AF_LLC                 PF_LLC
#define AF_IB                  PF_IB
#define AF_MPLS                PF_MPLS
#define AF_CAN                 PF_CAN
#define AF_TIPC                PF_TIPC
#define AF_BLUETOOTH           PF_BLUETOOTH
#define AF_IUCV                PF_IUCV
#define AF_RXRPC               PF_RXRPC
#define AF_ISDN                PF_ISDN
#define AF_PHONET              PF_PHONET
#define AF_IEEE802154          PF_IEEE802154
#define AF_CAIF                PF_CAIF
#define AF_ALG                 PF_ALG
#define AF_NFC                 PF_NFC
#define AF_VSOCK               PF_VSOCK
#define AF_KCM                 PF_KCM
#define AF_QIPCRTR             PF_QIPCRTR
#define AF_SMC                 PF_SMC
#define AF_XDP                 PF_XDP
#define AF_MAX                 PF_MAX
```

可以看到，各個協定巨集定義成了從 AF_ 開頭的巨集，即位址族的巨集定義。位址族就是一個協定族所使用的位址集合（不同的網路通訊協定所使用的網路位址是不同的），它也是用巨集來表示不同的位址族，這個巨集的形式是以 AF_ 開頭，比如 IP 位址族為 AF_INET，AF 的意思是 Address Family，在 /usr/include/x86_64-linux-gnu/bits/socket.h 中定義了不同位址族的巨集定義：

```
/* Protocol families.  */
#define PF_UNSPEC       0     /* Unspecified.  */
#define PF_LOCAL        1     /* Local to host (pipes and file-domain). */
```

```
#define PF_UNIX        PF_LOCAL /* POSIX name for PF_LOCAL.  */
#define PF_FILE        PF_LOCAL /* Another non-standard name for PF_
                                   LOCAL.*/
#define PF_INET        2     /* IP protocol family.  */
#define PF_AX25        3     /* Amateur Radio AX.25.  */
#define PF_IPX         4     /* Novell Internet Protocol.  */
#define PF_APPLETALK   5     /* Appletalk DDP.  */
#define PF_NETROM      6     /* Amateur radio NetROM.  */
#define PF_BRIDGE      7     /* Multiprotocol bridge.  */
#define PF_ATMPVC      8     /* ATM PVCs.  */
#define PF_X25         9     /* Reserved for X.25 project.  */
#define PF_INET6      10     /* IP version 6.  */
#define PF_ROSE       11     /* Amateur Radio X.25 PLP.  */
#define PF_DECnet     12     /* Reserved for DECnet project.  */
#define PF_NETBEUI    13     /* Reserved for 802.2LLC project.  */
#define PF_SECURITY   14     /* Security callback pseudo AF.  */
#define PF_KEY        15     /* PF_KEY key management API.  */
#define PF_NETLINK    16
#define PF_ROUTE      PF_NETLINK /* Alias to emulate 4.4BSD.  */
#define PF_PACKET     17     /* Packet family.  */
#define PF_ASH        18     /* Ash.  */
#define PF_ECONET     19     /* Acorn Econet.  */
#define PF_ATMSVC     20     /* ATM SVCs.  */
#define PF_RDS        21     /* RDS sockets.  */
#define PF_SNA        22     /* Linux SNA Project */
#define PF_IRDA       23     /* IRDA sockets.  */
#define PF_PPPOX      24     /* PPPoX sockets.  */
#define PF_WANPIPE    25     /* Wanpipe API sockets.  */
#define PF_LLC        26     /* Linux LLC.  */
#define PF_IB         27     /* Native InfiniBand address.  */
#define PF_MPLS       28     /* MPLS.  */
#define PF_CAN        29     /* Controller Area Network.  */
#define PF_TIPC       30     /* TIPC sockets.  */
#define PF_BLUETOOTH  31     /* Bluetooth sockets.  */
#define PF_IUCV       32     /* IUCV sockets.  */
#define PF_RXRPC      33     /* RxRPC sockets.  */
#define PF_ISDN       34     /* mISDN sockets.  */
#define PF_PHONET     35     /* Phonet sockets.  */
#define PF_IEEE802154 36     /* IEEE 802.15.4 sockets.  */
```

```
#define PF_CAIF         37      /* CAIF sockets.  */
#define PF_ALG          38      /* Algorithm sockets.  */
#define PF_NFC          39      /* NFC sockets.  */
#define PF_VSOCK        40      /* vSockets.  */
#define PF_KCM          41      /* Kernel Connection Multiplexor.  */
#define PF_QIPCRTR      42      /* Qualcomm IPC Router.  */
#define PF_SMC          43      /* SMC sockets.  */
#define PF_XDP          44      /* XDP sockets.  */
#define PF_MAX          45      /* For now..  */
```

位址族和協定族的值其實是一樣的，都是用來標識不同的一套協定。以前，UNIX 有兩種風格的系統（BSD 系統和 POSIX 系統），對於 BSD，一直用的是 AF_；對於 POSIX，一直用的是 PF_。而 Linux 則都支援，一些應用軟體稍加修改都可以在 Linux 上編譯，其目的就是為了相容。

BSD 代表 Berkeley Software Distribution，柏克萊軟體套件，是 1970 年代加州大學柏克萊分校對貝爾實驗室 UNIX 的進行一系列修改後的版本，它最終發展成一個完整的作業系統，有著自己的一套標準。現在有多個不同的 BSD 分支。今天，BSD 並不特指任何一個 BSD 衍生版本，而是類 UNIX 作業系統中的分支的總稱。典型的代表就是 FreeBSD、NetBSD、OpenBSD 等。

4.8 TCP 通訊端程式設計的基本步驟

串流式通訊端程式設計針對的是 TCP 通訊，即連線導向的通訊，它分為伺服器端和用戶端兩個部分，分別代表兩個通訊端點。下面介紹串流式通訊端程式設計的基本步驟。

伺服器端程式設計的步驟：

（1）建立通訊端（使用函數 socket）。

（2）綁定通訊端到一個 IP 位址和一個通訊埠上（使用函數 bind）。
（3）將通訊端設定為監聽模式等待連接請求（使用函數 listen），這個通訊端就是監聽通訊端了。
（4）請求到來後，接受連接請求，傳回一個新的對應此次連接的通訊端（accept）。
（5）用傳回的新的通訊端和用戶端進行通訊，即發送或接收資料（使用函數 send 或 recv），通訊結束就關閉這個建立的通訊端（使用函數 closesocket）。
（6）監聽通訊端繼續處於監聽狀態，等待其他用戶端的連接請求。
（7）如果要退出伺服器程式，則先關閉監聽通訊端（使用函數 closesocket）。

用戶端程式設計的步驟：

（1）建立通訊端（使用函數 socket）。
（2）向伺服器發出連接請求（使用函數 connect）。
（3）和伺服器端進行通訊，即發送或接收資料（使用函數 send 或 recv）。
（4）如果要關閉用戶端程式，則先關閉通訊端（使用函數 closesocket）。

4.9 TCP 通訊端程式設計的相關函數

柏克萊通訊端（Berkeley sockets），也稱為 BSD socket。柏克萊通訊端的應用程式設計介面（API）是採用 C 語言的處理程序間通訊的函數庫，經常用於電腦網路間的通訊。BSD socket 的應用程式設計介面已經是網路通訊端的抽象標準。大多數其他程式語言使用一種相似的程式設計介面，它最初是由加州柏克萊大學為 UNIX 系統開發出來的。所有現代的作業系統都實現了柏克萊通訊端介面，因為它已經是連接網際網路的標準介面了。由於柏克萊通訊端是全球第一個 socket，大多數程式設計師很熟悉它，所以大量系統把柏克萊通訊端作為其主要的網路 API。我們這裡的 TCP 通訊端程式設計的相關函數由 BSD socket 函數庫提供。

4.9.1 BSD socket 的標頭檔

BSD socket 規定了一些常用標頭檔用於宣告一些定義和函數，主要的標頭檔如下：

（1）<sys/socket.h>：BSD socket 核心函數和資料結構的宣告。

（2）<netinet/in.h>：AF_INET 和 AF_INET6 位址族和它們對應的協定族 PF_INET 和 PF_INET6。在網際網路程式設計中廣泛使用，包括 IP 位址以及 TCP 和 UDP 通訊埠編號。

（3）<bits/socket.h>：協定族和位址族的巨集定義。

（4）<arpa/inet.h>：和 IP 位址相關的一些函數。

（5）<netdb.h>：把協定名和主機名稱轉化成數字的一些函數。

> **注意**
> 不同的系統，名稱和路徑可能不同。在 Ubuntu20.04 下，檔案 sys/socket.h、bits/socket.h 的絕對路徑是在 /usr/include/x86_64-linux-gnu/ 下。其他標頭檔都可以在 /usr/include/ 下 找到。

另外注意，使用通訊端函數時，通常需要包含以下幾個標頭檔案：

```
#include <sys/types.h>
#include <sys/socket.h>
#include <netinet/in.h>
#include <arpa/inet.h>
#include <unistd.h>    //for close 函數
```

4.9.2 socket 函數

socket 函數用來建立一個通訊端，並分配一些系統資源，宣告如下：

```
int socket(int domain, int type, int protocol);
```

其中參數 domain 用於指定通訊端所使用的協定族（即位址族），對於 IPv4 協定族，該參數設定值為 AF_INET（PF_INET）；對於 IPv6 協定族，該參數設定值為 AF_INET6，並且不僅侷限於這兩種協定族，我們可以在 /usr/include/x86_64-linux-gnu/bits/socket.h 中看到其他的協定族定義。參數 type 指定要建立的通訊端類型，如果要建立串流通訊端類型，則設定值為 SOCK_STREAM；如果要建立資料通訊端類型，則設定值為 SOCK_DGRAM；如果要建立原始通訊端協定，則設定值為 SOCK_RAW，在 /usr/include/x86_64-linux-gnu/bits/socket_type.h 中定義了通訊端類型的列舉 定義：

```
/* Types of sockets.  */
enum __socket_type
{
  SOCK_STREAM = 1,            /* Sequenced, reliable, connection-based
                                 byte streams.  */
#define SOCK_STREAM SOCK_STREAM
  SOCK_DGRAM = 2,             /* Connectionless, unreliable datagrams
                                 of fixed maximum length.  */
#define SOCK_DGRAM SOCK_DGRAM
  SOCK_RAW = 3,               /* Raw protocol interface.  */
#define SOCK_RAW SOCK_RAW
  SOCK_RDM = 4,               /* Reliably-delivered messages.  */
#define SOCK_RDM SOCK_RDM
  SOCK_SEQPACKET = 5,         /* Sequenced, reliable, connection-based,
                 datagrams of fixed maximum length.  */
#define SOCK_SEQPACKET SOCK_SEQPACKET
  SOCK_DCCP = 6,              /* Datagram Congestion Control Protocol.*/
#define SOCK_DCCP SOCK_DCCP
  SOCK_PACKET = 10,         /* Linux specific way of getting packets
                               at the dev level.  For writing rarp and
                               other similar things on the user level. */
#define SOCK_PACKET SOCK_PACKET

  /* Flags to be ORed into the type parameter of socket and socketpair and
     used for the flags parameter of paccept.  */
```

```
  SOCK_CLOEXEC = 02000000,  /* Atomically set close-on-exec flag for the
                               new descriptor(s).  */
#define SOCK_CLOEXEC SOCK_CLOEXEC
  SOCK_NONBLOCK = 00004000 /*Atomically mark descriptor(s) as non-
                             blocking. */
#define SOCK_NONBLOCK SOCK_NONBLOCK
};
```

參數 protocol 指定應用程式所使用的通訊協定，即協定族參數 domain 使用上層（傳輸層）協定，比如 protocol 設定值為 IPPROTO_TCP 表示 TCP 協定；protocol 設定值為 IPPROTO_UDP 表示 UDP 協定，這個參數通常和前面兩個參數都有關，如果該參數為 0，則表示使用所選通訊端類型對應的預設協定。如果協定族是 AF_INET，通訊端是 SOCK_STREAM，那麼系統預設使用的協定是 TCP，而 SOCK_DGRAM 通訊端預設使用的協定是 UDP。一般而言，給定協定族和通訊端類型，若只支援一種協定，那麼取 0 即可；若給定協定族和通訊端類型支援多種協定，那就要顯性指定協定參數 protocol 了，這一章我們進行的是 TCP 程式設計，因此取 IPPROTO_TCP 或 0 即可。如果函數成功，傳回一個 int 類型的描述符號，該描述符號可以用來引用建立的通訊端；如果失敗則傳回 -1，此時可以透過函數 errno 來獲取錯誤碼。

注意

預設情況下，socket 函數建立的通訊端都是阻塞（模式）通訊端。

4.9.3 bind 函數

該函數讓本地位址資訊連結到一個通訊端上，它既可以用於連接的（流式）通訊端，也可以用於不需連線的（資料封包）通訊端。當建立了一個 socket 以後，通訊端資料結構中有一個預設的 IP 位址和預設的通訊埠編號，服務程式必須呼叫 bind 函數來給其綁定自己的 IP 位址和一個特定的通訊埠編號。客戶程式一般不呼叫 bind 函數來為其 socket 綁定 IP 位址和通訊埠編號，而通常用預設的 IP 位址和通訊埠編號來與伺服器程式通訊。bind 函數宣告如下：

```
int bind(int sockfd, const struct sockaddr *addr, socklen_t addrlen);
```

其中參數 sockfd 標識一個待綁定的通訊端描述符號；addr 為指向結構 sockaddr 的指標，表示通訊端位址，該結構包含了 IP 位址和通訊埠編號；addrlen 用來確定 name 的緩衝區長度；socklen_t 相當於 int。如果函數成功傳回 0，否則傳回 -1，此時可以透過函數 errno 來獲取錯誤碼。

關於通訊端位址的結構 sockaddr 的定義如下：

```
struct sockaddr {
        ushort  sa_family;      // 協定族，在 socket 程式設計中只能是 AF_INET
        char    sa_data[14];    // 為通訊端儲存的目標 IP 位址和通訊埠資訊
};
```

這個結構不夠直觀，所以又在 /usr/include/netinet/in.h 中定義了一個新的結構 sockaddr_in：

```
/* Structure describing an Internet socket address.  */
struct sockaddr_in
  {
    __SOCKADDR_COMMON (sin_);    // 協定族，在 socket 程式設計中只能是 AF_INET
    in_port_t sin_port;          /* 通訊埠編號（使用網路位元組順序）*/
    struct in_addr sin_addr;     /* IP 位址，是個結構 */

    /* 為了與 sockaddr 結構保持大小相同而保留的空位元組，填充零即可 */
    unsigned char sin_zero[sizeof (struct sockaddr)
              - __SOCKADDR_COMMON_SIZE
              - sizeof (in_port_t)
              - sizeof (struct in_addr)];
  };

#define     __SOCKADDR_COMMON(sa_prefix) \
  sa_family_t sa_prefix##family
```

這兩個結構長度是一樣的，所以可以相互強制轉換。

結構 in_addr 用來儲存一個 IP 位址，它的定義如下：

```
/* Internet address.  */
typedef uint32_t in_addr_t;
struct in_addr
  {
    in_addr_t s_addr;
  };
```

我們通常習慣用點數的形式表示 IP 位址，為此系統提供了函數 inet_addr 將 IP 位址從點數格式轉換成網路位元組格式。比如，假設本機 IP 為 223.153.23.45，我們把它儲存到 in_addr 中，程式如下：

```
sockaddr_in  in;
in_addr_t  ip = inet_addr("223.153.23.45");
if(ip!= -1)      // 如果 IP 位址不合法，inet_addr 將傳回 -1
    in.sin_addr.s_addr=ip;
```

另外，對通訊端進行綁定時，要注意設定的 IP 位址是伺服器真實存在的位址。比如伺服器主機的 IP 位址是 192.168.1.2，而我們卻設定綁定到了 192.168.1.3 上，此時 bind 函數會傳回錯誤，程式如下：

```
    int sfp;
    struct sockaddr_in s_add;
    unsigned short portnum = 10051;
    struct sockaddr_in serv = { 0 };
    char on = 1;
    int serv_len = sizeof(serv);
    int err;
    sfp = socket(AF_INET, SOCK_STREAM, 0);
    if (-1 == sfp)
    {
        printf("socket fail ! \r\n");
        return -1;
    }
    printf("socket ok !\n");
    // 列印沒綁定前的位址
    printf("ip=%s,port=%d\n", inet_ntoa(serv.sin_addr), ntohs(serv.sin_
port));
```

```
    // 允許位址立即重用
    setsockopt(sfp, SOL_SOCKET, SO_REUSEADDR, &on, sizeof(on));
    memset(&s_add, 0, sizeof(struct sockaddr_in));
    s_add.sin_family = AF_INET;
    s_add.sin_addr.s_addr = inet_addr("192.168.1.3"); // 這個 IP 位址必須是
本機上有的
    s_add.sin_port = htons(portnum);

    if (-1 == bind(sfp, (struct sockaddr *)(&s_add), sizeof(struct
sockaddr)))  // 綁定
    {
        printf("bind fail:%d!\r\n", errno);
        return -1;
    }
    printf("bind ok !\n");
```

這幾行程式會列印：bind failed:99。透過查詢錯誤碼 99 得知，99 所代表的含義是 "Cannot assign requested address"，意思是不能分配所要求的位址，即 IP 位址無效。因此碰到這個錯誤碼時，應該檢查是否把 IP 位址寫錯了。

也可以不具體設定 IP 位址，而讓系統去選一個可用的 IP 位址，程式如下：

```
in.sin_addr.s_addr = htonl(INADDR_ANY);
```

用 htonl(INADDR_ANY); 替換了 inet_addr("192.168.1.3");，其中 htonl 是把主機位元組順序轉為網路位元組順序，在網路上傳輸整數態資料通常要轉為網路位元組順序。巨集 INADDR_ANY 告訴系統選取一個任意可用的 IP 位址，該巨集在 in.h 中定義如下：

```
 /* Address to accept any incoming messages.  */
#define     INADDR_ANY          ((in_addr_t) 0x00000000)
```

INADDR_ANY 監聽 0.0.0.0 位址，即 socket 只綁定通訊埠讓路由表決定傳到哪個 IP 位址。其中 INADDR_ANY 是指定位址為 0.0.0.0，這個位址事實上表示不確定位址、所有位址或任意位址。如果指定 IP 位址為通配位址（INADDR_ANY），那麼核心將等到通訊端已連接（TCP）或已在通訊端上發出資料封包時才選擇一個本地 IP 位址。INADDR_ANY 對於多個網路卡比較方便，如果伺服器有多個網路卡，而其服務（不管是在 UDP 通訊埠上監聽，還是在 TCP 通訊埠上監聽），出於某種原因：可能是伺服器作業系統隨時增減 IP 位址，也有可能是為了省去確定伺服器上有什麼網路通訊埠（網路卡）的麻煩，可以在呼叫 bind() 的時候，告訴作業系統：「我需要在 yyyy 通訊埠上監聽，所以發送到伺服器的這個通訊埠，不管是哪個網路卡 /IP 位址接收到的資料，都是我處理的。」這時候，伺服器則在 0.0.0.0 這個位址上進行監聽。比如機器有三個 IP 位址：192.168.1.1、202.202.202.202、61.1.2.3，如果 serv.sin_addr.s_addr=inet_addr("192.168.1.1");，監聽 100 通訊埠，這時其他機器只有連接 192.168.1.1:100 才能成功，連接 202.202.202.202:100 和 61.1.2.3:100 都會失敗。如果 serv.sin_addr.s_addr=htonl(INADDR_ANY); 的話，無論連接哪個 IP 位址都可以連上，即只要是往這個通訊埠發送的所有 IP 都能連上。

值得注意的是，使用 bind 函數的常見問題是得到錯誤碼 errno 為 98，98 表示 Address already in use，也就是通訊埠被佔用、未釋放或程式沒有正常結束，此時可以直接用命令 kill 結束程式。

4.9.4 listen 函數

該函數用於伺服器端的串流通訊端，讓串流通訊端處於監聽狀態，監聽用戶端發來的建立連接的請求。該函數宣告如下：

```
int listen(int sockfd, int backlog);
```

其中參數 sockfd 是一個串流通訊端描述符號，處於監聽狀態的串流通訊端 sockfd 將維護一個客戶連接請求佇列；backlog 表示連接請求佇列所能容納的客戶連接請求的最大數量，或說佇列的最大長度。如果函數成功傳回 0，否則傳回 -1。

舉個例子，如果 backlog 設定為 5，當有 6 個用戶端發來連接請求，那麼前 5 個用戶端連接會放在請求佇列中，第 6 個用戶端會收到錯誤。

4.9.5 accept 函數

accept 函數用於服務程式從處於監聽狀態的串流通訊端的客戶連接請求佇列中取出排在最前的用戶端請求，並且建立一個新的通訊端來與客戶通訊端建立連接通道，如果連接成功，就傳回建立的通訊端的描述符號，以後就用建立的通訊端與客戶通訊端相互傳輸資料。該函數宣告如下：

```
int accept(int sockfd, struct sockaddr *addr, socklen_t *addrlen);
```

其中參數 sockfd 為處於監聽狀態的串流通訊端描述符號；addr 傳回建立的通訊端的位址結構；addrlen 指向結構 sockaddr 的長度，表示建立的通訊端的位址結構的長度；socklen_t 相當於 int。如果函數成功，傳回一個新的通訊端的描述符號，該通訊端將與用戶端通訊端進行資料傳輸；如果失敗則傳回 -1。

下面的程式演示了 accept 的使用：

```
struct  sockaddr_in   NewSocketAddr;
int addrlen;
addrlen=sizeof(NewSocketAddr);
int NewServerSocket=accept(ListenSocket, (struct sockaddr *)
&NewSocketAddr, &addrlen);
```

4.9.6 connect 函數

connect 函數在通訊端上建立一個連接。它用在用戶端，用戶端程式使用 connect 函數請求與伺服器的監聽通訊端建立連接。該函數宣告如下：

```
int connect(int sockfd, const struct sockaddr *addr, socklen_t addrlen);
```

其中 sockfd 表示還未連接的通訊端描述符號；addr 是對方通訊端的位址資訊；addrlen 是 name 所指緩衝區的大小；socklen_t 相當於 int。如果函數成功傳回 0，否則傳回 -1。

對於一個阻塞通訊端，該函數的傳回值表示連接是否成功，如果連接不上通常要等較長時間才能傳回，此時可以把通訊端設為非阻塞方式，然後設定連接逾時時間。對於非阻塞通訊端，由於連接請求不會馬上成功，因此函數會傳回 -1，但這並不表示連接失敗，errno 變數傳回一個 EINRPOCESS 值（意思是 Operation now in progress，操作正在進行中），此時 TCP 的三次握手繼續進行，之後可以用 select 函數檢查這個連接是否建立成功。

4.9.7 send 函數

send 函數用於在已建立連接的 socket 上發送資料，無論是用戶端還是伺服器應用程式都用 send 函數來向 TCP 連接的另一端發送資料。但在該函數內部，它只是把參數 buf 中的資料發送到通訊端的發送緩衝區中，此時資料並不一定馬上成功地被傳到連接的另一端，發送資料到接收端是底層協定完成的。該函數只是把資料發送（或稱複製）到通訊端的發送緩衝區後就傳回了。該函數宣告如下：

```
ssize_t send(int sockfd, const void *buf, size_t len, int flags);
```

其中參數 sockfd 為發送端通訊端的描述符號；buf 存放應用程式要發送的資料的緩衝區；len 表示 buf 所指緩衝區的大小；flags 一般設為 0。如果函數拷貝資料成功，就傳回實際拷貝的位元組數（>0）；如果對方呼叫關閉函數來主動關閉連接則傳回 0；如果函數在拷貝資料時出現錯誤則傳回 -1。

send 發送資料實際上是將資料（應用層 buf 中的資料）拷貝到通訊端 sockfd 的緩衝區（核心中的 sockfd 對應的發送緩衝區）中，核心中的發送快取中的資料由協定（TCP，UDP 沒有發送緩衝區）傳輸。send 函數將 buf 中的資料成功拷貝到發送緩衝區後就傳回了，如果協定後續發送資料到接收端出現網路錯誤的話，那麼下一個 socket 函數就會傳回 -1（這是因為每一個除 send 外的 socket 函數，在執行的最開始總要先等待通訊端的發送緩衝中的資料被協定傳送完畢才能繼續，如果在等待時出現網路錯誤，那麼該 socket 函數就傳回 -1）。

send 發送資料時，首先比較待發送的資料長度 len 和通訊端 sockfd 的發送緩衝區的長度，如果待發送資料的長度 len 大於 sockfd 發送緩衝區的長度，則傳回 -1；如果待發送資料的長度 len 小於等於 sockfd 發送緩衝區的長度，則再檢查協定是否正在發送 sockfd 的發送緩衝區的資料。

（1）如果正在發送，則等協定把發送緩衝區中的資料發送完畢後（阻塞的話等待資料的發送完畢，非阻塞的話立即傳回，並將 errno 置為 EAGAIN），將待發送的資料拷貝到 sockfd 的發送緩衝區中。

（2）如果沒有發送資料，或發送緩衝區中沒有資料，則比較 sockfd 的發送緩衝區的剩餘空間和待發送資料的長度 len，如果剩餘空間大於待發送資料的長度 len，則將 buf 裡的資料拷貝到剩餘空間裡；如果剩餘空間小於待發送資料的長度 len，則待協定把 sockfd 的發送緩衝區中的資料發送後騰出空間（收到接收方的確認），再將待發送資料拷貝到發送緩衝區中。如果剩餘空間小於待發送資料的長度 len，阻塞 socket 會等待協定將發送緩衝區中的資料發送（緩衝區應該要收到接收方的確認之後，才能騰出空間），再拷貝待發送的資料並傳回；非阻塞 socket 會盡力拷貝（能拷貝多少就拷貝多少），傳回已拷貝位元組的大小，如果緩衝區可用空間為 0，則傳回 -1，並將 errno 置為 EAGAIN（不確定）。

值得注意的是，TCP 有發送緩衝區，資料發送是協定發送至發送緩衝區的內容；UDP 沒有發送緩衝區，UDP 有資料要發送時，直接發送到網路上，不會快取。接收端的 sockfd 緩衝區（核心的緩衝區）收到資料封包後，就會傳回 ACK，不會等待 recv 到使用者空間再傳回。

另外，還有兩個發送函數 sendto 和 sendmsg 也可以用來發送訊息，區別是 send 只可用於基於連接的通訊端；sendto 和 sendmsg 既可用於不需連線的通訊端，也可用於基於連接的通訊端。除非通訊端設定為非阻塞模式，呼叫將阻塞直到資料被發送完。

4.9.8 recv 函數

recv 函數從連接的通訊端或不需連線的通訊端上接收資料，該函數宣告如下：

```
ssize_t recv(int sockfd, void *buf, size_t len, int flags);
```

其中參數 sockfd 為已連接或已綁定（針對無連接）的通訊端的描述符號；buf 指向一個緩衝區，該緩衝區用來存放從通訊端的接收緩衝區中拷貝的資料；len 為 buf 所指緩衝區的大小；flags 一般設為 0。當函數成功傳回收到的資料的位元組數時，如果連接被正確地關閉了（對方呼叫了 close API 來關閉連接）則函數傳回 0，如果發生錯誤則傳回 -1。此時可以用函數 errno 獲取錯誤碼，如果 errno 是 EINTR、EWOULDBLOCK 或 EAGAIN 時，則認為連接是正常的。

recv 僅將接收到的資料（儲存在核心的接受緩衝區）拷貝到 buf（應用層使用者的快取區）中，真正接收資料是由協定完成的。recv 會檢查通訊端控制碼 sockfd 的接收緩衝區，如果接收緩衝區中沒有資料或協定正在接收資料，那麼 recv 一直等待（阻塞 socket 將等待，非阻塞 socket 直接傳回 -1，errno 置為 EWOULDBLOCK），直到協定將資料接收完畢。當協定把資料接收完畢，recv 函數就把 sockfd 的接收緩衝區中的資料拷貝到 buf 中，然後傳回拷貝的位元組數。（注意，協定接收到的資料的長度可能大於 buf 的長度，此時要呼叫幾次 recv 函數才能把 sockfd 接收緩衝區中的資料拷貝完）。

如果訊息太大，無法完整存放在所提供的緩衝區，根據不同的通訊端，多餘的位元組會被捨棄。如果通訊端上沒有訊息可以讀取，除非通訊端已被設定為非阻塞模式，否則接收呼叫會一直等待訊息。

另外，函數 recvfrom 也可以從通訊端上接收訊息。對於 recvfrom，可同時應用於連線導向的和不需連線的通訊端。recv 一般只用在連線導向的通訊端，我們 TCP 程式設計的時候用 recv 即可。

4.9.9 close 函數

該函數用於關閉一個通訊端，宣告如下：

```
#include <unistd.h>
int close(int fd);
```

其中參數 fd 為要關閉的通訊端的描述符號。如果函數成功傳回 0，否則傳回 -1。

4.10 簡單的 TCP 通訊端程式設計

TCP 通訊端程式設計可以分為阻塞通訊端程式設計和非阻塞通訊端程式設計，兩種的使用方式不同。

當使用函數 socket 建立通訊端時，預設都是阻塞模式的。阻塞模式是指通訊端在執行操作時，呼叫函數在沒有完成操作之前不會立即傳回。這表示當呼叫 socket API 不能立即完成時，執行緒處於等候狀態，直到操作完成。常見的阻塞情況如下：

（1）接受連接函數

函數 accept 從請求連接佇列中接受一個用戶端連接。如果以阻塞通訊端為參數呼叫這些函數，若請求佇列為空則函數就會阻塞，執行緒進入睡眠狀態。

（2）發送函數

函數 send、sendto 都是發送資料的函數。當用阻塞通訊端作為參數呼叫這些函數時，如果通訊端緩衝區沒有可用空間，函數就會阻塞，執行緒進入睡眠狀態，直到緩衝區有空間。

（3）接收函數

函數 recv、recvfrom 用來接收資料。當用阻塞通訊端為參數呼叫這些函數時，如果此時通訊端緩衝區沒有資料讀取，則函數阻塞，呼叫執行緒在資料到來前處於睡眠狀態。

（4）連接函數

函數 connect 用於向對方發出連接請求。用戶端以阻塞通訊端為參數呼叫這些函數向伺服器發出連接時，直到收到伺服器的應答或逾時才會傳回。

使用阻塞模式的通訊端開發網路程式比較簡單，容易實現。當希望能夠立即發送和接收資料，且處理的通訊端數量較少時，使用阻塞通訊端模式來開發網路程式比較合適。而它的不足之處是，在大量建立好的通訊端執行緒之間進行通訊時比較困難，當希望同時處理大量通訊端時，將無從下手，擴充性差。

【例 4.4】一個簡單的伺服器用戶端通訊程式。

（1）打開 VC2017，建立一個 Linux 主控台程式，專案名稱是 server，我們把 server 專案作為伺服器程式。

（2）打開 main.cpp，在其中輸入程式如下：

```
#include <cstdio>
#include <sys/types.h>
#include <sys/socket.h>
#include <netinet/in.h>
#include <arpa/inet.h>
#include <string.h>
```

```
#include <unistd.h>
#include <errno.h>

int main()
{
    int serv_len,err;
    char on = 1;
    //// 建立一個通訊端，用於監聽用戶端的連接
    int sockSrv = socket(AF_INET, SOCK_STREAM, 0);
    // 允許位址的立即重用
    setsockopt(sockSrv, SOL_SOCKET, SO_REUSEADDR, &on, sizeof(on));
    struct sockaddr_in serv,addrSrv;
    memset(&addrSrv, 0, sizeof(struct sockaddr_in));
    addrSrv.sin_addr.s_addr = inet_addr("192.168.0.118");
    addrSrv.sin_family = AF_INET;
    addrSrv.sin_port = htons(8000);      // 使用通訊埠 8000

    if(-1==bind(sockSrv, (struct sockaddr *)&addrSrv, sizeof(struct
sockaddr)))                              // 綁定
    {
        printf("bind fail:%d!\r\n", errno);
        return -1;
    }
    // 獲取本地通訊端位址
    serv_len = sizeof(struct sockaddr_in);
    getsockname(sockSrv, (struct sockaddr *)&serv, (socklen_t*)&serv_
len);
    // 列印通訊端位址裡的 IP 位址和通訊埠值，以便讓用戶端知道
    printf("server has started,ip=%s,port=%d\n", inet_ntoa(serv.sin_
addr), ntohs(serv.sin_port));

    listen(sockSrv, 5);                  // 監聽

    sockaddr_in addrClient;
    int len = sizeof(sockaddr_in);

    while (1)
    {
        printf("--------wait for client-----------\n");
```

```
        // 從連接請求佇列中取出排在最前的用戶端請求，如果佇列為空就阻塞
        int sockConn = accept(sockSrv, (struct sockaddr *)&addrClient, 
(socklen_t*)&len);
        char sendBuf[100];
        sprintf(sendBuf, "Welcome client(%s) to Server!", inet_ntoa
(addrClient.sin_addr));                       // 組成字串
        send(sockConn, sendBuf, strlen(sendBuf) + 1, 0); // 發送字串給用戶端
        char recvBuf[100];
        recv(sockConn, recvBuf, 100, 0);      // 接收用戶端資訊
        printf("Receive client's msg:%s\n", recvBuf);// 列印收到的用戶端資訊
        close(sockConn);                      // 關閉和用戶端通訊的通訊端
        puts("continue to listen?(y/n)");
        char ch[2];
        scanf("%s", ch, 2);         // 讀取主控台的兩個字元，包括確認符號
        if (ch[0] != 'y')           // 如果不是 y 就退出迴圈
            break;
    }
    close(sockSrv);                 // 關閉監聽通訊端
    return 0;
}
```

先建立一個監聽通訊端，然後在等待用戶端的連接請求，阻塞在 accept 函數處，一旦有用戶端連接請求來了，就傳回一個新的通訊端，這個通訊端就和用戶端進行通訊，通訊完畢就關掉這個通訊端。而監聽通訊端根據使用者輸入繼續監聽或退出。在上面程式中，可指定主機一個可用的 IP 位址，這個 IP 位址必須是要真實存在的。如果讓系統自己選擇一個可用的 IP 位址綁定到通訊端上，程式如下：

```
addrSrv.sin_addr.s_addr = htonl(INADDR_ANY);
```

（3）重新打開 VC2017，建立一個 Linux 主控台專案，專案名稱為 client。然後打開 main.cpp，在其中輸入程式如下：

```
#include <cstdio>
#include <sys/types.h>
#include <sys/socket.h>
#include <netinet/in.h>
#include <arpa/inet.h>
```

```
#include <string.h>
#include <unistd.h>
int main()
{
    int err;
    int  sockClient = socket(AF_INET, SOCK_STREAM, 0);   //建立一個通訊端
    char msg[] = "hi,server";                           //要發送給伺服器端的訊息
    sockaddr_in addrSrv;
    addrSrv.sin_addr.s_addr = inet_addr("192.168.0.118");//伺服器的 IP 位址
    addrSrv.sin_family = AF_INET;
    addrSrv.sin_port = htons(8000);                     //伺服器的監聽通訊埠
    //向伺服器發出連接請求
    err = connect(sockClient, (struct sockaddr *)&addrSrv, sizeof(struct
sockaddr));
    if (-1 == err)                                      //判斷連接是否成功
    {
        printf("Failed to connect to the server.Please check whether the
server is started\n");
        return 0;
    }
    char recvBuf[100];
    recv(sockClient, recvBuf, 100, 0);                  //接收來自伺服器的資訊
    printf("receive server's msg:%s\n", recvBuf);  //列印收到的資訊
    send(sockClient, msg, strlen(msg) + 1, 0);      //向伺服器發送資訊
    close(sockClient);                                  //關閉通訊端
    getchar();                                     //要使用者輸入字元才結束程式

    return 0;
}
```

在此程式中，建立一個通訊端，然後設定好伺服器位址，開始連接。連接成功後，等待接收資料，接收到資料後就列印出來，並發送自己的 msg 資料。

（4）儲存專案並執行，打開 Linux 主控台視窗，執行時期先按 F5 鍵啟動伺服器程式，再按 F5 鍵啟動用戶端程式，伺服器端器執行結果如下：

```
server has started,ip=192.168.0.118,port=8000
--------wait for client-----------
Receive client's msg:hi,server
continue to listen?(y/n)
y
--------wait for client-----------
```

用戶端執行結果如下：

```
receive server's msg:Welcome client(192.168.0.118) to Server!
```

【例 4.5】統計通訊端的連接逾時時間。

（1）打開 VC2017，建立一個 Linux 主控台專案 test。

（2）在 main.cpp 中輸入程式如下：

```
#include <cstdio>
#include <assert.h>
#include <sys/time.h>
#include <sys/types.h>
#include <sys/socket.h>
#include <netinet/in.h>
#include <arpa/inet.h>
#include <string.h>
#include <unistd.h>
#include <errno.h>

#define BUFFER_SIZE 512
//傳回自系統開機以來的毫秒數（tick）
unsigned long GetTickCount()
{
    struct timeval tv;
    if (gettimeofday(&tv, NULL) != 0)
        return 0;

    return (tv.tv_sec * 1000) + (tv.tv_usec / 1000);
}
int main()
{
    char ip[] = "192.168.0.88";//該 IP 位址是和本機同一網段的位址，但並不存在
```

```
    int err,port = 13334;
    struct sockaddr_in server_address;
    memset(&server_address, 0, sizeof(server_address));
    server_address.sin_family = AF_INET;
    in_addr_t dwIP = inet_addr(ip);
    server_address.sin_addr.s_addr = dwIP;
    server_address.sin_port = htons(port);

    int sock = socket(PF_INET, SOCK_STREAM, 0);
    assert(sock >= 0);
    long t1 = GetTickCount();
    int ret = connect(sock, (struct sockaddr*)&server_address, sizeof
(server_address));
    if (ret == -1)
    {
        long t2 = GetTickCount();
        printf("connect failed: %d\n", ret);
        printf("time used:%dms\n", t2 - t1);
        if (errno == EINPROGRESS)
        {
            printf("unblock mode ret code...\n");
        }
    }
    else printf("ret code is: %d\n", ret);
    close(sock);
    getchar();
    return 0;
}
```

在此程式中，首先定義了和本機 IP 同一子網的不真實存在的 IP 位址。如果不是同一子網，connect 函數能很快判斷出來這個 IP 位址不存在，所以逾時時間較短。而如果是同一子網的假 IP 位址，則要等閘道回覆結果後，connect 函數才知道是否能連通。如果電腦連上 Internet，再設定一個公網上的假 IP，則逾時時間更長，因為要等很多閘道、路由器等資訊回覆後，connect 函數才能知道是否可以連上。不過，現在我們用同一子網裡的假 IP 位址做測試就夠了。

（3）儲存並執行，執行結果如下：

```
connect failed: -1
time used:3069ms
```

4.11 深入理解 TCP 程式設計

4.11.1 資料發送和接收涉及的緩衝區

在發送端，資料從呼叫 send 函數開始直到發送出去，主要涉及兩個緩衝區：第一個是呼叫 send 函數時，程式設計師開闢的緩衝區，然後把這個緩衝區位址傳給 send 函數，這個緩衝區通常稱為應用程式發送緩衝區（簡稱應用緩衝區）；第二個緩衝區是協定層自己的緩衝區，用於儲存 send 函數傳給協定層的待發送資料和已經發送出去但還沒得到確認的資料，這個緩衝區通常稱為 TCP 通訊端發送緩衝區（因為處於核心協定層，所以有時也簡稱核心緩衝區）。資料從呼叫 send 函數開始到發送出去，涉及兩個主要寫入操作，第一個是把資料從應用程式緩衝區中拷貝到協定層的通訊端緩衝區，第二個是從通訊端緩衝區發送到網路上去。

資料在接收過程中也涉及兩個緩衝區，首先資料達到的是 TCP 通訊端的接收緩衝區（也就是核心緩衝區），在這個緩衝區中儲存了 TCP 協定從網路上接收到的與該通訊端相關的資料。接著，資料寫到應用緩衝區，也就是呼叫 recv 函數時由使用者分配的緩衝區（簡稱應用緩衝區，這個緩衝區作為 recv 參數），這個緩衝區用於儲存從 TCP 通訊端的接收緩衝區收到並提交給應用程式的網路資料。和發送端一樣，兩個緩衝區也涉及兩個層次的寫入操作：先從網路上接收資料儲存到核心緩衝區（TCP 通訊端的接收緩衝區），再從核心緩衝區拷貝資料到應用緩衝區中。

4.11.2 TCP 資料傳輸的特點

（1）TCP 是串流協定，接收者收到的資料是一個個位元組流，沒有「訊息邊界」。

（2）應用層呼叫發送函數只是告訴核心需要發送這麼多資料，但不是呼叫了發送函數，資料馬上就發送出去了。發送者並不知道發送資料的真實情況。

（3）真正可以發送多少資料由核心協定層根據當前網路狀態而定。

（4）真正發送資料的時間點也是由核心協定層根據當前網路狀態而定。

（5）接收端在呼叫接收函數時並不知道接收函數會實際傳回多少資料。

4.11.3 資料發送的六種情形

知道了 TCP 資料傳輸的特點，我們要進一步結合實際來了解發送資料時候可能會產生的六種情形。假設現在發送者呼叫了 2 次 send 函數，先後發送了資料 A 和資料 B。我們站在應用層看，先呼叫 send(A)，再呼叫 send(B)，想當然地以為 A 先送出去，然後 B 再送出去，其實不一定如此。

（1）網路情況良好，A 和 B 的長度沒有受到發送視窗、壅塞視窗和 TCP 最大傳輸單元的影響。此時協定層將 A 和 B 變成兩個資料段發送到網路中。在網路中，如圖 4-2 所示。

（2）發送 A 的時候網路狀況不好，導致發送 A 被延遲了，此時協定層將資料 A 和 B 合為一個資料段後再發送，並且合併後的長度並未超過視窗大小和最大傳輸單元。在網路中，如圖 4-3 所示。

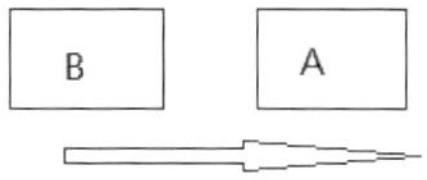

▲ 圖 4-2

▲ 圖 4-3

（3）A 發送被延遲了，協定層把 A 和 B 合為一個資料，但合併後資料長度超過了視窗大小或最大傳輸單元。此時協定層會把合併後的資料進行切分，假如 B 的長度比 A 大得多，則切分的地方將發生在 B 處，即協定層把 B 的部分資料進行切割，切割後的資料第二次發送。在網路中，如圖 4-4 所示。

（4）A 發送被延遲了，協定層把 A 和 B 合為了一個資料，但合併後資料長度超過了視窗大小或最大傳輸單元。此時協定層會把合併後的資料進行切分，如果 A 的長度比 B 大得多，則切分的地方將發生在 A 處，即協定層把 A 的部分資料進行切割，切割後的部分 A 先發送，剩下的部分 A 和 B 一起合併發送。在網路中，如圖 4-5 所示。

▲ 圖 4-4

▲ 圖 4-5

（5）接收方的接收視窗很小，核心協定層會將發送緩衝區的資料按照接收方的接收視窗大小進行切分後再依次發送。在網路中，如圖 4-6 所示。

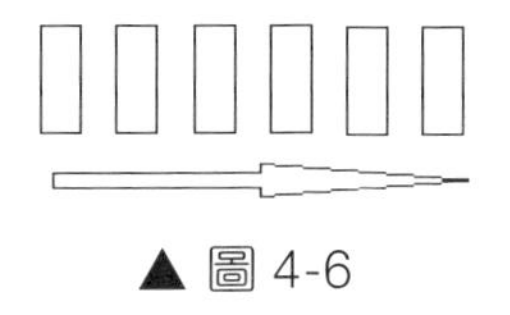

▲ 圖 4-6

（6）發送過程發生了錯誤，資料發送失敗。

4.11.4 資料接收時的情形

現在我們來看接收資料時會碰到哪些情況。本次接收函數 recv 應用緩衝區足夠大，它呼叫後，通常有以下幾種情況：

1. 接收到本次達到接收端的全部資料

注意，這裡的全部資料是指已經達到接收端的全部資料，而非發送端發送的全部資料，即本地到達多少資料，接收端就接收本次全部資料。我們根據發送端的幾種發送情況來推導達到接收端的可能情況：

對於發送端（1）的情況，如果到達接收端的全部資料是 A，則接收端應用程式就全部收到了 A。

對於發送端（2）的情況，如果到達接收端的全部資料是 A 和 B，則接收端應用程式就全部收到了 A 和 B。

對於發送端（3）的情況，如果到達接收端的全部資料是 A 和 B1，則接收端應用程式就全部收到了 A 和 B1。

對於發送端（4）和（5）的情況，如果到達接收端的全部資料是部分 A，比如（4）中 A1 是部分 A，（5）中開始的矩形條也是部分 A，則接收端應用程式收到的是部分 A。

2. 接收到達到接收端資料的部分

如果接收端的應用程式的接收緩衝區較小，就有可能只收到已達到接收端的全部資料中的部分資料。

綜上所述，TCP 網路核心如何發送資料與應用層呼叫 send 函數提交給 TCP 網路核心沒有直接關係。我們也沒法對接收資料的傳回時機和接收到的數量進行預測，為此需要在程式設計中正確處理。另外，在使用 TCP 開發網路程式的時候，不要有「資料邊界」的概念，TCP 是一個串流協定，沒有資料邊界的概念。這幾點，在開發 TCP 網路程式時要多加注意。

3. 沒有接收到資料

表明接收端接收的時候，資料還沒有準備好。此時，應用程式將阻塞或 recv 傳回一個「資料不可得」的錯誤碼。通常這種情況發生在發送端出現（6）的那種情況，即發送過程發生了錯誤，資料發送失敗。

透過對 TCP 發送和接收的分析，我們可以得出兩個「無關」結論，這個「無關」也可理解為獨立。

（1）應用程式呼叫send函數的次數和核心封裝資料的個數是無關的。

（2）對於要發送的一定長度的資料而言，發送端呼叫 send 函數的次數和接收端呼叫 recv 函數的次數是無關的，是完全獨立的。比如，發送端呼叫一次 send 函數，可能接收端會呼叫多次 recv 函數來接收。同樣，接收端呼叫一次 recv 函數，也可能收到的是發送端多次呼叫 send 函數後發來的資料。

了解了接收會碰到的情況後，我們寫程式時，就要合理地處理多種情況。首先，我們要能正確地處理接收函數 recv 的傳回值。我們來看一下 recv 函數的呼叫形式：

```
char buf[SIZE];
int res = recv(s,buf,SIZE,0);
```

如果沒有出現錯誤，recv 傳回接收的位元組數，參數 buf 指向的緩衝區將包含接收的資料。如果連接已正常關閉，則傳回值為零，即 res 為 0。如果出現錯誤，將傳回 SOCKET_ERROR 的值，並且可以透過呼叫函數 WSAGetLastError 來獲得特定的錯誤程式。

4.11.5 一次請求回應的資料接收

一次請求回應的資料接收，就是接收端接收完全部資料後，接收就算結束，發送端就斷開連接。我們可以透過連接是否關閉來判斷資料接收是否結束。

對於單次資料接收（呼叫一次 recv 函數）來講，recv 傳回的資料量是不可預測的，也就無法估計接收端在應用層開設的緩衝區是否大於發來的資料量大小，因此我們可以用一個迴圈的方式來接收。我們可以認為 recv 傳回 0 就是發送方資料發送完畢了，然後正常關閉連接。其他情況，我們就要不停地接收資料，以免遺漏。我們來看個例子。當用戶端連接伺服器端成功後，伺服器端先向用戶端發一段資訊，用戶端接收後，再向伺服器端發一段資訊，最後用戶端關閉連接。這一來一回相當於一次聊天。其實，以後開發更完整的點對點的聊天程式可以基於這個例子。這個例子主要是為了說明並演示清楚原理細節。

【例 4.6】一個稍完整的伺服器用戶端通訊程式。

（1）打開 VC2017，建立一個 Linux 主控台程式，專案名稱是 server，我們把 server 專案作為伺服器端程式。

（2）打開 server.cpp，在其中輸入程式如下：

```
// 注意：為了節省篇幅，包含的標頭檔就不在文中寫出，具體可以看原始程式
#define BUF_LEN 300
typedef struct sockaddr_in SOCKADDR_IN;
typedef struct sockaddr SOCKADDR;

int main()
{
    int err, i, iRes;
    char on = 1;
    int sockSrv = socket(AF_INET, SOCK_STREAM, 0); // 建立一個通訊端，用於
監聽用戶端的連接
    assert(sockSrv >= 0);
    // 允許位址的立即重用
    setsockopt(sockSrv, SOL_SOCKET, SO_REUSEADDR, &on, sizeof(on));
    SOCKADDR_IN addrSrv;
    addrSrv.sin_addr.s_addr = inet_addr("192.168.0.118");
    addrSrv.sin_family = AF_INET;
    addrSrv.sin_port = htons(8000);                    // 使用通訊埠 8000

    bind(sockSrv, (SOCKADDR*)&addrSrv, sizeof(SOCKADDR));  // 綁定
    listen(sockSrv, 5);                                    // 監聽
```

```
    SOCKADDR_IN addrClient;
    int len = sizeof(SOCKADDR);

    while (1)
    {
        printf("--------wait for client-----------\n");
        // 從連接請求佇列中取出排在最前的用戶端請求，如果佇列為空就阻塞
        int sockConn = accept(sockSrv, (SOCKADDR*)&addrClient,(socklen_
t*)&len);
        char sendBuf[100] = "";
        for (i = 0; i < 10; i++)
        {
            sprintf(sendBuf, "N0.%d Welcome to the server. What is 1 +
1?(client IP:%s)", i + 1, inet_ntoa(addrClient.sin_addr)); // 組成字串
            send(sockConn, sendBuf, strlen(sendBuf), 0); // 發送字串給用戶端
            memset(sendBuf, 0, sizeof(sendBuf));
        }

        // 資料發送結束，呼叫 shutdown() 函數宣告不再發送資料，此時用戶端仍可以
接收資料
        iRes = shutdown(sockConn, SHUT_WR);
        if (iRes == -1) {
            printf("shutdown failed with error: %d\n", errno);
            close(sockConn);
            return 1;
        }

        // 發送結束，開始接收用戶端發來的資訊
        char recvBuf[BUF_LEN];
        // 持續接收用戶端資料，直到對方關閉連接
        do {
            iRes = recv(sockConn, recvBuf, BUF_LEN, 0);
            if (iRes > 0)
            {
                printf("Recv %d bytes.\n", iRes);
                for (i = 0; i < iRes; i++)
                    printf("%c", recvBuf[i]);
                printf("\n");
            }
```

```
            else if (iRes == 0)
                printf("The client has closed the connection.\n");
            else
            {
                printf("recv failed with error: %d\n", errno);
                close(sockConn);
                return 1;
            }

        } while (iRes > 0);
        close(sockConn);                // 關閉和用戶端通訊的通訊端
        puts("Continue monitoring?(y/n)");
        char ch[2];
        scanf("%s", ch, 2);             // 讀取主控台的兩個字元，包括確認符號
        if (ch[0] != 'y')               // 如果不是 y 就退出迴圈
            break;
    }
    close(sockSrv);                     // 關閉監聽通訊端
    return 0;
}
```

程式中標有詳細註釋。可以看到，伺服器端在接收用戶端資料的時候，用了迴圈結構。在發送的時候，也用了一個 for 迴圈，這是為了模擬多次發送。透過後面用戶端程式可以看到，發送的次數和用戶端接收的次數是沒有關係的。值得注意的是，發送完畢後呼叫 shutdown 來關閉發送，這樣用戶端就不會阻塞在 recv。下面建立用戶端專案。

（3）打開另外一個 VC2017，建立一個 Linux 主控台專案，專案名稱是 client。打開 client.cpp，輸入程式如下：

```
#include <cstdio>
#include <assert.h>
#include <sys/time.h>
#include <sys/types.h>
#include <sys/socket.h>
#include <netinet/in.h>
#include <arpa/inet.h>
```

```
#include <string.h>
#include <unistd.h>
#include <errno.h>

#define BUF_LEN 300
typedef struct sockaddr_in SOCKADDR_IN;
typedef struct sockaddr SOCKADDR;
int main()
{

    int err;
    long argp;
    char szMsg[] = "Hello, server, I have received your message.";

    int sockClient = socket(AF_INET, SOCK_STREAM, 0);   // 建立一個通訊端

    SOCKADDR_IN addrSrv;
    addrSrv.sin_addr.s_addr = inet_addr("192.168.0.118"); // 伺服器的 IP
位址
    addrSrv.sin_family = AF_INET;
    addrSrv.sin_port = htons(8000);                      // 伺服器的監聽通訊埠
    err = connect(sockClient, (SOCKADDR*)&addrSrv, sizeof(SOCKADDR));
    // 向伺服器發出連接請求
    if (-1 == err)                                       // 判斷連接是否成功
    {
        printf("Failed to connect to the server. Please check whether
the server is started\n");
        getchar();
        return 0;
    }
    char recvBuf[BUF_LEN];
    int i, cn = 1, iRes;
    do
    {
        iRes = recv(sockClient, recvBuf, BUF_LEN, 0);  // 接收來自伺服器的
資訊
        if (iRes > 0)
        {
            printf("\nRecv %d bytes:", iRes);
```

```
            for (i = 0; i < iRes; i++)
                printf("%c", recvBuf[i]);
            printf("\n");
        }
        else if (iRes == 0)                          // 對方關閉連接
            puts("\nThe server has closed the send connection.\n");
        else
        {
            printf("recv failed:%d\n", errno);
            close(sockClient);
            return 1;
        }
    } while (iRes > 0);
    // 開始向用戶端發送資料
    char sendBuf[100];
    for (i = 0; i < 10; i++)
    {
        sprintf(sendBuf, "N0.%d I'm the client,1+1=2\n", i + 1);
        // 組成字串
        send(sockClient, sendBuf, strlen(sendBuf) + 1, 0);
        // 發送字串給用戶端
        memset(sendBuf, 0, sizeof(sendBuf));
    }
    puts("Sending data to the server is completed.");
    close(sockClient);                               // 關閉通訊端
    getchar();
    return 0;
}
```

用戶端接收也用了迴圈結構，這樣能正確處理接收時的情況（根據 recv 的傳回值）。資料接收完畢後，多次呼叫 send 函數向伺服器端發送資料，發送完畢後呼叫 closesocket 來關閉通訊端，這樣伺服器端就不會阻塞在 recv 了。

（4）儲存專案，先執行伺服器端，再執行用戶端，伺服器端執行結果如圖 4-7 所示。

```
Linux 主控台視窗
&"warning: GDB: Failed to set controllin
--------wait for client-----------
Recv 271 bytes.
NO.1 I'm the client,1+1=2
  NO.2 I'm the client,1+1=2
  NO.3 I'm the client,1+1=2
  NO.4 I'm the client,1+1=2
  NO.5 I'm the client,1+1=2
  NO.6 I'm the client,1+1=2
  NO.7 I'm the client,1+1=2
  NO.8 I'm the client,1+1=2
  NO.9 I'm the client,1+1=2
  NO.10 I'm the client,1+1=2

The client has closed the connection.
Continue monitoring?(y/n)
```

▲ 圖 4-7

可以看到伺服器端一共接收了 1 次資料，一次性收到 271 個位元組資料。用戶端發來的資料都接收下來了。

用戶端執行結果如下所示：

```
Recv 300 bytes:NO.1 Welcome to the server. What is 1 + 1=?(client
IP:192.168.0.118)
NO.2 Welcome to the server. What is 1 + 1=?(client IP:192.168.0.118)
NO.3 Welcome to the server. What is 1 + 1=?(client IP:192.168.0.118)
NO.4 Welcome to the server. What is 1 + 1=?(client IP:192.168.0.118)
NO.5 Welcome to the serv

Recv 300 bytes:er. What is 1 + 1=?(client IP:192.168.0.118)
NO.6 Welcome to the server. What is 1 + 1=?(client IP:192.168.0.118)
NO.7 Welcome to the server. What is 1 + 1=?(client IP:192.168.0.118)
NO.8 Welcome to the server. What is 1 + 1=?(client IP:192.168.0.118)
NO.9 Welcome to the server. What is 1 + 1=?(clie

Recv 91 bytes:nt IP:192.168.0.118)
NO.10 Welcome to the server. What is 1 + 1=?(client IP:192.168.0.118)
```

可以看到，用戶端一共接收了 3 次資料，第一次收到了 300 位元組資料，第二次收到了 300 位元組資料，第三次收到了 91 位元組資料，注意確認符號也算一個字元。伺服器端發來的全部資料都接收下來了。

4.11.6 多次請求回應的資料接收

多次請求回應的資料接收，就是接收端要多輪接收全部資料，每輪接收又包含迴圈多次接收，一輪接收完畢後，連接不斷開，而是等到多輪接收完畢後，才斷開連接。在這種情況下，迴圈接收不能用 recv 傳回值是否為 0 來判斷連接是否結束，只能作為條件之一，還要增加一個條件，那就是本輪是否全部接收完應接收的資料了。

判斷連接是否結束的方法是通訊雙方約定好發送資料的長度，這種方法也稱定長資料的接收。比如發送方告訴接收方，要發送 n 位元組的資料，發完就斷開連接了。那麼接收端就要等 n 位元組資料全部接收完後，才能退出迴圈，表示接收完畢。下面看個例子，伺服器給用戶端發送約定好的固定長度（比如 250 位元組）的資料後，並不斷開連接，而是等待用戶端的接收成功的確認資訊。此時，用戶端就不能根據連接是否斷開來判斷接收是否結束了（當然，連接是否斷開也要進行判斷，因為可能會有意外出現），而是要根據是否接收完 250 位元組來判斷了，接收完畢後，再向伺服器端發送確認訊息。

【例 4.7】接收定長資料。

（1）打開 VC2017，建立一個 Linux 主控台專案，專案名稱是 server，該專案是伺服器端專案。

（2）打開 main.cpp，輸入程式如下：

```
// 注意：為了節省篇幅，包含的標頭檔就不在文中寫出，具體可以看原始程式
#define BUF_LEN 300
typedef struct sockaddr_in SOCKADDR_IN;
typedef struct sockaddr SOCKADDR;

int main()
{
    int err, i, iRes;
    char on = 1;
```

```
    int sockSrv = socket(AF_INET, SOCK_STREAM, 0);  // 建立一個通訊端，
用於監聽用戶端的連接
    assert(sockSrv >= 0);
    // 允許位址的立即重用
    setsockopt(sockSrv, SOL_SOCKET, SO_REUSEADDR, &on, sizeof(on));

    SOCKADDR_IN addrSrv;
    addrSrv.sin_addr.s_addr = inet_addr("192.168.0.118");
    addrSrv.sin_family = AF_INET;
    addrSrv.sin_port = htons(8000);                      // 使用通訊埠 8000

    bind(sockSrv, (SOCKADDR*)&addrSrv, sizeof(SOCKADDR));   // 綁定
    listen(sockSrv, 5);                                     // 監聽

    SOCKADDR_IN addrClient;
    int cn = 0, len = sizeof(SOCKADDR);

    while (1)
    {
        printf("--------wait for client-----------\n");
        // 從連接請求佇列中取出排在最前的用戶端請求，如果佇列為空就阻塞
        int sockConn = accept(sockSrv, (SOCKADDR*)&addrClient,
(socklen_t*) &len);
        char sendBuf[111] = "";
        printf("--------client comes-----------\n");
        for (cn = 0; cn < 50; cn++)
        {
            memset(sendBuf, 'a', 111);
            if (cn == 49)
                sendBuf[110] = 'b';      // 讓最後一個字元為 'b'，這樣看起來
清楚一點
            send(sockConn, sendBuf, 111, 0);  // 發送字串給用戶端
        }
        // 發送結束，開始接收用戶端發來的資訊
        char recvBuf[BUF_LEN];

        // 持續接收用戶端資料，直到對方關閉連接
        do {
```

```
            iRes = recv(sockConn, recvBuf, BUF_LEN, 0);
            if (iRes > 0)
            {
                printf("\nRecv %d bytes:", iRes);
                for (i = 0; i < iRes; i++)
                    printf("%c", recvBuf[i]);
                printf("\n");
            }
            else if (iRes == 0)
                printf("The client closes the connection.\n");
            else
            {
                printf("recv failed with error: %d\n", errno);
                close(sockConn);
                return 1;
            }

        } while (iRes > 0);

        close(sockConn);        //關閉和用戶端通訊的通訊端
        puts("Continue monitoring?(y/n)");
        char ch[2];
        scanf("%s", ch, 2);      //讀取主控台的兩個字元，包括確認符號
        if (ch[0] != 'y')        //如果不是 y 就退出迴圈
            break;
    }
    close(sockSrv);              //關閉監聽通訊端
    return 0;
}
```

在上面的程式中，我們先向用戶端一共發送 5550 位元組資料，每次發送 111 位元組，一共發送 50 次。這個長度是和伺服器端約定好的，發完固定的 5550 位元組後，並不關閉連接，而是繼續等待用戶端的訊息。但不要想當然地認為用戶端每次都收到 111 位元組。下面看用戶端情況。

（3）建立一個主控台專案，專案名稱是 client，它作為用戶端，打開 client.cpp，輸入程式如下：

```
#include <cstdio>
#include <assert.h>
#include <sys/time.h>
#include <sys/types.h>
#include <sys/socket.h>
#include <netinet/in.h>
#include <arpa/inet.h>
#include <string.h>
#include <unistd.h>
#include <errno.h>

#define BUF_LEN 250
typedef struct sockaddr_in SOCKADDR_IN;
typedef struct sockaddr SOCKADDR;
int main()
{
    int err;
    u_long argp;
    char szMsg[] = "Hello, server, I have received your message.";
    int sockClient = socket(AF_INET, SOCK_STREAM, 0);   //建立一個通訊端

    SOCKADDR_IN addrSrv;
    addrSrv.sin_addr.s_addr = inet_addr("192.168.0.118");//伺服器的 IP 位址
    addrSrv.sin_family = AF_INET;
    addrSrv.sin_port = htons(8000);                     //伺服器的監聽通訊埠
    err = connect(sockClient, (SOCKADDR*)&addrSrv, sizeof(SOCKADDR));
    //向伺服器發出連接請求
    if (-1 == err)                                      //判斷連接是否成功
    {
        printf("Failed to connect to the server:%d\n",errno);
        getchar();
        return 0;
    }
    char recvBuf[BUF_LEN];                      //BUF_LEN 是 250
    int i, cn = 1, iRes;
    int leftlen = 50 * 111;                     //這個 5550 是通訊雙方約好的
    while (leftlen > BUF_LEN)
    {
    //接收來自伺服器的資訊，每次最大只能接收 BUF_LEN 個資料，具體接收多少未知
```

```
        iRes = recv(sockClient, recvBuf, BUF_LEN, 0);
        if (iRes > 0)
        {
            printf("\nNo.%d:Recv %d bytes:", cn++, iRes);
            for (i = 0; i < iRes; i++)       // 列印本次接收到的資料
                printf("%c", recvBuf[i]);
            printf("\n");
        }
        else if (iRes == 0)                  // 對方關閉連接
            puts("\nThe server has closed the send connection.\n");
        else
        {
            printf("recv failed:%d\n", errno);
            close(sockClient);
            return -1;
        }
        leftlen = leftlen - iRes;
    }
    if (leftlen > 0)
    {
        iRes = recv(sockClient, recvBuf, leftlen, 0);
        if (iRes > 0)
        {
            printf("\nNo.%d:Recv %d bytes:", cn++, iRes);
            for (i = 0; i < iRes; i++)       // 列印本次接收到的資料
                printf("%c", recvBuf[i]);
            printf("\n");
        }
        else if (iRes == 0)                  // 對方關閉連接
            puts("\nThe server has closed the send connection.\n");
        else
        {
            printf("recv failed:%d\n", errno);
            close(sockClient);
            return -1;
        }
        leftlen = leftlen - iRes;
    }
    // 開始向伺服器端發送資料
```

```
    char sendBuf[100];
    sprintf(sendBuf, "Hi,Server,I've finished receiving the data.");
    // 組成字串
    send(sockClient, sendBuf, strlen(sendBuf) + 1, 0); // 發送字串給用戶端
    memset(sendBuf, 0, sizeof(sendBuf));

    puts("Sending data to the server is completed");
    close(sockClient);                              // 關閉通訊端
    getchar();
    return 0;
}
```

在這個程式中，我們定義了一個變數 leftlen，用來表示還有多少資料沒有接收，開始的時候是 5550 位元組（和伺服器端約定好的數字），以後每接收一部分，就減去已經接收到的資料。當 leftlen 小於 BUF_LEN 的時候，就跳出迴圈，讓 recv 接收最後剩下的 leftlen，這樣正好全部接收完畢。

（4）儲存專案。先執行伺服器端，再執行用戶端。伺服器端執行結果如圖 4-8 所示。

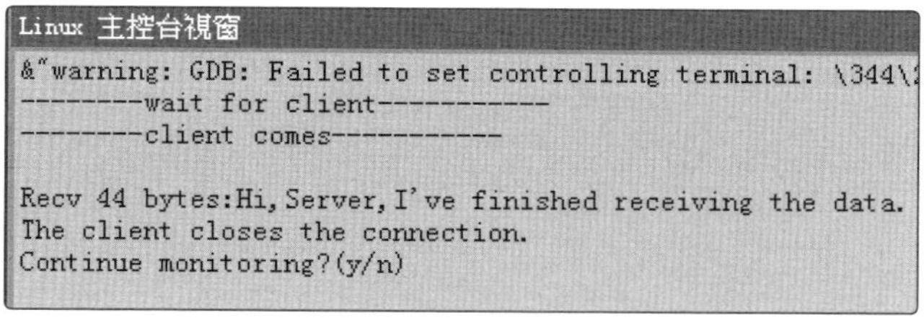

```
Linux 主控台視窗
&"warning: GDB: Failed to set controlling terminal: \344\
--------wait for client-----------
--------client comes-----------

Recv 44 bytes:Hi,Server,I've finished receiving the data.
The client closes the connection.
Continue monitoring?(y/n)
```

▲ 圖 4-8

用戶端執行結果截 2 張圖，如圖 4-9 所示為開始幾次接收的情況，如圖 4-10 所示為最後幾次接收的情況。接收到的資料量一共是 22×250+50=5550，正好和發送的資料量相等。

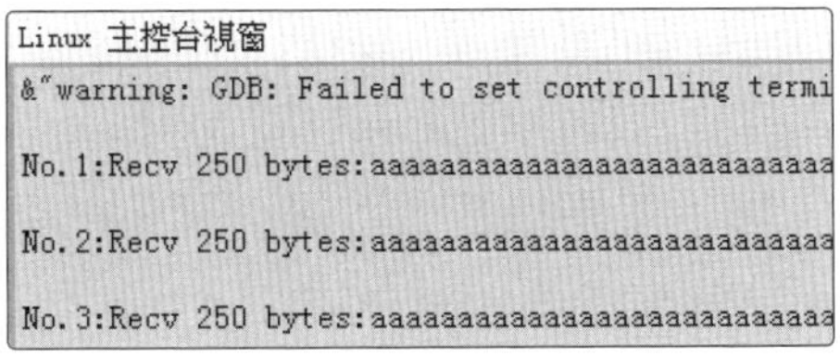

```
Linux 主控台視窗
&"warning: GDB: Failed to set controlling termi

No.1:Recv 250 bytes:aaaaaaaaaaaaaaaaaaaaaaaaaaa

No.2:Recv 250 bytes:aaaaaaaaaaaaaaaaaaaaaaaaaaa

No.3:Recv 250 bytes:aaaaaaaaaaaaaaaaaaaaaaaaaaa
```

▲ 圖 4-9

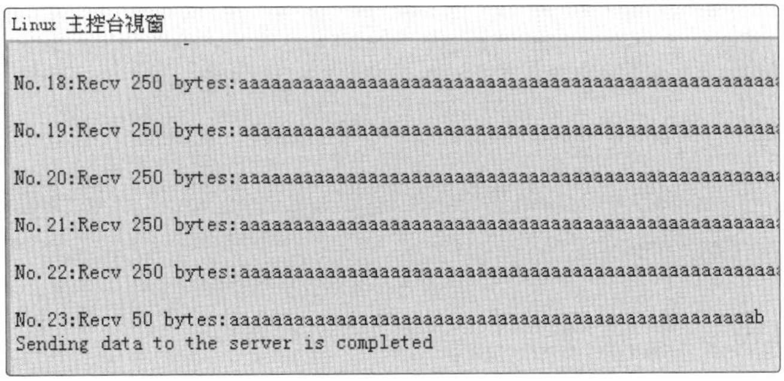

```
Linux 主控台視窗

No.18:Recv 250 bytes:aaaaaaaaaaaaaaaaaaaaaaaaaaaaaaaaaaaaaaaaaaaaaaaaaaaaaa

No.19:Recv 250 bytes:aaaaaaaaaaaaaaaaaaaaaaaaaaaaaaaaaaaaaaaaaaaaaaaaaaaaaa

No.20:Recv 250 bytes:aaaaaaaaaaaaaaaaaaaaaaaaaaaaaaaaaaaaaaaaaaaaaaaaaaaaaa

No.21:Recv 250 bytes:aaaaaaaaaaaaaaaaaaaaaaaaaaaaaaaaaaaaaaaaaaaaaaaaaaaaaa

No.22:Recv 250 bytes:aaaaaaaaaaaaaaaaaaaaaaaaaaaaaaaaaaaaaaaaaaaaaaaaaaaaaa

No.23:Recv 50 bytes:aaaaaaaaaaaaaaaaaaaaaaaaaaaaaaaaaaaaaaaaaaaaaaaaaaab
Sending data to the server is completed
```

▲ 圖 4-10

2. 變長資料的接收

變長資料的接收，通常有兩種方法來知道要接收多少資料。第一種方法是每個不同長度的資料封包尾端跟一個結束識別字，接收端在接收的時候，一旦碰到結束識別字，就知道當前的資料封包結束了。這種方法必須保證結束符號的唯一性，而且結束符號的判斷方式是掃描每個字元。

第二種方法是在變長的訊息本體之前加一個固定長度的表頭，表頭裡放一個欄位元，用來表示訊息本體的長度。接收的時候，先接收表頭，然後解析得到訊息本體長度，再根據這個長度來接收後面的訊息本體。

具體開發時，我們可以定義這樣的結構：

```
struct MyData
{
    int nLen;
    char data[0];
};
```

其中，nLen 用來標識訊息本體的長度；data 是一個陣列名稱，但該陣列沒有元素，該陣列的真實位址緊隨結構 MyData 之後，而這個位址就是結構後面資料的位址（如果給這個結構分配的內容大於這個結構實際大小，後面多餘的部分就是這個 data 的內容）。這種宣告方法可以巧妙地實現 C 語言裡的陣列擴充。

實際使用時，程式如下：

```
struct MyData *p = (struct MyData *)malloc(sizeof(struct MyData )+
strlen(str))
```

這樣就可以透過 p->data 來操作這個 str。在這裡先舉一個例子，讓讀者熟悉 data[0] 的用法。

【例 4.8】結構中 data[0] 的用法。

（1）建立一個主控台專案，專案名稱是 test。

（2）在 main.cpp 中輸入程式如下：

```
#include <cstdio>
#include <iostream>
#include<string.h>
using namespace std;
struct MyData
{
    int nLen;
    char data[0];
};
int main()
{
    int nLen = 10;
    char str[10] = "123456789";    //別忘記還有一個 '\0'，所以是 10 個字元

    cout << "Size of MyData: " << sizeof(MyData) << endl;
    MyData *myData = (MyData*)malloc(sizeof(MyData) + 10);
    memcpy(myData->data, str, 10);
    cout << "myData's Data is: " << myData->data << endl;
    cout << "Size of MyData: " << sizeof(MyData) << endl;
```

```
    free(myData);
    getchar();

    return 0;
}
```

在這個程式中，首先列印了結構 MyData 的大小，結果是 4，因為欄位是 nLen，是 int 型，佔 4 位元組，由此可見，data[0] 並不佔據實際儲存空間。然後分配長度為（sizeof(MyData) + 10）的空間，10 就是為 data 陣列申請的空間大小。最後把字元陣列 str 的內容複製到 myData->data 中，並把內容列印出來。

（3）儲存專案並執行，執行結果如下：

```
Size of MyData: 4
myData's Data is: 123456789
Size of MyData: 4
```

由這個例子可知，data 的位址是緊隨結構之後的。相信透過這個例子，讀者就對結構中 data[0] 用法有所了解了。下面把它運用到網路程式中。

【例 4.9】接收變長資料。

（1）建立一個主控台專案，專案名稱是 server，該專案是伺服器端專案。

（2）打開 main.cpp，輸入程式如下：

```
// 注意：為了節省篇幅，包含的標頭檔就不在文中寫出，具體可以看原始程式
#define BUF_LEN 300
typedef struct sockaddr_in SOCKADDR_IN;
typedef struct sockaddr SOCKADDR;

ruct MyData
{
    int nLen;
```

```
    char data[0];
};

int main()
{
    int err, i, iRes;

    int sockSrv = socket(AF_INET, SOCK_STREAM, 0); // 建立一個通訊端，用於
監聽用戶端的連接

    SOCKADDR_IN addrSrv;
    addrSrv.sin_addr.s_addr = inet_addr("192.168.0.118");
    addrSrv.sin_family = AF_INET;
    addrSrv.sin_port = htons(8000);                  // 使用通訊埠 8000

    bind(sockSrv, (SOCKADDR*)&addrSrv, sizeof(SOCKADDR));  // 綁定
    listen(sockSrv, 5);                                    // 監聽

    SOCKADDR_IN addrClient;
    int cn = 0, len = sizeof(SOCKADDR);
    struct MyData *mydata;
    while (1)
    {
        printf("--------wait for client-----------\n");
        // 從連接請求佇列中取出排在最前的用戶端請求，如果佇列為空就阻塞
        int sockConn = accept(sockSrv, (SOCKADDR*)&addrClient,
(socklen_t*)&len);
        printf("--------client comes-----------\n");
        cn = 5550;  // 總共要發送 5550 位元組的訊息本體，這個長度是發送端設定
的，沒和接收端約定好

        mydata = (MyData*)malloc(sizeof(MyData) + cn);
        mydata->nLen = htonl(cn);           // 整數態資料要轉為網路位元組順序
        memset(mydata->data, 'a', cn);
        mydata->data[cn - 1] = 'b';
        send(sockConn, (char*)mydata, sizeof(MyData) + cn, 0);// 發送全部
資料給用戶端
        free(mydata);
```

```
        // 發送結束，開始接收用戶端發來的資訊
        char recvBuf[BUF_LEN];

        // 持續接收用戶端資料，直到對方關閉連接
        do {

            iRes = recv(sockConn, recvBuf, BUF_LEN, 0);
            if (iRes > 0)
            {
                printf("\nRecv %d bytes:", iRes);
                for (i = 0; i < iRes; i++)
                    printf("%c", recvBuf[i]);
                printf("\n");
            }
            else if (iRes == 0)
                printf("\nThe client has closed the connection.\n");
            else
            {
                printf("recv failed with error: %d\n", errno);
                close(sockConn);
                return 1;
            }

        } while (iRes > 0);

        close(sockConn);                // 關閉和用戶端通訊的通訊端
        puts("Continue monitoring?(y/n)");
        char ch[2];
        scanf("%s", ch, 2);             // 讀取主控台的兩個字元，包括確認符號
        if (ch[0] != 'y')               // 如果不是 y 就退出迴圈
            break;
    }
    close(sockSrv);                     // 關閉監聽通訊端
    return 0;
}
```

程式的整體架構和先前的例子類似，也是共要發送 5550 位元組的訊息本體（注意是訊息本體，實際發送了 5550+4），4 是長度欄位的位

元組數，只不過這個長度是發送端設定的，沒和接收端約定好。所以我們定義了一個結構，結構的表頭整數欄位元 nLen 表示訊息本體的長度（這裡是 5550）。由於採用了 0 陣列，所以分配的空間是連續的，因此發送的時候，可以用結構位址作為參數代入 send 函數，但注意長度是 sizeof(MyData) + cn，表示長度欄位元的長和訊息本體的長。

這樣發送出去後，接收端那裡先接收 4 位元組的長度欄位元，知道了訊息本體長度，準備好空間，就可以按照固定長度的接收來進行了。具體看用戶端程式。

（3）建立一個主控台專案，專案名稱是 client，它作為用戶端，打開 client.cpp，輸入程式　如下：

```
#include <cstdio>
#include <assert.h>
#include <sys/time.h>
#include <sys/types.h>
#include <sys/socket.h>
#include <netinet/in.h>
#include <arpa/inet.h>
#include <string.h>
#include <unistd.h>
#include <errno.h>
#include <malloc.h>

#define BUF_LEN 250
typedef struct sockaddr_in SOCKADDR_IN;
typedef struct sockaddr SOCKADDR;

int main()
{
    int err;
    u_long argp;
    char szMsg[] = "Hello, server, I have received your message.";
    int sockClient = socket(AF_INET, SOCK_STREAM, 0);     // 建立一個通訊端
    SOCKADDR_IN addrSrv;
    addrSrv.sin_addr.s_addr = inet_addr("192.168.0.118");// 伺服器的 IP 位址
```

```
    addrSrv.sin_family = AF_INET;
    addrSrv.sin_port = htons(8000);                    // 伺服器的監聽通訊埠
    err = connect(sockClient, (SOCKADDR*)&addrSrv, sizeof(SOCKADDR));
    // 向伺服器發出連接請求
    if (-1 == err)                                     // 判斷連接是否成功
    {
        printf("Failed to connect to the server:%d\n",errno);
        return 0;
    }
    char recvBuf[BUF_LEN];
    int i, cn = 1, iRes;

    int leftlen;
    unsigned char *pdata;

    iRes = recv(sockClient, (char*)&leftlen, sizeof(int), 0); // 接收來自
伺服器的資訊

    leftlen = ntohl(leftlen);
    printf("Need to receive %d bytes data.\n", leftlen);
    while (leftlen > BUF_LEN)
    {
    // 接收來自伺服器的資訊，每次最大只能接收 BUF_LEN 個資料，具體接收多少未知
        iRes = recv(sockClient, recvBuf, BUF_LEN, 0);
        if (iRes > 0)
        {
            printf("\nNo.%d:Recv %d bytes:", cn++, iRes);
            for (i = 0; i < iRes; i++)          // 列印本次接收到的資料
                printf("%c", recvBuf[i]);
            printf("\n");
        }
        else if (iRes == 0)                     // 對方關閉連接
            puts("\nThe server has closed the send connection.\n");
        else
        {
            printf("recv failed:%d\n", errno);
            close(sockClient);
            return -1;
        }
```

```
        leftlen = leftlen - iRes;
    }
    if (leftlen > 0)
    {
        iRes = recv(sockClient, recvBuf, leftlen, 0);
        if (iRes > 0)
        {
            printf("\nNo.%d:Recv %d bytes:", cn++, iRes);
            for (i = 0; i < iRes; i++)         // 列印本次接收到的資料
                printf("%c", recvBuf[i]);
            printf("\n");
        }
        else if (iRes == 0)                    // 對方關閉連接
            puts("\nThe server has closed the send connection.\n");
        else
        {
            printf("recv failed:%d\n", errno);
            close(sockClient);
            return -1;
        }
        leftlen = leftlen - iRes;
    }

    char sendBuf[100];
    sprintf(sendBuf, "I'm the client. I've finished receiving the data.");
                                                         // 組成字串
    send(sockClient, sendBuf, strlen(sendBuf) + 1, 0); // 發送字串給用戶端
    memset(sendBuf, 0, sizeof(sendBuf));

    puts("Sending data to the server is completed");
    close(sockClient);                                   // 關閉通訊端
    getchar();
    return 0;
}
```

本例中用戶端程式和定長接收的例子中用戶端程式類似，只不過多了開始先接收 4 位元組的訊息本體長度值，然後分配這個空間的大小，後面的接收又和定長接收一樣了。

有一點要注意，從 recv 函數接收的長度要轉為主機位元組順序，程式如下：

```
leftlen = ntohl(leftlen);
```

這是因為伺服器端程式是把長度轉為網路位元組順序後再發送出去的。有些讀者可能覺得這樣多此一舉，因為雙方不轉似乎也能得到正確的長度。這是因為這些讀者是在本機或區域網環境下測試的，並沒有經過路由器網路環境。故最好保持轉的習慣，因為路由器和路由器之間都是網路位元組順序轉發的。在撰寫網路程式遇到發送整數時，應該轉為網路位元組順序再發送，接收時轉為主機位元組順序再使用。

（4）儲存專案。先執行伺服器端，再執行用戶端。伺服器端執行結果如圖 4-11 所示。

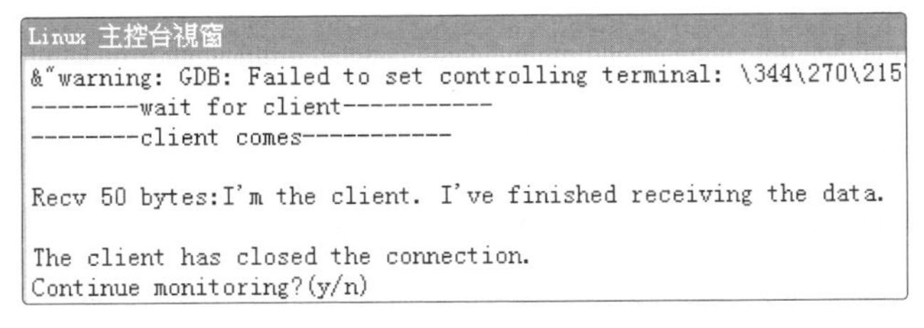

▲ 圖 4-11

用戶端執行結果如圖 4-12 所示。

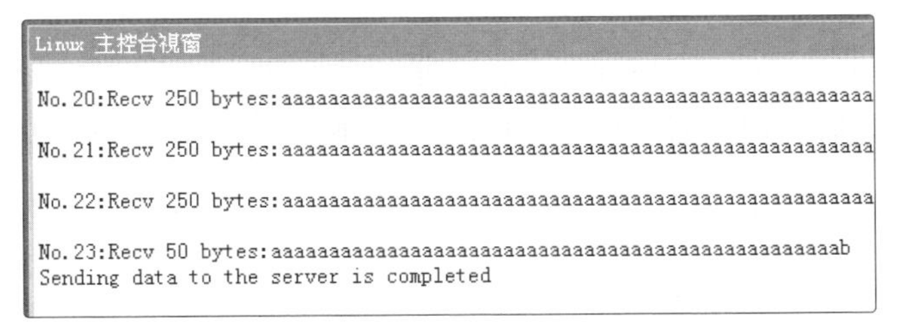

▲ 圖 4-12

一共接收了 22 次 250 位元組的資料和最後一次 50 位元組的資料，加起來正好是 5550 位元組資料。

4.12 I/O 控制命令

通訊端的 I/O 控制主要用於設定通訊端的工作模式（阻塞模式還是非阻塞模式），也可以用來獲取與通訊端相關的 I/O 操作的參數資訊。

Linux 提供了函數 ioctl 用來發送 I/O 控制命令，函數 ioctl 宣告如下：

```
#include <sys/ioctl.h>
ioctl(int fd, int request, ...);
```

其中參數 fd 為要設定 I/O 模式的通訊端的描述符號；request 表示發給通訊端的 I/O 控制命令，通常設定值如下：

- FIONBIO：表示設定或清除阻塞模式的命令，當 arg 作為輸入參數設定值為 0 時，通訊端將設定為阻塞模式；當 arg 作為輸入參數設定值為非 0 時，通訊端將設定為非陰塞模式。
- FIONREAD：用於確定通訊端 s 自動讀取資料量的命令，若 s 是串流通訊端 （SOCET_STREAM）類型，則 arg 得到函數 recv 呼叫一次時讀取的資料量，它通常和通訊端中排隊的資料總量相同；若 s 是資料通訊端（SOCK_DGRAM），則 arg 傳回通訊端排隊的第一個資料封包的大小。
- FIOASYNC：表示設定或清除非同步 I/O 的命令。

ioctl 的第三個參數根據 request 確定，通常是命令參數，一般是輸入、輸出參數。如果函數成功傳回 0，否則傳回 -1，此時可以用函數 errno 獲取錯誤碼。

比以下面程式設定通訊端為阻塞模式：

```
int iMode = 0;
ioctl (m_socket, FIONBIO, &iMode);
```

FIONBIO 表示是否設定阻塞的命令，如果參數 iMode 傳入的是 0，則設定阻塞，否則設定為非阻塞。

又比如讀取標準輸入緩衝區中的位元組數：

```
int num=0;
ioctl(0,FIONREAD,&num);
```

【例 4.10】設定阻塞通訊端為非阻塞通訊端。

（1）打開 VC2017，建立一個 Linux 主控台專案 test。

（2）在 main.cpp 中輸入程式如下：

```
#include <cstdio>
#include <assert.h>
#include <sys/time.h>
#include <sys/types.h>
#include <sys/socket.h>
#include <netinet/in.h>
#include <arpa/inet.h>
#include <string.h>
#include <unistd.h>
#include <errno.h>
#include <sys/ioctl.h>
// 傳回自系統開機以來的毫秒數（tick）
unsigned long GetTickCount()
{
    struct timeval tv;
    if (gettimeofday(&tv, NULL) != 0) return 0;
    return (tv.tv_sec * 1000) + (tv.tv_usec / 1000);
}
int main()
{
    int argp;
    int res;
    char ip[] = "192.168.0.88"; // 該 IP 位址是和本機通一網段的位址，但並不存在
    int port = 13334;
    struct sockaddr_in server_address;
    memset(&server_address, 0, sizeof(server_address));
```

```
    server_address.sin_family = AF_INET;
    in_addr_t dwIP = inet_addr(ip);
    server_address.sin_addr.s_addr = dwIP;
    server_address.sin_port = htons(port);

    int sock = socket(PF_INET, SOCK_STREAM, 0);
    assert(sock >= 0);
    long t1 = GetTickCount();
    int ret = connect(sock, (struct sockaddr*)&server_address,
sizeof(server_address));
    printf("connect ret code is: %d\n", ret);
    if (ret == -1)
    {
        long t2 = GetTickCount();
        printf("time used:%dms\n", t2 - t1);
        printf("connect failed...\n");
        if (errno == EINPROGRESS)
            printf("unblock mode ret code...\n");
    }
    else    printf("ret code is: %d\n", ret);
    argp = 1;
    res = ioctl(sock, FIONBIO, &argp);
    if (-1 == res)
    {
        printf("Error at ioctlsocket(): %ld\n", errno);
        return -1;
    }
    puts("\nAfter setting non blocking mode:");
    memset(&server_address, 0, sizeof(server_address));
    server_address.sin_family = AF_INET;
    dwIP = inet_addr(ip);
    server_address.sin_addr.s_addr = dwIP;
    server_address.sin_port = htons(port);

    t1 = GetTickCount();

    ret = connect(sock, (struct sockaddr*)&server_address, sizeof(server_
address));
    printf("connect ret code is: %d\n", ret);
```

```
    if (ret == -1)
    {
        long t2 = GetTickCount();
        printf("time used:%dms\n", t2 - t1);
        if (errno == EINPROGRESS)
        {
            printf("unblock mode errno:%d\n", errno);
            // 後續可以用 select 函數來判斷連接是否成功
        }
    }
    else     printf("ret code is: %d\n", ret);
    close(sock);
    getchar();
    return 0;
}
```

在此程式中，首先建立一個通訊端 socket，剛開始預設是阻塞的，然後用 connect 函數去連接一個和本機在同一子網的不真實存在的 IP 位址，會發現用了 3 秒多的時間。接著用 ioctl 函數把通訊端 sock 設定為非阻塞，再同樣用 connect 函數去連接一個和本機在同一子網的不真實存在的 IP 位址，會發現 connect 立即傳回了，這就説明設定通訊端為非阻塞成功了。

如果 socket 為非阻塞模式，則呼叫函數 connect 後立即傳回，如果連接不能馬上建立成功（傳回 -1），則 errno 被設定為 EINPROGRESS，此時 TCP 三次握手仍在繼續。此時可以呼叫函數 select（後面章節會講到）檢測非阻塞連接是否完成。select 指定的逾時時間可以比 connect 的逾時時間短，因此可以防止連接執行緒長時間阻塞在 connect 處。這樣的連接過程是比較友善的。

（3）儲存專案並執行，執行結果如下：

```
connect ret code is: -1
time used:3068ms
connect failed...
```

```
After setting non blocking mode:
connect ret code is: -1
time used:0ms
unblock mode errno:115
```

可以看到，大概了等 3 秒多後，才提示連接失敗了。

把通訊端設為非阻塞模式後，很多 socket API 函數就會立即傳回，但並不表示操作已經完成，該函數所在的執行緒會繼續執行。

4.13 通訊端選項

4.13.1 基本概念

除了可以透過發送 I/O 控制命令來影響通訊端的行為外，還可以設定通訊端的選項來進一步對通訊端進行控制，比如我們可以設定通訊端的接收或發送緩衝區大小、指定是否允許通訊端綁定到一個已經使用地位址、判斷通訊端是否支援廣播、控制頻外資料的處理、獲取和設定逾時參數等。當然除了設定選項外，還可以獲取選項，選項的概念相當於屬性。所以通訊端選項也可說是通訊端屬性，選項就是用來描述通訊端本身的屬性特徵的。

值得注意的是，有些選項（屬性）只可獲取，不可設定，而有些選項既可設定也可獲取。

4.13.2 選項的等級

有一些選項都是針對一種特定的協定，意思就是這些選項都是某種通訊端特有的。還有一些選項適用於所有類型的通訊端，因此就有了選項等級（level）的概念，即選項的適用範圍或適用物件，是適用所有類型通訊端，還是適用某種類型通訊端。常用的等級有以下幾種：

- SOL_SOCKET：該等級的選項與通訊端使用的具體協定無關，只作用於通訊端本身。
- SOL_LRLMP：該等級的選項作用於 IrDA 協定，
- IPPROTO_IP：該等級的選項作用於 IPv4 協定，因此與 IPv4 協定的屬性密切相關，比如獲取和設定 IPv4 表頭的特定欄位。
- IPPROTO_IPV6：該等級的選項作用於 IPv6 協定，它有一些選項和 IPPROTO_IP 對應。
- IPPROTO_RM：該等級的選項作用於可靠的多播傳輸。
- IPPROTO_TCP：該等級的選項適用於串流式通訊端。
- IPPROTO_UDP：該等級的選項適用於資料通訊端。

這些都是巨集定義，可以直接用在函數參數中。

一般來說不同的等級選項值也不盡相同。下面我們來看一下等級為 SOL_SOCKET 的常用選項，如表 4-2 所示。

表 4-2 為 SOL_SOCKET 等級的常用選項

選　項	獲取 / 設定 / 兩者都可	描　述
SO_ACCEPTCONN	獲取	表示通訊端是否處於監聽狀態，如果為真則表示處於監聽狀態。這個選項只針對連線導向的協定
SO_BROADCAST	兩者都可	表示該通訊端能否傳送廣播訊息，如果為真則允許。這個選項只針對支援廣播的協定（如 IPX、UDP/IPv4 等）
SO_CONDITIONAL_ACCEPT	兩者都可	表示到來的連接是否接受
SO_DEBUG	兩者都可	表示是否允許輸出偵錯資訊，如果為真則允許

選　項	獲取 / 設定 / 兩者都可	描　述
SO_DONTLINGER	兩者都可	表示是否禁用 SO_LINGER 選項，如果為真，則禁用
SO_DONTROUTE	兩者都可	表示是否禁用路由選擇，如果為真，則禁用
SO_ERROR	獲取	獲取通訊端的錯誤碼
SO_GROUP_ID	獲取	保留不用
SO_GROUP_PRIORITY	獲取	保留不用
SO_KEEPALIVE	兩者都可	對一個通訊端連接來說，是否能夠保活（keepalive），如果為真表示能夠保活
SO_LINGER	兩者都可	設定或獲取當前的拖延值，拖延值的意思就是在關閉通訊端時，如果還有未發送的資料，則等待的時間值
SO_MAX_MSG_SIZE	獲取	如果通訊端是資料通訊端，則該選項表示訊息的最大尺寸。如果通訊端是串流通訊端則沒意義
SO_OOBINLINE	兩者都可	表示是否可以在常規資料流程中接收頻外資料，如果為真表示可以
SO_PROTOCOL_INFO	獲取	獲取綁定到通訊端的協定資訊
SO_RCVBUF	兩者都可	獲取或設定用於資料接收的緩衝區大小。這個緩衝區是系統核心緩衝區
SO_REUSEADDR	兩者都可	表示是否允許通訊端綁定到一個已經適用的位址
SO_SNDBUF	兩者都可	獲取或設定用於資料發送的緩衝區大小。這個緩衝區是系統核心緩衝區
SO_TYPE	獲取	獲取通訊端的類型，比如是串流通訊端還是資料通訊端

再來看下等級 IPPROTO_IP 的常用選項，如表 4-3 所示。

表 4-3 IPPROTO_IP 等級的常用選項

選　項	獲取 / 設定 / 兩者都可	描　述
IP_OPTIONS	兩者都可	獲取或設定 IP 表頭內的選項
IP_HDRINCL	兩者都可	是否將 IP 表頭與資料一起提交給 Winsock 函數
IP_TTL	兩者都可	IP_TTL 相關

4.13.3 獲取通訊端選項

Linux socket 提供了 API 函數 getsockopt 來獲取通訊端的選項。函數 getsockopt 宣告如下：

```
#include <sys/types.h>          /* See NOTES */
#include <sys/socket.h>
int getsockopt(int sockfd, int level, int optname, void *optval,
socklen_t *optlen);
```

其中參數 sockfd 是通訊端描述符號；level 表示選項的等級，比如可以設定值 SOL_SOCKET、IPPROTO_IP、IPPROTO_TCP、IPPROTO_UDP 等；optname 表示要獲取的選項名稱；optval[out] 指向存放接收到的選項內容的緩衝區，char* 只是表示傳入的是 optval 的位址，optval 的具體類型要根據選項而定，具體可以參考上一節的表格；optlen[in,out] 指向 optval 所指緩衝區的大小。如果函數執行成功傳回 0，否則傳回 -1，此時可用函數 errno 來獲取錯誤碼，常見的錯誤碼如下：

- EBADF：參數 sockfd 不是有效的檔案描述符號。
- EFAULT：參數 optlen 太小或 optval 所指緩衝區非法。
- EINVAL：參數 level 未知或非法。
- ENOPROTOOPT：選項未知或不被指定的協定族所支援。
- ENOTSOCK：描述符號不是一個通訊端描述符號。

【例 4.11】獲取串流通訊端和資料通訊端接收和發送的（核心）緩衝區大小。

（1）打開 VC2017，建立一個 Linux 主控台專案 test。

（2）在 main.cpp 中輸入程式如下：

```
//註：為節省篇幅，標頭檔可以參考原始程式專案
int main()
{
    int err,s = socket(AF_INET, SOCK_STREAM, IPPROTO_TCP);//建立串流通訊端
    if (s == -1) {
        printf("Error at socket()\n");
        return -1;
    }
    int su = socket(AF_INET, SOCK_DGRAM, IPPROTO_UDP);  //建立資料通訊端
    if (s == -1) {
        printf("Error at socket()\n");
        return -1;
    }

    int optVal;
    int optLen = sizeof(optVal);
    //獲取流通訊端接收緩衝區大小
    if (getsockopt(s, SOL_SOCKET, SO_RCVBUF, (char*)&optVal,
(socklen_t *) &optLen) == -1)
        printf("getsockopt failed:%d", errno);
    else
        printf("Size of stream socket receive buffer: %ld bytes\n", optVal);
    //獲取流通訊端發送緩衝區大小
    if (getsockopt(s, SOL_SOCKET, SO_SNDBUF, (char*)&optVal, (socklen_t *)
&optLen) == -1)
        printf("getsockopt failed:%d", errno);
    else
        printf("Size of streaming socket send buffer: %ld bytes\n", optVal);

    //獲取資料通訊端接收緩衝區大小
    if (getsockopt(su, SOL_SOCKET, SO_RCVBUF, (char*)&optVal, (socklen_t *)
&optLen) == -1)
        printf("getsockopt failed:%d", errno);
```

```
    else
        printf("Size of datagram socket receive buffer: %ld bytes\n",
optVal);
    // 獲取資料通訊端發送緩衝區大小
    if (getsockopt(su, SOL_SOCKET, SO_SNDBUF, (char*)&optVal, (socklen_t *)
&optLen) == -1)
        printf("getsockopt failed:%d", errno);
    else
        printf("Size of datagram socket send buffer:%ld bytes\n", optVal);
    getchar();
    return 0;
}
```

在此程式中，首先建立一個流通訊端和資料通訊端，然後透過函數 getsockopt 來獲取它們的接收和發送緩衝區大小，最後輸出。注意，緩衝區大小的選項等級是 SOL_SOCKET。在獲取緩衝區大小時，optVal 的類型可以定義為 int，然後再把其指標傳給 getsockopt。

（3）儲存專案並執行，執行結果如下：

```
Size of stream socket receive buffer: 131072 bytes
Size of streaming socket send buffer: 16384 bytes
Size of datagram socket receive buffer: 212992 bytes
Size of datagram socket send buffer:212992 bytes
```

【例 4.12】獲取當前通訊端類型。

（1）建立一個主控台專案 test。

（2）在 main.cpp 中輸入程式如下：

```
// 註：為節省篇幅，標頭檔可以參考原始程式專案
int main()
{
    int err;
    int s = socket(AF_INET, SOCK_STREAM, IPPROTO_TCP); // 建立串流通訊端
    if (s == -1) {
        printf("Error at socket()\n");
        return -1;
    }
```

```
    int su = socket(AF_INET, SOCK_DGRAM, IPPROTO_UDP); // 建立資料通訊端
    if (s == -1) {
        printf("Error at socket()\n");
        return -1;
    }

    int optVal;
    int optLen = sizeof(optVal);
    // 獲取通訊端 s 的類型
    if (getsockopt(s, SOL_SOCKET, SO_TYPE, (char*)&optVal, (socklen_t *)
&optLen) == -1)
        printf("getsockopt failed:%d", errno);
    else
    {
        if (SOCK_STREAM == optVal)    //SOCK_STREAM 巨集定義值為 1
            printf("The current socket is a stream socket.\n");
            // 當前通訊端是串流通訊端
        else if (SOCK_DGRAM == optVal)      //SOCK_ DGRAM 巨集定義值為 2
            printf("The current socket is a datagram socket.\n");
            // 當前通訊端是資料通訊端
    }
    // 獲取通訊端 su 的類型
    if (getsockopt(su, SOL_SOCKET, SO_TYPE, (char*)&optVal, (socklen_t *)
&optLen) == -1)
        printf("getsockopt failed:%d", errno);
    else
    {
        if (SOCK_STREAM == optVal)        //SOCK_STREAM 巨集定義值為 1
            printf("The current socket is a stream socket.\n");
        else if (SOCK_DGRAM == optVal)    //SOCK_ DGRAM 巨集定義值為 2
            printf("The current socket is a datagram socket.\n");
    }
    getchar();
    return 0;
}
```

在此程式中，先建立一個串流通訊端 s 和資料通訊端 su，然後用函數 getsockopt 來獲取通訊端類型並輸出。獲取通訊端類型的選項是 SO_TYPE，因此我們把 SO_TYPE 傳入函數 getsockopt 中。

（3）儲存專案並執行，執行結果如下：

```
The current socket is a stream socket.
The current socket is a datagram socket.
```

【例 4.13】 判斷通訊端是否處於監聽狀態。

（1）打開 VC2017，建立一個 Linux 主控台專案 test。

（2）在 main.cpp 中輸入程式如下：

```
// 註：為節省篇幅，標頭檔可以參考原始程式專案
typedef struct sockaddr SOCKADDR;
int main()
{
    int err;
    sockaddr_in service;
    char ip[] = "192.168.0.118";                        // 本機 IP
    char on = 1;
    int s = socket(AF_INET, SOCK_STREAM, IPPROTO_TCP); // 建立一個串流通訊端
    if (s == -1) {
        printf("Error at socket()\n");
        getchar();
        return -1;
    }
    // 允許位址的立即重用
    setsockopt(s, SOL_SOCKET, SO_REUSEADDR, &on, sizeof(on));
    service.sin_family = AF_INET;
    service.sin_addr.s_addr = inet_addr(ip);
    service.sin_port = htons(8000);
    if (bind(s, (SOCKADDR*)&service, sizeof(service)) == -1)// 綁定通訊端
    {
        printf("bind failed:%d\n",errno);
        getchar();
        return -1;
    }
    int optVal;
    int optLen = sizeof(optVal);
    // 獲取選項 SO_ACCEPTCONN 的值
    if (getsockopt(s, SOL_SOCKET, SO_ACCEPTCONN, (char*)&optVal,
(socklen_t*)&optLen) == -1)
```

```
        printf("getsockopt failed:%d",errno);
    else printf("Before listening, The value of SO_ACCEPTCONN:%d, The 
socket is not listening\n", optVal);

    //開始監聽
    if (listen(s, 100) == -1)
    {
        printf("listen failed:%d\n", errno);
        getchar();
        return -1;
    }
    //獲取選項 SO_ACCEPTCONN 的值
    if (getsockopt(s, SOL_SOCKET, SO_ACCEPTCONN, (char*)&optVal, 
(socklen_t*)&optLen) == -1)
    {
        printf("getsockopt failed:%d", errno);
        getchar();
        return -1;
    }
    else printf("After listening,The value of SO_ACCEPTCONN:%d, The 
socket is listening\n", optVal);
    getchar();
    return 0;
}
```

在此程式中，在呼叫監聽函數 listen 前後分別獲取選項 SO_ACCEPTCONN 的值，可以發現監聽前，該選項值為 0，監聽後選項值為 1，符合預期。

（3）儲存專案並執行，執行結果如下：

```
Before listening, The value of SO_ACCEPTCONN:0, The socket is not listening
After listening,The value of SO_ACCEPTCONN:1, The socket is listening
```

4.13.4 設定通訊端選項

Linux socket 提供了 API 函數 setsockopt 來獲取通訊端的選項。函數 setsockopt 宣告如下：

```
int setsockopt(int sockfd, int level, int optname, const void *optval,
socklen_t optlen);
```

其中參數 sockfd 是通訊端描述符號；level 表示選項的等級，比如可以 設 定 值 SOL_SOCKET、IPPROTO_IP、IPPROTO_TCP、IPPROTO_UDP 等；optname 表示要獲取的選項名稱；optval 指向存放要設定的選項值的緩衝區，char* 只是表示傳入的是 optval 的位址，optval 具體類型要根據選項而定；optlen 指向 optval 所指緩衝區的大小。如果函數執行成功傳回 0，否則傳回 -1，此時可用函數 errno 來獲得錯誤碼，該錯誤碼和 getsockopt 出錯時的錯誤碼類似，這裡不再贅述。

【例 4.14】啟用通訊端的保活機制。

（1）打開 VC2017，建立一個 Linux 主控台專案，專案名稱是 test。

（2）在 main.cpp 中輸入程式如下：

```
#include <cstdio>
#include <assert.h>
#include <sys/time.h>
#include <sys/types.h>
#include <sys/socket.h>
#include <netinet/in.h>
#include <arpa/inet.h>
#include <string.h>
#include <unistd.h>
#include <errno.h>
#include <sys/ioctl.h>
typedef struct sockaddr SOCKADDR;
int main()
{
    int err;
    sockaddr_in service;
    char ip[] = "192.168.0.118";// 本機 IP 位址
    char on = 1;

    int s = socket(AF_INET, SOCK_STREAM, IPPROTO_TCP);// 建立一個串流通訊端
    if (s == -1) {
```

```
        printf("Error at socket()\n");
        getchar();
        return -1;
    }
    // 允許位址的立即重用
    setsockopt(s, SOL_SOCKET, SO_REUSEADDR, &on, sizeof(on));
    service.sin_family = AF_INET;
    service.sin_addr.s_addr = inet_addr(ip);
    service.sin_port = htons(9900);
    if (bind(s, (SOCKADDR*)&service, sizeof(service)) == -1) // 綁定通訊端
    {
        printf("bind failed\n");
        getchar();
        return -1;
    }

    int  optVal = 1;                                        // 一定要初始化
    int optLen = sizeof(int);

    // 獲取選項 SO_KEEPALIVE 的值
    if (getsockopt(s, SOL_SOCKET, SO_KEEPALIVE, (char*)&optVal,
(socklen_t *) &optLen) == -1)
    {
        printf("getsockopt failed:%d", errno);
        getchar();
        return -1;
    }
    else printf("After listening,the value of SO_ACCEPTCONN:%d\n", optVal);

    optVal = 1;
    if (setsockopt(s, SOL_SOCKET, SO_KEEPALIVE, (char*)&optVal, optLen)
!= -1)
    {
        printf("Successful activation of keep alive mechanism.\n");
        // 啟用保活機制成功
    }
    if (getsockopt(s, SOL_SOCKET, SO_KEEPALIVE, (char*)&optVal,
(socklen_t *)&optLen) == -1)
    {
```

```
        printf("getsockopt failed:%d", errno);
        getchar();
        return -1;
    }
    else printf("After setting,the value of SO_KEEPALIVE:%d\n", optVal);
    getchar();
    return 0;
}
```

值得注意的是，存放選項 SO_KEEPALIVE 的值的變數的類型是 int，並且要初始化。

（3）儲存專案並執行，執行結果如下：

```
After listening,the value of SO_ACCEPTCONN:0
Successful activation of keep alive mechanism.
After setting,the value of SO_KEEPALIVE:1
```

Chapter

05

UDP 伺服器程式設計

UDP 通訊端就是資料通訊端，是一種不需連線的 socket，對應於不需連線的 UDP 應用。在使用 TCP 和使用 UDP 撰寫的應用程式之間存在一些本質差異，其原因在於這兩個傳輸層之間的差別：UDP 是不需連線的不可靠的資料封包協定，而 TCP 提供的是連線導向的可靠位元組流。從資源的角度來看，相對來說 UDP 通訊端銷耗較小，因為不需要維持網路連接，而且因為無需花費時間來連接，所以 UDP 通訊端的速度也較快。

因為 UDP 提供的是不可靠服務，所以資料可能會遺失。如果資料非常重要，就需要小心撰寫 UDP 客戶程式，以檢查錯誤並在必要時重傳。實際上，UDP 通訊端在區域網中是非常可靠的，但如果在可靠性較低的網路中使用 UDP 通訊，只能靠程式設計者來解決可靠性問題。雖然 UDP 傳輸不可靠，但是效率很高，因為它不用像 TCP 那樣建立連接和撤銷連接，所以特別適合一些交易性的應用程式，交易性的程式通常是一來一往的兩次資料封包的交換，若採用 TCP，每次傳送一個簡訊，都要建立連接和撤銷連接，銷耗巨大。像常見的 TFTP、DNS 和 SNMP 等應用程式都採用的是 UDP 通訊。

5.1 UDP 通訊端程式設計的基本步驟

在 UDP 通訊端程式中，客戶不需要與伺服器建立連接，可以直接使用 sendto 函數給伺服器發送資料封包。同樣地，伺服器不需要接受來自客戶的連接，而可以直接呼叫 recvfrom 函數，等待來自某個客戶的資料到達。如圖 5-1 所示為客戶與伺服器使用 UDP 通訊端進行通訊的過程。

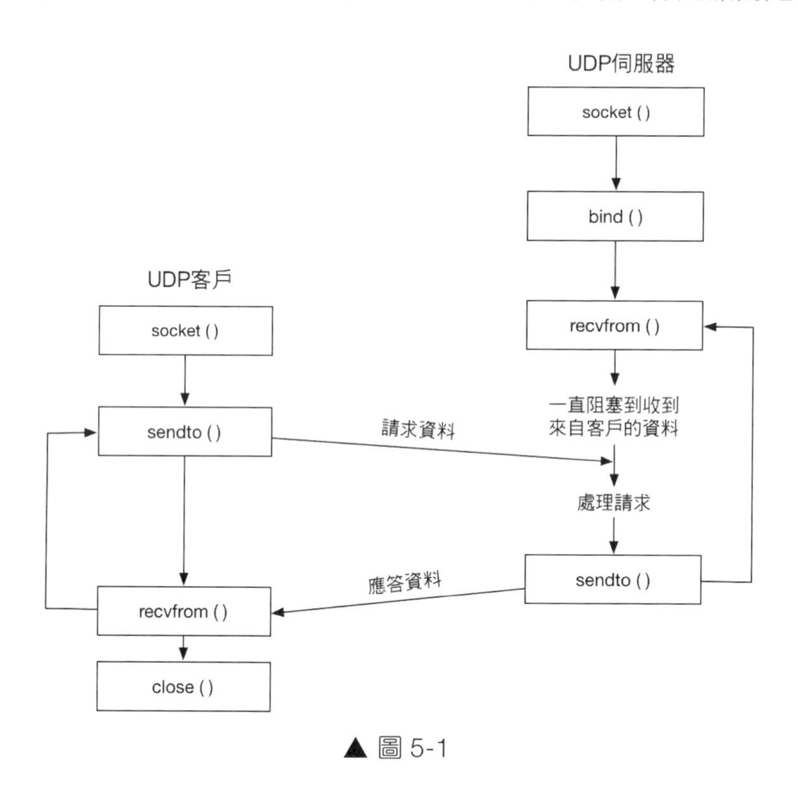

▲ 圖 5-1

撰寫 UDP 通訊端應用程式，通常遵循以下幾個步驟：

伺服器：

Step 1 建立通訊端描述符號（socket）。

Step 2 設定伺服器的 IP 位址和通訊埠編號（需要轉為網路位元組順序的格式）。

Step 3 將通訊端描述符號綁定到伺服器位址（bind）。

Step 4 從通訊端描述符號讀取來自用戶端的請求並取得用戶端的位址（recvfrom）。

Step 5 向通訊端描述符號寫入應答併發送給用戶端（sendto）。

Step 6 回到步驟（4）等待讀取下一個來自用戶端的請求。

用戶端：

Step 1 建立通訊端描述符號（socket）。

Step 2 設定伺服器的 IP 位址和通訊埠編號（需要轉為網路位元組順序的格式）。

Step 3 向通訊端描述符號寫入請求併發送給伺服器（sendto）。

Step 4 從通訊端描述符號讀取來自伺服器的應答（recvfrom）。

Step 5 關閉通訊端描述符號（close）。

了解了通訊端程式設計的基本步驟後，下面介紹常用的 UDP 通訊端函數。

5.2 UDP 通訊端程式設計的相關函數

UDP 通訊端建立函數 socket()、位址綁定函數 bind() 與 TCP 通訊端程式設計相同，具體請參考第 4 章，本章僅介紹訊息傳輸函數 sendto() 與 recvfrom()。

5.2.1 sendto 函數

sendto 函數用於發送資料，它既可用於不需連線的 socket，也可以用於有連接的 socket。對於有連接的 socket，它和 send 等價。該函數宣告如下：

```
#include <sys/types.h>
#include <sys/socket.h>
ssize_t sendto(int sockfd, const void *buf, size_t len, int flags,
const struct sockaddr *dest_addr, socklen_t addrlen);
```

其中參數 sockfd 為通訊端描述符號；buf 為要發送的資料內容；len 為 buf 的位元組數；flags 一般為 0；dest_addr 用來指定欲傳送資料的對端網路位址，即目的網路位址；addrlen 為 dest_addr 的位元組數。如果函數執行成功，傳回實際發送出去的資料位元組數，否則傳回 -1，此時可以用函數 errno 獲得錯誤碼。

5.2.2 recvfrom 函數

該函數可以在一個連接的或不需連線的通訊端上接收資料，但通常用於一個不需連線的通訊端。函數宣告如下：

```
ssize_t recvfrom(int sockfd, void *buf, size_t len, int flags, struct
sockaddr *src_addr, socklen_t *addrlen);
```

其中參數 sockfd 為已綁定的通訊端描述符號；buf 指向存放接收資料的緩衝區；len 為 buf 長度；flags 通常設為 0；src_addr 指向資料來源的位址資訊；addrlen 為 src_addr 的位元組數。如果函數執行成功傳回收到資料的位元組數，如果連接被優雅地關閉則傳回 0，其他情況傳回 -1，此時可以用函數 errno 獲得錯誤碼。

5.3 實戰 UDP 通訊端

了解了基本的 UDP 收發函數，我們就要進入實戰環境。下面第一個例子是最簡單的 UDP 程式，就是用戶端發送資訊給伺服器端。另外注意：本章所有實例所在的虛擬機器和宿主機之間的網路連接是「橋接模式（複製物理網路連接狀態）」，並且虛擬機器 Ubuntu 的 IP 位址由路由器動態分配，所以讀者的虛擬機器中的 IP 位址不一定和實例中虛擬機器的 IP 位址相同，所以可能要在程式裡改成讀者自己的虛擬機器 IP 位址。

【例 5.1】 不帶迴圈的 UDP 通訊。

（1）打開 VC2017，建立一個 Linux 主控台專案，專案名稱是 client，這個 client 程式實現資料發送，作為用戶端。

（2）在 main.cpp 中輸入程式如下：

```
#include <cstdio>
#include <sys/time.h>
#include <sys/types.h>
#include <sys/socket.h>
#include <netinet/in.h>
#include <arpa/inet.h>
#include <string.h>
#include <unistd.h>
#include <errno.h>
char wbuf[50];
int main()
{
    int sockfd,size,ret;
    char on = 1;
    struct sockaddr_in saddr;
    size = sizeof(struct sockaddr_in);
    memset(&saddr, 0, size);

    //設定伺服器端的位址資訊
    saddr.sin_family = AF_INET;
    saddr.sin_port = htons(9999);          //注意這個是伺服器端的通訊埠
    saddr.sin_addr.s_addr = inet_addr("192.168.0.153");  //這個 IP 位址是
虛擬機器的 IP 位址

    sockfd = socket(AF_INET, SOCK_DGRAM, 0);   //建立 UDP 通訊端
    if (sockfd < 0)
    {
        perror("failed socket");
        return -1;
```

```
    }
    // 設定通訊埠重複使用
    setsockopt(sockfd, SOL_SOCKET, SO_REUSEADDR, &on, sizeof(on));

    puts("please enter data:");
    scanf("%s", wbuf, sizeof(wbuf));        // 輸入要發送的資訊
    ret = sendto(sockfd, wbuf, sizeof(wbuf), 0, (struct sockaddr*)&saddr,
        sizeof(struct sockaddr));           // 發送資訊給伺服器端
    if (ret < 0)
    perror("sendto failed");
    close(sockfd);
    getchar();
    return 0;
}
```

（3）先建立一個 UDP 通訊端，然後設定伺服器端的通訊端位址，最後就可以呼叫發送函數 sendto 進行資料發送了，但要注意，這個專案要等伺服器端執行後再執行。另外，程式中設定通訊埠重複使用是為了程式退出後能馬上重新執行，如果不設定會提示位址被佔用了，要等一會才能重新執行。

另外再打開一個 VC2017，並建立一個 Linux 專案 srv，srv 程式作為伺服器端，它在等待用戶端發來資料，一旦收到資料，就列印出來。在 main.cpp 中輸入程式如下：

```
#include <cstdio>
#include <sys/time.h>
#include <sys/types.h>
#include <sys/socket.h>
#include <netinet/in.h>
#include <arpa/inet.h>
#include <string.h>
#include <unistd.h>
#include <errno.h>
char rbuf[50];

int main()
```

```
{
    int sockfd, size,ret;
    char on = 1;
    struct sockaddr_in saddr;
    struct sockaddr_in raddr;

    //設定伺服器端的位址資訊，比如 IP 位址和通訊埠編號
    size = sizeof(struct sockaddr_in);
    memset(&saddr, 0, size);
    saddr.sin_family = AF_INET;
    saddr.sin_port = htons(9999);
    saddr.sin_addr.s_addr = inet_addr("192.168.0.153"); //虛擬機器 IP 位址

    //建立 UDP 通訊端
    sockfd = socket(AF_INET, SOCK_DGRAM, 0);
    if (sockfd < 0)
    {
        perror("socket failed");
        return -1;
    }
    //設定通訊埠重複使用
    setsockopt(sockfd, SOL_SOCKET, SO_REUSEADDR, &on, sizeof(on));
    //把伺服器端位址資訊綁定到通訊端上
    ret = bind(sockfd, (struct sockaddr*)&saddr, sizeof(struct sockaddr));
    if (ret < 0)
    {
        perror("sbind failed");
        return -1;
    }
    int  val = sizeof(struct sockaddr);
    puts("waiting data");
    //阻塞等待用戶端的訊息
    ret = recvfrom(sockfd, rbuf, 50, 0, (struct sockaddr*)&raddr,
(socklen_t*)&val);
    if (ret < 0)
        perror("recvfrom failed");
    printf("recv data :%s\n", rbuf);        //列印收到的訊息
    close(sockfd);                          //關閉 UDP 通訊端
    getchar();
```

```
    return 0;
}
```

在此程式中，首先建立 UDP 通訊端，然後把本機的 I 位址和通訊埠資訊綁定到通訊端上，就可以等待接收資料了。這裡 recvfrom 是阻塞等待資料，一旦收到資料該函數才傳回。注意，現在伺服器端和用戶端都是執行在虛擬機器 Ubuntu 上，如果電腦設定高，也可以裝 2 個虛擬機器 Ubuntu，一個虛擬機器執行伺服器端，另外一個虛擬機器執行用戶端。

（4）儲存專案並執行，先執行伺服器端 rcv 程式，再執行用戶端 client 程式，執行方式既可以在 VC 中按 F5 鍵進行偵錯執行，也可到虛擬機器 Ubuntu 的命令列下直接敲命令執行（伺服器端可執行程式所在的路徑是：/root/projects/srv/bin/x64/Debug/。用戶端可執行程式所在的路徑是：/root/projects/client/bin/x64/Debug/）。執行後在 client 程式中輸入資料並按 Enter 鍵，伺服器端就接收到了，用戶端執行結果如下：

```
please enter data:
sdff
```

伺服器端執行結果如下：

```
waiting data
recv data :sdff
```

【例 5.2】帶迴圈的 UDP 通訊程式。

（1）打開 VC2017，建立一個 Linux 主控台專案 srv，srv 程式相當於一個伺服器端。

（2）在 main.cpp 中輸入程式如下：

```
#include <sys/time.h>
#include <sys/types.h>
#include <sys/socket.h>
#include <netinet/in.h>
#include <arpa/inet.h>
```

```
#include <string.h>
#include <unistd.h>
#include <errno.h>
#include <stdio.h>
char rbuf[50];
int main()
{
    int sockfd, size, ret;
    char on = 1;
    struct sockaddr_in saddr;
    struct sockaddr_in raddr;

    //設定位址資訊，IP 資訊
    size = sizeof(struct sockaddr_in);
    memset(&saddr, 0, size);
    saddr.sin_family = AF_INET;
    saddr.sin_port = htons(8888);
    saddr.sin_addr.s_addr = htonl(INADDR_ANY);    //準備在本機所有 IP 位址
上等待接收

    //建立 UDP 通訊端
    sockfd = socket(AF_INET, SOCK_DGRAM, 0);
    if (sockfd < 0)
    {
        puts("socket failed");
        return -1;
    }

    //設定通訊埠重複使用
    setsockopt(sockfd, SOL_SOCKET, SO_REUSEADDR, &on, sizeof(on));
    //綁定位址資訊，IP 資訊
    ret = bind(sockfd, (struct sockaddr*)&saddr, sizeof(struct sockaddr));
    if (ret < 0)
    {
        puts("sbind failed");
        return -1;
    }

    int  val = sizeof(struct sockaddr);
```

```
    while (1) // 迴圈接收用戶端發來的訊息
    {
        puts("waiting data");
        ret = recvfrom(sockfd, rbuf, 50, 0, (struct sockaddr*)&raddr,
(socklen_t*) &val);
        if (ret < 0)
            perror("recvfrom failed");
        printf("recv data :%s\n", rbuf);
        memset(rbuf, 0, 50);
    }
    // 關閉 UDP 通訊端，這裡不可達
    close(sockfd);
    getchar();
    return 0;
}
```

在此程式中建立了一個 UDP 通訊端，設定通訊埠重複使用，綁定 socket 位址後就透過一個 while 迴圈等待用戶端發來的訊息。沒有訊息過來就在 recvfrom 函數上阻塞著，有訊息就列印出來。

（3）再打開另外一個 VC2017，然後建立一個 Linux 主控台專案 client，輸入用戶端程式，打開 main.cpp，輸入程式如下：

```
#include <cstdio>
#include <sys/types.h>
#include <sys/socket.h>
#include <netinet/in.h>
#include <arpa/inet.h>
#include <string.h>
#include <unistd.h>
#include <errno.h>
char wbuf[50];
int main()
{
    int sockfd,size,ret;
    char on = 1;
    struct sockaddr_in saddr;
    size = sizeof(struct sockaddr_in);
    memset(&saddr, 0, size);
```

```
    // 設定位址資訊，IP 資訊
    saddr.sin_family = AF_INET;
    saddr.sin_port = htons(8888);
    saddr.sin_addr.s_addr = inet_addr("192.168.0.153");    // 該 IP 位址為
伺服器端所在的虛擬機器 IP 位址

    sockfd = socket(AF_INET, SOCK_DGRAM, 0);            // 建立 UDP 通訊端
    if (sockfd < 0)
    {
        perror("failed socket");
        return -1;
    }
    // 設定通訊埠重複使用
    setsockopt(sockfd, SOL_SOCKET, SO_REUSEADDR, &on, sizeof(on));
    // 迴圈發送資訊給伺服器端
    while (1)
    {
        puts("please enter data:");
        scanf("%s", wbuf, sizeof(wbuf));
        ret = sendto(sockfd, wbuf, sizeof(wbuf), 0, (struct sockaddr*)&saddr,
            sizeof(struct sockaddr));
        if (ret < 0) perror("sendto failed");
        memset(wbuf, 0, sizeof(wbuf));
    }
    close(sockfd);
    getchar();
    return 0;
}
```

在此程式中，透過一個 while 迴圈等待使用者輸入資訊，輸入後就把資訊發送出去。

（4）先執行伺服器端，再執行用戶端，用戶端執行結果如下：

```
please enter data:
abc
please enter data:
def
please enter data:
```

此時伺服器端程式可以接收到這 2 個資訊了：

```
waiting data
recv data :abc
waiting data
recv data :def
waiting data
```

伺服器端收到資訊後，又繼續等待。

5.4 UDP 封包遺失及無序問題

UDP 是不需連線的、訊息導向的資料傳輸協定，與 TCP 相比，有兩個缺點，一是資料封包容易遺失，二是資料封包無序。

封包遺失的原因通常是伺服器端的 socket 接收快取滿了（UDP 沒有流量控制，因此發送速度比接收速度快，很容易出現這種情況），然後系統就會將後來收到的封包捨棄，而且伺服器收到封包後，還要進行一些處理，而這段時間用戶端發送的封包沒有去收，就會造成封包遺失。我們可以在伺服器端單獨開一個執行緒，去接收 UDP 資料，存放在一個應用緩衝區中，由另外的執行緒去處理收到的資料，儘量減少因為處理資料延遲時間造成的封包遺失。但這個辦法不能根本解決問題（只能改善），資料量大時候依然會有封包遺失的問題。還有方法就是讓用戶端發送慢點（比如增加 sleep 延遲時間），但也只是權宜之計。

要實現資料的可靠傳輸，就必須在上層對資料封包遺失和亂數進行特殊處理，必須要有封包遺失重發機制和逾時機制。

常見的可靠傳輸演算法有模擬 TCP 和重發請求（ARQ）協定，它又可分為連續 ARQ 協定、選擇重發 ARQ 協定、滑動視窗協定等。如果只是小規模程式，也可以自己實現封包遺失處理，原理基本上就是給資料進行分塊，在每個資料封包的表頭增加一個唯一標識序號的 ID 值，當接收的表頭 ID 不是對應的 ID 號，則判定封包遺失，將封包遺失 ID 發回伺服器端，伺服器端接到封包遺失響應則重發遺失的資料封包。

既然使用 UDP，就要接受封包遺失的可能性，否則使用 TCP。如果必須使用 UDP，而封包遺失又是不能接受的，只能自己實現確認和重傳，可以制定上層的協定，包括流量控制、簡單的逾時和重傳機制。

Chapter

06

原始通訊端程式設計

所謂原始通訊端（Raw socket），是指在傳輸層下面使用的通訊端。前面介紹了串流式通訊端和資料通訊端的程式設計方法，這兩種通訊端工作在傳輸層，主要為應用層的應用程式提供服務，並且在接收和發送時只能操作資料部分，而不能對 IP 表頭或 TCP 和 UDP 表頭操作，通常把串流式通訊端和資料通訊端稱為標準通訊端，開發應用層的程式用這兩類通訊端就夠了。但是，如果我們想開發更底層的應用，比如發送一個自訂的 IP 封包、UDP 封包、TCP 封包、ICMP 封包、捕捉所有經過本機網路卡的資料封包、偽裝本機 IP 位址、想要操作 IP 表頭或傳輸層協定表頭等，這兩種通訊端就無能為力了。這些功能我們需要另外一種通訊端來實現，這種通訊端叫作原始通訊端，該通訊端的功能更強大、更底層。原始通訊端可以在鏈路層收發資料訊框。在 Linux 下，在鏈路層上收發資料訊框的另外通用做法是使用 Linpcap 這個開放原始碼函數庫來實現。

原始通訊端可以自動組裝資料封包（偽裝本地 IP 位址和本地 MAC），也可以接收本機網路卡上所有的資料訊框（資料封包）。另外，必須在管理員許可權下才能使用原始通訊端。串流式通訊端只能收發 TCP 協定的資料，資料通訊端只能收發 UDP 協定的資料，原始通訊端可以收發沒經過核心協定層的資料封包。

原始通訊端的程式設計和 UDP 的程式設計方法差不多，也是建立一個通訊端後，透過這個通訊端收發資料。重要區別是原始通訊端更底層，可以自行封裝資料封包、製作網路偵測工具、實現拒絕服務攻擊、實現 IP 位址欺騙等。鏈路層導向的原始通訊端用於在 MAC 層（二層）上收發原始資料訊框，這樣就允許使用者在使用者空間完成 MAC 上各個層次的實現。

6.1 原始通訊端的強大功能

相對於標準通訊端，原始通訊端功能更強大，能讓開發者實現更底層的功能。使用了標準通訊端的應用程式，只能控制資料封包的資料部分，即傳輸層和網路層表頭以外的資料部分。傳輸層和網路層表頭的資料由協定層根據通訊端建立時的參數決定，開發者是接觸不到這兩個表頭資料的。而使用原始通訊端的程式允許開發者自行組裝資料封包，也就是說，開發者不但可以控制傳輸層的表頭，還能控制網路層的表頭（IP 資料封包的表頭），並且可以接收流經本機網路卡的所有資料訊框，這就大大增加了程式開發的靈活性，但也對程式的可靠性提出了更高的要求，畢竟原來是系統組封包，現在好多欄位都要自己來填充。值得注意的是，必須在管理員許可權下才能使用原始通訊端。

大部分的情況下所接觸到的標準通訊端為兩類：

（1）串流式通訊端：一種連線導向的 socket，針對連線導向的 TCP 服務應用。

（2）資料通訊端：一種不需連線的 socket，針對不需連線的 UDP 服務應用。

而原始通訊端與標準通訊端的區別在於原始通訊端直接「置根」於作業系統網路核心（Network Core），而標準通訊端則「懸浮」於 TCP 和 UDP 的週邊，如圖 6-1 所示。

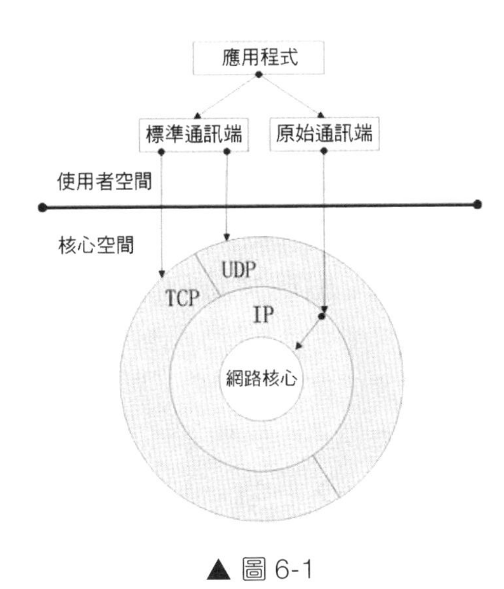

▲ 圖 6-1

串流式通訊端只能收發 TCP 的資料，資料通訊端只能收發 UDP 的資料，即標準通訊端只能收發傳輸層及以上的資料封包，因為當 IP 層把資料傳遞給傳輸層時，下層的資料封包表頭已經被丟掉了。而原始通訊端功能大得多，可以對上至應用層的資料操作，也可以對下至鏈路層的資料操作。總之，原始通訊端主要有以下幾個常用功能：

（1）原始通訊端可以收發 ICMPv4、ICMPv6 和 IGMP 資料封包，只要在 IP 表頭中預先定義好網路層上的協定編號，比如 IPPROTO_ICMP、IPPROTO_ICMPV6 和 IPPROTO_IGMP（這些都是系統定義的巨集，在 ws2def.h 中可以看到）等。

（2）可以對 IP 表頭某些欄位進行設定。不過這個功能需要設定通訊端選項 IP_HDRINCL。

（3）原始通訊端可以收發核心不處理（或不認識）的 IPv4 資料封包，原因可能是 IP 表頭的協定編號是自訂的，或是一個當前主機沒有安裝的網路通訊協定，比如 OSPF 路由式通訊協定，該協定既不使用 TCP 也不使用 UDP，其 IP 表頭的協定編號為 89。如果當前主機沒有安裝該路由式通訊協定，那麼核心就不認識也不處理了，此時我們可以透過原始通訊端來收發該協定封包。我們知道，IPv4 表頭中有一個 8 位元長的協定欄位，它通常用系統預先定義的協定編號來給予值，並且核心僅處理這幾個系統預先定義的協定編號（見 ws2def.h 中的 IPPROTO，也可見下一節）的資料封包，比如協定編號為 1（IPPROTO_ICMP）的 ICMP 資料封包文、協定編號為 2（IPPROTO_IGMP）的 IGMP 封包、協定編號為 6（IPPROTO_TCP）的 TCP 封包、協定編號為 17（IPPROTO_UDP）的 UDP 封包等。除了預先定義的協定編號外，還可以自己定義協定編號，並給予值給 IPv4 表頭的協定欄位，這樣我們的程式就可以處理不經核心處理的 IPv4 資料封包了。

（4）透過原始通訊端可以讓網路卡處於混雜模式，從而能捕捉流經網路卡的所有資料封包。這個功能對於製作網路偵測器很有用。

6.2 建立原始通訊端的方式

原始通訊端可以接收本機網路卡上的資料訊框或資料封包，這對於監聽網路的流量和分析是很有用的。有以下 3 種方式建立原始通訊端：

（1）socket(AF_INET, SOCK_RAW, IPPROTO_TCP|IPPROTO_UDP|IPPROTO_ICMP)

這種方式可以發送接收 IP 資料封包，從而可以分析 TCP、UDP 和 ICMP，注意，ICMP 封包是作為 IP 資料封包的資料部分，然後加上 IP 表頭組成 IP 資料封包。

（2）socket(PF_PACKET, SOCK_RAW, htons（ETH_P_IP|ETH_P_ARP|ETH_P_ALL))

這種方式可以發送接收乙太網資料訊框，然後解析出鏈路層以上的協定封包，比如 IP 資料封包、ARP 資料封包等。

（3）socket(AF_INET, SOCK_PACKET, htons（ETH_P_IP|ETH_P_ARP|ETH_P_ALL))

這種方式已經過時了，不要再用。在這裡列出來，是為了大家維護舊系統的時候，如果碰到這樣的程式不至於驚訝。

6.3 原始通訊端的基本程式設計步驟

原始通訊端程式設計方式和前面的 UDP 程式設計方式類似，不需要預先建立連接。發送的基本程式設計步驟如下：

Step 1 定義相關表頭，比如 IP 表頭等。

Step 2 建立一個原始通訊端。

Step 3 設定對端的 IP 位址，注意原始通訊端通常不涉及通訊埠編號（通訊埠編號是傳輸層才有的概念）。

Step 4 組織 IP 資料封包，即填充表頭和資料部分。

Step 5 使用發送函數發送資料封包。

Step 6 關閉釋放通訊端。

原始通訊端接收的一般程式設計步驟如下：

Step 1 定義相關表頭，比如 IP 表頭等。

Step 2 建立一個原始通訊端。

Step 3 把原始通訊端綁定到本地的協定位址上。

Step 4 使用接收函數接收資料封包。

Step 5 過濾資料封包，即判斷收到的資料封包是否為所需要的資料封包。

Step 6 對資料封包進行處理。

Step 7 關閉釋放通訊端。

其中，所謂協定位址，對於常用的 IPv4 而言，就是 32 位元的 IPv4 位址和 16 位元的通訊埠編號的組合。需要再次強調的是，使用原始通訊端的函數必須要求使用者有管理員許可權。請檢查當前 Linux 登入使用者是否具有管理員許可權。

6.3.1 建立原始通訊端函數 socket

建立原始通訊端的函數是 socket，只要傳入特定的參數，就能建立出原始通訊端。我們再來看下它的宣告：

```
int socket(int domain, int type, int protocol);
```

其中參數 domain 用於指定通訊端所使用的協定族，通常取 AF_INET、AF_INET6 或 PF_PACKET，AF_INET 和 AF_INET6 通常用來操作網路層資料（只不過一個是 IPv4，一個是 IPv6），PF_PACKET 可以操作鏈路層上的資料；type 表示通訊端的類型，因為我們要建立原始通訊端，所以 type 總是設定值為 SOCK_RAW；參數 protocol 用於指定原始通訊端所使用的協定，由於原始通訊端能使用的協定較多，因此該參數通常不為 0，為 0 通常表示取該協定族所預設的協定，對 AF_INET 來說（domain 取 AF_INET），預設的協定是 TCP。該參數值會被填充到 IP 表頭協定欄位中，這個參數可以使用系統預先定義的協定編號，也可以使用自訂的協定編號，在 /usr/include/linux/in.h 中預先定義常見網路通訊協定的協定編號，部分內容如下：

```
/* Standard well-defined IP protocols.  */
enum {
  IPPROTO_IP = 0,          /* Dummy protocol for TCP          */
#define IPPROTO_IP            IPPROTO_IP
  IPPROTO_ICMP = 1,        /* Internet Control Message Protocol    */
#define IPPROTO_ICMP          IPPROTO_ICMP
  IPPROTO_IGMP = 2,        /* Internet Group Management Protocol    */
#define IPPROTO_IGMP          IPPROTO_IGMP
  IPPROTO_IPIP = 4,        /* IPIP tunnels (older KA9Q tunnels use 94) */
#define IPPROTO_IPIP          IPPROTO_IPIP
  IPPROTO_TCP = 6,         /* Transmission Control Protocol    */
#define IPPROTO_TCP           IPPROTO_TCP
```

```
  IPPROTO_EGP = 8,       /* Exterior Gateway Protocol    */
#define IPPROTO_EGP          IPPROTO_EGP
  IPPROTO_PUP = 12,      /* PUP protocol                 */
#define IPPROTO_PUP          IPPROTO_PUP
  IPPROTO_UDP = 17,      /* User Datagram Protocol       */
...
```

我們需要原始通訊端存取什麼協定，就讓參數 protocol 取上面的協定編號，比如我們建立一個用於存取 ICMP 協定封包的原始通訊端，程式如下：

```
int s = socket( AF_INET, SOCK_RAW, IPPROTO_ICMP );
```

如果要建立一個用於存取 IGMP 協定封包的原始通訊端，程式如下：

```
int s = socket( AF_INET, SOCK_RAW, IPPROTO_IGMP );
```

如果要建立一個用於存取 IPv4 協定封包的原始通訊端，程式如下：

```
int s = socket( AF_INET, SOCK_RAW, IPPROTO_IP );
```

值得注意的是，對於原始通訊端，參數 protocol 一般不能為 0，這是因為取 0 後，所建立的原始通訊端可以接收核心傳遞給原始通訊端的任何類型的 IP 資料封包，需要再次區分。另外，參數 protocol 不僅只取上面預先定義的協定編號，上面列舉的 IPPROTO 範圍達到了 0 ～ 255，因此 protocol 參數的範圍是 0 ～ 255，而且系統沒有全部用完，所以我們完全可以在 0 ～ 255 範圍內定義自己的協定編號，即利用原始通訊端來實現自訂的上層協定。順便科普一下，IANA 組織負責管理協定編號。另外，如果想完全構造包括 IP 表頭在內的資料封包，可以使用協定編號 IPPROTO_RAW。總之，socket 函數的第一個參數使用 PF_INET，第二個參數使用 SOCK_RAW，則可以得到原始的 IP 資料封包。

對 PF_PACKET 來說（domain 取 PF_PACKET），protocol 表示乙太網協定編號，可以取的值基本都在 /usr/include/linux/if_ether.h 中進行了定義，比如：ETH_P_ARP 表示 ARP 封包、ETH_P_IP 表示 IP 封包、

ETH_P_ALL 表示所有封包（謹慎使用）。例如準備要發送或接收鏈路層的 ARP 報，可以這樣定義通訊端：

```
int pf_packet = socket(PF_SOCKET, SOCK_RAW, htons(ETH_P_ARP));
```

然後就可以利用函數 sendto 和 recefrom 來讀取和發送鏈路層的 ARP 資料封包了。

值得注意的是，對 PF_PACKET 來說，使用 SOCK_RAW 發送的資料必須包含鏈路層的協定表頭，接收到的資料封包也包含鏈路層協定表頭。

如果函數 socket 成功，傳回建立的通訊端描述符號，失敗則傳回 -1，此時可以用函數 erron 來查看錯誤碼。

最後，我們再來加強下區分：

- socket(AF_INET, SOCK_RAW, IPPROTO_TCP|IPPROTO_UDP|IPPROTO_ICMP) 表示發送和接收 IP 資料封包，通常不使用 IPPROTO_IP，因為如果使用了 IPPROTO_IP，系統根本就不知道該用什麼協定。
- socket(PF_PACKET, SOCK_RAW, htons（ETH_P_IP|ETH_P_ARP|ETH_P_ALL）) 表示發送和接收乙太網資料訊框（需要包含鏈路層協定表頭）。

6.3.2 接收函數 recvfrom

實際上在原始通訊端被認為是無連接通訊端，因此原始通訊端的資料接收函數同 UDP 的接發資料函數一樣，都是 recvfrom，該函數宣告如下：

```
ssize_t recvfrom(int sockfd, void *buf, size_t len, int flags, struct
sockaddr *src_addr, socklen_t *addrlen);
```

其中參數 sockfd 是將要從其接收資料的原始通訊端描述符號；buf 為存放訊息接收後的緩衝區；len 為 buf 所指緩衝區的位元組大小；src_addr [out] 是一個輸出參數（注意，不是用來指定接收來源，如果要指定接收來源，要用 bind 函數進行通訊端和物理層位址綁定），該參數用來獲取對端位址，所以 src_addr 指向一個已經開闢好的緩衝區，如果不需要獲得對端位址，那麼就設為 NULL，即不傳回對端 socket 位址；addrlen [in,out] 是一個輸入、輸出參數，作為輸入參數，指向存放表示 src_addr 所指緩衝區的最大長度，作為輸出參數，指向存放表示 src_addr 所指緩衝區的實際長度，如果 src_addr 取 NULL，此時 addrlen 也要設為 0。如果函數成功執行時，傳回收到資料的位元組數；如果另一端已優雅的關閉則傳回 0，失敗則傳回 -1，此時可以用函數 errno 獲取錯誤碼。

當作業系統收到一個資料封包後，系統對所有由處理程序建立的原始通訊端進行匹配，所有匹配成功的原始通訊端都會收到一份拷貝的資料封包。

值得注意的是，對於 AF_INET，recvfrom 總是能接收到包括 IP 表頭在內的完整的資料封包，不管原始通訊端是否指定了 IP_HDRINCL 選項。而對於 IPv6，recvfrom 只能接收除了 IPv6 表頭及擴充表頭以外的資料，即無法透過原始通訊端接收 IPv6 的表頭資料。

該函數使用時和 UDP 大致相同，只不過通訊端用的是原始通訊端。對於 AF_INET，建立原始通訊端後，接收到的資料就會包含 IP 表頭。

對於 AF_INET，原始通訊端接收到的資料總是包含 IP 表頭在內的完整資料封包。而對於 AF_INET6，收到的資料則是去掉了 IPv6 表頭和擴充表頭的。

首先我們來看接收類型，協定層把從網路介面（比如網路卡）處收到的資料傳遞到應用程式的緩衝區中（就是 recvfrom 的第二個參數）經歷了 3 次傳遞，它先把資料拷貝到原始通訊端層，然後把資料拷貝到原始通訊端的接收緩衝區，最後把資料從接收緩衝區拷貝到應用程式的緩衝區。在前兩次拷貝中，不是所有從網路卡處收到的資料都會拷貝過去，而是有條件、有選擇的，第三次拷貝則通常是無條件拷貝。對於第一次拷貝，協定層通常會把下列 IP 資料封包進行拷貝：

（1）UDP 分組或 TCP 分組。

（2）部分 ICMP 分組（注意是部分）。預設情況下，原始通訊端抓不到 ping 封包。

（3）所有 IGMP 分組。

（4）IP 表頭的協定欄位不被協定層認識的所有 IP 資料封包。

（5）重組後的 IP 分片。

對於第二次拷貝，也是有條件的拷貝，協定層會檢查每個處理程序，並查看處理程序中所有已建立的通訊端，看其是否符合條件，如果符合就把資料複製到原始通訊端的接收緩衝區。具體條件如下：

（1）協定編號是否匹配：協定層檢查收到的 IP 資料封包的表頭協定欄位是否和 socket 的第三個參數相等，如果相等，就把資料封包拷貝到原始通訊端的接收緩衝區。

（2）目的 IP 位址是否匹配：如果接收端用 bind 函數把原始通訊端綁定了接收端的某個 IP 位址，協定層會檢查資料封包中的目的 IP 位址是否和該通訊端所綁的 IP 位址相符，如果相符就把資料封包拷貝到該通訊端的接收緩衝區，如果不相符則不拷貝。如果接收端原始通訊端綁定的是任意 IP 位址，即使用了 INADDR_ANY，則也會拷貝資料。

6.3.3 發送函數 sendto

在原始通訊端上發送資料封包都被認為是無連接通訊端上的資料封包，因此發送函數同 UDP 的發送函數，都是用 sendto。sendto 宣告如下：

```
ssize_t sendto(int sockfd, const void *buf, size_t len, int flags,
               const struct sockaddr *dest_addr, socklen_t addrlen);
```

其中參數 sockfd 為原始通訊端描述符號；msg 為要發送的資料內容；len 為 buf 的位元組數；參數 flags 一般設 0；參數 dest_addr 用來指定欲傳送資料的對端網路位址；addrlen 為 dest_addr 的位元組數。如果函數成功，傳回實際發送出去的資料位元組數，否則傳回 -1。

6.4 AF_INET 方式捕捉封包

在介紹了原始通訊端的基本程式設計步驟和程式設計函數後，我們就可以進入實戰環節來加深理解原始通訊端的使用了，原始通訊端最基本的應用就是捕捉封包，這也是最需要掌握的。一般來說在 Linux 下建立原始通訊端有兩種方式，一種方式是 AF_INET，另外一種方式是 PF_PACKET，前面一種比較簡單。我們先來看幾個典型的例子，希望讀者多加練習。

【例 6.1】原始通訊端捕捉 UDP 封包。

（1）建立一個 VC2017 的 Linux 主控台專案，專案名稱是 send，這個 send 作為發送端，是一個資料通訊端程式。

（2）打開 main.cpp，輸入程式如下：

```
#include <cstdio>
#include <sys/time.h>
#include <sys/types.h>
#include <sys/socket.h>
#include <netinet/in.h>
#include <arpa/inet.h>
#include <string.h>
#include <unistd.h>
#include <errno.h>
```

```
char wbuf[50];
int main()
{
    int sockfd, size,ret;
    char on = 1;
    struct sockaddr_in saddr;

    size = sizeof(struct sockaddr_in);
    memset(&saddr, 0, size);

    //設定伺服器端的位址資訊
    saddr.sin_family = AF_INET;
    saddr.sin_port = htons(9999);
    saddr.sin_addr.s_addr = inet_addr("192.168.0.118"); //該 IP 位址為伺服
器端所在的 IP 位址

    sockfd = socket(AF_INET, SOCK_DGRAM, 0);            //建立 UDP 通訊端
    if (sockfd < 0)
    {
        perror("failed socket");
        return -1;
    }
    //設定通訊埠重複使用，就是釋放後，能馬上再次使用
    setsockopt(sockfd, SOL_SOCKET, SO_REUSEADDR, &on, sizeof(on));
    //發送資訊給伺服器端
    puts("please enter data:");
    scanf("%s", wbuf, sizeof(wbuf));
    ret = sendto(sockfd, wbuf, sizeof(wbuf), 0, (struct sockaddr*)&saddr,
sizeof(struct sockaddr));
    if (ret < 0)
        perror("sendto failed");
    close(sockfd);
    getchar();
    return 0;
}
```

在此程式中，首先設定了伺服器端（接收端）的位址資訊（IP 位址和通訊埠），通訊埠其實不設定也沒關係，因為我們的接收端是原始通訊

端，是在網路層上抓取封包的，通訊埠資訊對原始通訊端來說沒用，這裡設定了通訊埠資訊（9999），目的是為了在接收端能把這個通訊埠資訊列印出來，讓大家更深刻地理解 UDP 的一些欄位，即通訊埠資訊是在傳輸層的欄位。

（3）再打開一個新的 VC2017，然後建立一個 Linux 主控台專案，專案名稱是 rcver，這個專案作為伺服器端（接收端）專案，它執行後將一直無窮迴圈等待用戶端的資料，一旦收到資料就列印出來源 / 目的 IP 位址和通訊埠資訊，以及發送端使用者輸入的文字。打開 rcver.cpp，輸入程式如下：

```
#include <cstdio>
#include <sys/time.h>
#include <sys/types.h>
#include <sys/socket.h>
#include <netinet/in.h>
#include <arpa/inet.h>
#include <string.h>
#include <unistd.h>
#include <errno.h>
char rbuf[500];
typedef struct _IP_HEADER                //IP 表頭定義，共 20 位元組
{
    char m_cVersionAndHeaderLen;// 版本資訊（前 4 位元），表頭長度（後 4 位元）
    char m_cTypeOfService;               // 服務類型 8 位元
    short m_sTotalLenOfPacket;           // 資料封包長度
    short m_sPacketID;                   // 資料封包標識
    short m_sSliceinfo;                  // 分片使用
    char m_cTTL;                         // 存活時間
    char m_cTypeOfProtocol;              // 協定類型
    short m_sCheckSum;                   // 校驗和
    unsigned int m_uiSourIp;             // 來源 IP 位址
    unsigned int m_uiDestIp;             // 目的 IP 位址
}IP_HEADER, *PIP_HEADER;

typedef struct _UDP_HEADER                  //UDP 表頭定義，共 8 位元組
{
```

```
    unsigned short m_usSourPort;          // 來源通訊埠編號 16bit
    unsigned short m_usDestPort;          // 目的通訊埠編號 16bit
    unsigned short m_usLength;            // 資料封包長度 16bit
    unsigned short m_usCheckSum;          // 校驗和 16bit
}UDP_HEADER, *PUDP_HEADER;

int main()
{
    int sockfd,size,ret;
    char on = 1;
    struct sockaddr_in saddr;
    struct sockaddr_in raddr;

    IP_HEADER iph;
    UDP_HEADER udph;

    // 設定位址資訊，IP 資訊
    size = sizeof(struct sockaddr_in);
    memset(&saddr, 0, size);
    saddr.sin_family = AF_INET;
    saddr.sin_port = htons(8888);         // 這裡的通訊埠無所謂
    saddr.sin_addr.s_addr = htonl(INADDR_ANY);
    // 建立 UDP 通訊端，該原始通訊端使用 UDP
    sockfd = socket(AF_INET, SOCK_RAW, IPPROTO_UDP);
    if (sockfd < 0)
    {
        perror("socket failed");
        return -1;
    }
    // 設定通訊埠重複使用
    setsockopt(sockfd, SOL_SOCKET, SO_REUSEADDR, &on, sizeof(on));
    // 綁定位址資訊，IP 資訊
    ret = bind(sockfd, (struct sockaddr*)&saddr, sizeof(struct sockaddr));
    if (ret < 0)
    {
        perror("sbind failed");
        return -1;
    }
    int  val = sizeof(struct sockaddr);
```

```
    // 接收用戶端發來的訊息
    while (1)
    {
        puts("waiting data");
        ret = recvfrom(sockfd, rbuf, 500, 0, (struct sockaddr*)&raddr,
(socklen_t*)&val);
        if (ret < 0)
        {
            perror("recvfrom failed");
            return -1;
        }
        memcpy(&iph, rbuf, 20);          // 把緩衝區前 20 位元組拷貝到 iph 中
        memcpy(&udph, rbuf + 20, 8);  // 把 IP 表頭後的 8 位元組拷貝到 udph 中

        int srcp = ntohs(udph.m_usSourPort);
        struct in_addr ias, iad;
        ias.s_addr = iph.m_uiSourIp;
        iad.s_addr = iph.m_uiDestIp;

        char dip[100];
        strcpy(dip, inet_ntoa(iad));
        printf("(sIp=%s,sPort=%d), \n(dIp=%s,dPort=%d)\n", inet_ntoa(ias),
ntohs(udph.m_usSourPort), dip, ntohs(udph.m_usDestPort));
        printf("recv data:%s\n", rbuf + 28);
    }
    close(sockfd);                        // 關閉原始通訊端
    getchar();
    return 0;
}
```

在此程式中，首先為結構 saddr 設定了本地位址資訊。然後建立一個原始通訊端 sockfd，並設定第三個參數為 IPPROTO_UDP，表明這個原始通訊端使用的 UDP，能收到 UDP 資料封包。接著把 sockfd 綁定到位址 saddr 上。再接著開啟一個迴圈阻塞接收資料，一旦收到資料，就把緩衝區前 20 位元組拷貝到 iph 中，因為資料封包的 IP 表頭佔 20 位元組，20 位元組後面的 8 位元組是 UDP 標表頭，因此再把 20 位元組後的 8 位元組拷貝到 udph 中。IP 表頭欄位獲取後，就可以列印出來源和目的 IP

位址了；UDP 表頭欄位獲取後，就可以列印出來源和目的通訊埠了。最後列印出 UDP 表頭後的文字資訊，它就是發送端使用者輸入的文字。

另外有一點要注意，接收端綁定 IP 位址時用了 INADDR_ANY，這情況下，協定層會把資料封包拷貝給原始通訊端，如果綁定的 IP 位址用了資料封包的目的 IP 位址（192.168.0.118），即：

```
saddr.sin_addr.s_addr = inet_addr("192.168.0.118");
```

接收端也可以收到資料封包，這裡不再贅述。如果接收端綁定了一個雖然是本機的 IP 位址，但不是資料封包的目的 IP 位址，則會收不到，我們可以在本例中體會到這一點。

（4）儲存專案並設定 rcver 為啟動專案，執行 rcver，然後再把 test 專案設為啟動專案並執行，執行結果如下：

```
please enter data:
abc
```

此時，接收端執行結果如下：

```
waiting data
(sIp=192.168.0.221,sPort=137),
(dIp=192.168.0.255,dPort=137)
recv data:��
waiting data
(sIp=192.168.0.118,sPort=40373),
(dIp=192.168.0.118,dPort=9999)
recv data:abc
waiting data
(sIp=192.168.0.186,sPort=68),
(dIp=255.255.255.255,dPort=67)
recv data:
waiting data
(sIp=192.168.0.1,sPort=67),
(dIp=255.255.255.255,dPort=68)
recv data:
waiting data
```

由於筆者的虛擬機器 Linux 相當於區域網中的一台機器，因此還可以收到區域網上其他 IP 位址資訊，這從接收端的執行結果可以看出。而本例的發送端和接收端都是在同一主機（19.168.0.118）上的，收到的資料 abc 就是本例發送端發出來的。另外，我們的原始通訊端是用 UDP，所以只收到 UDP 封包，其他封包不會接收，讀者可以在其他主機上 ping 192.168.0.118，可以發現 rcver 程式沒有任何反映。從這個例子可以看出，要監聽區域網上其他主機的 UDP 通訊情況，是十分容易的。

再次強調下，對於 IPv4，接收到的資料總是完整的資料封包，而且是包含 IP 表頭的。另外，預設情況下，虛擬機器 Ubuntu 下的原始通訊端程式是可以抓到宿主機 Windows 7 發來的 ping 封包的，可以看下面這個例子。但要注意先把兩端防火牆關閉，並能相互 ping 通。

【例 6.2】原始通訊端捕捉 ping 封包。

（1）打開 VC2017，建立一個 Linux 主控台專案，專案名稱 rcver。

（2）在 rcver.cpp 中輸入程式如下：

```
#include <cstdio>
#include <sys/time.h>
#include <sys/types.h>
#include <sys/socket.h>
#include <netinet/in.h>
#include <arpa/inet.h>
#include <string.h>
#include <unistd.h>
#include <errno.h>

char rbuf[500];
typedef struct _IP_HEADER                //IP 表頭定義，共 20 位元組
{
    char m_cVersionAndHeaderLen;// 版本資訊（前 4 位元），表頭長度（後 4 位元）
    char m_cTypeOfService;              // 服務類型 8 位元
    short m_sTotalLenOfPacket;          // 資料封包長度
    short m_sPacketID;                  // 資料封包標識
    short m_sSliceinfo;                 // 分片使用
```

```
    char m_cTTL;                          // 存活時間
    char m_cTypeOfProtocol;               // 協定類型
    short m_sCheckSum;                    // 校驗和
    unsigned int m_uiSourIp;              // 來源 IP 位址
    unsigned int m_uiDestIp;              // 目的 IP 位址
}IP_HEADER, *PIP_HEADER;

typedef struct _UDP_HEADER                //UDP 標頭定義，共 8 位元組
{
    unsigned short m_usSourPort;          // 來源通訊埠編號 16bit
    unsigned short m_usDestPort;          // 目的通訊埠編號 16bit
    unsigned short m_usLength;            // 資料封包長度 16bit
    unsigned short m_usCheckSum;          // 校驗和 16bit
}UDP_HEADER, *PUDP_HEADER;

int main()
{
    int sockfd,size,ret;
    char on = 1;
    struct sockaddr_in saddr;
    struct sockaddr_in raddr;
    IP_HEADER iph;
    UDP_HEADER udph;
    // 設定位址資訊，IP 資訊
    size = sizeof(struct sockaddr_in);
    memset(&saddr, 0, size);
    saddr.sin_family = AF_INET;
    saddr.sin_port = htons(8888);
    // 本機的 IP 位址，但和發送端設定的目的 IP 位址不同
    saddr.sin_addr.s_addr = inet_addr("192.168.0.153");
    // 建立 UDP 的套接 Linux，該原始通訊端使用 ICMP 協定
    sockfd = socket(AF_INET, SOCK_RAW, IPPROTO_ICMP);
    if (sockfd < 0)
    {
        perror("socket failed");
        return -1;
    }
    // 設定通訊埠重複使用
    setsockopt(sockfd, SOL_SOCKET, SO_REUSEADDR, &on, sizeof(on));
```

```
    // 綁定位址資訊，IP 資訊
    ret = bind(sockfd, (struct sockaddr*)&saddr, sizeof(struct sockaddr));
    if (ret < 0)
    {
        perror("bind failed");
        getchar();
        return -1;
    }

    int  val = sizeof(struct sockaddr);
    // 接收用戶端發來的訊息
    while (1)
    {
        puts("waiting data");
        ret = recvfrom(sockfd, rbuf, 500, 0, (struct sockaddr*)&raddr,
(socklen_t*)&val);
        if (ret < 0)
        {
            printf("recvfrom failed:%d", errno);
            return -1;
        }
        memcpy(&iph, rbuf, 20);
        memcpy(&udph, rbuf + 20, 8);

        int srcp = ntohs(udph.m_usSourPort);
        struct in_addr ias, iad;
        ias.s_addr = iph.m_uiSourIp;
        iad.s_addr = iph.m_uiDestIp;
        char strDip[50] = "";
        strcpy(strDip, inet_ntoa(iad));
        printf("(sIp=%s,sPort=%d), \n(dIp=%s,dPort=%d)\n", inet_ntoa
(ias), ntohs(udph.m_usSourPort), strDip, ntohs(udph.m_usDestPort));
        printf("recv data :%s\n", rbuf + 28);
    }
    close(sockfd);        // 關閉原始通訊端
    return 0;
}
```

在此程式中，我們建立了一個使用 ICMP 協定的原始通訊端，然後在迴圈中等待監聽，最後把監聽到的資料的來源位址和目的位址列印出來，要注意的是，不要在 prinf 中使用 2 個 inet_ntoa。為證明會抓到 ping 命令過來的資料封包，我們在同一網段下的宿主機 Windows 7 中使用 ping 命令來測試。

（3）筆者的 rcver 程式所在虛擬機器 Ubuntu 的 IP 位址為 192.168.0.153，而宿主機 Windows 7 的 IP 位址為 192.168.0.165，現在我們先編譯執行 rcver，此時它將處於等待接收資料的狀態。然後在宿主機 Windows 7 下 ping 192.168.0.153，接著重新查看 rcver 程式，可以發現能收到 ping 封包，程式如下：

```
waiting data
(sIp=192.168.0.165,sPort=2048),
(dIp=192.168.0.153,dPort=19737)
recv data :abcdefghijklmnopqrstuvwabcdefghi
waiting data
(sIp=192.168.0.165,sPort=2048),
(dIp=192.168.0.153,dPort=19736)
recv data :abcdefghijklmnopqrstuvwabcdefghi
waiting data
(sIp=192.168.0.165,sPort=2048),
(dIp=192.168.0.153,dPort=19735)
recv data :abcdefghijklmnopqrstuvwabcdefghi
waiting data
(sIp=192.168.0.165,sPort=2048),
(dIp=192.168.0.153,dPort=19734)
recv data :abcdefghijklmnopqrstuvwabcdefghi
waiting data
```

這就說明，預設情況下，使用 ICMP 協定的原始通訊端能收到 Windows 附帶的 ping 命令發來的資料封包。

6.5 PF_PACKET 方式捕捉封包

建立通訊端時，除了讓第一個參數使用 AF_INET，還可以使用 PF_PACKET，這樣可以操作鏈路層的資料。為了簡單入門，我們先用 PF_PACKET 來抓 IP 資料封包。為了讓抓取的資料封包少一些，筆者設計了一個簡單的網路環境。如果直接讓虛擬機器 Ubuntu 以橋接模式和宿主機相連，則相當於區域網中的一台獨立主機，會收到很多資料封包，比較亂，另外很有可能會無意中窺探到別人的隱私。因此，本節我們讓虛擬機器以「僅主機模式」和宿主機相連，這樣簡簡單單就兩台主機，一台虛擬機器 Ubuntu，一台宿主機 Windows 7，則收到的資料封包會少很多。

設計「僅主機模式」網路環境步驟如下：

Step 1 打開 Vmware workstation，點擊主選單「編輯」｜「虛擬網路編輯器」，如圖 6-2 所示。

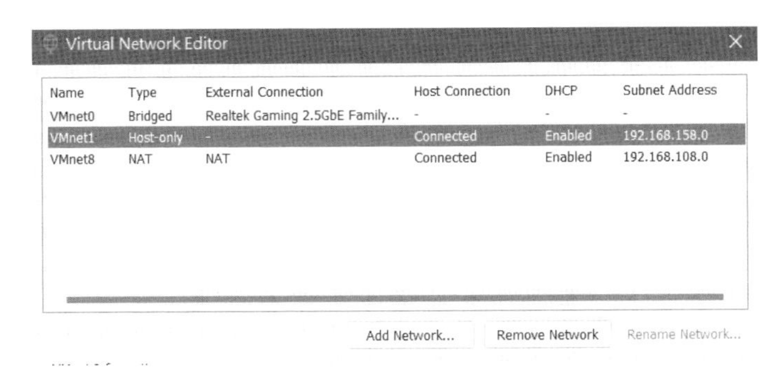

▲ 圖 6-2

我們看到 VMnet1 是僅主機模式，並且 IP 網路段是 192.168.35.0，不同的電腦可能會不同，這裡我們不需要去修改，主要是為了看 IP 網路段。點擊「確定」按鈕關閉對話方塊。

Step 2 設定虛擬機器 Ubuntu 的網路介面卡為「僅主機模式」，如圖 6-3 所示。點擊「確定」按鈕關閉該對話方塊。

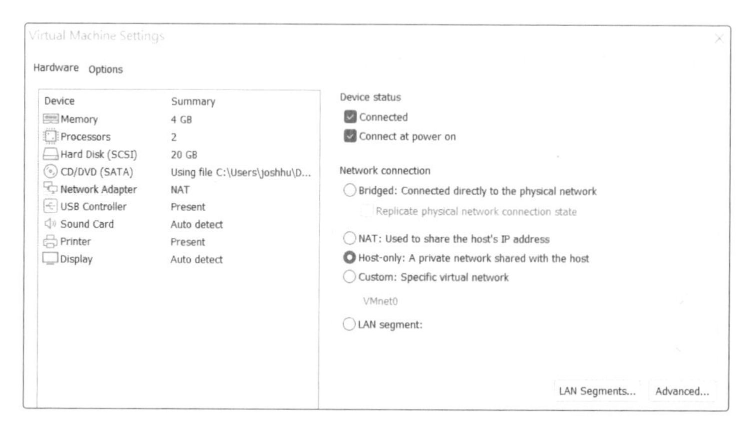

▲ 圖 6-3

Step 3 重新啟動虛擬機器 Ubuntu，然後在命令列下查看 IP 位址：

```
root@tom-virtual-machine:~/ 桌面 # ifconfig
ens33: flags=4163<UP,BROADCAST,RUNNING,MULTICAST>  mtu 1500
        inet 192.168.35.128  netmask 255.255.255.0  broadcast
192.168.35.255
```

這個 192.168.35.128 就是系統自動分配的。

Step 4 回到宿主機 Windows 7 上，進入「控制台 \ 網路和 Internet\ 網路連接」，打開 "VMware Virtual Ethernet Adapter for VMnet1" 的屬性對話方塊，設定其 IP 位址為 192.168.35.2，如圖 6-4 所示。

▲ 圖 6-4

點擊「確定」按鈕，關閉屬性對話方塊。稍等片刻，打開命令提示視窗，發現可以 ping 通虛擬機器 Ubuntu 了，如圖 6-5 所示。

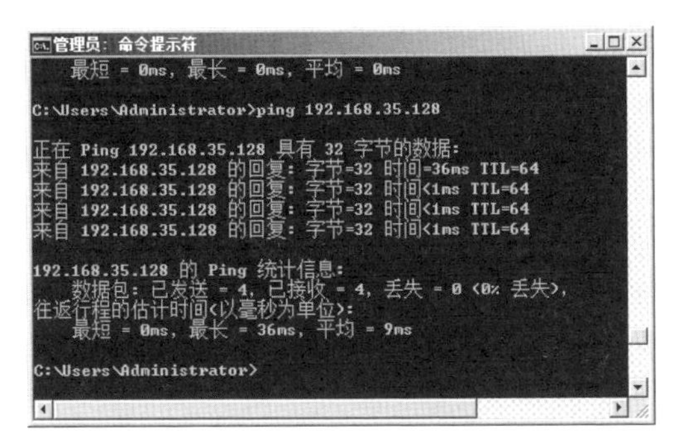

▲ 圖 6-5(編按：本圖例為簡體中文介面)

至此，我們的「僅主機模式」的網路實驗環境架設好了。下面開始實戰，用 PF_PACKET 方式抓取 ICMP 和 UDP 封包。

【例 6.3】用 PF_PACKET 方式抓取 ICMP 封包和 UDP 封包。

(1) 建立一個主控台專案 rcver。

(2) 在 rcver.cpp 中輸入程式如下：

```
#include <stdio.h>
#include <errno.h>
#include <netinet/in.h>
#include <arpa/inet.h>//for inet_ntoa
#include <sys/socket.h>
#include <sys/ioctl.h>
#include <linux/if_ether.h>
#include <net/if.h>
#include <unistd.h>//for close
#include <string.h>
typedef struct _IP_HEADER                          //IP 表頭定義，共 20 位元組
{
    char m_cVersionAndHeaderLen; //版本資訊(前 4 位元)，表頭長度(後 4 位元)
    char m_cTypeOfService;                         // 服務類型 8 位元
    short m_sTotalLenOfPacket;                     // 資料封包長度
    short m_sPacketID;                             // 資料封包標識
```

```
    short m_sSliceinfo;                   // 分片使用
    char m_cTTL;                          // 存活時間
    char m_cTypeOfProtocol;               // 協定類型
    short m_sCheckSum;                    // 校驗和
    unsigned int m_uiSourIp;              // 來源 IP 位址
    unsigned int m_uiDestIp;              // 目的 IP 位址
}IP_HEADER, *PIP_HEADER;

typedef struct _UDP_HEADER                //UDP 標頭定義，共 8 位元組
{
    unsigned short m_usSourPort;          // 來源通訊埠編號 16bit
    unsigned short m_usDestPort;          // 目的通訊埠編號 16bit
    unsigned short m_usLength;            // 資料封包長度 16bit
    unsigned short m_usCheckSum;          // 校驗和 16bit
}UDP_HEADER, *PUDP_HEADER;

int main(int argc, char **argv) {
    int sock, n;
    char buffer[2048];
    unsigned char *iphead, *ethhead;

    struct sockaddr_in saddr;
    struct sockaddr_in raddr;
    IP_HEADER iph;
    UDP_HEADER udph;

    if ((sock = socket(PF_PACKET, SOCK_RAW,htons(ETH_P_IP))) < 0) {
//htons(ETH_P_ALL)
        perror("socket");
        return -1;
    }
    long long cn = 1;
    while (1) {
        n = recvfrom(sock, buffer, 2048, 0, NULL, NULL);
        /* Check to see if the packet contains at least
         * complete Ethernet (14), IP (20) and TCP/UDP
         * (8) headers.
         */
        if (n < 42) {
```

```
            perror("recvfrom():");
            printf("Incomplete packet (errno is %d)\n",errno);
            close(sock);
            return -1;
        }

        ethhead = (unsigned char*)buffer;
        /*
        printf("Source MAC address: "
            "%02x:%02x:%02x:%02x:%02x:%02x\n",
            ethhead[0], ethhead[1], ethhead[2],
            ethhead[3], ethhead[4], ethhead[5]);
        printf("Destination MAC address: "
            "%02x:%02x:%02x:%02x:%02x:%02x\n",
            ethhead[6], ethhead[7], ethhead[8],
            ethhead[9], ethhead[10], ethhead[11]);
            */
        iphead = ethhead + 14; /* Skip Ethernet header */
        if (*iphead == 0x45) { /* Double check for IPv4
                              * and no options present */
                              //printf("Layer-4 protocol %d,", iphead[9]);
            memcpy(&iph, iphead, 20);
            if (iphead[12] == iphead[16] && iphead[13] == iphead[17] &&
iphead[14] == iphead[18] && iphead[15] == iphead[19])
                continue;
            if (iphead[12] == 127)
                continue;
            printf("-----cn=%ld-----\n", cn++);
            printf("%d bytes read\n", n);
            /* 這樣也可以得到 IP 位址和通訊埠
            printf("Source host %d.%d.%d.%d\n",iphead[12], iphead[13],
                iphead[14], iphead[15]);
            printf("Dest host %d.%d.%d.%d\n",iphead[16], iphead[17],
                iphead[18], iphead[19]);
                    */

            struct in_addr ias, iad;
            ias.s_addr = iph.m_uiSourIp;
            iad.s_addr = iph.m_uiDestIp;
```

```
            char dip[100];
            strcpy(dip, inet_ntoa(iad));
            printf("sIp=%s,   dIp=%s, \n", inet_ntoa(ias), dip);

            //printf("Layer-4 protocol %d,", iphead[9]); // 如果需要，可以
列印出協定編號
            if (IPPROTO_ICMP == iphead[9]) puts("Receive ICMP package.");
            if (IPPROTO_UDP == iphead[9])
            {
                memcpy(&udph, iphead + 20, 8);      // 加 20 是越過 IP 表頭
                printf("Source,Dest ports %d,%d\n", udph.m_usSourPort,
udph.m_usDestPort);
                printf("Receive UDP package,data:%s\n", iphead + 28);
// 越過 IP 表頭和 UDP 表頭
            }
            if (IPPROTO_TCP == iphead[9]) puts("Receive TCP package.");
        }
    }
}
```

在此程式中，首先建立一個協定族為 PF_PACKET、協定編號為 ETH_P_IP 的原始通訊端，設定成功後，就可以收到所有發往本機的 IP 資料封包了。收到 IP 資料封包後，列印出來源、目的 IP 位址，然後對 IP 表頭的協定類型進行判斷，這裡就簡單區分了 TCP 封包、UDP 封包或 ICMP 封包，區分的依據是根據 IP 表頭的第 9 個欄位來判斷，見最後 3 個 if 敘述。乙太網訊框的訊框表頭是 14 位元組，所以越過 14 位元組後就能直接得到 IP 表頭位址，比如程式中：iphead = ethhead + 14;，得到 IP 表頭後，再越過 20 位元組，可以得到 UDP 表頭，見程式 memcpy(&udph, iphead + 20, 8)。

（3）儲存專案並編譯，然後進入虛擬機器 Ubuntu 下直接執行程式，即在命令列下進入目錄 /root/projects/rcver/bin/x64/Debug，然後執行 rcver.out，此時我們在宿主機 Windows 7 中用 ping 命令 ping rcver 程式所在的主機，如圖 6-6 所示。

```
管理员: 命令提示符

正在 Ping 192.168.35.128 具有 32 字节的数据:
来自 192.168.35.128 的回复: 字节=32 时间<1ms TTL=64
来自 192.168.35.128 的回复: 字节=32 时间<1ms TTL=64
来自 192.168.35.128 的回复: 字节=32 时间<1ms TTL=64
来自 192.168.35.128 的回复: 字节=32 时间<1ms TTL=64

192.168.35.128 的 Ping 统计信息:
    数据包: 已发送 = 4, 已接收 = 4, 丢失 = 0 (0% 丢失),
往返行程的估计时间(以毫秒为单位):
    最短 = 0ms, 最长 = 0ms, 平均 = 0ms

C:\Users\Administrator>
```

▲ 圖 6-6(編按：本圖例為簡體中文介面)

然後我們的 rcver 程式就能捕捉到 ICMP 封包了，如圖 6-7 所示。

```
root@tom-virtual-machine: ~/projects/rcver/bin/...
root@tom-virtual-machine:~/projects/rcver/bin/x64/Debug# ./rcver.out
-----cn=1-----
74 bytes read
Source host 192.168.35.2
Dest host 192.168.35.128
Source,Dest ports 2048,19794
Receive ICMP package.
-----cn=2-----
74 bytes read
Source host 192.168.35.2
Dest host 192.168.35.128
Source,Dest ports 2048,19793
Receive ICMP package.
-----cn=3-----
74 bytes read
Source host 192.168.35.2
Dest host 192.168.35.128
Source,Dest ports 2048,19792
Receive ICMP package.
-----cn=4-----
74 bytes read
Source host 192.168.35.2
Dest host 192.168.35.128
Source,Dest ports 2048,19791
Receive ICMP package.
^C
root@tom-virtual-machine:~/projects/rcver/bin/x64/Debug#
```

▲ 圖 6-7

（4）我們的 rcver 除了能抓 ICMP 封包外，也能對 UDP 封包進行捕捉，所以可以另外撰寫一個發送 UDP 封包的程式，然後放到另外一台主機（120.4.2.100）上去執行，看 rcver 能否捕捉到其發來的 UDP 封包。

下面在同一個解決方案下建立一個 Windows 主控台應用程式，專案名稱是 winSend，作為發送 UDP 封包的程式，在 winSend.cpp 中輸入程式如下：

```
//winSend.cpp : 此檔案包含 "main" 函數，程式執行將在此處開始並結束
#include "pch.h"
#include <iostream>
#define _WINSOCK_DEPRECATED_NO_WARNINGS
#include "winsock2.h"
#pragma comment(lib, "ws2_32.lib")
#include <stdio.h>
char wbuf[50];

int main()
{
    int sockfd;
    int size;
    char on = 1;
    struct sockaddr_in saddr;
    int ret;

    size = sizeof(struct sockaddr_in);
    memset(&saddr, 0, size);

    WORD wVersionRequested;
    WSADATA wsaData;
    int err;

    wVersionRequested = MAKEWORD(2, 2);    // 製作 Winsock 函數庫的版本編號
    err = WSAStartup(wVersionRequested, &wsaData);// 初始化 Winsock 函數庫
    if (err != 0) return 0;

    // 設定位址資訊，IP 資訊
    saddr.sin_family = AF_INET;
    saddr.sin_port = htons(9999);
    saddr.sin_addr.s_addr = inet_addr("192.168.35.128"); // 該 IP 位址為伺
服器端所在的 IP 位址

    sockfd = socket(AF_INET, SOCK_DGRAM, 0);              // 建立 UDP 通訊端
    if (sockfd < 0)
    {
        perror("failed socket");
        return -1;
```

```
    }
    // 設定通訊埠重複使用
    setsockopt(sockfd, SOL_SOCKET, SO_REUSEADDR, &on, sizeof(on));
    // 發送資訊給伺服器端
    puts("please enter data:");
    scanf_s("%s", wbuf, sizeof(wbuf));
    ret = sendto(sockfd, wbuf, sizeof(wbuf), 0, (struct sockaddr*)&saddr,
        sizeof(struct sockaddr));
    if (ret < 0) perror("sendto failed");
    closesocket(sockfd);
    WSACleanup(); // 釋放通訊端函數庫
    return 0;
}
```

在此程式中，利用 socket 建立一個 UDP 通訊端控制碼，然後呼叫 sendto 函數發送一個封包。

最後先在虛擬機器 Ubuntu 上執行 rcver 程式，再在宿主機 Windows 7 上執行 winSend 程式（按快速鍵 Ctrl+F5）並輸入 "abc"，執行結果如圖 6-8 所示。

▲ 圖 6-8

我們可以看到 rcver 程式收到了一個 UDP 封包，並列印出了資料內容：abc，如圖 6-9 所示。

```
root@tom-virtual-machine:~/projects/rcver/bin/x64/Debug# ./rcver.out
-----cn=1-----
92 bytes read

sIp=192.168.35.2,   dIp=192.168.35.128,
Source,Dest ports 12250,3879
Receive UDP package,data:abc
```

▲ 圖 6-9

Chapter

07

伺服器模型設計

伺服器設計技術有很多種，按使用的協定來分有 TCP 伺服器和 UDP 伺服器，按處理方式來分有循環伺服器和併發伺服器。

在網路通訊中，伺服器通常需要處理多個用戶端。由於用戶端的請求會同時到來，伺服器端可能會採用不同的方法來處理。整體來說，伺服器端可採用兩種模式來實現：循環伺服器模型和併發伺服器模型。循環伺服器在同一時刻只能響應一個用戶端的請求，併發伺服器在同一時刻可以回應多個用戶端的請求。

循環伺服器模型是指伺服器端依次處理每個用戶端，直到當前用戶端的所有請求處理完畢，再處理下一個用戶端。這類模型的優點是簡單，缺點是會造成其他用戶端等待時間過長。

為了提高伺服器的併發處理能力，引入了併發伺服器模型。其基本思想是在伺服器端採用多工機制（比如多處理程序或多執行緒），分別為每一個用戶端建立一個任務來處理，極大地提高了伺服器的併發處理能力。

不同於用戶端程式，伺服器端程式需要同時為多個用戶端提供服務，即時回應。比如 Web 伺服器，就要能同時處理不同 IP 位址的電腦發來的瀏覽請求，並把網頁即時反應給電腦上的瀏覽器。因此，開發伺服器程式，必須要有實現併發服務能力。這是網路伺服器之所以成為伺服器的最本質的要求。

這裡要注意，有些併發，並不是需要真正精確到同一時間點。在某些應用場合，比如每次處理用戶端資料量較少的情況下，我們也可以簡化伺服器的設計，因為伺服器的性能通常較高，所以即使分時輪流服務用戶端設備，用戶端設備們也會感覺到伺服器是同時在服務它們。

通常來說，網路伺服器的設計模型有以下幾種：（分時）循環伺服器、多處理程序併發伺服器、多執行緒併發伺服器、I/O（Input/Output，輸入 / 輸出）重複使用併發伺服器等。小規模應用場合通常用循環伺服器即可，若是大規模應用場合，則要用到併發伺服器。

在具體設計伺服器之前，我們有必要了解一下 Linux 下的 I/O 模型，這對於我們以後設計和最佳化伺服器模型有很大的幫助。注意，伺服器模型是伺服器模型，I/O 模型是 I/O 模型，不能混淆，模型在這裡的意思可以視為描述系統的行為和特徵。

7.1 I/O 模型

7.1.1 基本概念

I/O 即資料的讀取（接收）或寫入（發送）操作，通常使用者處理程序中的完整 I/O 分為兩個階段：使用者處理程序空間 <--> 核心空間、核心空間 <--> 裝清空間（磁碟、網路卡等）。I/O 分為記憶體 I/O、網路 I/O 和磁碟 I/O 三種，本書講的是網路 I/O。

Linux 中處理程序無法直接操作 I/O 裝置，其必須透過系統呼叫請求核心來協助完成 I/O 操作。核心會為每個 I/O 裝置維護一個緩衝區。對一個輸入操作來說，處理程序 I/O 系統呼叫後，核心會先看緩衝區中有沒有對應的快取資料，沒有的話再到裝置（比如網路卡裝置）中讀取（因為裝置 I/O 一般速度較慢，需要等待）；核心緩衝區有資料則直接複製到使用者處理程序空間。所以，對於一個網路輸入操作通常包括兩個不同階段：

（1）等待網路資料到達網路卡，把資料從網路卡讀取到核心緩衝區，準備好資料。

（2）從核心緩衝區複製資料到使用者處理程序空間。

網路 I/O 的本質是對 socket 的讀取，socket 在 Linux 系統中被抽象為串流，I/O 可以視為對流的操作。對於一次 I/O 存取，資料會先被拷貝到作業系統的核心緩衝區中，然後才會從作業系統的核心緩衝區拷貝到應用程式的位址空間。

網路應用需要處理兩大類問題：網路 I/O 和資料計算。網路 I/O 是設計高性能伺服器的基礎，相對於後者，網路 I/O 的延遲給應用帶來的性能瓶頸更大。網路 I/O 的模型可分為兩種：非同步 I/O（asynchronous I/O）和同步 I/O（synchronous I/O），同步 I/O 又包括阻塞 I/O（blocking I/O）、非阻塞 I/O（non-blocking I/O）、多工 I/O（multiplexing I/O）和訊號驅動式 I/O（signal-driven I/O）。由於訊號驅動式 IO 在實際中並不常用，這裡不再贅述。

每個 I/O 模型都有自己的使用模式，它們對於特定的應用程式都有自己的優點。在具體闡述各個 I/O 模型前，先介紹一些術語。

7.1.2 同步和非同步

對於一個執行緒的請求呼叫來講，和步和非同步的差別在於是否要等這個請求出最終結果，注意不是請求的回應，是提交請求後最終得到的結果。如果要等最終結果，那就是同步；如果不等，就是非同步。其實這兩個概念與訊息的通知機制有關。所謂同步，就是在發出一個功能呼叫時，在沒有得到結果之前，該呼叫就不傳回。比如，呼叫 readfrom

系統呼叫時，必須等待 I/O 操作完成才傳回。非同步的概念和同步相對，當一個非同步程式呼叫發出後，呼叫者不能立刻得到結果。實際處理這個呼叫的部件在完成後，透過狀態、通知和回呼來通知呼叫者。比如，呼叫 aio_read 系統呼叫時，不必等 I/O 操作完成就直接傳回，呼叫結果透過訊號來通知呼叫者。

對於多個執行緒而言，同步或非同步就是執行緒間的步調是否要一致、是否要協調。要協調執行緒之間的執行時機，那就是執行緒同步，否則就是非同步。

同步指兩個或兩個以上隨時間變化的量在變化過程中保持一定的相對關係，或說對在一個系統中所發生的事件（event）之間進行協調，在時間上出現一致性與統一化的現象。比如說，兩個執行緒要同步，即它們的步調要一致，要相互協調來完成一個或幾個事件。

同步也經常用在一個執行緒內先後兩個函數的呼叫上，後面一個函數需要前面一個函數的結果，那麼前面一個函數必須完成且有結果才能執行後面的函數。這兩個函數之間的呼叫關係就是一種同步（呼叫）。同步呼叫一旦開始，呼叫者必須等到呼叫方法傳回且結果出來後（注意，一定要傳回的同時出結果，不出結果就傳回那是非同步呼叫），才能繼續後續的行為。同步一詞用在這裡也是恰當的，相當於就是一個呼叫者對兩件事情（比如兩次方法呼叫）之間進行協調（必須做完一件再做另外一件），在時間上保持一致性（先後關係）。

這麼看來，電腦中的「同步」一詞所使用的場合符合了漢語詞典中的同步含義。

對於執行緒間而言，要想實現同步操作，必須要獲得執行緒的物件鎖。它可以保證在同一時刻只有一個執行緒能夠進入臨界區，並且在這個鎖被釋放之前，其他執行緒都不能再進入這個臨界區。如果其他執行緒想要獲得這個物件鎖，只能進入等待佇列等待。只有當擁有該物件鎖的執行緒退出臨界區時，鎖才會被釋放，等待佇列中優先順序最高的執行緒才能獲得該鎖。

同步呼叫相對簡單些，比如某個耗時的大數運算函數及其後面的程式就可以組成一個同步呼叫，對應地，這個大數運算函數也可以稱為同步函數，因為必須執行完這個函數才能執行後面的程式，比如：

```
long long  num = bigNum();
printf("%ld",num);
```

可以看到，bigNum 是同步函數，它傳回時，大數結果也出來了，然後再執行後面的 printf 函數。

非和步就是一個請求傳回時一定不知道結果（如果傳回時知道結果就是同步了），還得透過其他機制來獲知結果，如：主動輪詢或被動通知。同步和非同步的差別就在於是否等待請求執行的結果。這裡請求可以指一個 I/O 請求或一個函數呼叫等。

為了加深理解，我們舉個生活中的例子，比如你去速食店點餐，你說：「來份薯條。」服務生告訴你：「對不起，薯條要現做，需要等 5 分鐘。」於是你站在收銀台前面等了 5 分鐘，拿到薯條再去逛商場，這是同步。你對服務生説的「來份薯條」，就是一個請求，薯條就是請求的結果出來了。

再看非同步，你説：「來份薯條。」服務生告訴你：「薯條需要等 5 分鐘，你可以先去逛商場，不必在這裡等，等薯條做你再來拿」。這樣你可以立刻去幹別的事情（比如逛商場），這就是非同步。「來份薯條」是個請求，服務生告訴你的話就是請求傳回了，但請求的真正結果（拿到薯條）沒有立即實現，但非同步的重要的好處是你不必在那裡等著，而同步是必須要等的。

很明顯，使用非同步方式來撰寫，程式的性能和友善度會遠遠高於同步方式，但是非同步方式的缺點是程式設計模型複雜。在上面的場景中，要想吃到薯條，你有 2 種方式知道「什麼時候薯條好了」，一種是你主動每隔一小段時間就到櫃檯去看薯條有沒有好（定時主動關注下狀態），這種方式稱為主動輪詢；另一種是服務生透過電話通知你，這種方式稱為（被動）通知。顯然，第二種方式更高效。因此，非同步還可以分為兩種：帶通知的非同步和不帶通知的非同步。

在上面場景中「你」可以比作一個執行緒。

7.1.3 阻塞和非阻塞

阻塞和非阻塞這兩個概念與程式（執行緒）請求的事情出最終結果前（無所謂同步或非同步）的狀態有關。也就是說，阻塞與非阻塞與等待訊息通知時的狀態（呼叫執行緒）有關。阻塞呼叫是指呼叫結果傳回之前，當前執行緒會被暫停。函數只有在得到結果之後才會傳回。

阻塞和同步是完全不同的概念。同步是對訊息的通知機制而言，阻塞是針對等待訊息通知時的狀態來說的。而且對同步呼叫來說，很多時候當前執行緒還是啟動的，只是邏輯上當前函數沒有傳回而已。非阻塞和阻塞的概念相對應，指在不能立刻得到結果之前，該函數不會阻塞當前執行緒，而會立刻傳回，並設定對應的 errno。雖然從表面上看非阻塞的方式可以明顯提高 CPU 的使用率，但是同時增加了系統的執行緒切換。增加的 CPU 執行時間是否能補償系統的切換成本需要評估。

執行緒從建立、執行到結束總是處於下面五個狀態之一：建立狀態、就緒狀態、執行狀態、阻塞狀態及死亡狀態。阻塞狀態的執行緒的特點是：該執行緒放棄 CPU 的使用，暫停執行，只有等導致阻塞的原因消除後才恢復執行，或是被其他執行緒中斷，該執行緒也會退出阻塞狀態，同時拋出 InterruptedException。執行緒在執行過程中，可能由於以下幾種原因進入阻塞狀態：

（1）執行緒透過呼叫 sleep 方式進休眠狀態。

（2）執行緒呼叫一個在 I/O 上被阻塞的操作，即該操作在輸入 / 輸出操作完成前不會傳回到它的呼叫者。

（3）執行緒試圖得到一個鎖，而該鎖正被其他執行緒持有，於是只能進入阻塞狀態，等到獲取了同步鎖，才能恢復執行。

（4）執行緒在等待某個觸發條件。

（5）執行緒執行了一個物件的 wait() 方法，直接進入阻塞狀態，等待其他執行緒執行 notify() 或 notifyAll() 方法。notify 是通知的意思。

這裡我們要關注下第 2 項，很多網路 I/O 操作都會引起執行緒阻塞，比如 recv 函數，資料還沒過來或還沒接收完畢，執行緒就只能阻塞等待這個 I/O 操作完成。這些能引起執行緒阻塞的函數通常稱為阻塞函數。

阻塞函數其實就是一個同步呼叫，因為要等阻塞函數傳回，才能繼續執行其後的程式。有阻塞函數參與的同步呼叫一定會引起執行緒阻塞，但同步呼叫並不一定會阻塞，比如在同步呼叫關係中沒有阻塞函數或引起其他阻塞的原因存在。舉個例子，執行一個非常消耗 CPU 時間的大數運算函數及其後面的程式，這個執行過程也是一個同步呼叫，但並不會引起執行緒阻塞。

我們可以區分一下阻塞函數和同步函數：同步函數被呼叫時不會立即傳回，直到該函數所要做的事情全都做完了才傳回；阻塞函數也是被呼叫時不會立即傳回，直到該函數所要做的事情全都做完了才傳回，而且還會引起執行緒阻塞。由此看來，阻塞函數一定是同步函數，但同步函數不一定是阻塞函數。注意，阻塞一定是引起執行緒進入阻塞狀態。

舉個例子來加深理解，小明去買薯條，服務生告訴他 5 分鐘後才能好，小明說：「好，我在就在這裡等的同時睡一會。」在等並且睡著了，這就是阻塞，而且是同步阻塞。

非阻塞指在不能立刻得到結果之前，請求不會阻塞當前執行緒，而會立刻傳回（比如傳回一個錯誤碼）。具體到 Linux 下，通訊端有兩種模式：阻塞模式和非阻塞模式。預設建立的通訊端屬於阻塞模式的通訊端。在阻塞模式下，在 I/O 操作完成前，執行的操作函數一直等候而不會立即傳回，該函數所在的執行緒會阻塞在這裡（執行緒進入阻塞狀態）。相反，在非阻塞模式下，通訊端函數會立即傳回，而不管 I/O 是否完成，該函數所在的執行緒會繼續執行。

在阻塞模式的通訊端上，呼叫大多數 Linux Sockets API 函數都會引起執行緒阻塞，但並不是所有 Linux Sockets API 以阻塞通訊端為參數呼叫都會發生阻塞。舉例來說，以阻塞模式的通訊端為參數呼叫 bind()、listen() 函數時，函數會立即傳回。將可能阻塞通訊端的 Linux Sockets API 呼叫分為以下四種：

（1）輸入操作

recv、recvfrom 函數。以阻塞通訊端為參數呼叫該函數接收資料。如果此時通訊端緩衝區內沒有資料讀取，則呼叫執行緒在資料到來前一直阻塞。

（2）輸出操作

send、sendto 函數。以阻塞通訊端為參數呼叫該函數發送資料。如果通訊端緩衝區沒有可用空間，執行緒會一直休眠，直到有空間。

（3）接受連接

accept 函數。以阻塞通訊端為參數呼叫該函數，等待接受對方的連接請求。如果此時沒有連接請求，執行緒就會進入阻塞狀態。

（4）外出連接

connect 函數。對於 TCP 連接，用戶端以阻塞通訊端為參數，呼叫該函數向伺服器發起連接。該函數在收到伺服器的應答前，不會傳回。這表示 TCP 連接總會等待至少到伺服器的一次往返時間。

使用阻塞模式的通訊端，開發網路程式比較簡單，容易實現。當希望能夠立即發送和接收資料，且處理的通訊端數量比較少時，使用阻塞模式來開發網路程式比較合適。

阻塞模式通訊端的不足表現為，在大量建立好的通訊端執行緒之間進行通訊時比較困難。當使用「生產者－消費者」模型開發網路程式時，為每個通訊端都分別分配一個讀取執行緒、一個處理資料執行緒和一個用於同步的事件，那麼這樣會增加系統的銷耗。其最大的缺點是當需要同時處理大量通訊端時，將無從下手，可擴充性很差。

總之，阻塞函數和非阻塞函數的重要區別：阻塞函數，通常指一旦呼叫，執行緒就阻塞了；非阻塞函數一旦呼叫，執行緒並不會阻塞，而是會傳回一個錯誤碼，表示結果還沒出來。

而對於處於非阻塞模式的通訊端，會馬上傳回，而不等待該 I/O 操作的完成。針對不同的模式，Winsock 提供的函數也有阻塞函數和非阻塞函數。相對而言，阻塞模式比較容易實現，在阻塞模式下，執行 I/O 的 Linsock 呼叫（如 send 和 recv）一直到操作完成才傳回。

再來看一下發送和接收在阻塞和非阻塞條件下的情況：

- 發送時：在發送緩衝區的空間大於待發送資料的長度的條件下，阻塞 socket 一直等到有足夠的空間存放待發送的資料，將資料拷貝到發送緩衝區中才傳回；非阻塞 socket 在沒有足夠空間時，會拷貝部分，並傳回已拷貝的位元組數，並將 errno 置為 EWOULDBLOCK。
- 接收時：如果通訊端 sockfd 的接收緩衝區中無資料，或協定正在接收資料，阻塞 socket 都將等待，直到有資料可以拷貝到使用者程式中；非阻塞 socket 會傳回 -1，並將 errno 置為 EWOULDBLOCK，表示「沒有資料，回頭來看」。

7.1.4 同步與非同步和阻塞與非阻塞的關係

舉個例子來加深理解，你去買薯條，服務生告訴你 5 分鐘後才能好，那你就站在櫃檯旁開始等，但沒有睡覺，或許還在玩手機。這就是非阻塞，而且是同步非阻塞，在等但人沒睡著，還可以玩手機。

如果你沒有等，只是告訴服務生薯條好了後告訴我或我過段時間來看看狀態（看好了沒），就不在原地等而去逛街了，則屬於非同步非阻塞。事實上，非同步肯定是非阻塞的，因為非同步肯定要做其他事情了，做其他事情是不可能睡過去的，所以切記，非同步只能是非阻塞的。

需要注意的是，同步非阻塞形式實際上是效率很低的，想像一下你一邊打著電話一邊還需要抬頭看隊伍排到你了沒有。如果把打電話和觀察排隊的位置看成是程式的兩個操作的話，這個程式需要在這兩種不同的行為之間來回切換，效率可想而知是很低的；而非同步非阻塞形式就沒有這樣的問題，因為打電話是你（等待者）的事情，而通知你則是櫃檯（訊息觸發機制）的事情，程式沒有在兩種不同的操作中來回切換。

同步非阻塞雖然效率不高，但比同步阻塞已經高了很多，同步阻塞除了等待，其他任何事情都做不了，因為睡過去了。

以小明下載檔案為例，對上述概念做一個梳理：

- 同步阻塞：小明一直盯著下載進度指示器，直到進度指示器達到 100% 的時候就下載完成。同步：等待下載完成通知；阻塞：等待下載完成通知的過程中，不能處理其他任務。
- 同步非阻塞：小明提交下載任務後就去幹別的，每過一段時間就去看一眼進度指示器，看到進度指示器達到 100% 時就下載完成。同步：等待下載完成通知；非阻塞：等待下載完成通知的過程中，去幹其他任務了，只是每過一段時間會看一眼進度指示器；小明必須要在兩個任務間切換，關注下載進度。

- 非同步阻塞：小明換了個有下載完成通知功能的軟體，下載完成就「叮」一聲，不過小明仍然一直等待「叮」的聲音。非同步：下載完成「叮」一聲通知；阻塞：等待下載完成「叮」一聲通知過程中，不能處理其他任務。

- 非同步非阻塞：仍然是那個會「叮」一聲的下載軟體，小明提交下載任務後就去幹別的，聽到「叮」的一聲就知道完成了。非同步：下載完成「叮」一聲通知；非阻塞：等待下載完成「叮」一聲通知過程中，去幹別的任務了，只需要接收「叮」聲通知。

7.1.5 採用 socket I/O 模型的原因

採用 socket I/O 模型，而不直接使用 socket 的原因在於 recv() 方法是阻塞式的，當多個用戶端連接伺服器，其中一個 socket 的 recv 被呼叫時，會產生堵塞，使其他連接不能繼續。這樣我們又想到用多執行緒來實現，每個 socket 連接使用一個執行緒，但這樣做的效率很低，不能應對負荷較大的情況。於是便有了各種模型的解決方法，目的都是為了實現多個執行緒同時存取時不產生堵塞。

如果使用同步的方式來通訊的話，即所有的操作都在一個執行緒內循序執行完成，其缺點很明顯：同步的通訊操作會阻塞住來自同一個執行緒的任何其他操作，只有等這個操作完成之後，後續的操作才可以進行。一個最明顯的例子就是在帶介面程式中，直接使用阻塞 socket 呼叫的程式，整個介面都會因此阻塞住而沒有回應。所以我們不得不為每一個通訊的 socket 都建立一個執行緒，為避免麻煩所以要寫高性能的伺服器程式，要求通訊一定要是非同步的。

使用「同步通訊（阻塞通訊）+ 多執行緒」的方式可以改善同步阻塞執行緒的情況，當我們好不容易實現了讓伺服器端在每一個用戶端連入之後，要啟動一個新的 Thread 和用戶端進行通訊，有多少個用戶端，就需要啟動多少個執行緒。但是由於這些執行緒都是處於執行狀態，所以系統不得不在所有可執行的執行緒之間進行上下文的切換，使 CPU 不堪重負，因為執行緒切換是相當浪費 CPU 時間的，如果用戶端的連入執行緒過多，這就會使得 CPU 都忙著去切換執行緒了，而沒有時間去執行執行緒本體，所以效率非常低。

在阻塞 I/O 模式下，如果暫時不能接收到資料，則接收函數（比如 recv）不會立即傳回，而是等到有資料可以接收時才傳回，如果一直沒有資料該函數就會一直等待下去，應用程式也就暫停了，這對使用者來說通常是不可接受的。很顯然，非同步接收方式更好，因為無法保證每次的接收呼叫總能適時地接收到資料。而非同步接收方式也有其複雜之處，比如立即傳回的結果並不總是能成功收發資料，實際上很可能會失敗，最常見的失敗原因是 EWOULDBLOCK。可以使用整數 erron 得到發送和接收失敗時的原因。這個失敗原因較為特殊，也常出現，即要進行的操作暫時不能完成，但在以後的某個時間再次執行該操作也許就會成功。如果發送緩衝區已滿，這時呼叫 send 函數就會出現這個錯誤，同理，如果接收緩衝區內沒有內容，這時呼叫 recv 也會得到同祥的錯誤，這並不表示發送和接收呼叫會永遠地失敗下去，而是在以後某個適當的時間，比如發送緩衝區有空間了，接收緩衝區有資料了，這時再呼叫發送和接收操作就會成功了。I/O 多工模型的作用就是通知應用程式發送或接收資料的時間點到了，可以開始收發了。

7.1.6（同步）阻塞 I/O 模型

在 Linux 中，對於一次讀取 I/O 的操作，資料並不會直接拷貝到程式的程式緩衝區。通常包括兩個不同階段：

（1）等待資料準備好，到達核心緩衝區。

（2）從核心向處理程序複製資料。

對於一個通訊端上的輸入操作，第一步通常涉及等待資料從網路中到達，當所有等待分組到達時，它被複製到核心中的某個緩衝區。第二步是把資料從核心緩衝區複製到應用程式緩衝區。

同步阻塞 I/O 模型是最常用、最簡單的模型。在 Linux 中，預設情況下，所有通訊端都是阻塞的。下面我們以阻塞通訊端的 recvfrom 的呼叫圖來説明阻塞，如圖 7-1 所示。

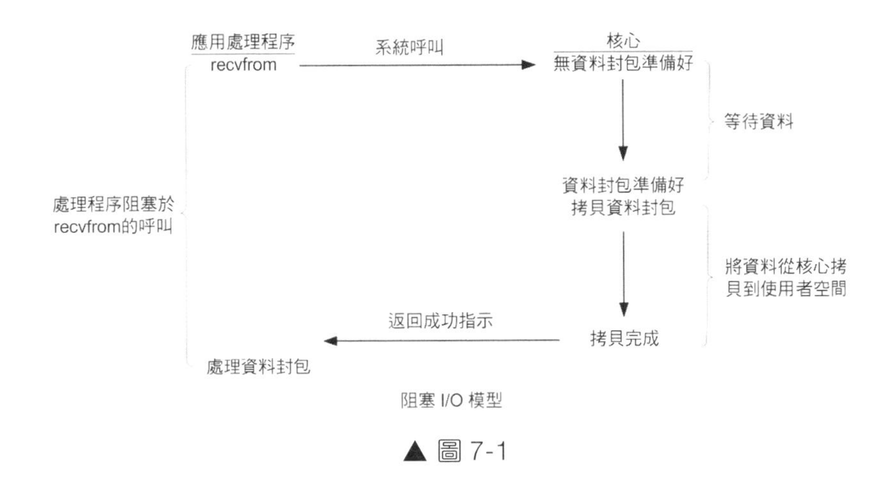

▲ 圖 7-1

處理程序呼叫一個 recvfrom 請求，但是它不能立刻收到回覆，直到資料傳回，然後將資料從核心空間複製到程式空間。在 I/O 執行的兩個階段中，處理程序都處於阻塞狀態，在等待資料傳回的過程中不能做其他的工作，只能阻塞在那裡。

該模型的優點是簡單、即時性高、回應即時無延遲時間，但缺點也很明顯，需要阻塞等待、性能差。

7.1.7（同步）非阻塞式 I/O 模型

與阻塞式 I/O 不同的是，非阻塞的 recvform 系統呼叫之後，處理程序並沒有被阻塞，核心馬上傳回給處理程序，如果資料還沒準備好，此時會傳回一個 error（EAGAIN 或 EWOULDBLOCK）。處理程序在傳回之後，可以先處理其他的業務邏輯，稍後再發起 recvform 系統呼叫。採用輪詢的方式檢查核心資料，直到資料準備好。再拷貝資料到處理程序，進行資料處理。在 Linux 下，可以透過設定通訊端選項使其變為非阻塞。非阻塞的通訊端的 recvfrom 操作，如圖 7-2 所示。

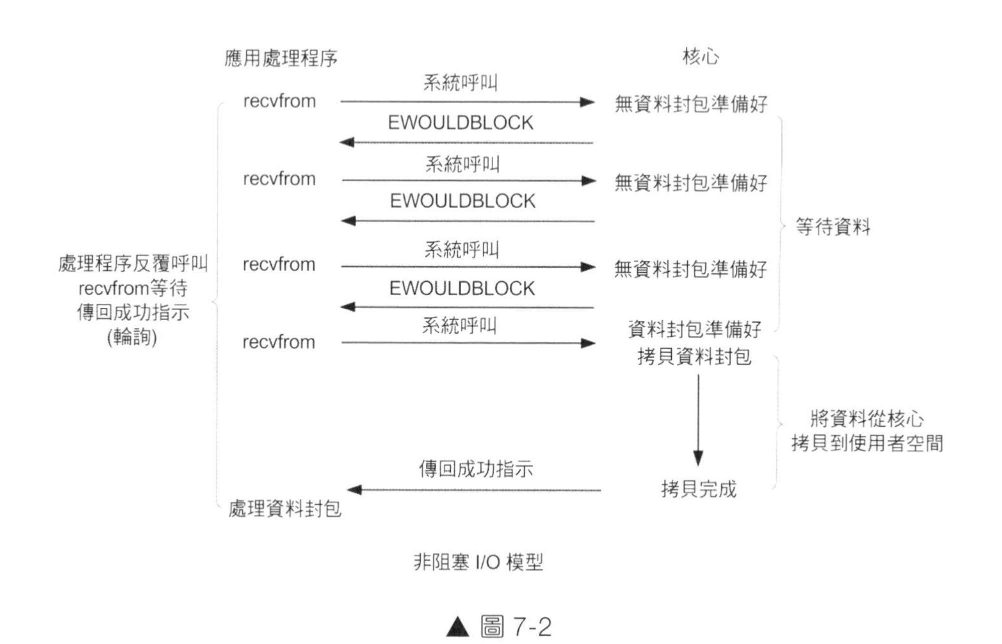

▲ 圖 7-2

如圖 7-2 所示，前三次呼叫 recvfrom 請求時，並沒有資料傳回，所以核心傳回 errno（EWOULDBLOCK），並不會阻塞處理程序。但是當第四次呼叫 recvfrom 時，資料已經準備於是將它從核心空間拷貝到程式空間，處理資料。在非阻塞狀態下，I/O 執行的等待階段並不是完全阻塞的，但是第二個階段依然處於一個阻塞狀態（呼叫者將資料從核心拷貝到使用者空間，這個階段阻塞）。該模型的優點是能夠在等待任務完成的時間裡做其他工作（包括提交其他任務，也就是「後台」可以有多個任務在同時執行）。缺點是任務完成的回應延遲增大了，因為每過一段時間才去輪詢一次 read 操作，而任務可能在兩次輪詢之間的任意時間完成，這會導致整體資料輸送量降低。

7.1.8（同步）I/O 多工模型

I/O 多工的好處在於單一處理程序就可以同時處理多個網路連接的 I/O。它的基本原理是不再由應用程式自己監視連接，而由核心替應用程式監視檔案描述符號。

以 select 函數為例，當使用者處理程序呼叫了 select，那麼整個處理程序會被阻塞，而同時，kernel 會「監視」所有 select 負責的 socket，當任何一個 socket 中的資料準備好，select 就會傳回。這個時候使用者處理程序再呼叫 read 操作，將資料從核心拷貝到使用者處理程序，如圖 7-3 所示。

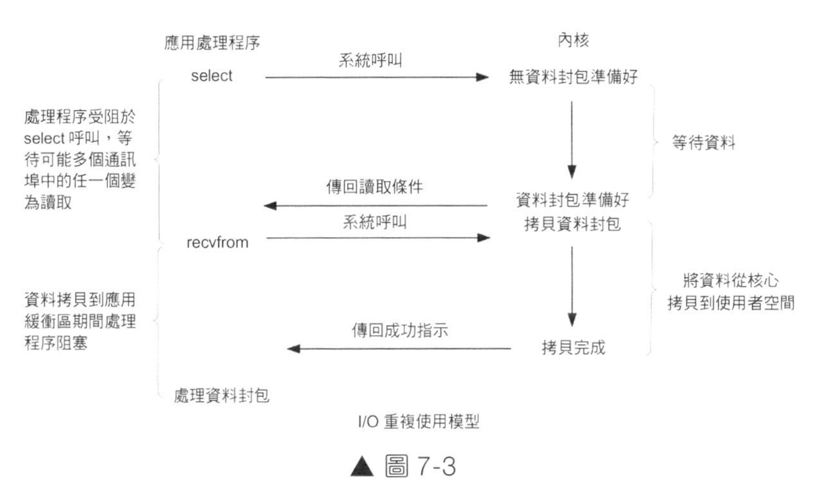

▲ 圖 7-3

這裡需要使用兩個 system call（select 和 recvfrom），而阻塞 I/O 只呼叫了一個 system call（recvfrom）。所以，如果處理的連接數不是很高的話，使用 I/O 重複使用的伺服器並不一定比使用「多執行緒 + 非阻塞或阻塞」I/O 的性能更好，可能前者的延遲更大。I/O 重複使用的優勢並不是對於單一連接而言能處理得更快，而是單一處理程序就可以同時處理多個網路連接的 I/O。

實際使用時，對於每一個 socket，都可以設定為非阻塞。但是，如圖 7-3 所示，整個使用者的處理程序其實是一直被阻塞的。只不過處理程序是被 select 這個函數阻塞，而非被 I/O 操作給阻塞。所以 I/O 多工是阻塞在 select、epoll 這樣的系統呼叫之上，而沒有阻塞在真正的 I/O 系統呼叫中（如 recvfrom）。

由於其他模型通常需要搭配多執行緒或多處理程序聯合作戰，相比之下，I/O 多工的最大優勢是系統銷耗小，系統不需要建立額外處理程序或執行緒，也不需要維護這些處理程序和執行緒的執行，降底了系統的維護工作量，節省了系統資源。其主要應用場景：

（1）伺服器需要同時處理多個處於監聽狀態或多個連接狀態的通訊端。

（2）伺服器需要同時處理多種網路通訊協定的通訊端，如同時處理 TCP 和 UDP 請求。

（3）伺服器需要監聽多個通訊埠或處理多種服務。

（4）伺服器需要同時處理使用者輸入和網路連接。

7.1.9（同步）訊號驅動式 I/O 模型

該模型允許 socket 進行訊號驅動 I/O，並註冊一個訊號處理函數，處理程序繼續執行並不阻塞。當資料準備好時，處理程序會收到一個 SIGIO 訊號，可以在訊號處理函數中呼叫 I/O 操作函數處理資料，如圖 7-4 所示。

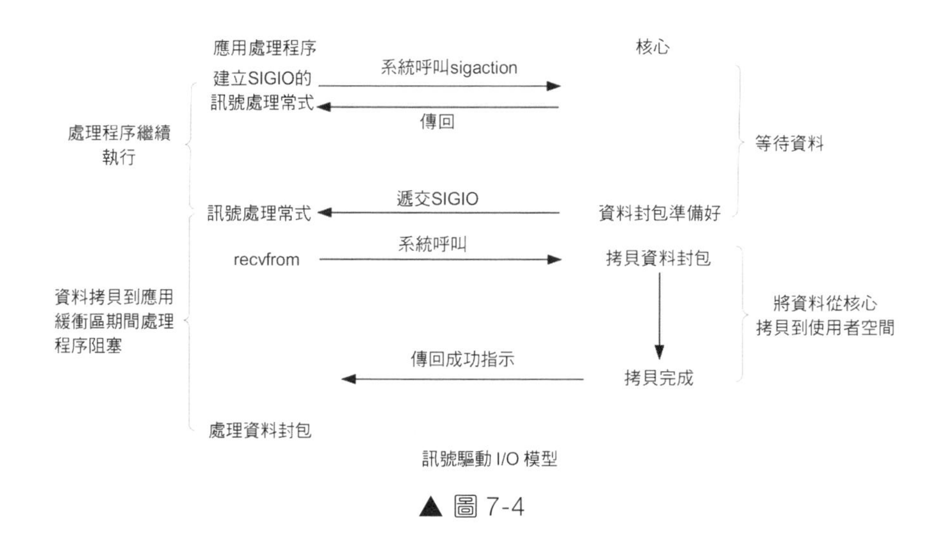

▲ 圖 7-4

7.1.10 非同步 I/O 模型

相對於同步 I/O，非同步 I/O 不是按循序執行。使用者處理程序進行 aio_read 系統呼叫之後，就可以去處理其他邏輯了，無論核心資料是否準備好，都會直接傳回給使用者處理程序，不會對處理程序造成阻塞。等到資料準備核心直接複製資料到處理程序空間，然後從核心向處理程序發送通知，此時資料已經在使用者空間了，可以對資料進行處理。

在 Linux 中，通知的方式是「訊號」，分為三種情況：

（1）如果這個處理程序正在使用者態處理其他邏輯，那就強行打斷，呼叫事先註冊的訊號處理函數，這個函數可以決定何時以及如何處理這個非同步任務。由於訊號處理函數是突然闖進來的，因此跟中斷處理常式一樣，有很多事情是不能做的，因此保險起見，一般是把事件「登記」一下放進佇列，然後傳回該處理程序原來在做的事。

（2）如果這個處理程序正在核心態處理，例如以同步阻塞方式讀寫磁碟，那就把這個通知暫停來，等到核心態的事情忙完了，快要回到使用者態時，再觸發訊號通知。

（3）如果這個處理程序現在被暫停了，例如陷入睡眠，那就把這個處理程序喚醒，等待 CPU 排程，觸發訊號通知。

非同步 I/O 模型圖如圖 7-5 所示。

我們可以看到，I/O 兩個階段的處理程序都是非阻塞的。

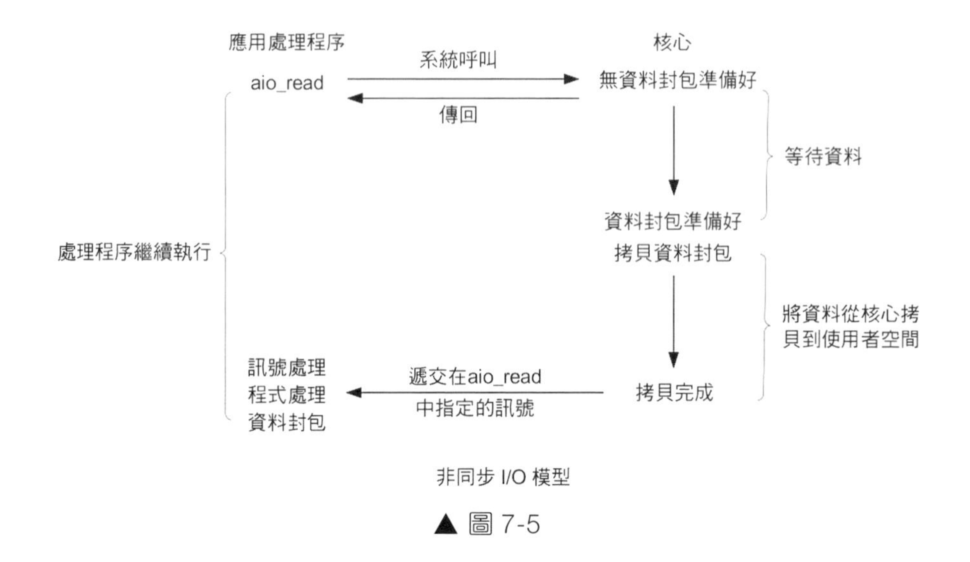

▲ 圖 7-5

7.1.11 五種 I/O 模型比較

現在我們對五種 I/O 模型進行比較，如圖 7-6 所示。

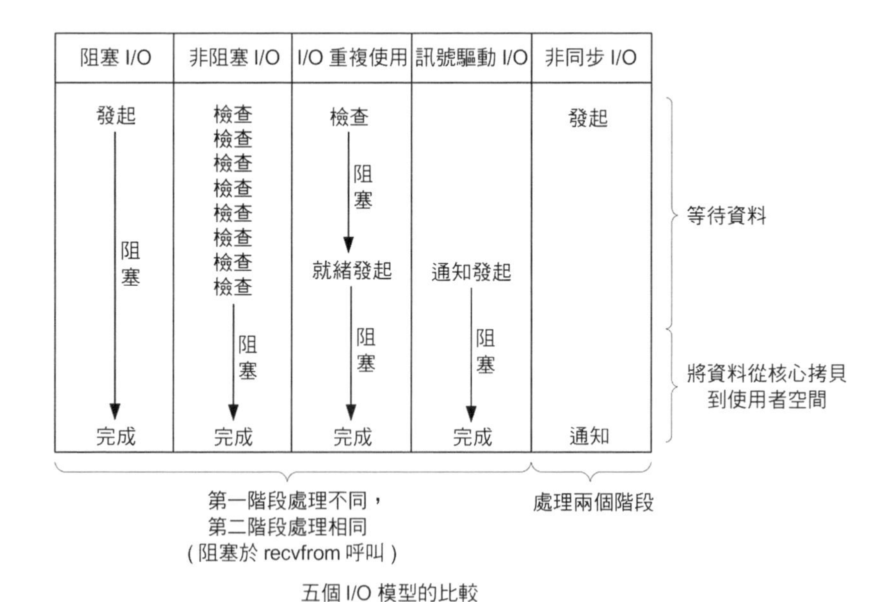

▲ 圖 7-6

前四種 I/O 模型都是和步 I/O 操作，它們的差別在於第一階段，而第二階段是一樣的：在資料從核心複製到應用緩衝區期間（使用者空間），處理程序阻塞於 recvfrom 呼叫。相反，非同步 I/O 模型在等待資料和接收資料的這兩個階段都是非阻塞的，可以處理其他的邏輯，使用者處理程序將整個 I/O 操作交由核心完成，核心完成後會發送通知。在此期間，使用者處理程序不需要檢查 I/O 操作的狀態，也不需要主動拷貝資料。

在了解了 Linux 的 I/O 模型之後，我們就可以進行伺服器設計了。按照循序漸進的原則，我們從最簡單的伺服器講起。

7.2 （分時）循環伺服器

（分時）循環伺服器在同一個時刻只能響應一個用戶端的請求，處理完一個用戶端的工作，才能處理下一個用戶端的工作，就好像分時工作一樣。循環伺服器指的是對用戶端的請求和連接，伺服器在處理完畢一個之後再處理另一個，即連續處理用戶端設備的請求。這種類型的伺服器一般適用於伺服器與用戶端設備一次傳輸的資料量較小，每次互動的時間較短的場合。根據使用的網路通訊協定不同（UDP 或 TCP），循環伺服器又可分為不需連線的循環伺服器和連線導向的循環伺服器。其中，不需連線的循環伺服器也稱 UDP 循環伺服器，它一般用在網路情況較好的場合，比如區域網中。連線導向的循環伺服器使用了 TCP 協定，可靠性大大增強，所以可以用在網際網路上，但銷耗相對不需連線的伺服器來說更大。

7.2.1 UDP 循環伺服器

UDP 循環伺服器的實現方法：UDP 伺服器每次從通訊端上讀取一個用戶端的請求並處理，然後將處理結果傳回給用戶端。演算法流程如下：

```
socket(...);
bind(...);
while(1)
{
recvfrom(...);
process(...);
sendto(...);
}
```

因為 UDP 是不需連線的，沒有一個用戶端可以一直佔用伺服器端，伺服器能滿足每一個用戶端的請求。

【例 7.1】一個簡單的 UDP 循環伺服器。

（1）打開 VC2017，建立一個 Linux 主控台專案，專案名稱是 udpserver，該專案作為伺服器端程式。在專案中打開 main.cpp，輸入程式如下：

```
#include <sys/types.h>
#include <sys/socket.h>
#include <netinet/in.h>
#include <arpa/inet.h>
#include <string.h>
#include <unistd.h>
#include <errno.h>
#include <stdio.h>
char rbuf[50], sbuf[100];
int main()
{
    int sockfd, size, ret;
    char on = 1;
    struct sockaddr_in saddr;
    struct sockaddr_in raddr;

    //設定位址資訊，IP資訊
    size = sizeof(struct sockaddr_in);
    memset(&saddr, 0, size);
    saddr.sin_family = AF_INET;
```

```
    saddr.sin_port = htons(8888);
    saddr.sin_addr.s_addr = htonl(INADDR_ANY);

    //建立 UDP 通訊端
    sockfd = socket(AF_INET, SOCK_DGRAM, 0);
    if (sockfd < 0)
    {
        puts("socket failed");
        return -1;
    }
    //設定通訊埠重複使用
    setsockopt(sockfd, SOL_SOCKET, SO_REUSEADDR, &on, sizeof(on));
    //綁定位址資訊，IP 資訊
    ret = bind(sockfd, (struct sockaddr*)&saddr, sizeof(struct sockaddr));
    if (ret < 0)
    {
        puts("sbind failed");
        return -1;
    }
    int  val = sizeof(struct sockaddr);

    while (1)           //迴圈接收用戶端發來的訊息
    {
        puts("waiting data");
        ret = recvfrom(sockfd, rbuf, 50, 0, (struct sockaddr*)&raddr,
(socklen_t*)&val);
        if (ret < 0) perror("recvfrom failed");
         printf("recv data :%s\n", rbuf);
        sprintf(sbuf,"server has received your data(%s)\n", rbuf);
        ret = sendto(sockfd, sbuf, strlen(sbuf), 0, (struct
sockaddr*)&raddr, sizeof(struct sockaddr));
        memset(rbuf, 0, 50);
    }
    close(sockfd); //關閉 UDP 通訊端
    getchar();
    return 0;
}
```

在此程式中，建立了一個 UDP 通訊端，設定通訊埠重複使用，綁定 socket 位址後就透過一個 while 迴圈等待用戶端發來的訊息。沒有資料過來就在 recvfrom 函數上阻塞著，有訊息就列印出來，並組成一個新的訊息（存於 sbuf）後用 sendto 發給用戶端。

（2）設計用戶端程式。為了更貼近最前線企業級實戰環境，我們準備把用戶端程式放到 Windows 系統上去，因為很多網路系統都是在 Linux 上執行伺服器端，而用戶端大多執行在 Windows 上。所以我們有必要在學習階段就要貼近最前線實戰環境。把用戶端放到 Windows 上的另外一個好處是我們可以充分利用宿主機，這樣我們的網路程式就是執行在兩台主機上了，伺服器端執行在虛擬機器 Ubuntu 上，用戶端執行在宿主機 Windows 7 上，這樣可以更進一步地模擬網路環境。

再打開另外一個 VC2017，然後建立一個 Windows 主控台應用程式，專案名稱是 client，輸入用戶端程式，打開 sbuf.cpp，輸入程式如下：

```
#include "pch.h"
#include <stdio.h>
#include <winsock.h>
#pragma comment(lib,"wsock32")          // 宣告引用函數庫
#define  BUF_SIZE  200
#define PORT 8888
char wbuf[50], rbuf[100];
int main()
{
    SOCKET  s;
    int     len;
    WSADATA  wsadata;
    struct hostent *phe;                  /*host information     */
    struct servent *pse;                  /* server information  */
    struct protoent *ppe;                 /*protocol information */
    struct sockaddr_in saddr,raddr;       /*endpoint IP address  */
    int fromlen,ret,type;
    if (WSAStartup(MAKEWORD(2, 0), &wsadata) != 0)
    {
```

```
        printf("WSAStartup failed\n");
        WSACleanup();
        return -1;
    }
    memset(&saddr, 0, sizeof(saddr));
    saddr.sin_family = AF_INET;
    saddr.sin_port = htons(PORT);
    saddr.sin_addr.s_addr = inet_addr("192.168.0.153");

    /**** get protocol number  from protocol name  ****/
    if ((ppe = getprotobyname("UDP")) == 0)
    {
        printf("get protocol information error \n");
        WSACleanup();
        return -1;
    }
    s = socket(PF_INET, SOCK_DGRAM, ppe->p_proto);
    if (s == INVALID_SOCKET)
    {
        printf(" creat socket error \n");
        WSACleanup();
        return -1;
    }
    fromlen = sizeof(struct sockaddr); // 注意 fromlen 必須是 sockaddr
                                          結構的大小
    printf("please enter data:");
    scanf_s("%s", wbuf, sizeof(wbuf));
    ret = sendto(s, wbuf, sizeof(wbuf), 0, (struct sockaddr*)&saddr,
sizeof(struct sockaddr));
    if (ret < 0) perror("sendto failed");
    len = recvfrom(s, rbuf, sizeof(rbuf), 0, (struct sockaddr*)&raddr,
&fromlen);
    if(len < 0) perror("recvfrom failed");
    printf("server reply:%s\n", rbuf);

    closesocket(s);
    WSACleanup();
    return 0;
}
```

程式中首先用函數庫函數 WSAStartup 初始化 Windows socket 函數庫，然後設定伺服器端的 socket 位址 saddr，包括 IP 位址和通訊埠編號。然後呼叫 socket 函數建立一個 UDP 通訊端，如果成功就進入 while 迴圈，開始發送、接收操作，當使用者輸入字元 q 即可退出迴圈。

（3）儲存專案並執行。先執行伺服器端程式，然後在 VC 中按快速鍵 Ctrl+F5 執行用戶端程式，用戶端執行結果如圖 7-7 所示。

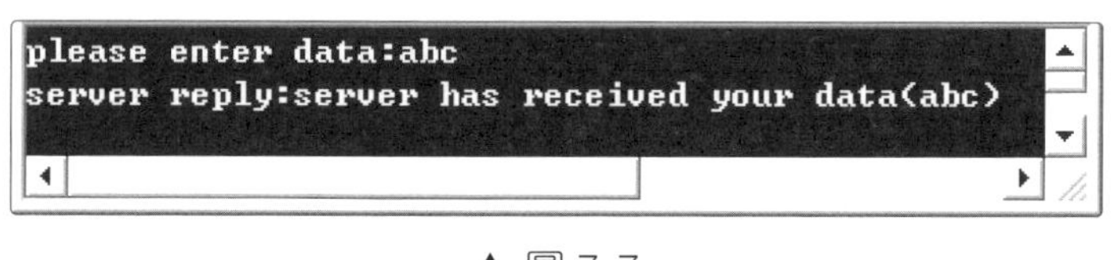

▲ 圖 7-7

伺服器端程式執行結果如下所示：

```
waiting data
recv data :abc
waiting data
```

如果開啟多個用戶端程式，則伺服器端也可以為多個用戶端程式進行服務，因為我們現在的伺服器端工作邏輯很簡單，即組織一下字串然後發給用戶端，接著就可以繼續為下一個用戶端服務了。這也是分時循環伺服器的特點，只能處理耗時較少的工作。

7.2.2 TCP 循環伺服器

TCP 伺服器接受一個用戶端的連接，然後處理，完成了這個客戶的所有請求後，斷開連接。

連線導向的循環伺服器的工作步驟如下：

Step 1 建立通訊端並將其綁定到指定通訊埠，然後開始監聽。

Step 2 當用戶端連接到來時 , accept 函數傳回新的連接通訊端。

Step 3 伺服器在該通訊端上進行資料的接收和發送。

Step 4 在完成與該用戶端的互動後關閉連接，傳回執行步驟（2）。

寫成演算法虛擬程式碼就是：

```
socket(...);
bind(...);
listen(...);
while(1)
{
accept(...);
process(...);
close(...);
}
```

TCP 循環伺服器一次只能處理一個用戶端的請求。只有在這個客戶的所有請求都滿足後，伺服器才可以繼續後面的請求。如果有一個用戶端佔住伺服器不放，則其他的用戶端都不能工作，因此 TCP 伺服器一般很少用循環伺服器模型。

【例 7.2】一個簡單的 TCP 循環伺服器。

（1）打開 VC2017，建立一個 Linux 主控台專案，專案名稱是 tcpServer。在 main.cpp 中輸入程式如下：

```
#include <sys/types.h>
#include <sys/socket.h>
#include <netinet/in.h>
#include <arpa/inet.h>
#include <string.h>
#include <unistd.h>
#include <errno.h>
#include <stdio.h>
#define  BUF_SIZE  200
#define PORT 8888

int main()
{
    struct   sockaddr_in fsin;
```

```
int       clisock,alen, connum = 0, len, s;
char      buf[BUF_SIZE] = "hi,client", rbuf[BUF_SIZE];
struct  servent  *pse;     /* server information    */
struct  protoent *ppe;     /* proto information     */
struct sockaddr_in sin;    /* endpoint IP address   */

memset(&sin, 0, sizeof(sin));
sin.sin_family = AF_INET;
sin.sin_addr.s_addr = INADDR_ANY;
sin.sin_port = htons(PORT);

s = socket(PF_INET, SOCK_STREAM, 0);
if (s == -1)
{
    printf("creat socket error \n");
    getchar();
    return -1;
}
if (bind(s, (struct sockaddr *)&sin, sizeof(sin)) == -1)
{
    printf("socket bind error \n");
    getchar();
    return -1;
}
if (listen(s, 10) == -1)
{
    printf("  socket listen error \n");
    getchar();
    return -1;
}
while (1)
{
    alen = sizeof(struct sockaddr);
    puts("waiting client...");
    clisock = accept(s, (struct sockaddr *)&fsin,(socklen_t*)&alen);
    if (clisock == -1)
    {
        printf("accept failed\n");
        getchar();
```

```
            return -1;
        }
        connum++;
        printf("%d  client  comes\n", connum);
        len = recv(clisock, rbuf, sizeof(rbuf), 0);
        if (len < 0) perror("recv failed");
        sprintf(buf,"Server has received your data(%s).", rbuf);
        send(clisock, buf, strlen(buf), 0);
        close(clisock);
    }
    return 0;
}
```

在此程式中，每次接受了一個用戶端連接，就發送一段資料，然後關閉用戶端連接，這就算一次服務過程。然後再次監聽下一個用戶端的連接請求。

（2）再次打開一個 VC2017，建立一個 Windows 主控台應用程式，專案名稱是 client。

（3）在 client.cpp 中輸入程式如下：

```
#include "pch.h"
#include <stdio.h>
#include <winsock.h>
#pragma comment(lib,"wsock32")

#define  BUF_SIZE  200
#define PORT 8888
char wbuf[50], rbuf[100];
int main()
{
    char   buff[BUF_SIZE];
    SOCKET  s;
    int    len;
    WSADATA  wsadata;

    struct hostent *phe;          /*host information     */
```

```
    struct servent *pse;          /* server information  */
    struct protoent *ppe;         /*protocol information */
    struct sockaddr_in saddr;     /*endpoint IP address  */
    int   type;

    if (WSAStartup(MAKEWORD(2, 0), &wsadata) != 0)
    {
        printf("WSAStartup failed\n");
        WSACleanup();
        return -1;
    }
    memset(&saddr, 0, sizeof(saddr));
    saddr.sin_family = AF_INET;
    saddr.sin_port = htons(PORT);
    saddr.sin_addr.s_addr = inet_addr("192.168.0.153");

    s = socket(PF_INET, SOCK_STREAM, 0);
    if (s == INVALID_SOCKET)
    {
        printf(" creat socket error \n");
        WSACleanup();
        return -1;
    }
    if (connect(s, (struct sockaddr *)&saddr, sizeof(saddr)) == SOCKET_
ERROR)
    {
        printf("connect socket  error \n");
        WSACleanup();
        return -1;
    }

    printf("please enter data:");
    scanf_s("%s", wbuf, sizeof(wbuf));
    len = send(s, wbuf, sizeof(wbuf), 0);
    if (len < 0) perror("send failed");
    len = recv(s, rbuf, sizeof(rbuf), 0);
    if (len < 0) perror("recv failed");
    printf("server reply:%s\n", rbuf);
    closesocket(s);          //關閉通訊端
```

```
    WSACleanup();              //釋放 winsock 函數庫
    return 0;
}
```

用戶端程式連接伺服器成功後，就發送一段使用者輸入的資料，然後接收伺服器端的資料，接收成功後列印輸出，然後關閉通訊端，並釋放 Winsock 函數庫，結束程式。

（4）儲存專案並執行，先執行伺服器端，再執行用戶端，用戶端執行結果如圖 7-8 所示。

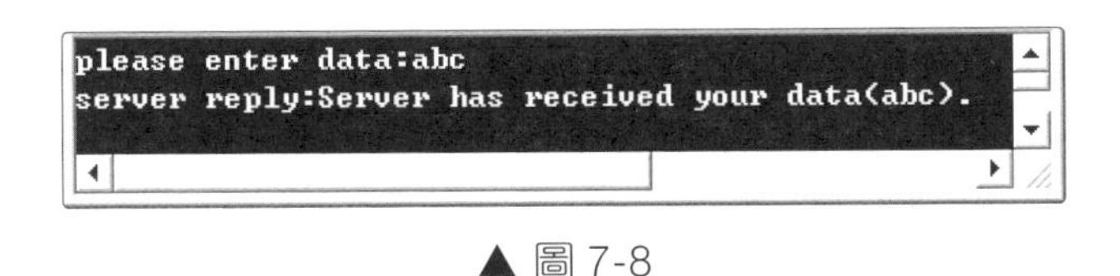

▲ 圖 7-8

伺服器端執行結果如下所示：

```
waiting client...
1  client  comes
waiting client...
```

7.3 多處理程序併發伺服器

在 Linux 環境下的多處理程序應用很多，其中最主要的就是用戶端 / 伺服器應用。多處理程序伺服器是指當用戶端有請求時，伺服器用一個子處理程序來處理客戶請求，父處理程序繼續等待其他用戶端的請求。這種方法的優點是當用戶端有請求時，伺服器能即時處理，特別是在用戶端伺服器互動系統中。對於一個 TCP 伺服器，用戶端與伺服器的連接可能不會馬上關閉，而會等到用戶端提交某些資料後再關閉，這段時間伺服器端的處理程序會阻塞，所以這時作業系統可能排程其他用戶端服務處理程序，這比起循環伺服器大大提高了服務性能。

多處理程序伺服器，關鍵在於多處理程序，我們有必要先溫故一下 fork 函數。理解好 fork 函數，是設計多處理程序併發伺服器的關鍵。在 Linux 系統內，建立子處理程序的方法是使用系統呼叫 fork 函數。fork 函數是 Linux 系統內一個非常重要的函數，它與我們之前學過的函數有顯著的區別：fork 函數呼叫一次會得到兩個傳回值。該函數宣告如下：

```
#include<sys/types.h>
#include<unistd.h>
pid_t fork();
```

若成功呼叫一次則傳回兩個值，子處理程序傳回 0，父處理程序傳回子處理程序 ID（大於 0）；否則出錯傳回 -1。

fork 函數用於從一個已經存在的處理程序內建立一個新的處理程序，新的處理程序稱為「子處理程序」，對應地稱建立子處理程序的處理程序為「父處理程序」。使用 fork 函數得到的子處理程序是父處理程序的複製品，子處理程序完全複製了父處理程序的資源，包括處理程序上下文、程式區、資料區、堆積區域、堆疊區域、記憶體資訊、打開檔案的檔案描述符號、訊號處理函數、處理程序優先順序、處理程序組號、當前工作目錄、根目錄、資源限制和控制終端等資訊，而子處理程序與父處理程序的區別在於處理程序號、資源使用情況和計時器等。注意，子處理程序持有的是上述儲存空間的「副本」，這表示父處理程序與子處理程序間不共用這些儲存空間。

由於複製父處理程序的資源需要大量的操作，十分浪費時間與系統資源，因此 Linux 核心採取了寫入時拷貝技術（Copy on Write）來提高效率。由於子處理程序幾乎對父處理程序是完全複製，因此父、子處理程序會同時執行同一個程式。因此我們需要某種方式來區分父、子處理程序。區分父、子處理程序常見的方法為查看 fork 函數的傳回值或區分父、子處理程序的 PID。

比以下列程式用 fork 函數建立子處理程序，父、子處理程序分別輸出不同的資訊：

```
#include<stdio.h>
#include<sys/types.h>
#include<unistd.h>
int main()
{
    pid_t pid;
    pid = fork();  // 獲得 fork() 的傳回值，根據傳回值判斷父處理程序 / 子處理
程式
    if(pid==-1)    // 若傳回值為 -1，表示建立子處理程序失敗
    {
        perror("cannot fork");
        return -1;
    }
    else if(pid==0)    // 若傳回值為 0，表示該部分程式為子處理程序
    {
        printf("This is child process\n");
        printf("pid is %d, My PID is %d\n",pid,getpid());
    }
    else// 若傳回值 >0，則表示該部分為父處理程序程式，傳回值是子處理程序的 PID
    {
        printf("This is parent process\n");
        printf("pid is %d, My PID is %d\n",pid,getpid());
        //getpid() 獲得的是自己的處理程序號
    }
    return 0;
}
```

第一次使用 fork 函數的同學可能會有一個疑問：fork 函數怎麼會得到兩個傳回值，而且兩個傳回值都使用變數 PID 儲存，這樣不會衝突嗎？

在使用 fork 函數建立子處理程序的時候，我們的頭腦內始終要有一個概念：在呼叫 fork 函數前是一個處理程序在執行這段程式，而呼叫 fork 函數後就變成了兩個處理程序在執行這段程式。兩個處理程序所執行的程式完全相同，都會執行接下來的 if-else 判斷敘述區塊。

當子處理程序從父處理程序內複製後，父處理程序與子處理程序內都有一個 PID 變數：在父處理程序中，fork 函數會將子處理程序的 PID 傳回給父處理程序，即父處理程序的 PID 變數內儲存的是一個大於 0 的整數；而在子處理程序中，fork 函數會傳回 0，即子處理程序的 PID 變數內儲存的是 0；如果建立處理程序出現錯誤，則會傳回 -1，不會建立子處理程序。fork 函數一般不會傳回錯誤，若 fork 函數傳回錯誤，則可能是當前系統內處理程序已經達到上限或記憶體不足。

> **注意**
> 父、子處理程序的執行先後順序是完全隨機的（取決於系統的排程），也就是說在使用 fork 函數的預設情況下，無法控制父處理程序在子處理程序前進行還是子處理程序在父處理程序前進行。另外要注意的是子處理程序完全複製了父處理程序的資源，如果是核心物件的話，那麼就是引用計數加 1，比如檔案描述符號等；如果是非核心物件，比如 int i=1;，子處理程序中 i 也是 1，如果子處理程序給予值 i=2，不會影響父處理程序的值。

TCP 多處理程序併發伺服器的思想是每一個用戶端的請求並不由伺服器直接處理，而是由伺服器建立一個子處理程序來處理，其程式設計模型如圖 7-9 所示。

其中 fork 函數用於建立子處理程序。如果 fork 傳回 0，則後面是子處理程序要執行的程式，如圖 7-9 中 if(fork()==0) 敘述中的程式是子處理程序執行的程式。在子處理程序程式中，先要關閉一次監聽通訊端，因為監聽通訊端屬於核心物件，建立子處理程序的時候，會導致作業系統底層對該核心物件的引用計數加 1，也就表示現在該描述符號對應的底層結構的引用計數會是 2，而只有當它的引用計數是 0 時，這個監聽描述符號才算真正關閉，因此子處理程序中需要關閉一次，讓引用計數變為 1，然後父處理程序中再關閉時，就會變為 0 了。子處理程序中關掉監聽通訊端後，主處理程序監聽功能不受影響（因為沒有真正關閉，底層該核心的物件的引用計數為 1，而非 0），然後執行 fun 函數，fun 函數是處理子處理程序工作的功能函數，執行結束後，就關閉子處理程序連接通訊端 connfd（子處理程序任務處理結束了，可以準備和用戶端斷開了）。到此子處理程序全部執行完畢。而父處理程序執行 if 外面的程式，由於 connfd 也是被子處理程序複製了一次，導致底層核心物件的引用計數為 2 了，所以父處理程序程式中也要將其關閉一次，其實就是讓核心物件引用計數減 1，這樣子處理程序中呼叫 close(connfd) 時就可以真正關閉了（核心物件引用計數變為 0 了）。父處理程序執行完 close(connfd) 後，就繼續下一輪迴圈，執行 accept 函數，阻塞等待新的用戶端連接。

```
1   #include <头文件>
2   int main(int argc, char *argv[])
3   {
4       创建套接字sockfd
5       绑定(bind)套接字sockfd
6       监听(listen)套接字sockfd
7
8       while(1)
9       {
10          int connfd = accept();
11
12          if(fork() == 0)     //子进程
13          {
14              close(sockfd);  //关闭监听套接字sockfd
15
16              fun();          //服务客户端的具体事件在fun里实现
17
18              close(connfd);  //关闭已连接套接字connfd
19              exit(0);        //结束子进程
20          }
21          close(connfd);      //关闭已连接套接字connfd
22      }
23      close(sockfd);
24      return 0;
25  }
```

▲ 圖 7-9（編按：本圖例為簡體中文介面）

【例 7.3】一個簡單的多處理程序 TCP 伺服器。

（1）打開 VC2017，建立一個 Linux 主控台專案，專案名稱是 tcpForkServer。在 main.cpp 中輸入程式如下：

```
#include <cstdio>
#include <stdio.h>
```

```
#include <stdlib.h>
#include <string.h>
#include <unistd.h>
#include <sys/socket.h>
#include <netinet/in.h>
#include <arpa/inet.h>

int main(int argc, char *argv[])
{
    unsigned short port = 8888;                     // 伺服器端通訊埠
    char on = 1;
    int sockfd = socket(AF_INET, SOCK_STREAM, 0);   // 建立 TCP 通訊端
    if (sockfd < 0)
    {
        perror("socket");
        exit(-1);
    }
    // 設定本地網路資訊
    struct sockaddr_in my_addr;
    bzero(&my_addr, sizeof(my_addr));             // 清空
    my_addr.sin_family = AF_INET;                 //IPv4
    my_addr.sin_port = htons(port);               // 通訊埠
    my_addr.sin_addr.s_addr = htonl(INADDR_ANY);  //IP
    setsockopt(sockfd, SOL_SOCKET, SO_REUSEADDR, &on, sizeof(on));
    // 通訊埠重複使用
    int err_log = bind(sockfd, (struct sockaddr*)&my_addr, sizeof
(my_addr));
                                                  // 綁定
    if (err_log != 0)
    {
        perror("binding");
        close(sockfd);
        getchar();
        exit(-1);
    }
    err_log = listen(sockfd, 10);                 // 監聽，通訊端變被動
    if (err_log != 0)
    {
        perror("listen");
```

```
        close(sockfd);
        exit(-1);
    }
    while (1)                           // 主處理程序迴圈等待用戶端的連接
    {
        char cli_ip[INET_ADDRSTRLEN] = { 0 };
        struct sockaddr_in client_addr;
        socklen_t cliaddr_len = sizeof(client_addr);
        puts("Father process is waitting client...");
        // 等待用戶端連接，如果有連接過來則取出用戶端已完成的連接
        int connfd = accept(sockfd, (struct sockaddr*)&client_addr,
&cliaddr_len);
        if (connfd < 0)
        {
            perror("accept");
            close(sockfd);
            exit(-1);
        }
        pid_t pid = fork();
        if (pid < 0) {
            perror("fork");
            _exit(-1);
        }
        else if (0 == pid) {// 子處理程序接收用戶端的資訊，並傳回給用戶端
            close(sockfd); // 關閉監聽通訊端，這個通訊端是從父處理程序繼承
過來的
            char recv_buf[1024] = { 0 };
            int recv_len = 0;
            // 列印用戶端的 IP 位址和通訊埠編號
            memset(cli_ip, 0, sizeof(cli_ip));          // 清空
            inet_ntop(AF_INET, &client_addr.sin_addr, cli_ip,
INET_ADDRSTRLEN);
            printf("-----------------------------------------\n");
            printf("client ip=%s,port=%d\n", cli_ip, ntohs(client_addr.
sin_port));
            // 迴圈接收資料
            while((recv_len = recv(connfd, recv_buf, sizeof(recv_buf),
0)) > 0)
            {
```

```
                printf("recv_buf: %s\n", recv_buf); // 列印資料
                send(connfd, recv_buf, recv_len, 0);// 給用戶端傳回資料
            }
            printf("client_port %d closed!\n", ntohs(client_addr.sin_
port));
            close(connfd);                                  // 關閉已連接通訊端
            exit(0);                                        // 子處理程序結束
        }
        else if (pid > 0)                                   // 父處理程序
            close(connfd);                                  // 關閉已連接通訊端
    }
    close(sockfd);
    return 0;
}
```

此程式中首先建立 TCP 通訊端，然後綁定到通訊端，接著開始監聽。隨後開啟 while 迴圈等待用戶端連接，如果有連接過來則取出用戶端已完成的連接，此時呼叫 fork 函數建立子處理程序，對該用戶端進行處理。這裡處理的邏輯很簡單，先是列印下用戶端的 IP 位址和通訊埠編號，然後把用戶端發來的資料，再原樣送還回去，如果用戶端關閉連接，則迴圈接收資料結束，最後子處理程序結束。而父處理程序更簡單，fork 後就關閉連接通訊端（實質是讓核心計數器減 1），然後就繼續等待下一個用戶端連接了。

（2）設計用戶端。為了貼近最前線開發實際情況，我們依舊把用戶端放在 Windows 上，實現 Windows 和 Linux 相結合，也是為了更進一步地利用機器資源，即透過虛擬機器和宿主機就可以建構出一個最簡單的網路環境。用戶端程式不再贅述。

（3）儲存專案並執行，先執行伺服器端程式，再執行 3 個用戶端程式。第一個用戶端程式可以直接在 VC 中按快速鍵 Ctrl+F5 執行，後兩個用戶端程式可以在 VC 的「方案總管」中，按滑鼠右鍵 client，然後在快顯功能表上選擇「偵錯」|「啟動新實例」來執行，當 3 個用戶端程式執行起來後，伺服器端就顯示收到了 3 個連接，程式如下所示：

```
Father process is waitting client...
Father process is waitting client...
---------------------------------------------
client ip=192.168.0.177,port=2646
Father process is waitting client...
---------------------------------------------
client ip=192.168.0.177,port=2650
Father process is waitting client...
---------------------------------------------
client ip=192.168.0.177,port=2651
```

可以看到，用戶端的 IP 位址都一樣，但通訊埠編號不同，說明是 3 個不同的用戶端處理程序發來的請求。而且 "Father process is waitting client..." 這句話可能在子處理程序列印的 "client ip=..." 敘述之前或之後，說明父處理程序程式和子處理程序程式具體誰先執行，是不可預知的，是由作業系統排程的。

此時 3 個用戶端都在等待輸入訊息，如圖 7-10 所示。

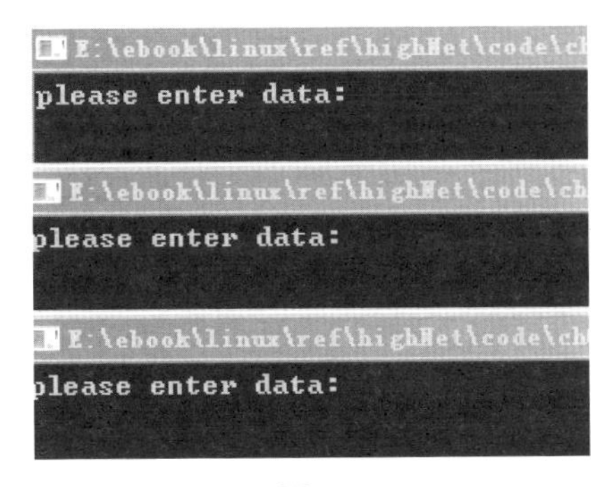

▲ 圖 7-10

我們分別為 3 個用戶端輸入訊息，比如 "aaa"、"bbb" 和 "ccc"，然後就可以發現伺服器端能收到訊息了，程式如下：

```
Father process is waitting client...
Father process is waitting client...
---------------------------------------------
client ip=192.168.0.177,port=2646
```

```
Father process is waitting client...
------------------------------------------------
client ip=192.168.0.177,port=2650
Father process is waitting client...
------------------------------------------------
client ip=192.168.0.177,port=2651
recv_buf: aaa
client_port 2646 closed!
recv_buf: bbb
client_port 2650 closed!
recv_buf: ccc
client_port 2651 closed!
```

7.4 多執行緒併發伺服器

多執行緒伺服器是對多處理程序的伺服器的改進，由於多處理程序伺服器在建立處理程序時要消耗較大的系統資源，所以用執行緒來取代處理程序，這樣服務處理常式可以較快地建立。據統計，建立執行緒比建立處理程序快 10100 倍，所以又把執行緒稱為「輕量級」處理程序。執行緒與處理程序不同的是：一個處理程序內的所有執行緒共用相同的全域記憶體、全域變數等資訊，這種機制又帶來了同步問題。

前面我們設計的伺服器只有一個主執行緒，沒有用到多執行緒，現在開始要用多執行緒了。

併發伺服器在同一個時刻可以回應多個用戶端的請求，尤其是針對處理一個用戶端的工作需要較長時間的場合。併發伺服器更多用在 TCP 伺服器上，因為 TCP 伺服器通常用來處理和單一用戶端互動較長的情況。

多執行緒併發 TCP 伺服器可以同時處理多個用戶端請求，併發伺服器常見的設計是「一個請求一個執行緒」：針對每個用戶端請求，主執行緒都會單獨建立一個工作者執行緒，由工作者執行緒負責和用戶端進行通訊。多執行緒併發伺服器的工作模型如圖 7-11 所示。

```
1   #include <头文件>
2   int main(int argc, char *argv[])
3   {
4       创建套接字sockfd
5       绑定(bind)套接字sockfd
6       监听(listen)套接字sockfd
7   
8       while(1)
9       {
10          int connfd = accept();
11          pthread_t tid;
12          pthread_create(&tid, NULL, (void *)client_fun, (void *)connfd);
13          pthread_detach(tid);
14      }
15      close(sockfd); //关闭监听套接字
16      return 0;
17  }
18  void *client_fun(void *arg)
19  {
20      int connfd = (int)arg;
21      fun();//服务于客户端的具体程序
22      close(connfd);
23  }
```

▲ 圖 7-11（編按：本圖例為簡體中文介面）

在圖 7-11 的程式中，首先是建立通訊端、綁定和監聽。然後開啟 while 迴圈，阻塞等待用戶端的連接，如果有連接過來，則用非阻塞函數 pthread_create 建立一個執行緒，執行緒函數是 client_fun，在這個執行緒函數中具體處理和用戶端打交道的工作，而主執行緒的 pthread_create 後面的程式會繼續執行下去（不會等到 client_fun 結束傳回）。然後呼叫 pthread_detach 函數將該子執行緒的狀態設定為 detach，這樣該子執行緒執行結束後會自動釋放所有資源（自己清理掉 PCB 的殘留資源）。pthread_detach 函數也是非阻塞函數，執行完畢後就回到迴圈本體開頭繼續執行 accept 等待新的用戶端連接。

注意

Linux 執行緒執行和 Windows 不同，pthread_create 建立的執行緒有兩種狀態：joinable 和 unjoinable（也就是 detach）。如果執行緒是 joinable 狀態，當執行緒函數自己傳回退出時或 pthread_exit 時都不會釋放執行緒所佔用堆疊和執行緒描述符號（總計 8K 多），只有當呼叫了 pthread_join 之後這些資源才會被釋放。若執行緒是 unjoinable 狀態，

> 這些資源在執行緒函數退出時或 pthread_exit 時會被自動釋放。一般情況下，執行緒終止後，其終止狀態一直保留到其他執行緒呼叫 pthread_join 獲取它的狀態為止（或處理程序終止被回收了）。但是執行緒也可以被置為 detach 狀態，這樣的執行緒一旦終止就立刻回收它佔用的所有資源，而不保留終止狀態。不能對一個已經處於 detach 狀態的執行緒呼叫 pthread_join，這樣的呼叫將傳回 EINVAL 錯誤（22 號錯誤）。也就是說，如果已經對一個執行緒呼叫了 pthread_detach，就不能再呼叫 pthread_join 了。

看起來，多執行緒併發伺服器模型比多處理程序併發伺服器模型更簡單些。下面我們來實現一個簡單的多執行緒併發伺服器。

【例 7.4】一個簡單的多執行緒併發伺服器。

（1）打開 VC2017，建立一個 Linux 主控台專案，專案名稱是 tcpForkServer。在 main.cpp 中輸入程式如下：

```
#include <cstdio>
#include <stdio.h>
#include <stdlib.h>
#include <string.h>
#include <unistd.h>
#include <sys/socket.h>
#include <netinet/in.h>
#include <arpa/inet.h>
#include <pthread.h>
void *client_process(void *arg)      // 執行緒函數，處理用戶端資訊，函數參數
                                        已連接通訊端
{
    int recv_len = 0;
    char recv_buf[1024] = "";        // 接收緩衝區
    long tmp = (long)arg;            //64 位元 Ubuntu 上 long 是 64 位元
    int connfd = (int)tmp;           // 傳過來的已連接通訊端
    // 接收資料
    while ((recv_len = recv(connfd, recv_buf, sizeof(recv_buf), 0)) > 0)
    {
```

```
        printf("recv_buf: %s\n", recv_buf);     // 列印資料
        send(connfd, recv_buf, recv_len, 0);    // 給用戶端傳回資料
    }
    printf("client closed!\n");
    close(connfd);                              // 關閉已連接通訊端
    return     NULL;
}
int main()                                  // 主函數，建立一個 TCP 併發伺服器
{
    int sockfd = 0, connfd = 0,err_log = 0;
    char on = 1;
    struct sockaddr_in my_addr;                 // 伺服器位址結構
    unsigned short port = 8888;                 // 監聽通訊埠
    pthread_t thread_id;
    sockfd = socket(AF_INET, SOCK_STREAM, 0);   // 建立 TCP 通訊端
    if (sockfd < 0)
    {
        perror("socket error");
        exit(-1);
    }
    bzero(&my_addr, sizcof(my_addr));           // 初始化伺服器位址
    my_addr.sin_family = AF_INET;
    my_addr.sin_port = htons(port);
    my_addr.sin_addr.s_addr = htonl(INADDR_ANY);
    printf("Binding server to port %d\n", port);
    setsockopt(sockfd, SOL_SOCKET, SO_REUSEADDR, &on, sizeof(on));
      // 通訊埠重複使用
    err_log = bind(sockfd, (struct sockaddr*)&my_addr, sizeof(my_addr));
                                                // 綁定
    if (err_log != 0)
    {
        perror("bind");
        close(sockfd);
        getchar();
        exit(-1);
    }
    err_log = listen(sockfd, 10);               // 監聽，通訊端變被動
    if (err_log != 0)
    {
```

```
        perror("listen");
        close(sockfd);
        exit(-1);
    }
    while (1)
    {
        char cli_ip[INET_ADDRSTRLEN] = "";      // 用於儲存用戶端 IP 位址
        struct sockaddr_in client_addr;         // 用於儲存用戶端位址
        socklen_t cliaddr_len = sizeof(client_addr);  // 必須初始化
        printf("Waiting client...\n");
        // 獲得一個已經建立的連接
        connfd = accept(sockfd, (struct sockaddr*)&client_addr,
&cliaddr_len);
        if (connfd < 0)
        {
            perror("accept this time");
            continue;
        }
        // 列印用戶端的 IP 位址和通訊埠編號
        inet_ntop(AF_INET, &client_addr.sin_addr, cli_ip, INET_ADDRSTRLEN);
        printf("----------------------------------------------\n");
        printf("client ip=%s,port=%d\n", cli_ip, ntohs(client_addr.sin_
port));
        if (connfd > 0)
        {
            // 建立執行緒，與同一個處理程序內的所有執行緒共用記憶體和變數，
               因此在傳遞參數時需做特殊處理，傳遞值
         pthread_create(&thread_id, NULL, client_process, (void *)connfd);
                      hread_detach(thread_id);
                      // 執行緒分離，讓子執行緒結束時自動回收資源
        }
    }
    close(sockfd);
    return 0;
}
```

在此程式中，先是建立通訊端、綁定和監聽。然後開啟 while 迴圈阻塞等待用戶端的連接，如果有連接過來，則透過 pthread_create 函數建

立執行緒，並把連接通訊端（connfd）作為參數傳給執行緒函數 client_process。值得注意的是，在 64 位元的 Ubuntu 上，void 的指標類型是 64 位元的，所以在 client_process 中，先要把 arg 給予值給一個 long 型的變數（因為 64 位元的 Ubuntu 上 long 型也是 64 位元），然後再透過 long 變數 tmp 給予值給 connfd。如果想直接把 arg 強制類型轉為 connfd，則會顯示出錯。

（2）設計用戶端。想法就是連接伺服器，然後發送資料並等待接收資料。程式可以直接使用案例 7.4 的程式。

（3）儲存專案並執行。先執行伺服器，再執行用戶端，此時可以發現伺服器端收到連接了，然後再在用戶端上輸入一些訊息，比如 abc，此時可以發現伺服器端能收到訊息了，然後再看用戶端也能收到伺服器發來的回饋訊息了。用戶端執行結果如圖 7-12 所示。

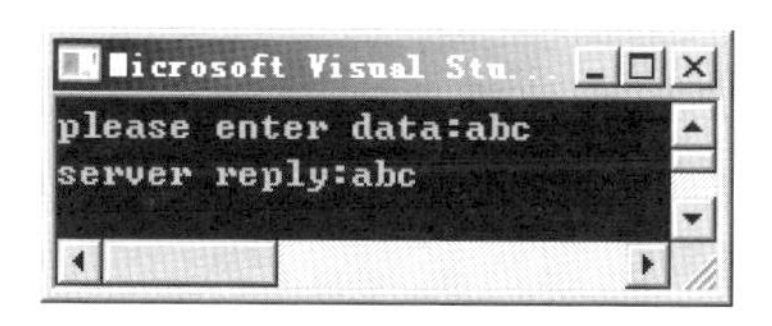

▲ 圖 7-12

伺服器端的執行結果如下所示：

```
Binding server to port 8888
Waiting client...
----------------------------------------------
client ip=192.168.0.177,port=10955
Waiting client...
recv_buf: abc
client closed!
```

另外，我們也可以多啟動幾個用戶端，過程不再贅述。

7.5 I/O 多工的伺服器

當用戶端連接變多時，會建立連接相同個數的處理程序或執行緒，當此數值比較大時，如上千個連接，此時執行緒 / 處理程序資料儲存佔用以及 CPU 在上千個處理程序 / 執行緒之間的時間切片排程成本凸顯，造成性能下降。因此需要一種新的模型來解決此問題，基於 I/O 多工模型的伺服器便是一種解決方案。

目前支援 I/O 多工的系統呼叫有 select、pselect、poll、epoll，I/O 多工就是透過一種機制實現一個處理程序可以監視多個描述符號，一旦某個描述符號就緒（一般是讀取就緒或寫入就緒），就能夠通知程式進行對應的讀寫操作。但 select、pselect、poll、epoll 本質上都是同步 I/O，因為它們都需要在讀寫事件就緒後自己負責進行讀寫，也就是説這個讀寫過程是阻塞的，而非同步 I/O 則無須自己負責進行讀寫，非同步 I/O 的實現會負責把資料從核心拷貝到使用者空間。

與多處理程序和多執行緒技術相比，I/O 多工技術的最大優勢是系統銷耗小，系統不必建立處理程序 / 執行緒，也不必維護這些處理程序 / 執行緒，從而大大減小了系統的銷耗。

值得注意的是，epoll 是 Linux 所特有的，而 select 則是 POSIX 所規定的，一般作業系統均可實現。

7.5.1 使用場景

I/O 多工是指核心一旦發現處理程序指定的或多個 I/O 準備讀取，它就通知該處理程序。基於 I/O 多工的伺服器適用以下場合：

（1）當用戶端處理多個描述符號時（一般是互動式輸入和網路 Socket 埠），必須使用 I/O 重複使用。

（2）當一個用戶端同時處理多個 Socket 埠時，這種情況是可能的，但很少出現。

（3）如果一個 TCP 伺服器既要處理監聽 Socket 埠，又要處理已連接 Socket 埠，一般也要用到 I/O 重複使用。

（4）如果一個伺服器既要處理 TCP，又要處理 UDP，一般要使用 I/O 重複使用。

（5）如果一個伺服器要處理多個服務或多個協定，一般要使用 I/O 重複使用。

7.5.2 基於 select 的伺服器

選擇（select）伺服器是一種比較常用的伺服器模型。利用 select 這個系統呼叫可以使 Linux socket 應用程式同時管理多個通訊端。使用 select 可以當執行操作的通訊端滿足讀取或寫入條件時，給應用程式發送通知。收到這個通知後，應用程式再去呼叫對應的收發函數進行資料的接收或發送。

當使用者處理程序呼叫了 select，那麼整個處理程序會被阻塞，與此同時，核心會「監視」所有 select 負責的 socket，當任何一個 socket 中的資料準備好時，select 就會傳回。這時使用者處理程序再呼叫 read 操作，將資料從核心拷貝到使用者處理程序，如圖 7-13 所示。

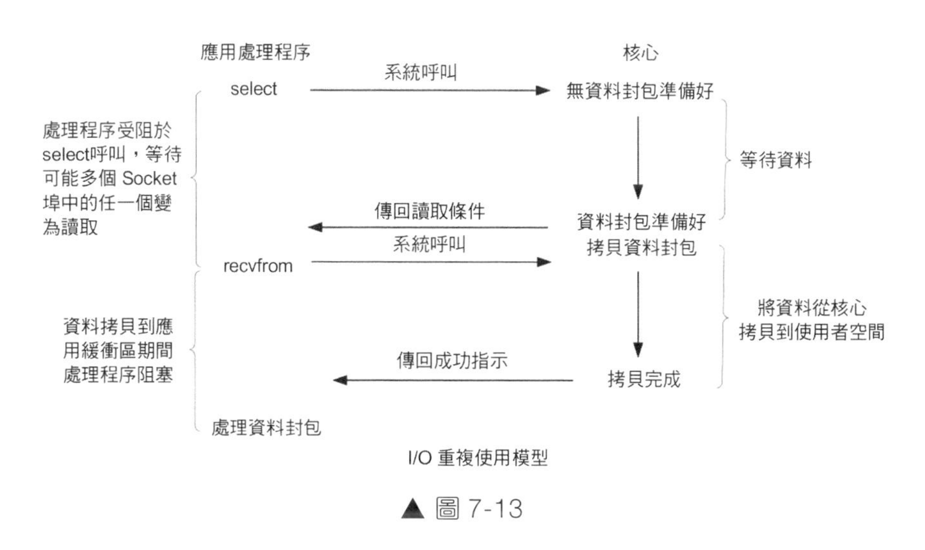

▲ 圖 7-13

透過對 select 函數的呼叫，應用程式可以判斷通訊端是否存在資料、能否向該通訊端寫入資料。比如：在呼叫 recv 函數之前，先呼叫 select 函數，如果系統沒有讀取資料，那麼 select 函數就會阻塞在這裡。當系統存在讀取或寫入資料時，select 函數傳回，就可以呼叫 recv 函數接收資料了。可以看出使用 select 模型，需要呼叫兩次函數。第一次呼叫 select 函數，第二次呼叫收發函數。使用該模式的好處是：可以等待多個通訊端。但 select 有以下幾個缺點：

（1）I/O 執行緒需要不斷地輪詢通訊端集合狀態，浪費了大量 CPU 資源。
（2）不適合管理大量用戶端連接。
（3）性能比較低下，要進行大量查詢和拷貝。

在 Linux 中，我們可以使用 select 函數實現 I/O 通訊埠的重複使用，傳遞給 select 函數的參數會告訴核心以下資訊：

（1）檔案描述符號（select 函數監視的檔案描述符號分三類，分別是 writefds、readfds 和 exceptfds）。
（2）每個描述符號的狀態（是想從一個檔案描述符號中讀或寫，還是關注一個描述符號中是否出現異常）。
（3）要等待的時間（可以等待無限長的時間，等待固定的一段時間，或根本就不等待）。

從 select 函數傳回後，核心會告訴我們以下資訊：

（1）對我們的要求已經做好準備的描述符號的個數。
（2）對於三種條件哪些描述符號已經做好準備（讀、寫、異常）。
（3）有了這些傳回資訊，我們可以呼叫合適的 I/O 函數（通常是 read 或 write），並且這些函數不會再阻塞。select 函數宣告如下：

```
#include <sys/select.h>
int select(int maxfd, fd_set *readfds, fd_set *writefds,fd_set
*exceptfds, struct timeval *timeout);
```

- 參數 nfds：是一個整數值，是指集合中所有檔案描述符號的範圍，即所有檔案描述符號的最大值加 1。在 Linux 系統中，select 的預設最大值為 1024。設定這個值的目的是為了不用每次都去輪詢這 1024 個 fd，假設只需要幾個通訊端，就可以用最大的那個通訊端的值加上 1 作為這個參數的值，當我們在等待是否有通訊端準備就緒時，只需要監測 maxfd+1 個通訊端就可以了，這樣可以減少輪詢時間以及系統的銷耗。

- 參數 readfds：指向 fd_set 結構的指標，類型 fd_set 是一個集合，那麼 readfs 也就是一個集合，裡面可以容納多個檔案描述符號。這個集合中應該包括檔案描述符號，我們要監視這些檔案描述符號的讀取變化，即我們關心是否可以從這些檔案中讀取資料。如果這個集合中有一個檔案讀取，select 就會傳回一個大於 0 的值，表示有檔案讀取。如果沒有讀取的檔案，則再根據 timeout 參數判斷是否逾時，若超出 timeout 的時間，select 傳回 0；若發生錯誤傳回負值，可以傳入 NULL，表示不關心任何檔案的讀取變化。

- 參數 writefds：指向 fd_set 結構的指標，這個集合中應該包括檔案描述符號，我們要監視這些檔案描述符號的寫入變化，即我們關心是否可以向這些檔案中寫入資料。如果這個集合中有一個檔案寫入，select 就會傳回一個大於 0 的值，表示有檔案寫入。如果沒有寫入的檔案，則根據 timeout 參數再判斷是否逾時，若超出 timeout 的時間，select 傳回 0；若發生錯誤傳回負值，可以傳入 NULL，表示不關心任何檔案的寫入變化。

- 參數 exceptfds：用來監視檔案錯誤異常檔案。

- 參數 timeout：表示 select 的等待時間，這個參數一出來就可以知道，可以選擇阻塞，可以選擇非阻塞，還可以選擇定時傳回。當將 timeout 設定為 NULL 時，表明此時 select 是阻塞的；當將 tineout 設定為 timeout->tv_sec = 0，timeout->tv_usec = 0 時，表明這個函數為非阻塞；當將 timeout 設定為非 0 的時間，表明 select 有逾時時間，當這個時間走完，select 函數就會傳回。從這個角度看，可以用 select 來做逾時處理，因為如果使用 recv 函數的話，還需要去設定 recv 的模式，比較麻煩。

在 select 函數傳回時，會在 fd_set 結構中填入對應的通訊端。其中，readfds 陣列將包括滿足以下條件的通訊端：

（1）有資料讀取。此時在此通訊端上呼叫 recv，立即收到對方的資料。

（2）連接已經關閉、重設或終止。

（3）正在請求建立連接的通訊端。此時呼叫 accept 函數會成功。

writefds 陣列包含滿足下列條件的通訊端：

（1）有資料可以發出。此時在此通訊端上呼叫 send，可以向對方發送資料。

（2）呼叫 connect 函數，並連接成功的通訊端。

exceptfds 陣列將包括滿足下列條件的通訊端：

（1）呼叫 connection 函數，但連接失敗的通訊端。

（2）有頻外資料讀取。

timeval 定義如下：

```
structure timeval
{
    long tv_sec;     // 秒
    long tv_usec;    // 毫秒
};
```

當 timeval 為空指標時，select 會一直等待，直到有符合條件的通訊端時才傳回。

當 tv_sec 和 tv_usec 之和為 0 時，無論是否有符合條件的通訊端，select 都會立即傳回。

當 tv_sec 和 tv_usec 之和為非 0 時，如果在等待的時間內有通訊端滿足條件，則該函數將傳回符合條件的通訊端；如果在等待的時間內沒有通訊端滿足設定的條件，則 select 會在時間用完時傳回，並且傳回值為 0。select 函數傳回處於就緒態並且已經被包含在 fd_set 結構中的通訊端總數，如果逾時則傳回 0。

fd_set 類型是一個結構，宣告如下：

```
typedef struct fd_set
{
     u_int fd_count;
     socket fd_array[FD_SETSIZE];
}fd_set;
```

其中，fd_cout 表示該集合通訊端數量，最大為 64；fd_array 為通訊端陣列。

當 select 函數傳回時，它透過移除沒有未決 I/O 操作的通訊端控制碼修改每個 fd_set 集合，使用 select 的好處是程式能夠在單一執行緒內同時處理多個通訊端連接，這避免了阻塞模式下的執行緒膨脹問題。但是，增加到 fd_set 結構的通訊端數量是有限制的，預設情況下，最大值是 FD_SETSIZE，它在 Ubuntu 上的 /usr/inlclude/linux/posix_types.h 中定義為 1024。我們可以把 FD_SETSIZE 定義為某個更大的值以增加 select 所用描述符號集的大小。但是，這樣做通常行不通。因為 select 是在核心中實現的，並把核心的 FD_SETSIZE 定義為上限使用。因此，增大 FD_SETSIZE 還要重新編譯核心。值得注意的是，有些應用程式開始使用 poll 代替 select，這樣可以避開描述符號有限問題。另外，select 的典型實現在描述符號數增大時可能存在擴充性問題。

在呼叫 select 函數對通訊端進行監視之前，必須將要監視的通訊端分配給上述三個陣列中的。然後呼叫 select 函數，當 select 函數傳回時，判斷需要監視的通訊端是否還在原來的集合中，就可以知道該集合是否正在發生 I/O 操作。比如，應用程式想要判斷某個通訊端是否存在讀取的資料，需要進行以下步驟：

Step 1 將該通訊端加入到 readfds 集合。

Step 2 以 readfds 作為第二個參數呼叫 select 函數。

Step 3 當 select 函數傳回時，應用程式判斷該通訊端是否仍然存在於 readfds 集合。

Step 4 如果該通訊端存在與 readfds 集合，則表明該通訊端讀取。此時就可以呼叫 recv 函數接收資料。不然該通訊端不讀取。

在呼叫 select 函數時，readfds、writefds 和 exceptfds 這三個參數至少有一個為不可為空，並且在該不可為空的參數中，必須至少包含一個通訊端，否則 select 函數將沒有任何通訊端可以等待。

為了方便使用，Linux 提供了下列巨集，用來對 fd_set 進行一系列操作。使用以下巨集可以使程式設計工作簡化。

```
void FD_ZERO(fd_set *set);                // 將 set 集合初始化為空集合
void FD_SET(int fd, fd_set *set);         // 將通訊端加入到 set 集合中
void FD_CLR(int fd, fd_set *set);         // 從 set 集合中刪除 s 通訊端
int  FD_ISSET(int fd, fd_set *set);       // 檢查 s 是否為 set 集合的成員
```

巨集 FD_SET 設定檔案描述符號集 fd_set 中對應於檔案描述符號 fd 的位元（設定為 1），巨集 FD_CLR 清除檔案描述符號集 fdset 中對應於檔案描述符號 fd 的位元（設定為 0），巨集 FD_ZERO 清除檔案描述符號集 fdset 中的所有位元（即把所有位元都設定為 0）。使用這 3 個巨集在呼叫 select 前設定描述符號遮罩位元。因為這 3 個描述符號集參數是結果參數，在呼叫 select 後，結果指示哪些描述符號已就緒。使用 FD_ISSET 來檢測檔案描述符號集 fd_set 中對應於檔案描述符號 fd 的位元是否被設定。描述符號集內任何與未就緒描述符號對應的位元傳回時均清成 0，為

此，每次重新呼叫 select 函數時，必須再次把所有描述符號集內所關心的位元設定為 1。其實可以將 fd_set 中的集合看成是二進位元 bit 位元，一位元代表著一個檔案描述符號。0 代表檔案描述符號處於睡眠狀態，沒有資料到來；1 代表檔案描述符號處於準備狀態，可以被應用層處理。

在開發 select 伺服器應用程式時，透過下面的步驟，可以完成對通訊端的讀寫判斷：

Step 1 使用 FD_ZERO 初始化通訊端集合。如 FD_ZERO(&readfds)。

Step 2 使用 FD_SET 將某通訊端放到 readfds 內。如 FD_SET(s，&readfds)。

Step 3 以 readfds 為第二個參數呼叫 select 函數。select 在傳回時會傳回所有 fd_set 集合中通訊端的總個數，並對每個集合進行對應的更新。將滿足條件的通訊端放在對應的集合中。

Step 4 使用 FD_ISSET 判斷 s 是否還在某個集合中。如 FD_ISSET(s，&readfds)。

Step 5 呼叫對應的 Windows socket api 函數對某通訊端操作。

select 傳回後會修改每個 fd_set 結構。刪除不存在的或沒有完成 I/O 操作的通訊端。這也正是在第四步中可以使用 FD_ISSET 來判斷一個通訊端是否仍在集合中的原因。

下面看個例子，該例演示了一個伺服器程式如何使用 select 函數管理通訊端。

【例 7.5】 實現 select 伺服器。

（1）打開 VC2017，首先建立一個 Linux 主控台專案，專案名稱是 test，作為伺服器端。

（2）打開 main.cpp，輸入程式如下：

```
#include <stdio.h>
#include <stdlib.h>
#include <unistd.h>
```

```
#include <errno.h>
#include <string.h>
#include <sys/types.h>
#include <sys/socket.h>
#include <sys/time.h>
#include <netinet/in.h>
#include <arpa/inet.h>

#define MYPORT 8888    // 連接時使用的通訊埠
#define MAXCLINE 5     // 連接佇列中的個數，也就是最多支援 5 個用戶端同時連接
#define BUF_SIZE 200
int fd[MAXCLINE];      // 連接的 fd
int conn_amount;       // 當前的連接數
void showclient()
{
    int i;
    printf("client amount:%d\n", conn_amount);
    for (i = 0; i < MAXCLINE; i++)
        printf("[%d]:%d ", i, fd[i]);
    printf("\n\n");
}
int main(void)
{
    int sock_fd, new_fd;                  // 監聽通訊端，連接通訊端
    struct sockaddr_in server_addr;      // 伺服器端的位址資訊
    struct sockaddr_in client_addr;      // 用戶端的位址資訊
    socklen_t sin_size;
    int yes = 1;
    char buf[BUF_SIZE];
    int ret;
    int i;
    // 建立 sock_fd 通訊端
    if ((sock_fd = socket(AF_INET, SOCK_STREAM, 0)) == -1)
    {
        perror("setsockopt");
        exit(1);
    }
    // 設定 Socket 埠的選項 SO_REUSEADDR，允許在同一個通訊埠啟動伺服器的多個
      實例
```

```
    //setsockopt 的第二個參數 SOL SOCKET 指定系統中解釋選項的等級為普通通訊端
    if (setsockopt(sock_fd, SOL_SOCKET, SO_REUSEADDR, &yes, sizeof(int))
== -1)
    {
        perror("setsockopt error \n");
        exit(1);
    }

    server_addr.sin_family = AF_INET;           // 主機位元組順序
    server_addr.sin_port = htons(MYPORT);
    server_addr.sin_addr.s_addr = INADDR_ANY;   // 通配 IP
    memset(server_addr.sin_zero, '\0', sizeof(server_addr.sin_zero));
    if (bind(sock_fd, (struct sockaddr *)&server_addr, sizeof(server_
addr)) == -1)
    {
        perror("bind error!\n");
        getchar();
        exit(1);
    }
    if (listen(sock_fd, MAXCLINE) == -1)
    {
        perror("listen error!\n");
        exit(1);
    }
    printf("listen port %d\n", MYPORT);
    fd_set fdsr;                        // 檔案描述符號集的定義
    int maxsock;
    struct timeval tv;
    conn_amount = 0;
    sin_size = sizeof(client_addr);
    maxsock = sock_fd;
    while (1)
    {
        // 初始設定檔案描述符號集合
        FD_ZERO(&fdsr);                 // 清除描述符號集
        FD_SET(sock_fd, &fdsr);         // 把 sock_fd 加入描述符號集
        // 逾時的設定
        tv.tv_sec = 30;
        tv.tv_usec = 0;
```

```
// 增加活動的連接
for (i = 0; i < MAXCLINE; i++)
{
    if (fd[i] != 0)
    {
        FD_SET(fd[i], &fdsr);
    }
}
// 如果檔案描述符號中有連接請求，則會做對應的處理，實現 I/O 的重複使用
   和多使用者的連接通訊
ret = select(maxsock + 1, &fdsr, NULL, NULL, &tv);
if (ret < 0)                        // 沒有找到有效的連接，失敗
{
    perror("select error!\n");
    break;
}
else if (ret == 0)                  // 指定的時間到了
{
    printf("timeout \n");
    continue;
}
// 迴圈判斷有效的連接是否有資料到達
for (i = 0; i < conn_amount; i++)
{
    if (FD_ISSET(fd[i], &fdsr))
    {
        ret = recv(fd[i], buf, sizeof(buf), 0);
        if (ret <= 0)  // 用戶端連接關閉，清除檔案描述符號集中的對應
                          的位元
        {
            printf("client[%d] close\n", i);
            close(fd[i]);
            FD_CLR(fd[i], &fdsr);
            fd[i] = 0;
            conn_amount--;
        }
        // 否則有對應的資料發送過來，進行對應的處理
        else
        {
```

```
                    if (ret < BUF_SIZE)
                        memset(&buf[ret], '\0', 1);
                    printf("client[%d] send:%s\n", i, buf);
                    send(fd[i], buf, sizeof(buf), 0);     // 反射回去
                }
            }
        }
        if (FD_ISSET(sock_fd, &fdsr))
        {
            new_fd = accept(sock_fd, (struct sockaddr *)&client_addr,
&sin_size);
            if (new_fd <= 0)
            {
                perror("accept error\n");
                continue;
            }
            // 增加新的 fd 到陣列中，判斷有效的連接數是否小於最大的連接數，如
               果小於的話，就把新的連接通訊端加入集合
            if (conn_amount < MAXCLINE)
            {
                for (i - 0; i < MAXCLINE; i++)
                {
                    if (fd[i] == 0)
                    {
                        fd[i] = new_fd;
                        break;
                    }
                }
                conn_amount++;
                printf("new connection client[%d]%s:%d\n", conn_amount,
inet_ntoa(client_addr.sin_addr), ntohs(client_addr.sin_port));
                if (new_fd > maxsock)
                    maxsock = new_fd;
            }
            else
            {
                printf("max connections arrive ,exit\n");
                send(new_fd, "bye", 4, 0);
                close(new_fd);
```

```
                    continue;
                }
            }
            showclient();
        }

        for (i = 0; i < MAXCLINE; i++)
        {
            if (fd[i] != 0)
            {
                close(fd[i]);
            }
        }
        return 0;
}
```

在此程式中，使用 select 函數可以與多個 socket 通訊，select 本質上都是同步 I/O，因為它們都需要在讀寫事件就緒後自己負責進行讀寫，也就是説這個讀寫過程是阻塞的。程式只是演示 select 函數的使用，即使某個連接關閉以後也不會修改當前連接數，連接數達到最大值後會終止程式。程式使用了一個陣列 fd，通訊開始後把需要通訊的多個 socket 描述符號都放入此陣列。首先生成一個叫 sock_fd 的 socket 描述符號，用於監聽通訊埠，將 sock_fd 和陣列 fd 中不為 0 的描述符號放入 select 將檢查的集合 fdsr。處理 fdsr 中可以接收資料的連接。如果是 sock_fd，表明有新連接加入，將新加入連接的 socket 描述符號放置到 fd。以後 select 再次傳回的時候，可能是有資料要接收了，如果資料讀取，則呼叫 recv 接收資料，並列印出來，然後反射給用戶端。

（3）建立一個 Windows 桌面主控台應用程式作為用戶端專案，專案名稱是 client。程式和上例一樣，這裡不再贅述。其程式很簡單，就是接收使用者輸入，然後發送給伺服器。然後等待伺服器端資料，如果收到則列印出來。

（4）儲存專案，先執行伺服器端，再執行用戶端，可以發現能相互通訊了。用戶端的執行結果如圖 7-14 所示。

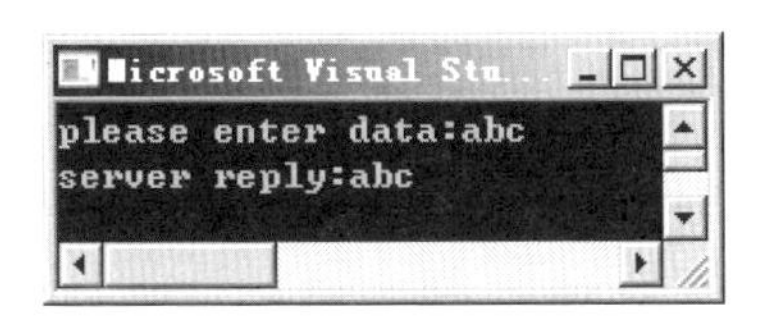

▲ 圖 7-14

伺服器端的執行結果如下：

```
listen port 8888
new connection client[1]192.168.0.167:5761
client amount:1
[0]:4 [1]:0 [2]:0 [3]:0 [4]:0

client[0] send:abc
client amount:1
[0]:4 [1]:0 [2]:0 [3]:0 [4]:0

client[0] close
client amount:0
[0]:0 [1]:0 [2]:0 [3]:0 [4]:0
```

7.5.3 基於 poll 的伺服器

前面我們實現基於 select 函數的 I/O 多工伺服器。select 的優點是目前幾乎在所有的平台上都可用，有著良好的跨平台性。但缺點也明顯，每次呼叫 select 函數，都需要把 fd 集合從使用者態拷貝到核心態，這個銷耗在 fd 很多時會很大，同時每次呼叫 select 都需要在核心遍歷傳遞進來的所有 fd，這個銷耗在 fd 很多時也很大。另外，單一處理程序能夠監視的檔案描述符號的數量存在最大限制，在 Linux 上一般為 1024，可以透過修改巨集定義甚至重新編譯核心的方式提升這一限制，但是這樣也會造成效率的降低。為了突破這個限制，人們提出了透過 poll 系統呼叫來實現伺服器。

poll 和 select 這兩個系統呼叫函數的本質是一樣的，poll 的機制與 select 類似，與 select 在本質上沒有多大差別，管理多個描述符號也是進行輪詢，根據描述符號的狀態進行處理，但是 poll 沒有最大檔案描述符號數量的限制（但是數量過大後性能也會下降）。poll 和 select 存在同一個缺點就是，包含大量檔案描述符號的陣列被整體複製於使用者態和核心的位址空間之間，而不論這些檔案描述符號是否就緒，它的銷耗隨著檔案描述符號數量的增加而線性增大。

poll 函數用來在指定時間內輪詢一定數量的檔案描述符號，來測試其中是否有就緒者，它監測多個等待事件，若事件未發生，處理程序睡眠，放棄 CPU 控制權，若監測的任何一個事件發生，poll 將喚醒睡眠的處理程序，並判斷是什麼等待事件發生，執行對應的操作。poll 函數退出後，struct pollfd 變數的所有值被清零，需要重新設定。其函數宣告如下：

```
#include <poll.h>
int poll(struct pollfd *fds, nfds_t nfds, int timeout);
```

其中參數 fds 指向一個結構陣列的第 0 個元素的指標，每個陣列元素都是一個 struct pollfd 結構，用於指定測試某個給定的 fd 的條件；參數 nfds 用來指定第一個參數陣列元素個數；timeout 用於指定等待的毫秒數，無論 I/O 是否準備好，poll 都會傳回，如果 timeout 給予值為 -1 則表示永遠等待，直到事件發生；如果給予值為 0，則表示立即傳回；如果給予值為大於 0 的數，則表示等待指定數目的毫秒數。如果函數執行成功，則傳回結構中 revents 域不為 0 的檔案描述符號個數，如果在逾時前沒有任何事件發生，則函數傳回 0；如果函數執行失敗，則傳回 -1，並設定 errno 為下列值之一：

- EBADF：一個或多個結構中指定的檔案描述符號無效。
- EFAULT：fds 指標指向的位址超出處理程序的位址空間。
- EINTR：請求的事件之前產生一個訊號，呼叫可以重新發起。

- EINVAL：nfds 參數超出 PLIMIT_NOFILE 值。
- ENOMEM：可用記憶體不足，無法完成請求。

結構 pollfd 定義如下：

```
struct pollfd{
    int fd;                 // 檔案描述符號
    short events;           // 等待的事件
    short revents;          // 實際發生的事件
};
```

其中欄位 fd 表示每一個 pollfd 結構指定了一個被監視的檔案描述符號，可以傳遞多個結構，指示 poll 監視多個檔案描述符號；events 指定監測 fd 的事件（輸入、輸出、錯誤），每一個事件有多個設定值，如圖 7-15 所示。

事件	常值	作為events的值	作為revents的值	說明
讀取事件	POLLIN	✔	✔	普通或優先帶資料讀取
	POLLRDNORM	✔	✔	普通資料讀取
	POLLRDBAND	✔	✔	優先順序帶資料讀取
	POLLPRI	✔	✔	高優先級資料讀取
寫入事件	POLLOUT	✔	✔	普通或優先帶資料寫入
	POLLWRNORM	✔	✔	普通資料寫入
	POLLWRBAND	✔	✔	優先順序帶資料寫入
錯誤事件	POLLERR		✔	發生錯誤
	POLLHUP		✔	發生暫停
	POLLNVAL		✔	描述不是打開的檔案

▲ 圖 7-15

欄位 revents 是檔案描述符號的操作結果事件，核心在呼叫傳回時設定這個域。events 域中請求的任何事件都可能在 revents 域中傳回。

注意

每個結構的 events 域是由使用者來設定，告訴核心我們關注的是什麼，而 revents 域是傳回時核心設定的，以說明該描述符號發生了什麼事件。

可以看出，和 select 不一樣，poll 沒有使用低效的三個基於位元的檔案描述符號 set，而是採用了一個單獨的結構 pollfd 陣列，由 fds 指標指向這個陣列。

對 TCP 伺服器來說，首先是 bind+listen+accept，然後處理用戶端的連接。不過在使用 poll 的時候，accept 與用戶端的讀寫資料都可以在事件觸發後執行，用戶端連接需要設定為非阻塞的，避免 read 和 write 的阻塞，基本流程如下：

（1）利用函數庫函數 socket、bind 和 listen 建立通訊端 sd，並綁定和監聽用戶端的連接。

（2）將 sd 加入到 poll 的描述符號集 fds 中，並且監聽上面的 POLLIN 事件（讀取事件）。

（3）呼叫 poll 等待描述符號集中的事件，此時分為 3 種情況：第一種情況，若 fds[0].revents & POLLIN，則表示用戶端請求建立連接。此時呼叫 accept 接收請求得到新連接 childSd，設定新連接為非阻塞的 fcntl(childSd, F_SETFL, O_NONBLOCK)。再將 childSd 加入到 poll 的描述符號集中，監聽其上的 POLLIN 事件 : fds[i].events = POLLIN。第二種情況，若其他通訊端 tmpSd 上有 POLLIN 事件，表示用戶端發送請求資料。此時讀取資料，若讀取完則監聽 tmpSd 上的讀和寫入事件：fds[j].events = POLLIN | POLLOUT。讀取遇到 EAGAIN | EWOULDBLOCK，表示會阻塞，需要停止讀取，等待下一次讀取事件。若 read 傳回 0(EOF)，則表示連接已斷開。不然記錄這次讀取的資料，下一個讀取事件時繼續執行讀取操作。第三種情況，若其他通訊端 tmpSd 上有 POLLOUT 事件，表示用戶端寫入。此時寫入資料，若寫入完，則清除 tmpSd 上的寫入事件；同樣，寫入如果遇到 EAGAIN ｜ EWOULDBLOCK，表示會阻塞，需要停止寫入，等待下一次寫入事件。不然下次寫入事件繼續寫入。

由於通訊端上寫入事件一般都是可行的，所以初始不監聽 POLLOUT 事件，否則 poll 會不停報告通訊端上寫入。

下面我們基於 poll 函數實現一個 TCP 伺服器。另外，我們本例中的發送和接收資料並沒有用 send 和 recv 函數（C 語言標準函數庫提供的函數），而是用了 write 和 read 這兩個系統呼叫（其實就是 Linux 系統提供的函數）。其中 write 函數用來發送資料，會把參數 buf 所指的記憶體寫入 count 個位元組到參數 fd 所指的檔案內。宣告如下：

```
ssize_t write (int fd, const void * buf, size_t count);
```

其中 fd 是個控制碼，指向要寫入的資料的目標，比如通訊端或磁碟檔案等；buf 指向要寫入的資料存放的緩衝區；count 是要寫入的資料個數。如果順利 write 會傳回實際寫入的位元組數（len）。當有錯誤發生時則傳回 -1，錯誤程式存入 errno 中。

write 函數傳回值一般無 0，只有當以下情況發生時才會傳回 0：write(fp, p1+len, (strlen(p1)-len)) 中第三參數為 0，此時 write 什麼也不做，只傳回 0。write 函數從 buf 寫入資料到 fd 中時，若 buf 中資料無法一次性讀完，那麼第二次讀取 buf 中資料時，其讀取位置指標（也就是第二個參數 buf）不會自動移動，需要程式設計師來控制，而非簡單地將 buf 啟始位址填入第二參數即可。如果按以下格式實現讀取位置移動：write(fp, p1+len, (strlen(p1)−len))，這樣 write 在第二次迴圈時便會從 p1+len 處寫入資料到 fp, 之後的也一樣。依此類推，直到 (strlen(p1)-len) 變為 0。

在 write 一次可以寫入的最巨量資料範圍內（核心定義了 BUFSIZ，8192），第三參數 count 大小最好為 buf 中資料的大小，以免出現錯誤。經過筆者再次試驗，write 一次能夠寫入的並不止 8192，筆者嘗試一次寫入 81920000，結果也是可以的，看來其一次最大寫入資料並不是 8192，但核心中確實有 BUFSIZ 這個參數。

write 比 send 用途更加廣泛，它可以向通訊端寫入資料（此時相當於發送資料），也可以向普通磁碟檔案寫入資料，比如：

```
#include <string.h>
#include <stdio.h>
#include <fcntl.h>
int main()
{
  char *p1 = "This is a c test code";
  //"This is a c test code" 有21個字元
  volatile int len = 0;
  int fp = open("/home/test.txt", O_RDWR|O_CREAT);    //打開檔案
  for(;;)
  {
     int n;
     if((n=write(fp, p1+len, (strlen(p1)-len)))== 0)
     //if((n=write(fp, p1+len, 3)) == 0)
     {                                        //strlen(p1) = 21
         printf("n = %d \n", n);
         break;
     }
     len+=n;
  }
  return 0;
}
```

read 會把參數 fd 所指的檔案傳送 count 個位元組到 buf 指標所指的記憶體中，宣告如下：

```
ssize_t read(int fd, void * buf, size_t count);
```

其中參數 fd 是個控制碼，指向要讀取資料的目標，比如磁碟檔案或通訊端等；buf 存放讀到的資料；count 表示想要讀取的資料長度。函數傳回值為實際讀取到的位元組數，如果傳回 0，表示已到達檔案結尾部或是無讀取的資料。若參數 count 為 0，則 read 不會有作用並傳回 0。另外，以下情況傳回值小於 count：

（1）讀取常規檔案時，在讀到 count 個位元組之前已到達檔案尾端。舉例來說，距檔案尾端還有 50 位元組而請求讀取 100 位元組，則 read 傳回 50，下次 read 將傳回 0。

（2）對於網路通訊端介面，傳回值可能小於 count，但這不是錯誤。

注意

read 時 fd 中的資料如果小於要讀取的資料，就會引起阻塞。以下情況 read 不會引起阻塞：

（1）常規檔案不會阻塞，不管讀到多少資料都會傳回。

（2）從終端讀取不一定阻塞：如果從終端輸入的資料沒有分行符號，呼叫 read 讀取終端設備會阻塞，其他情況下不阻塞。

（3）從網路裝置讀取不一定阻塞：如果網路上沒有接收到資料封包，呼叫 read 會阻塞，除此之外讀取的數值小於 count 也可能不阻塞。

【例 7.6】 實現 poll 伺服器。

（1）打開 VC2017，首先建立一個 Linux 主控台專案，專案名稱是 srv，作為伺服器端。

（2）打開 main.cpp，輸入程式如下：

```
#include <unistd.h>
#include <fcntl.h>
#include <poll.h>
#include <time.h>
#include <sys/socket.h>
#include <arpa/inet.h>
#include <cstdio>
#include <cstdlib>
#include <errno.h>
#include <cstring>
#include <initializer_list>
using std::initializer_list;
#include <vector>          // 每個 stl 都需要對應的標頭檔
using std::vector;
void errExit()             // 出錯處理函數
{
```

```
    getchar();
    exit(-1);
}
//定義發送給用戶端的字串
const char resp[] = "HTTP/1.1 200\r\n\
Content-Type: application/json\r\n\
Content-Length: 13\r\n\
Date: Thu, 2 Aug 2021 04:02:00 GMT\r\n\
Keep-Alive: timeout=60\r\n\
Connection: keep-alive\r\n\r\n\
[HELLO WORLD]\r\n\r\n";

int main () {
    //建立通訊端
    const int port = 8888;
    int sd, ret;
    sd = socket(AF_INET, SOCK_STREAM, 0);
    fprintf(stderr, "created socket\n");
    if (sd == -1)
        errExit();
    int opt = 1;
    //重用位址
    if (setsockopt(sd, SOL_SOCKET, SO_REUSEADDR, &opt, sizeof(int)) == -1)
        errExit();
    fprintf(stderr, "socket opt set\n");
    sockaddr_in addr;
    addr.sin_family = AF_INET, addr.sin_port = htons(port);
    addr.sin_addr.s_addr = INADDR_ANY;
    socklen_t addrLen = sizeof(addr);
    if (bind(sd, (sockaddr *)&addr, sizeof(addr)) == -1)
        errExit();
    fprintf(stderr, "socket binded\n");
    if (listen(sd, 1024) == -1)
        errExit();
    fprintf(stderr, "socket listen start\n");
    //通訊端建立完畢
    //初始化監聽列表
    //number of poll fds
    int currentFdNum = 1;
```

```
    pollfd *fds = static_cast<pollfd *>(calloc(100, sizeof(pollfd)));
    fds[0].fd = sd, fds[0].events = POLLIN;
    nfds_t nfds = 1;
    int timeout = -1;

    fprintf(stderr, "polling\n");
    while (1) {
        // 執行 poll 操作
        ret = poll(fds, nfds, timeout);
        fprintf(stderr, "poll returned with ret value: %d\n", ret);
        if (ret == -1)
            errExit();
        else if (ret == 0) {
            fprintf(stderr, "return no data\n");
        }
        else { //ret > 0
         //got accept
            fprintf(stderr, "checking fds\n");
            // 檢查是否有新用戶端建立連接
            if (fds[0].revents & POLLIN) {
                sockaddr_in childAddr;
                socklen_t childAddrLen;
                int childSd = accept(sd, (sockaddr *)&childAddr,
&(childAddrLen));
                if (childSd == -1)
                    errExit();
                fprintf(stderr, "child got\n");
                //set non_block
                int flags = fcntl(childSd, F_GETFL);
                //accept 並設定為非阻塞
                if (fcntl(childSd, F_SETFL, flags | O_NONBLOCK) == -1)
                    errExit();
                fprintf(stderr, "child set nonblock\n");
                //add child to list
                //poll 的描述符號集，關心 POLLIN 事件
                fds[currentFdNum].fd = childSd, fds[currentFdNum].events
= (POLLIN | POLLRDHUP);
                nfds++, currentFdNum++;
                fprintf(stderr, "child: %d pushed to poll list\n",
```

```
currentFdNum - 1);
            }
            //child read & write
            // 檢查其他描述符號的事件
            for (int i = 1; i < currentFdNum; i++) {
                if (fds[i].revents & (POLLHUP | POLLRDHUP | POLLNVAL)) {
                    // 用戶端描述符號關閉
                    // 設定 events=0，fd=-1，不再關心
                    //set not interested
                    fprintf(stderr, "child: %d shutdown\n", i);
                    close(fds[i].fd);
                    fds[i].events = 0;
                    fds[i].fd = -1;
                    continue;
                }
                // read
                if (fds[i].revents & POLLIN) {
                    char buffer[1024] = {};
                    while (1) {
                        // 讀取請求資料
                        ret = read(fds[i].fd, buffer, 1024);
                        fprintf(stderr, "read on: %d returned with
value: %d\n", i, ret);
                        if (ret == 0) {
                        fprintf(stderr, "read returned 0(EOF) on: %d,
breaking\n", i);
                            break;
                        }
                        if (ret == -1) {
                            const int tmpErrno = errno;
                            // 會阻塞，這裡認為讀取完畢
                            // 實際需要檢查讀取資料是否完畢
                    if (tmpErrno == EWOULDBLOCK || tmpErrno == EAGAIN) {
                                fprintf(stderr, "read would block, stop
reading\n");
                                //read is over
                                //http pipe line? need to put resp into
a queue
                                // 可以監聽寫入事件了，POLLOUT
```

```
                            fds[i].events |= POLLOUT;
                            break;
                        }
                        else {
                            errExit();
                        }
                    }
                }
            }
            //write
            if (fds[i].revents & POLLOUT) {
                // 寫入事件，把請求傳回
                ret = write(fds[i].fd, resp, sizeof(resp));
                // 寫入操作，即發送資料
                fprintf(stderr, "write on: %d returned with value:
%d\n", i, ret);
                // 這裡需要處理 EAGAIN EWOULDBLOCK
                if (ret == -1) {
                    errExit();
                }
                fds[i].events &= !(POLLOUT);
            }
        }
    }
  }
  return 0;
}
```

在此程式中，首先建立伺服器端通訊端，然後綁定監聽，static_cast 是 C++ 中的標準運算元，相當於傳統的 C 語言裡的強制轉換。然後在 while 迴圈中，呼叫 poll 函數執行 poll 操作，接著根據 fds[0].revents 來判斷發生了何種事件，並進行對應的處理，比如有用戶端連接過來了、收到資料了、發送資料等。對於剛接受（accept）進來的用戶端，只接受讀取事件（POLLIN），讀取到一個讀取事件後，可以設為讀和寫（POLLIN | POLLOUT），然後就可以接受寫入事件了。

（3）再次打開另外一個 VC2017，建立一個 Windows 主控台專案，專案名稱是 client，該專案作為用戶端。程式不再贅述，和例 7.4 相同。

（4）儲存專案並執行，先執行伺服器端專案，然後執行用戶端，並在用戶端程式中輸入一些字串，比如 abc，然後就可以收到伺服器端的資料了。用戶端執行結果如下：

```
please enter data:abc
server reply:HTTP/1.1 200
Content-Type: application/json
Content-Length: 13
Date: Thu, 2 Aug 2021 04:02:00 GMT
```

伺服器端執行結果如下：

```
created socket
socket opt set
socket binded
socket listen start
polling
poll returned with ret value: 1
checking fds
child got
child set nonblock
child: 1 pushed to poll list
poll returned with ret value: 1
checking fds
read on: 1 returned with value: 50
read on: 1 returned with value: -1
read would block, stop reading
poll returned with ret value: 1
checking fds
write on: 1 returned with value: 170
poll returned with ret value: 1
checking fds
child: 1 shutdown
```

7.5.4 基於 epoll 的伺服器

I/O 多工有很多種實現方式。在 Linux 2.4 核心前主要是 select 和 poll（目前在小規模伺服器上還是有用武之地，並且維護舊系統程式的時候，經常會用到這兩個函數，所以必須掌握），自 Linux 2.6 核心正式引入 epoll 以來，epoll 已經成為了目前實現高性能網路伺服器的必備技術。儘管它們的使用方法不盡相同，但是本質卻沒有什麼區別。epoll 是 Linux 下多工 I/O 介面 select/poll 的增強版本，epoll 能顯著提高程式在大量併發連接中只有少量活躍的情況下的系統 CPU 使用率。select 使用輪詢來處理，隨著監聽 fd 數目的增加而降低效率，而 epoll 只需要監聽那些已經準備好的佇列集合中的檔案描述符號，效率較高。

epoll 是 Linux 核心中的一種可擴充 I/O 事件處理機制，最早在 Linux 2.5.44 核心中引入，可被用於代替 POSIX select 和 poll 系統呼叫，並且在具有大量應用程式請求時能夠獲得較好的性能（此時被監視的檔案描述符號數目非常大，與舊的 select 和 poll 系統呼叫完成操作所需 O(n) 不同，epoll 能在 O(1) 時間內完成操作，所以性能相當好），epoll 與 FreeBSD 的 kqueue 類似，都向使用者空間提供了自己的檔案描述符號來操作。透過 epoll 實現的伺服器可以達到 Windows 下的完成通訊埠伺服器的效果。

在 Linux 沒有實現 epoll 事件驅動機制之前，我們一般選擇用 select 或 poll 等 I/O 多工的方法來實現併發服務程式。如今，select 和 poll 的用武之地越來越有限，而 epoll 的應用卻日益廣泛。

高併發的核心解決方案是 1 個執行緒所有連接的「等待訊息準備好」，這一點上 epoll 和 select 是相同的。但 select 預估錯誤了一件事，當數十萬併發連接存在時，可能每一毫秒只有數百個活躍的連接，其餘數十萬連接在這一毫秒是非活躍的。select 的使用方法是這樣的：傳回的活躍連接 ==select（全部待監控的連接）。

在認為需要找出有封包到達的活躍連接時，就應該呼叫 select。所以，呼叫 select 在高併發時是會被頻繁呼叫的。這個頻繁呼叫的方法需要注意它是否有效率損失，因為，它的輕微效率損失都會被「頻繁」放大。顯而易見，全部待監控連接是數以十萬計的，傳回的只是數百個活躍連接，這就是無效率的表現。被放大後就會發現，處理併發上萬個連接時，select 就不再適用了。

此外，在 Linux 核心中，select 所用到的 FD_SET 是有限的，即核心中的參數 __FD_SETSIZE 定義了每個 FD_SET 的控制碼個數。

具體來講，基於 select 函數的伺服器主要以下幾個缺點：

（1）單一處理程序能夠監視的檔案描述符號的數量有最大限制，通常是 1024，雖然可以更改數量，但由於 select 採用輪詢的方式掃描檔案描述符號，檔案描述符號數量越多，性能越差（在 linux 核心標頭檔中，有這樣的定義：#define __FD_SETSIZE 1024）。

（2）核心 / 使用者空間記憶體拷貝問題，select 需要複製大量的控制碼資料結構，會產生巨大的銷耗。

（3）select 傳回的是含有整個控制碼的陣列，應用程式需要遍歷整個陣列才能發現哪些控制碼發生了事件。

（4）select 的觸發方式是水準觸發，應用程式如果沒有完成對一個已經就緒的檔案描述符號進行 I/O 操作，那麼之後每次 select 呼叫還是會將這些檔案描述符號通知處理程序。

另外，核心中實現 select 是用輪詢方法，即每次檢測都會遍歷所有 FD_SET 中的控制碼，顯然，select 函數執行時間與 FD_SET 中的控制碼個數有比例關係，即 select 要檢測的控制碼數越多就會越費時。另外，筆者認為 select 與 poll 在內部機制方面並沒有太大差異。

相比 select 機制，poll 使用鏈結串列儲存檔案描述符號，因此沒有了監視檔案數量的限制，但其他三個缺點依然存在，即 poll 只是取消了最大監控檔案描述符號數限制，並沒有從根本上解決 select 存在的問題。以 select 模型為例，假設伺服器需要支援 100 萬的併發連接，在 __FD_SETSIZE 為 1024 的情況下，則我們至少需要開闢 1000 個處理程序才能實現 100 萬的併發連接。除了處理程序間上下文切換的時間消耗外，在核心 / 使用者空間進行大量的記憶體拷貝、陣列輪詢等，也是系統難以承受的。因此，基於 select 模型的伺服器程式，要達到 100 萬等級的併發存取，是一個很難完成的任務。此時，需要用到 epoll，如圖 7-16 所示。

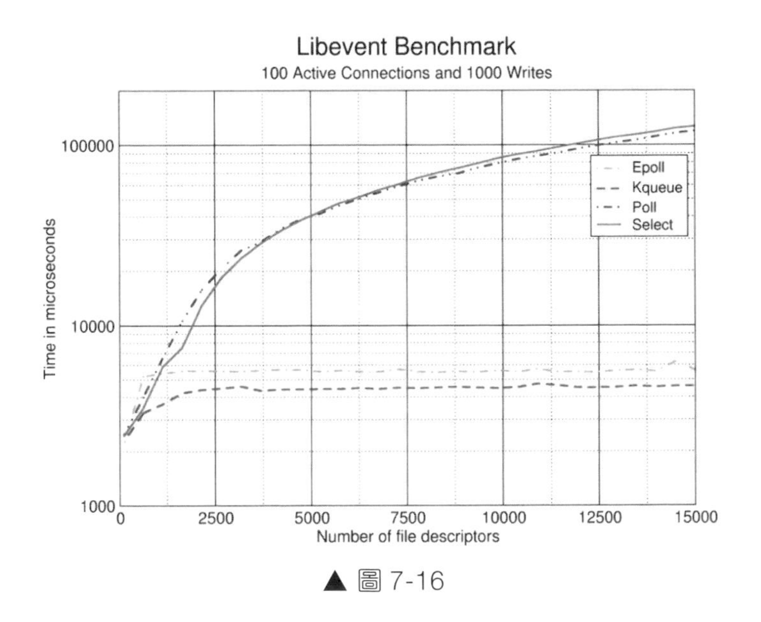

▲ 圖 7-16

當併發連接較小時，select 與 epoll 差距不大。可是當併發連接較大以後，select 就不再適用了。

epoll 高效的原因是透過以下 3 個方法來實現 select 要做的事：

（1）透過函數 epoll_create 建立 epoll 描述符號。

（2）透過函數 epoll_ctrl 增加或刪除所有待監控的連接。

（3）透過函數 epoll_wait 傳回活躍連接。

與 select 相比，epoll 分清了頻繁呼叫和不頻繁呼叫的操作。舉例來說，epoll_ctrl 是不太頻繁呼叫的，而 epoll_wait 是非常頻繁呼叫的。這時，epoll_wait 卻幾乎沒有入參，這比 select 的效率高很多，而且，它也不會隨著併發連接的增加使得入參越發多起來，從而保證了核心執行效率。

epoll 有三大關鍵要素：mmap、紅黑樹、鏈結串列。epoll 是透過核心與使用者空間 mmap 同一片記憶體實現的。mmap 將使用者空間的一片位址和核心空間的一塊位址同時映射到相同的一塊實體記憶體位址（不管是使用者空間還是核心空間都是虛擬位址，最終要透過位址映射到物理位址），使得這塊實體記憶體對核心和使用者均可見，減少使用者態和核心態之間的資料交換。核心可以直接看到 epoll 監聽的控制碼，效率高。紅黑樹將儲存 epoll 所監聽的通訊端。mmap 出來的記憶體有一套資料結構儲存 epoll 所監聽的通訊端，epoll 在實現上採用紅黑樹儲存所有通訊端，當增加或刪除一個通訊端時（epoll_ctl），都在紅黑樹上去處理，紅黑樹本身插入和刪除性能比較好。

透過 epoll_ctl 函數增加進來的事件都會被放在紅黑樹的某個節點內，所以，重複增加是沒有用的。當把事件增加進來的時候會完成關鍵的一步，即該事件都會與對應的裝置（網路卡）驅動程式建立回呼關係，當對應的事件發生後，就會呼叫這個回呼函數，該回呼函數在核心中被稱為 ep_poll_callback，這個回呼函數其實就是把這個事件增加到 rdllist 這個雙向鏈結串列中。一旦有事件發生，epoll 就會將該事件增加到雙向鏈結串列中。那麼當呼叫 epoll_wait 時，epoll_wait 只需要檢查 rdlist 雙向鏈結串列中是否存在註冊的事件，效率非常高。這裡也需要將發生了的事件複製到使用者態記憶體中。

透過紅黑樹和雙鏈結串列資料結構，並結合回呼機制，造就了 epoll 的高效。了解了 epoll 的工作原理，我們再站在使用者角度對比 select、poll 和 epoll 三種 I/O 重複使用模式，如表 7-1 所示。

表 7-1 對比 select、poll 和 epoll 三種 I/O 重複使用模式

系統呼叫	select	poll	epoll
事件集合	使用者透過 3 個參數分別傳入感興趣的讀取、寫入及異常等事件；核心透過對這些參數的線上修改來回饋其中的就緒事件，這使得使用者每次呼叫 select 都要重置這 3 個參數	統一處理所有事件類型，因此只需要一個事件集參數。使用者透過 pollfd.events 傳入感興趣的事件，核心透過修改 pollfd.revents 回饋其中就緒的事件	核心透過一個事件表直接管理使用者感興趣的所有事件。因此每次呼叫 epoll_wait 時，無需反覆傳入使用者感興趣的事件。epoll_wait 系統呼叫的參數 events 僅用來回饋就緒的事件
應用程式索引就緒檔案描述符號的時間複雜度	O(n)	O(n)	O(1)
最大支援檔案描述符號數	一般有最大值限制	65535	65535
工作模式	LT	LT	支援 ET 高效模式
核心實現和工作效率	採用輪詢方式檢測就緒事件，時間複雜度：O(n)	採用輪詢方式檢測就緒事件，時間複雜度：O(n)	採用回呼方式檢測就緒事件，時間複雜度：O(1)

epoll 有兩種工作方式：水準觸發（LT）和邊緣觸發（ET）。

- 水準觸發（LT）：預設的工作方式，如果一個描述符號就緒，核心就會通知處理，如果不進行處理，下一次核心還是會通知。
- 邊緣觸發（ET）：只支援非阻塞描述符號。需要程式保證快取區的資料全部被讀取或全部寫出（ET 模式下，描述符號就緒不會再次通知），因此需要觸發非阻塞的描述符號。

對於讀取操作，如果 read 一次沒有讀盡 buffer 中的資料，那麼下次將不會得到讀取就緒的通知，造成 buffer 中已有的資料沒有機會讀出，

除非有新的資料再次到達。對於寫入操作，因為 ET 模式下 fd 通常為非阻塞而造成了一個問題，即如何保證將使用者要求寫入的資料寫完。

綜上所述，epoll 成為 Linux 平台下實現高性能網路伺服器的首選 I/O 重複使用呼叫。值得注意的是，epoll 並不是在所有的應用場景中效率都會比 select 和 poll 高很多。尤其是當活動連接比較多的時候，回呼函數被觸發得過於頻繁，epoll 的效率也會受到顯著影響。所以，epoll 適用於連接數量多，但活動連接較少的情況。因此，select 和 poll 伺服器也是有其優勢的，我們要針對不同的應用場景，選擇合適的方法。

epoll 的用法如下：

（1）透過函數 epoll_create 建立一個 epoll 控制碼，宣告如下：

```
int epoll_create(int size);
```

其中參數 size 用來告訴核心需要監聽的檔案描述符號的數目，在 epoll 早期的實現中，對於監控檔案描述符號的組織並不是使用紅黑樹，而是 hash 表。這裡的 size 實際上已經沒有意義。函數傳回一個 epoll 控制碼（底層由紅黑樹組成）。

當建立好 epoll 控制碼後，它就會佔用一個控制碼值，在 Linux 下查看 /proc/ 處理程序 id/fd/，是能夠看到這個 fd 的，所以在使用完 epoll 後，必須呼叫 close() 關閉，否則可能導致 fd 被耗盡。

（2）透過函數 epoll_ctl 來控制 epoll 監控的檔案描述符號上的事件（註冊、修改、刪除），宣告如下：

```
int epoll_ctl(int epfd, int op, int fd, struct epoll_event *event);
```

其中參數 epfd 表示要操作的檔案描述符號，它是 epoll_create 的傳回值；第二個參數 op 表示動作，使用以下三個巨集來表示：

- EPOLL_CTL_ADD：註冊新的 fd 到 epfd 中。

- EPOLL_CTL_MOD：修改已經註冊的 fd 的監聽事件。
- EPOLL_CTL_DEL：從 epfd 中刪除一個 fd。

第三個參數 fd 是 op 實施的物件，即需要操作的檔案描述符號；第四個參數 event 是告訴核心需要監聽什麼事件，events 可以是以下幾個巨集的集合：

- EPOLLIN：表示對應的檔案描述符號可讀（包括對 SOCKET 正常關閉）。
- EPOLLOUT：表示對應的檔案描述符號可寫。
- EPOLLPRI：表示對應的檔案描述符號有緊急的資料讀取（這裡應該表示有頻外資料到來）。
- EPOLLERR：表示對應的檔案描述符號發生錯誤。
- EPOLLHUP：表示對應的檔案描述符號被掛斷。
- EPOLLET：將 EPOLL 設為邊緣觸發（Edge Triggered）模式，這是相對水準觸發（Level Triggered）來說的。
- EPOLLONESHOT：只監聽一次事件，當監聽完這次事件之後，如果還需要繼續監聽這個 socket 的話，需要再次把這個 socket 加入到 EPOLL 佇列裡。

struct epoll_event 結構定義如下：

```
typedef union epoll_data {
    void *ptr;
    int fd;
    __uint32_t u32;
    __uint64_t u64;
} epoll_data_t;
 // 感興趣的事件和被觸發的事件
struct epoll_event {
    __uint32_t events; /* Epoll events */
    epoll_data_t data; /* User data variable */
};
```

（3）呼叫 epoll_wait 函數，透過此呼叫收集在 epoll 監控中已經發生的事件，函數宣告如下：

```
#include <sys/epoll.h>
int epoll_wait ( int epfd, struct epoll_event* events, int maxevents,
int timeout );
```

其中參數 epfd 表示要操作的檔案描述符號，它是 epoll_create 的傳回值；events 指向檢測到的事件集合，將所有就緒的事件從核心事件表中複製到它的第二個參數 events 指向的陣列中；maxevents 指定最多監聽多少個事件；timeout 指定 epoll 的逾時時間，單位是毫秒。當 timeout 設定為 -1 時，epoll_wait 呼叫將永遠阻塞，直到某個事件發生；當 timeout 設定為 0 時，epoll_wait 呼叫將立即傳回；當 timeout 設定為大於 0 時，表示指定的毫秒。函數執行成功時傳回就緒的檔案描述符號的個數，失敗時傳回 -1 並設定 errno。

【例 7.7】實現 epoll 伺服器。

（1）打開 VC2017，首先建立一個 Linux 主控台專案，專案名稱是 srv，作為伺服器端。

（2）打開 main.cpp，輸入程式如下：

```
#include <ctype.h>
#include <cstdio>
#include <stdio.h>
#include <stdlib.h>
#include <string.h>
#include <netinet/in.h>
#include <arpa/inet.h>
#include <sys/epoll.h>
#include <errno.h>
#include <unistd.h>        //for close

#define MAXLINE 80
#define SERV_PORT 8888
```

```
#define OPEN_MAX 1024

int main(int argc, char *argv[])
{
    int i, j, maxi, listenfd, connfd, sockfd;
    int nready, efd, res;
    ssize_t n;
    char buf[MAXLINE], str[INET_ADDRSTRLEN];
    socklen_t clilen;
    int client[OPEN_MAX];
    struct sockaddr_in cliaddr, servaddr;
    struct epoll_event tep, ep[OPEN_MAX];    // 存放接收的資料

    // 網路 socket 初始化
    listenfd = socket(AF_INET, SOCK_STREAM, 0);
    bzero(&servaddr, sizeof(servaddr));
    servaddr.sin_family = AF_INET;
    servaddr.sin_addr.s_addr = htonl(INADDR_ANY);
    servaddr.sin_port = htons(SERV_PORT);
    if(-1==bind(listenfd, (struct sockaddr *) &servaddr, sizeof(servaddr)))
        perror("bind");
    if(-1==listen(listenfd, 20))
        perror("listen");
    puts("listen ok");

    for (i = 0; i < OPEN_MAX; i++)
        client[i] = -1;
    maxi = -1;                        // 後面資料初始化給予值時，資料初始化為 -1
    efd = epoll_create(OPEN_MAX); // 建立 epoll 控制碼，底層其實是建立了一個
                                     紅黑樹
    if (efd == -1)
        perror("epoll_create");

    // 增加監聽通訊端
    tep.events = EPOLLIN;
    tep.data.fd = listenfd;
    res = epoll_ctl(efd, EPOLL_CTL_ADD, listenfd, &tep);
    // 增加監聽通訊端，即註冊
    if (res == -1) perror("epoll_ctl");
```

```
    for (; ; )
    {
        nready = epoll_wait(efd, ep, OPEN_MAX, -1);       // 阻塞監聽
        if (nready == -1)     perror("epoll_wait");

        // 如果有事件發生，開始資料處理
        for (i = 0; i < nready; i++)
        {
            // 是否是讀取事件
            if (!(ep[i].events & EPOLLIN))
                continue;

            // 若處理的事件和檔案描述符號相等，開始資料處理
            if (ep[i].data.fd == listenfd)    // 判斷發生的事件是不是來
                                                 自監聽通訊端
            {
                // 接收用戶端
                clilen = sizeof(cliaddr);
                connfd = accept(listenfd, (struct sockaddr *)&cliaddr,
&clilen);
                printf("received from %s at PORT %d\n",
                    inet_ntop(AF_INET, &cliaddr.sin_addr, str,
sizeof(str)), ntohs(cliaddr.sin_port));
                for (j = 0; j < OPEN_MAX; j++)
                    if (client[j] < 0)
                    {
                        // 將通訊通訊端存放到 client
                        client[j] = connfd;
                        break;
                    }

                // 是否到達最大值，保護判斷
                if (j == OPEN_MAX)
                    perror("too many clients");

                // 更新 client 下標
                if (j > maxi)
                    maxi = j;
```

```
            // 增加通訊通訊端到樹（底層是紅黑樹）上
            tep.events = EPOLLIN;
            tep.data.fd = connfd;
            res = epoll_ctl(efd, EPOLL_CTL_ADD, connfd, &tep);
            if (res == -1)
                perror("epoll_ctl");
        }
        else
        {
            sockfd = ep[i].data.fd;        // 將 connfd 給予值給 socket
            n = read(sockfd, buf, MAXLINE);  // 讀取資料
            if (n == 0)                    // 無資料則刪除該節點
            {
                // 將 client 中對應 fd 資料值恢復為 -1
                for (j = 0; j <= maxi; j++)
                {
                    if (client[j] == sockfd)
                    {
                        client[j] = -1;
                        break;
                    }
                }
            res = epoll_ctl(efd, EPOLL_CTL_DEL, sockfd, NULL);
            // 刪除樹節點
                if (res == -1)
                    perror("epoll_ctl");
                close(sockfd);
                printf("client[%d] closed connection\n", j);
            }
            else                          // 有資料則寫回資料
            {
                printf("recive client's data:%s\n",buf);
                // 這裡可以根據實際情況擴充，模擬對資料進行處理
                for (j = 0; j < n; j++)
                    buf[j] = toupper(buf[j]);   // 現在簡單地轉為大寫
                write(sockfd, buf, n);            // 回送給用戶端
            }
        }
    }
```

```
    }
    close(listenfd);
    close(efd);
    return 0;
}
```

在此程式中，首先建立監聽通訊端 listenfd，綁定監聽。然後建立 epoll 控制碼，並透過函數 epoll_ctl 把監聽通訊端 listenfd 增加到 epoll 中，然後呼叫函數 epoll_wait 阻塞監聽用戶端的連接，一旦有用戶端連接過來了，就判斷發生的事件是不是來自監聽通訊端（ep[i].data.fd == listenfd），如果是的話，就呼叫 accept 接受用戶端連接，並把與用戶端連接的通訊通訊端 connfd 增加到 epoll 中，這樣下一次用戶端發資料過來時，就可以知道並用 read 讀取了，最後把收到的資料轉為大寫後再發送給用戶端。

（3）再次打開另外一個 VC2017，建立一個 Windows 主控台專案，專案名稱是 client，該專案作為用戶端。程式不再贅述，和例 7.4 相同。

（4）儲存專案並執行，先執行伺服器端專案，然後執行用戶端，並在用戶端程式中輸入一些字串，比如 abc，然後就可以收到伺服器端的資料了。用戶端執行結果如下所示：

```
please enter data:abc
server reply:ABC
```

伺服器端執行結果如下：

```
listen ok
received from 192.168.0.149 at PORT 10814
recive client's data:abc
client[0] closed connection
```

Chapter

08

網路性能工具 Iperf

Iperf 是美國伊利諾斯大學（University of Illinois）開發的一種網路性能測試工具，可以用來測試網路節點間 TCP 或 UDP 連接的性能，包括頻寬、延遲時間抖動（jitter，適用於 UDP）以及位元錯誤率（適用於 UDP）等。這對於學習 C++ 程式設計和網路程式設計具有參考意義。

Iperf 於 2003 年出現，最初的版本是 1.7.0，該版本使用 C++ 撰寫，後面到了 Iperf 2 版本，使用 C++ 和 C 結合撰寫，現在的版本是 Iperf 3。我們 C++ 開發者要學習 Iperf 原始程式，最好使用 1.7.0 版本。Iperf 的官方網站為 https://iperf.fr/，原始程式可以在上面下載。

8.1 Iperf 的特點

Iperf 具有以下三個特點：

（1）開放原始碼，每個版本的原始程式都能進行下載和研習。

（2）跨平台，支援 Windows、Linux、MacOS、Android 等主流平台。

（3）支援 TCP、UDP 協定，包括 IPv4 和 IPv6，最新的 Iperf 還支援 SCTP 協定。如果使用 TCP 協定，Iperf 可以測試網路頻寬、報告 MSS（最大封包段長度）和 MTU（最大傳輸單元）的大小、支援透過通訊端緩衝區修改 TCP 視窗大小、支援多執行緒併發。如果使用 UDP 協定，用戶端可建立指定大小的頻寬串流、統計資料封包遺失和延遲抖動率等資訊。

8.2 Iperf 的工作原理

Iperf 是基於伺服器 / 用戶端模式實現的。在測量網路參數時，Iperf 區分聽者和說者兩種角色。說者向聽著發送一定量的資料，由聽者統計並記錄頻寬、延遲時間抖動等參數。說者的資料全部發送完成後，聽者透過向說者回送一個資料封包，將測量資料告知說者。這樣，在聽者和說者兩邊都可以顯示記錄的資料。如果網路過於壅塞或位元錯誤率較高，當聽者回送的資料封包無法被說者收到時，說者就無法顯示完整的測量資料，而只能報告本地記錄的部分網路參數、發送的資料量、發送時間、發送頻寬等，如延遲時間抖動等參數在說者一側則無法獲得。

Iperf 提供了三種測量模式：normal、tradeoff、dualtest。對於每一種模式，使用者都可以透過 -P 選項指定同時測量的平行執行緒數。以下的討論假設使用者設定的平行執行緒數為 P 個。

在 normal 模式下，用戶端生成 P 個說者執行緒，平行向伺服器發送資料。伺服器每接收到一個說者的資料，就生成一個聽者執行緒，負責與該說者間的通訊。用戶端有 P 個平行的說者執行緒，而伺服器端有 P 個平行的聽者執行緒（針對這一用戶端），兩者之間共有 P 個連接同時收發資料。測量結束後，伺服器端的每個聽者向其對應的說者回送測得的網路參數。

在 tradeoff 模式下，首先進行 normal 模式下的測量過程。然後伺服器和用戶端互換角色。伺服器生成 P 個說者，同時向用戶端發送資料。用戶端對應每個說者生成一個聽者接收資料並測量參數。最後由用戶端的聽者向伺服器端的説者回送測量結果。這樣就可以測量兩個方向上的網路參數了。

在 dualtest 模式下，同樣可以測量兩個方向上的網路參數，與 tradeoff 模式的不同在於，在 dualtest 模式下，由伺服器到用戶端方向上的測量與由用戶端到伺服器方向上的測量是同時進行的。用戶端生成 P 個説者和 P 個聽者，説者向伺服器端發送資料，聽者等待接收伺服器端的説者發來的資料。伺服器端也進行相同的操作。在伺服器端和用戶端之間同時存在 2P 個網路連接，其中有 P 個連接的資料由用戶端流向伺服器，另外 P 個連接的資料由伺服器流向用戶端。因此，dualtest 模式需要的測量時間是 tradeoff 模式的一半。

在三種模式下，除了 P 個聽者或説者處理程序，在伺服器和用戶端兩側均存在一個監控執行緒（Monitor Thread）。監控執行緒的作用包括：

（1）生成説者或聽者執行緒。

（2）同步所有説者或聽者的動作（開始發送、結束發送等）。

（3）計算並報告説者或聽者的累計測量資料。

在監控執行緒的控制下，所有 P 個執行緒間可以實現同步和資訊共用。説者執行緒或聽者執行緒向一個公共的資料區寫入測量資料（此資料區位於實現監控執行緒的物件中），由監控執行緒讀取並處理。透過互斥鎖實現對該資料區的同步存取。

伺服器可以同時接收來自不同用戶端的連接，這些連接是透過用戶端的 IP 位址標識的。伺服器將所有用戶端的連接資訊組織成一個單向鏈結串列，每個用戶端對應鏈結串列中的一項，該項包含該用戶端的位址結構（sockaddr）以及實現與該用戶端對應的監控執行緒的物件（監控物件），所有與此用戶端相關的聽者物件和説者物件都是由該監控執行緒生成的。

8.3 Iperf 的主要功能

對於 TCP，有以下幾個主要功能：

（1）測量網路頻寬。

（2）報告 MSS/MTU 值的大小和觀測值。

（3）支援 TCP 視窗值透過通訊端緩衝。

（4）當 P 執行緒或 Win32 執行緒可用時，支援多執行緒。用戶端與伺服器端支援同時多重連接。

對於 UDP，有以下幾個主要功能：

（1）用戶端可以建立指定頻寬的 UDP 串流。

（2）測量封包遺失。

（3）測量延遲。

（4）支援多播。

（5）當 P 執行緒可用時，支援多執行緒。用戶端與伺服器端支援同時多重連接（不支援 Windows）。

其他功能：

（1）在適當的地方，選項中可以使用 K（kilo-）和 M（mega-）。例如 131072 位元組可以用 128K 代替。

（2）可以指定執行的總時間，甚至可以設定傳輸的資料總量。

（3）在報告中，為資料選用最合適的單位。

（4）伺服器支援多重連接，而非等待一個單執行緒測試。

（5）在指定時間間隔重複顯示網路頻寬、波動和封包遺失情況。

（6）伺服器端可作為幕後程式執行。

（7）伺服器端可作為 Windows 服務執行。

（8）使用典型態資料串流來測試連結層壓縮對於可用頻寬的影響。

（9）支援傳送指定檔案，可以進行定性和定量測試。

8.4 Iperf 在 Linux 下的使用

最前線開發中，很多網路程式離不開 Linux 系統，比如 vpn 程式、防火牆程式等。因此介紹一下 Iperf 在 Linux 下的使用是很有必要的。

8.4.1 在 Linux 下安裝 Iperf

對於 Linux，可以登入官網 https://iperf.fr/iperf-download.php#source，下載 1.7.0 版本的原始程式 iperf-1.7.0-source.tar.gz，然後使用下列命令進行安裝：

```
[root@localhost iperf-1.7.0]# tar  -zxvf iperf-1.7.0-source.tar.gz
[root@localhost soft]# cd iperf-1.7.0/
[root@localhost soft]#make
[root@localhost soft]#make install
```

先解壓，然後編譯和安裝。安裝完畢後，在命令列下就可以直接輸入 Iperf 命令了，比如查看說明：

```
[root@localhost iperf-1.7.0]# iperf -h
Usage: iperf [-s|-c host] [options]
       iperf [-h|--help] [-v|--version]

Client/Server:
  -f, --format    [kmKM]  format to report: Kbits, Mbits, KBytes, MBytes
  -i, --interval  #       seconds between periodic bandwidth reports
  -l, --len       #[KM]   length of buffer to read or write (default 8 KB)
  -m, --print_mss         print TCP maximum segment size (MTU - TCP/IP header)
  -p, --port      #       server port to listen on/connect to
  -u, --udp               use UDP rather than TCP
  -w, --window    #[KM]   TCP window size (socket buffer size)
  -B, --bind      <host> bind to <host>, an interface or multicast address
  -C, --compatibility     for use with older versions does not sent extra msgs
  -M, --mss       #       set TCP maximum segment size (MTU - 40 bytes)
  -N, --nodelay           set TCP no delay, disabling Nagle's Algorithm
  -V, --IPv6Version       Set the domain to IPv6
```

```
Server specific:
  -s, --server             run in server mode
  -D, --daemon             run the server as a daemon

Client specific:
  -b, --bandwidth #[KM]  for UDP, bandwidth to send at in bits/sec
                         (default 1 Mbit/sec, implies -u)
  -c, --client    <host> run in client mode, connecting to <host>
  -d, --dualtest         Do a bidirectional test simultaneously
  -n, --num       #[KM]  number of bytes to transmit (instead of -t)
  -r, --tradeoff         Do a bidirectional test individually
  -t, --time      #      time in seconds to transmit for (default 10 secs)
  -F, --fileinput <name> input the data to be transmitted from a file
  -I, --stdin            input the data to be transmitted from stdin
  -L, --listenport #     port to recieve bidirectional tests back on
  -P, --parallel   #     number of parallel client threads to run
  -T, --ttl        #     time-to-live, for multicast (default 1)

Miscellaneous:
  -h, --help             print this message and quit
  -v, --version          print version information and quit

[KM] Indicates options that support a K or M suffix for kilo- or mega-

The TCP window size option can be set by the environment variable
TCP_WINDOW_SIZE. Most other options can be set by an environment variable
IPERF_<long option name>, such as IPERF_BANDWIDTH.

Report bugs to <dast@nlanr.net>
```

程式如上所示，說明安裝成功了。

8.4.2 Iperf 的簡單使用

在分析原始程式之前，我們需要學會 Iperf 的簡單使用。Iperf 是一個伺服器 / 用戶端執行模式的程式。因此使用的時候，需要在伺服器端執行 Iperf，也需要在用戶端執行 Iperf。最簡單網路拓撲圖如圖 8-1 所示。

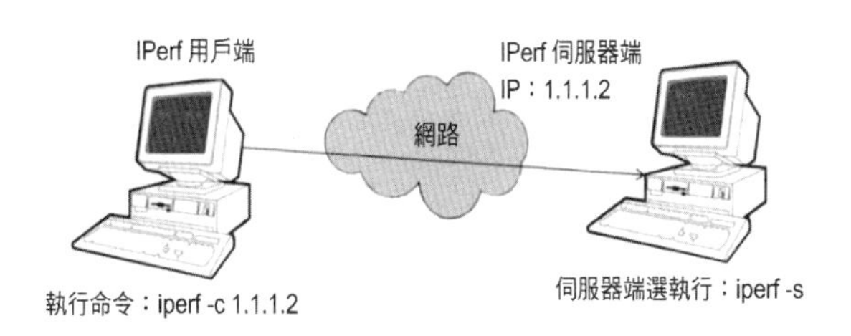

▲ 圖 8-1

右邊是伺服器端，在命令列下使用 Iperf 加參數 -s；左邊是用戶端，執行時期加上 -c 和伺服器的 IP 位址。Iperf 透過選項 -c 和 -s 決定其當前是作為用戶端程式還是作為伺服器端程式執行，當作為用戶端程式執行時期，-c 後面必須帶所連接對端伺服器的 IP 位址或域名。經過一段測試時間（預設為 10 秒），在伺服器端和用戶端就會列印出網路連接的各種性能參數。Iperf 身為功能完備的測試工具，還提供了各種選項，例如是建立 TCP 連接還是 UDP 連接、測試時間、測試應傳輸的位元組總數、測試模式等。而測試模式又分為單項測試（Normal Test）、同時雙向測試（Dual Test）和交替雙向測試（Tradeoff Test）。此外，使用者可以指定測試的執行緒數。這些執行緒各自獨立地完成測試，並可報告各自的以及整理的統計資料。我們可以用虛擬機器軟體 VMware 來模擬上述兩台主機，在 VMware 下建兩個 Linux 即可，確保能互相 ping 通，而且要關閉兩端防火牆：

```
[root@localhost iperf-1.7.0]#   firewall-cmd --state
running
[root@localhost iperf-1.7.0]#   systemctl stop firewalld
[root@localhost iperf-1.7.0]#   firewall-cmd --state
not running
```

其中，firewall-cmd --state 用來查看防火牆的當前執行狀態，systemctl stop firewalld 用來關閉防火牆。

具體使用 Iperf 時，一台當作伺服器，另外一台當作用戶端。在伺服器這端輸入命令：

```
[root@localhost iperf-1.7.0]# iperf -s
------------------------------------------------------------
Server listening on TCP port 5001
TCP window size: 85.3 KByte (default)
------------------------------------------------------------
```

此時伺服器就處於監聽等候狀態了。接著，在用戶端輸入命令：

```
[root@localhost iperf-1.7.0]# iperf -c 1.1.1.2
```

其中，1.1.1.2 是伺服器端的 IP 位址。

8.5 Iperf 在 Windows 下的使用

8.5.1 命令列版本

Windows 下的 Iperf 既有命令列版本，也有圖形化介面版本。命令列版本的使用和在 Linux 下使用類似。比如 TCP 測試：

```
伺服器執行：#iperf -s -i 1 -w 1M
用戶端執行：#iperf -c host -i 1 -w 1M
```

其中 -w 表示 TCP window size，host 需替換成伺服器位址：

```
UDP 測試：
伺服器執行：#iperf -u -s
用戶端執行：#iperf -u -c 10.32.0.254 -b 900M -i 1 -w 1M -t 60
```

其中 -b 表示使用頻寬數量，GB 鏈路使用 90% 容量進行測試就可以了。

8.5.2 圖形化版本

Iperf 在 Windows 系統下還有一個圖形介面程式叫作 Jperf。如果要使用圖形化介面版本，可到網站 http://www.iperfwindows.com/ 下載。

使用 Jperf 程式能簡化複雜命令列參數的構造，還能儲存測試結果，同時即時圖形化顯示結果。當然，Jperf 還可以測試 TCP 和 UDP 頻寬品質。Jperf 可以測量最大 TCP 頻寬，具有多種參數和 UDP 特性，還可以報告頻寬、延遲抖動和資料封包遺失。

如圖 8-2 所示，Iperf 分為伺服器端以及用戶端，伺服器端是接收資料封包，用戶端是發送資料封包的。使用 Jperf 只需要兩台電腦，一台執行伺服器，一台執行用戶端，其中用戶端只需要輸入伺服器的 IP 位址即可，另外還可以設定需要發送資料封包的大小。

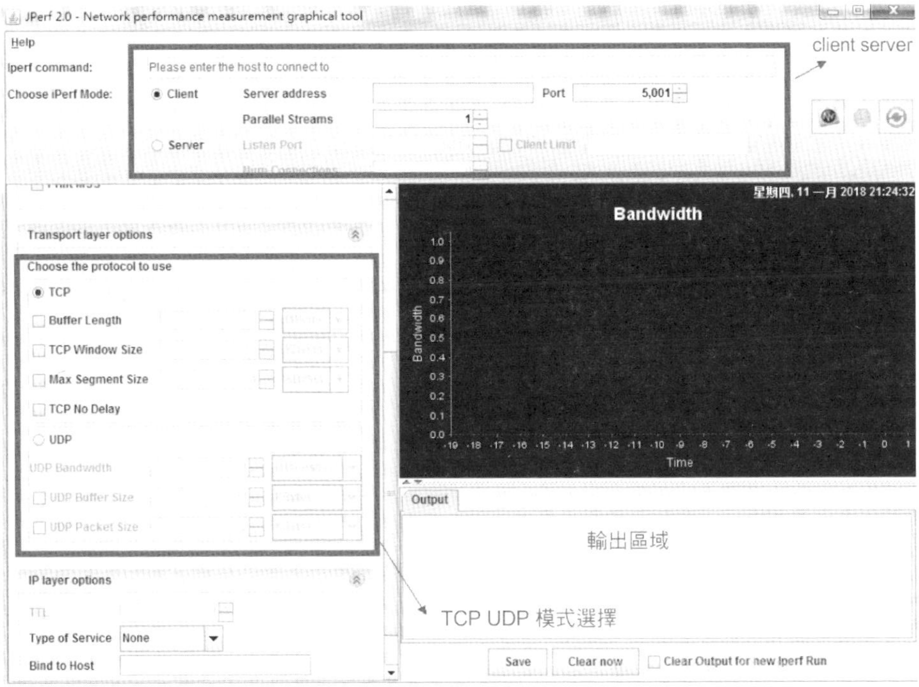

JPerf 2.0 - Network performance measurement graphical tool
Help
Iperf command:
Choose iPerf Mode:
Please enter the host to connect to
Client
Server address
Port
5,001
Parallel Streams
1
Server
Listen Port
Client Limit
Num Connections
client server
Transport layer options
Choose the protocol to use
TCP
Buffer Length
TCP Window Size
Max Segment Size
TCP No Delay
UDP
UDP Bandwidth
UDP Buffer Size
UDP Packet Size
IP layer options
TTL
Type of Service
None
Bind to Host
星期四, 11 一月 2018 21:24:32
Bandwidth
1.0
0.9
0.8
0.7
0.6
0.5
0.4
0.3
0.2
0.1
0.0
-19 -18 -17 -16 -15 -14 -13 -12 -11 -10 -9 -8 -7 -6 -5 -4 -3 -2 -1 0 1
Time
Output
輸出區域
TCP UDP 模式選擇
Save
Clear now
Clear Output for new Iperf Run

▲ 圖 8-2

Chapter

09

HTTP 伺服器程式設計

在我們具體開發 Web 伺服器之前，先利用現成的 Web 伺服器軟體來架設一個 Web 伺服器，並用 C++ 來撰寫一個 Web 程式。Web 開發一般是用指令碼語言的，比如 JSP、PHP、ASP.NET 等，但 C++ 作為編譯語言也可以用來開發 Web 程式。

其實在這些指令碼語言誕生之前，Web 開發就已經存在了。所用的技術就是 CGI（Common Gateway Interface，通用閘道介面），只要按照介面的標準，無論什麼語言（如指令碼語言 Perl、編譯型語言 C++）都可以開發出 Web 程式，也叫 CGI 程式。用 C++ 來寫 CGI 程式就好像寫普通程式一樣。其實，用 C++ 寫 Web 程式雖然沒有 PHP、JSP 那麼流行，但在大公司卻很盛行，比如某訊公司的後台，大部分是用 C++ 開發的，不僅邏輯層用 C++ 寫，大部分 Web 程式也用 C++ 寫。

9.1 CGI 程式的工作方式

瀏覽網頁其實就是使用者的瀏覽器和 Web 伺服器進行互動的過程。具體來說，在進行網頁瀏覽時，通常就是透過一個 URL 請求一個網頁，然後伺服器傳回這個網頁檔案給瀏覽器，瀏覽器在本地解析該檔案並繪製成我們看到的網頁，這是靜態網頁的情況。還有一種情況是動態網頁，就是動態生成網頁，也就是說在伺服器端沒有這個網頁檔案，它是在網頁請求的時候動態生成的，比如 PHP/JSP 網頁（透過 PHP 程式和 JSP 程式動態生成的網頁）。瀏覽器傳來的請求參數不同，生成的內容也不同。

同樣，如果瀏覽器向 Web 伺服器請求一個副檔名是 cgi 的 URL 或提交表單的時候，Web 伺服器會把瀏覽器傳來的資料傳給 CGI 程式，CGI 程式透過標準輸入來接收這些資料。CGI 程式處理完資料後，透過標準輸出將結果資訊發往 Web 伺服器，Web 伺服器再將這些資訊發送給瀏覽器。

9.2 架設 Web 伺服器 Apache

在開發 CGI 程式之前，首先需要架設一個 Web 伺服器。因為我們的程式是執行在 Web 伺服器上的。Web 伺服器中的軟體比較多，比較著名的有 Apache 和 Nginx，這裡選用 Apache。我們可以用命令 httpd -v 來查看 Apache 的版本，如果當前系統沒有安裝 Apache，則會自動提示是否安裝，然後輸入 y 即可開始線上安裝，整個過程如圖 9-1 所示。

```
[root@localhost ~]#  httpd -v
bash: httpd: 未找到命令...
安装软件包"httpd"以提供命令"httpd"?  [N/y] y


 * 正在队列中等待...
 * 装入软件包列表...
下列软件包必须安装:
 apr-1.6.3-11.el8.x86_64          Apache Portable Runtime library
 apr-util-1.6.1-6.el8.x86_64      Apache Portable Runtime Utility library
 apr-util-bdb-1.6.1-6.el8.x86_64          APR utility library Berkeley DB
 apr-util-openssl-1.6.1-6.el8.x86_64      APR utility library OpenSSL cryp
 centos-logos-httpd-85.8-1.el8.noarch    CentOS-related icons and picture
 httpd-2.4.37-39.module_el8.4.0+778+c970deab.x86_64      Apache HTTP Serv
 httpd-filesystem-2.4.37-39.module_el8.4.0+778+c970deab.noarch  The basi
 httpd-tools-2.4.37-39.module_el8.4.0+778+c970deab.x86_64        Tools fo
 mod_http2-1.15.7-3.module_el8.4.0+778+c970deab.x86_64  module implement
继续更改?  [N/y] y


 * 正在队列中等待...
 * 正在等待认证...
 * 正在队列中等待...
 * 正在下载软件包...
 * 正在请求数据...
 * 正在测试更改...
 * 正在安装软件包...
Server version: Apache/2.4.37 (centos)
Server built:   May 20 2021 04:33:06

[root@localhost ~]#
```

▲ 圖 9-1（編按：本圖例為簡體中文介面）

再次查看版本，可以發現安裝成功了：

```
[root@localhost ~]#  httpd -v
Server version: Apache/2.4.37 (centos)
Server built:   May 20 2021 04:33:06
```

然後看下 HTTP 服務的狀態，剛裝完的話服務應該沒啟動：

```
[root@localhost ~]# systemctl status httpd.service
● httpd.service - The Apache HTTP Server
   Loaded: loaded (/usr/lib/systemd/system/httpd.service; disabled;
vendor preset: disabled)
   Active: inactive (dead)
     Docs: man:httpd.service(8)
```

果然，Active 的狀態是 inactive(dead)，接下來啟動 Apache 伺服器，啟動命令如下：

```
systemctl start httpd.service
```

然後再次查看狀態：

```
[root@localhost ~]# systemctl status httpd.service
● httpd.service - The Apache HTTP Server
   Loaded: loaded (/usr/lib/systemd/system/httpd.service; disabled;
vendor preset: disabled)
   Active: active (running) since Thu 2021-10-14 08:14:55 CST; 3s ago
     Docs: man:httpd.service(8)
 Main PID: 36372 (httpd)
   Status: "Started, listening on: port 80"
    Tasks: 213 (limit: 23214)
   Memory: 43.8M
     ...
```

可以發現，啟動成功了，並且在通訊埠 80 上監聽了。

如果要停止服務，可以輸入命令 systemctl stop httpd.service，這裡暫時不要停止。

最後用命令 curl 判斷 Apache 服務工作是否正常：

```
curl http://127.0.0.1
```

按 Enter 鍵後，如果命令列介面正常顯示 HTML、CSS 程式，沒有亂碼，則安裝成功。我們也可到另外一台主機上，用瀏覽器（比如火狐瀏覽器）輸入 Apache 主機的 IP 位址，然後看是否出現測試頁，如果出現測試頁，說明 Apache 伺服器工作正常，如圖 9-2 所示。

HTTP SERVER TEST PAGE

▲ 圖 9-2

至此，Web 伺服器 Apache 架設成功。但要讓 CGI 程式正常運作，還必須設定 Apache，使其允許執行 CGI 程式。注意，是 Web 伺服器處理程序執行 CGI 程式。首先打開 Apache 的設定檔：

```
vi  /etc/httpd/conf/httpd.conf
```

在該設定檔中，搜尋 ScriptAlias（VI 下的搜尋命令是 /ScriptAlias），確保它前面沒有 #（# 表示註釋）。ScriptAlias 是指令，告訴 Apache 預設的 cgi-bin 的路徑。cgi-bin 路徑就是預設尋找 CGI 程式的地方，Apache 會到這個路徑中去找 CGI 程式並執行。這裡搜尋結果如下：

```
ScriptAlias /cgi-bin/ "/var/www/cgi-bin/"
```

說明沒有被註釋起來。接著，再次搜尋 AddHandler，找到的結果如下：

```
#AddHandler cgi-script .cgi
```

把它前面的 # 去掉，該指令告訴 Apache，CGI 程式會有哪些副檔名，這裡保持預設 ".cgi" 作為副檔名，儲存檔案並退出。最後重新啟動 Apache：

```
systemctl restart httpd.service
```

下面我們來看一個用 C++ 開發的 Web 程式。

【例 9.1】一個用 C++ 開發的簡單的 Web 程式。

（1）打開 UE，輸入程式如下：

```
#include <stdio.h>

int main()
{
    printf("Content-Type: text/html\n\n");
    printf("Hello cgi!\n");
    return 0;
}
```

（2）儲存為 test.cpp，然後上傳到 Linux，在命令下編譯生成 test，然後把可執行程式拷貝到 /var/www/cgi-bin/ 下。程式如下：

```
[root@localhost test]# g++ test.cpp -o test
[root@localhost test]# cp test /var/www/cgi-bin/test.cgi
```

（3）在本機中打開火狐瀏覽器，輸入網址 http://localhost/cgi-bin/test.cgi，按 Enter 鍵就可以看到頁面，也可以在其他主機的瀏覽器下輸入 http://192.168.11.128/cgi-bin/test.cgi，結果如圖 9-3 所示。

Hello cgi!

▲ 圖 9-3

其中 192.168.11.128 是 Apache 所在的主機 IP 位址。

【例 9.2】一個用 C++ 開發的 Web 程式。

（1）打開 UE，輸入程式如下：

```
#include <iostream>
using namespace std;

int main()
```

```
{
    cout << "Content-Type: text/html\n\n";  // 注意結尾是兩個 \n
    cout << "<html>\n";
    cout << "<head>\n";
    cout << "<title>Hello World - First CGI Program</title>\n";
    cout << "</head>\n";
    cout << "<body bgcolor=\"yellow\">\n";
    cout << "<h2> <font color=\"#FF0000\">Hello World! This is my first 
CGI program</font></h2>\n";
    cout << "</body>\n";
    cout << "</html>\n";

    return 0;
}
```

（2）儲存為 test.cpp，然後上傳到 Linux，在命令下編譯生成 test，並將可執行程式 test 拷貝到 /var/www/cgi-bin/ 下。程式如下：

```
[root@localhost test]# g++ test.cpp -o test
[root@localhost test]# cp test /var/www/cgi-bin/test.cgi
```

（3）在 centos 下打開火狐瀏覽器，輸入網址 http://localhost/cgi-bin/test.cgi，或也可以在其他主機的瀏覽器下輸入 http://192.168.11.128/cgi-bin/test.cgi，結果如圖 9-4 所示。

Hello World! This is my first CGI program

▲ 圖 9-4

如果看到紅色字型，黃色背景，說明執行成功了。

9.3 HTTP 的工作原理

HTTP 是 Hyper Text Transfer Protocol（超文字傳輸協定）的縮寫，是用於從 WWW（WWW:World Wide Web）伺服器（簡稱 Web 伺服器）傳輸超文字到本地瀏覽器的傳送協定。

HTTP 是基於 TCP/IP 通訊協定來傳遞資料的（HTML 檔案、圖片檔案、查詢結果等）。

HTTP 協定工作於用戶端－伺服器端架構上。瀏覽器作為 HTTP 用戶端透過 URL 向 HTTP 伺服器端即 Web 伺服器發送所有請求。

Web 伺服器有：Apache 伺服器、IIS 伺服器（Internet Information Services）等。Web 伺服器根據接收到的請求，向用戶端發送回應資訊。

HTTP 預設通訊埠編號為 80，但是也可以改為 8080 或其他通訊埠。

如圖 9-5 所示為 HTTP 協定的通訊流程。

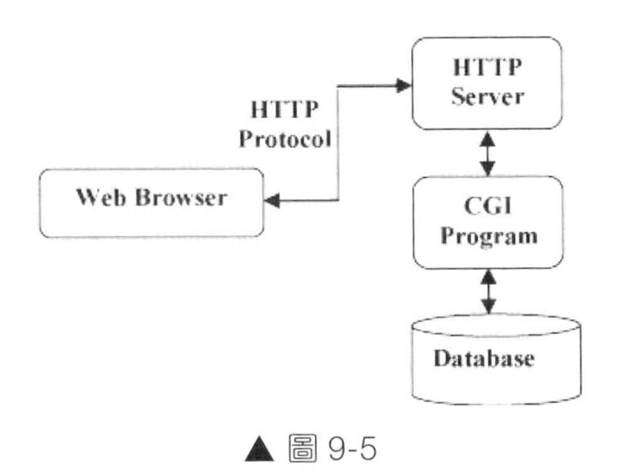

▲ 圖 9-5

9.4 HTTP 的特點

HTTP 協定的主要特點可概括如下：

（1）支援用戶端 / 伺服器模式。

（2）簡單快速：用戶端向伺服器請求服務時，只需傳送請求方法和路徑。請求方法常用的有 GET、HEAD、POST。每種方法規定了用戶端與伺服器聯繫的類型。由於 HTTP 協定簡單，使得 HTTP 伺服器的程式規模小，因而通訊速度很快。

（3）靈活：HTTP 允許傳輸任意類型的資料物件。正在傳輸的類型由 Content-Type 加以標記。

（4）無連接：不需連線的含義是限制每次連接只處理一個請求。伺服器處理完用戶端的請求，並收到用戶端的應答後，即斷開連接。採用這種方式可以節省傳輸時間。

（5）無狀態：HTTP 是無狀態協定。無狀態是指協定對於交易處理沒有記憶能力。缺少狀態表示如果後續處理需要前面的資訊，則它必須重傳，這樣可能導致每次連接傳送的資料量增大。另一方面，在伺服器不需要先前資訊時它的應答就較快。

（6）媒體獨立：只要用戶端和伺服器知道如何處理資料內容，任何類型的資料都可以透過 HTTP 發送。用戶端以及伺服器指定使用適合的 MIME-type 內容類型。

9.5 HTTP 的訊息結構

HTTP 是基於用戶端 / 伺服器的架構模型，透過一個可靠的連結來交換資訊，是一個無狀態的請求 / 回應協定。

一個 HTTP「用戶端」是一個應用程式（Web 瀏覽器或其他任何用戶端），透過連接到伺服器達到向伺服器發送一個或多個 HTTP 的請求的目的。

一個 HTTP「伺服器」同樣也是一個應用程式（通常是一個 Web 服務，如 Apache Web 伺服器或 IIS 伺服器等），透過接收用戶端的請求並向用戶端發送 HTTP 回應資料。

HTTP 使用統一資源識別項（Uniform Resource Identifiers，URI）來傳輸資料和建立連接。一旦建立連接後，資料訊息就透過類似 Internet 郵件所使用的格式 [RFC5322] 和多用途 Internet 郵件擴充（MIME）[RFC2045] 來傳送。

9.6 用戶端請求訊息

用戶端發送一個 HTTP 請求到伺服器，該請求訊息由請求行（Request Line）、請求標表頭（也稱請求標頭）、空行和請求資料四個部分組成，如圖 9-6 所示為請求封包的一般格式。

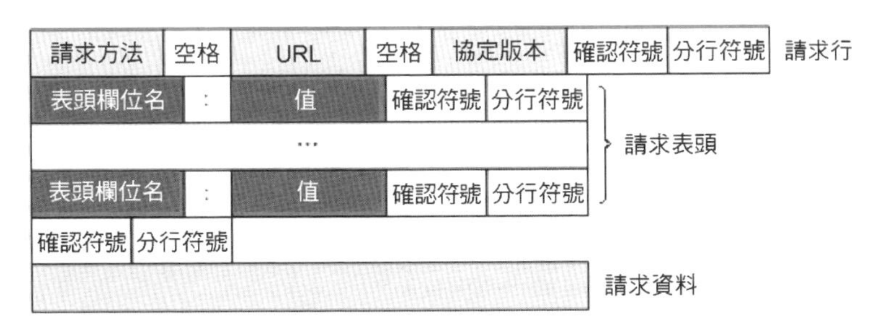

▲ 圖 9-6

HTTP 協定定義了 8 種請求方法（或稱「動作」），來表明對 Request-URI 指定的資源的不同操作方式，具體如下：

（1）OPTIONS：傳回伺服器針對特定資源所支援的 HTTP 請求方法。也可以利用向 Web 伺服器發送 "*" 的請求來測試伺服器的功能性。

（2）HEAD：向伺服器索取與 GET 請求相一致的回應，但回應本體將不會被傳回。這一方法可以在不傳輸整個回應內容的情況下，就可以獲取包含在回應訊息表頭中的詮譯資訊。

（3）GET：向特定的資源發出請求。

（4）POST：向指定資源提交資料進行處理請求（例如提交表單或上傳檔案）。資料被包含在請求本體中。POST 請求可能會導致新的資源的建立和 / 或已有資源的修改。

（5）PUT：向指定資源位置上傳其最新內容。

（6）DELETE：請求伺服器刪除 Request-URI 所標識的資源。

（7）TRACE：回應伺服器收到的請求，主要用於測試或診斷。

（8）CONNECT：HTTP/1.1 協定中預留給能夠將連接改為管道方式的代理伺服器。

雖然 HTTP 的請求方式有 8 種，但是在實際應用中常用的是 GET 和 POST，其他請求方式可以透過這兩種方式間接實現。

9.7 伺服器回應訊息

HTTP 回應由四個部分組成，分別是：狀態行、訊息表頭（也稱回應標頭）、空行和回應正文，如圖 9-7 所示。

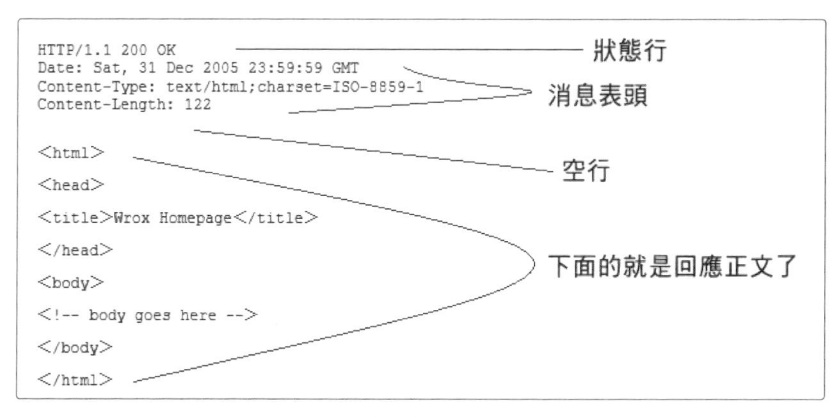

▲ 圖 9-7

下面是一個典型的使用 GET 來傳遞資料的實例。

用戶端請求：

```
GET /hello.txt HTTP/1.1
User-Agent: curl/7.16.3 libcurl/7.16.3 OpenSSL/0.9.7l zlib/1.2.3
Host: www.example.com
Accept-Language: en, mi
```

伺服器端回應：

```
HTTP/1.1 200 OK
Date: Mon, 27 Jul 2009 12:28:53 GMT
Server: Apache
Last-Modified: Wed, 22 Jul 2009 19:15:56 GMT
ETag: "34aa387-d-1568eb00"
Accept-Ranges: bytes
Content-Length: 51
Vary: Accept-Encoding
Content-Type: text/plain
```

輸出結果：

```
Hello World! My payload includes a trailing CRLF.
```

如圖 9-8 所示為請求和回應 HTTP 封包。

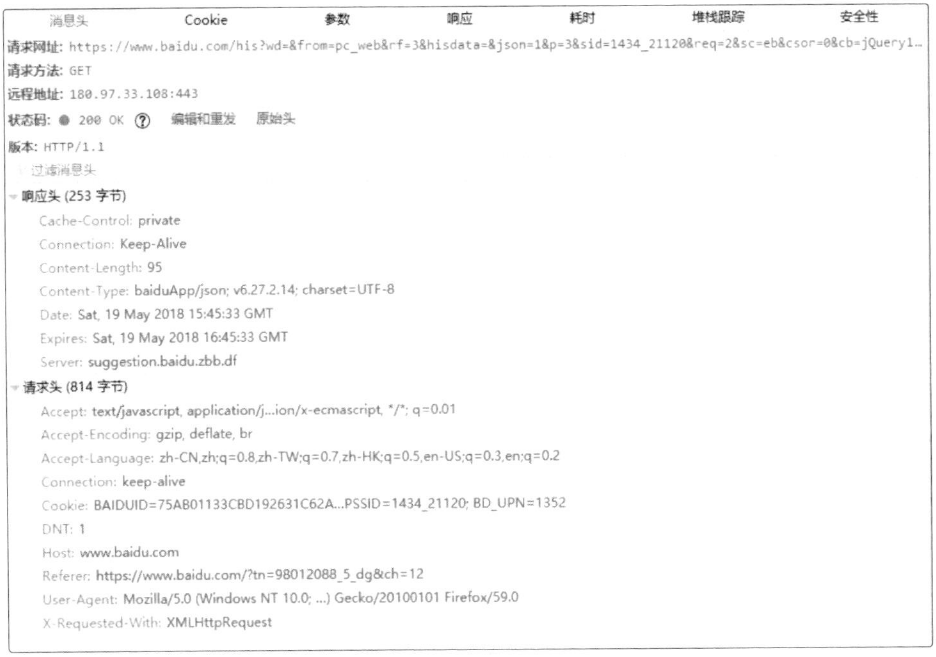

消息头 Cookie 参数 响应 耗时 堆栈跟踪 安全性

请求网址: https://www.baidu.com/his?wd=&from=pc_web&rf=3&hisdata=&json=1&p=3&sid=1434_21120&req=2&sc=eb&csor=0&cb=jQuery1...
请求方法: GET
远程地址: 180.97.33.108:443
状态码: ● 200 OK ⓘ 编辑和重发 原始头
版本: HTTP/1.1
过滤消息头
响应头 (253 字节)
Cache-Control: private
Connection: Keep-Alive
Content-Length: 95
Content-Type: baiduApp/json; v6.27.2.14; charset=UTF-8
Date: Sat, 19 May 2018 15:45:33 GMT
Expires: Sat, 19 May 2018 16:45:33 GMT
Server: suggestion.baidu.zbb.df
请求头 (814 字节)
Accept: text/javascript, application/j...ion/x-ecmascript, */*; q=0.01
Accept-Encoding: gzip, deflate, br
Accept-Language: zh-CN,zh;q=0.8,zh-TW;q=0.7,zh-HK;q=0.5,en-US;q=0.3,en;q=0.2
Connection: keep-alive
Cookie: BAIDUID=75AB01133CBD192631C62A...PSSID=1434_21120; BD_UPN=1352
DNT: 1
Host: www.baidu.com
Referer: https://www.baidu.com/?tn=98012088_5_dg&ch=12
User-Agent: Mozilla/5.0 (Windows NT 10.0; ...) Gecko/20100101 Firefox/59.0
X-Requested-With: XMLHttpRequest

▲ 圖 9-8（編按：本圖例為簡體中文介面）

9.8 HTTP 狀態碼

當瀏覽者存取一個網頁時，瀏覽器會向網頁所在伺服器發出請求。在瀏覽器接收並顯示網頁前，此網頁所在的伺服器會傳回一個包含 HTTP 狀態碼的資訊表頭（Server Header）用以回應瀏覽器的請求。

HTTP 狀態碼的英文為 HTTP Status Code。下面是常見的 HTTP 狀態碼：

```
200 - 請求成功
301 - 資源（網頁等）被永久轉移到其他 URL
404 - 請求的資源（網頁等）不存在
500 - 內部伺服器錯誤
```

9.9 HTTP 狀態碼類別

HTTP 狀態碼由三個十進位數字組成，第一個十進位數字定義了狀態碼的類型，後兩個數字沒有分類的作用。HTTP 狀態碼共分為 5 種類型，如表 9-1 所示。

表 9-1 HTTP 狀態碼類型

類　型	類型描述
1**	資訊，伺服器收到請求，需要請求者繼續執行操作
2**	成功，操作被成功接收並處理
3**	重新導向，需要進一步的操作以完成請求
4**	用戶端錯誤，請求包含語法錯誤或無法完成請求
5**	伺服器錯誤，伺服器在處理請求的過程中發生了錯誤

9.10 實現 HTTP 伺服器

9.10.1 邏輯架構

HTTP 伺服器是一個命令列程式，其邏輯架構如下：一個無限迴圈、一個請求、建立一個執行緒，之後執行緒函數處理每個請求，然後解析 HTTP 請求，判斷檔案是否可執行，若不可執行，打開檔案，輸出給用戶端（瀏覽器）；若可執行，就建立管道，父處理程序與子處理程序進行通訊，如圖 9-9 所示。

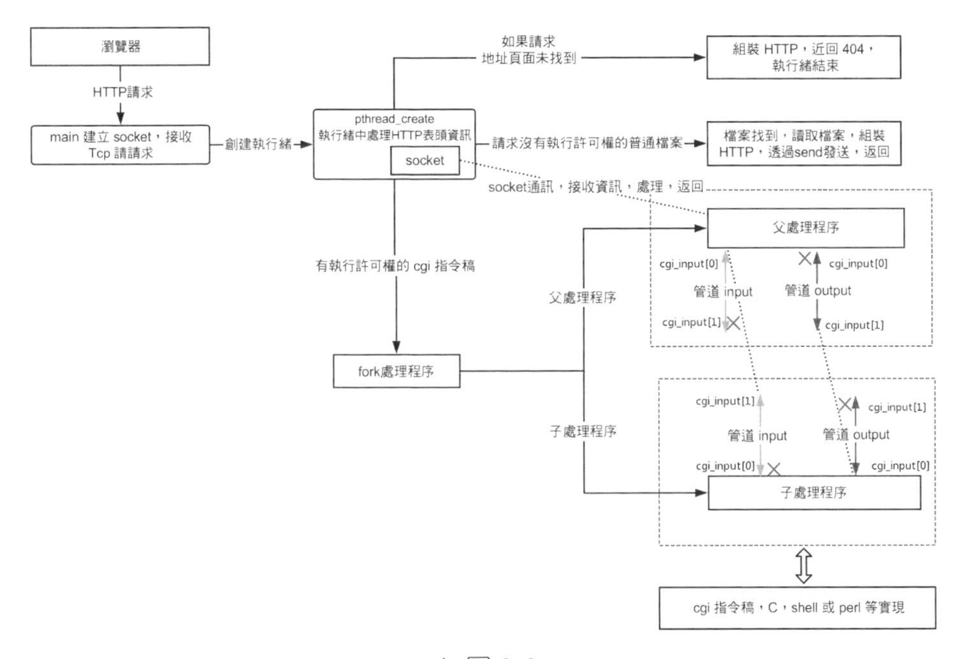

▲ 圖 9-9

9.10.2 程式工作流程

（1）伺服器啟動，在指定通訊埠或隨機選取通訊埠綁定 httpd 服務。

（2）收到一個 HTTP 請求時（其實就是監聽的通訊埠 accpet 時），衍生一個執行緒執行 accept_request 函數。

（3）取出 HTTP 請求中的 method(GET 或 POST) 和 URL,。對於 GET 方法，如果有攜帶有參數，則 query_string 指標指向 URL 中 "?" 後面的 GET 參數。

（4）格式化 URL 到 path 陣列，表示瀏覽器請求的伺服器檔案路徑，在 tinyhttpd 中伺服器檔案是在 htdocs 資料夾下。當 URL 以 "/" 結尾，或 URL 是個目錄時，則預設在 path 中加上 index.html，表示存取首頁。

（5）如果檔案路徑合法，對於無參數的 GET 請求，直接輸出伺服器檔案到瀏覽器，即用 HTTP 格式寫到通訊端上，跳到流程（10）。其他情況（帶有參數 GET、POST 方式，URL 為可執行檔），則呼叫 excute_cgi 函數執行 cgi 指令稿。

（6）讀取整個 HTTP 請求並捨棄，如果是 POST 則找出 Content-Length，把 HTTP 200 狀態碼寫到通訊端。

（7）建立兩個管道，cgi_input 和 cgi_output，並 fork 一個處理程序。

（8）在子處理程序中，把 STDOUT 重新導向到 cgi_outputt 的寫入端，把 STDIN 重新導向到 cgi_input 的讀取端，關閉 cgi_input 的寫入端和 cgi_output 的讀取端，設定 request_method 的環境變數，GET 的話設定 query_string 的環境變數，POST 的話設定 content_length 的環境變數，這些環境變數都是為了給 cgi 指令稿呼叫，接著用 execl 執行 cgi 程式。

（9）在父處理程序中，關閉 cgi_input 的讀取端和 cgi_output 的寫入端，如果 POST 的話，把 POST 資料寫入 cgi_input，已被重新導向到 STDIN，讀取 cgi_output 的管道輸出到用戶端，該管道輸入是 STDOUT。接著關閉所有管道，等待子處理程序結束。管道初始狀態如圖 9-10 所示。管道最終狀態如圖 9-11 所示。

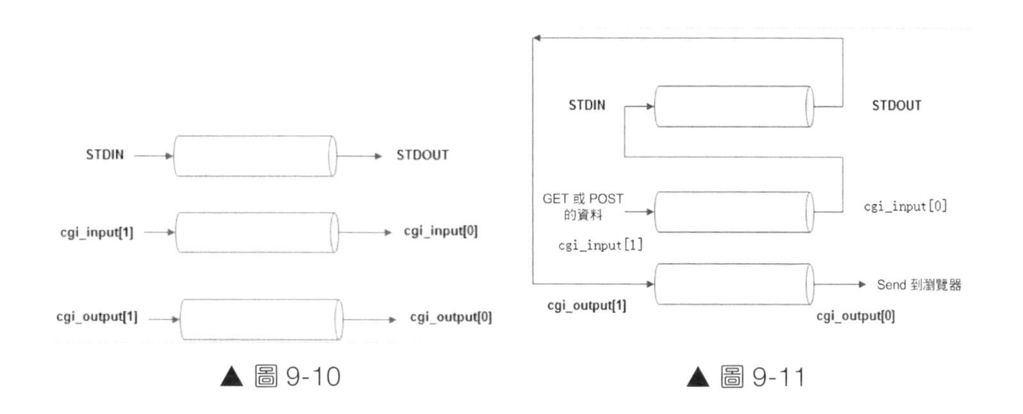

▲ 圖 9-10　　▲ 圖 9-11

（10）關閉與瀏覽器的連接，完成了一次 HTTP 請求與回應，因為 HTTP 是不需連線的。

9.10.3 主要功能函數

主要功能函數及其作用如下：

- //accept_request 函數：處理從通訊端上監聽到的 HTTP 請求，此函數很大部分表現伺服器處理請求流程。

```
void accept_request(void *);
```

- //bad_request 函數：傳回給用戶端這是個錯誤請求，HTTP 狀態碼 400 Bad Request。

```
void bad_request(int);
```

- //cat 函數：讀取伺服器上某個檔案寫到通訊端。

```
void cat(int, FILE *);
```

- //cannot_execute 函數：處理發生在執行 cgi 程式時出現的錯誤。

```
void cannot_execute(int);
```

- //error_die 函數：把錯誤資訊寫到 perror 並退出。

```
void error_die(const char *);
```

- //execute_cgi 函數：執行 cgi 程式的處理，是主要的函數。

```
void execute_cgi(int, const char *, const char *, const char *);
```

- //get_line 函數：讀取通訊端的一行，把確認換行等情況都統一為分行符號結束。

```
int get_line(int, char *, int);
```

- //headers 函數：把 HTTP 回應的表頭寫到通訊端。

```
void headers(int, const char *);
```

- //not_found 函數：處理找不到請求的檔案時的情況。

```
void not_found(int);
//serve_file 函數：呼叫 cat 函數把伺服器檔案傳回給瀏覽器
void serve_file(int, const char *);
```

- //startup 函數：初始化 httpd 服務，包括建立通訊端、綁定通訊埠、進行監聽等。

```
int startup(u_short *);
```

- //unimplemented 函數：傳回給瀏覽器，表明收到的 HTTP 請求所用的 method 不被支援。

```
void unimplemented(int);
```

基本呼叫流程為：main()—>startup()—>accept_request()—>execute_cgi() 等。

9.10.4 專案實現

下面我們專案實現 HTTP 伺服器，在 Windows 下編碼，然後上傳到 Linux 中進行編譯和執行，最後在用戶端瀏覽器中透過 URL 存取 HTTP 伺服器。

【例 9.3】實現 HTTP 伺服器。

（1）打開 VSC 或其他編輯器，建立一個名為 httpSrv.c 的原始檔案，在檔案開頭增加標頭檔，限於篇幅這裡未列出，然後在檔案開頭定義兩個巨集：

```
#define ISspace(x) isspace((int)(x))  //巨集定義，是否是空格
#define SERVER_STRING "Server: jdbhttpd/0.1.0\r\n"
```

（2）再增加 main 函數，程式如下：

```
int main(void)  //伺服器主函數
{
    int server_sock = -1;
    u_short port = 8888;  //監聽通訊埠，如果為 0，則系統自動分配一個通訊埠
    int client_sock = -1;
    struct sockaddr_in client_name;

    //這邊要為 socklen_t 類型
    socklen_t client_name_len = sizeof(client_name);
    pthread_t newthread;
    //建立一個監聽通訊端，在對應的通訊埠建立 httpd 服務
    server_sock = startup(&port);
    printf("httpd running on port %d\n", port);

    while (1)  //無限迴圈
    {
        //阻塞等待用戶端的連接請求
        client_sock = accept(server_sock,   //傳回一個已連接通訊端
            (struct sockaddr *)&client_name,
            &client_name_len);
        if (client_sock == -1)
            error_die("accept");
            //衍生執行緒用 accept_request 函數處理新請求
            //每次收到請求，建立一個執行緒來處理接收到的請求
            //把 client_sock 轉成位址作為參數傳入 pthread_create
        if (pthread_create(&newthread, NULL, (void *)accept_request,
(void *) (intptr_t)client_sock) != 0)
            perror("pthread_create");
```

```
    }
    close(server_sock);  // 出現意外退出的時候，關閉 socket
    return (0);
}
```

其中，while(1) 是個無限迴圈，進入迴圈，伺服器透過呼叫 accept 等待用戶端的連接，accept 會以阻塞的方式執行，直到有用戶端連接才會傳回。連接成功後，伺服器啟動一個新的執行緒來處理用戶端的請求，處理完成後，重新等待新的用戶端請求。

其中 startup 函數是一個自訂函數，用於建立一個監聽通訊端，程式如下：

```
int startup(u_short *port)   // 參數 port 指向包含要連接的通訊埠的變數的指標
{
    int httpd = 0;
    struct sockaddr_in name;

    httpd = socket(PF_INET, SOCK_STREAM, 0);
    if (httpd == -1)
        error_die("socket");
    memset(&name, 0, sizeof(name));
    name.sin_family = AF_INET;
    name.sin_port = htons(*port);
    name.sin_addr.s_addr = htonl(INADDR_ANY);
    if (bind(httpd, (struct sockaddr *)&name, sizeof(name)) < 0) // 綁定
socket
        error_die("bind");
    // 如果通訊埠沒有設定，提供一個隨機通訊埠
    if (*port == 0)
    {
        socklen_t  namelen = sizeof(name);
        if (getsockname(httpd, (struct sockaddr *)&name, &namelen) == -1)
            error_die("getsockname");
        *port = ntohs(name.sin_port);
    }
    if (listen(httpd, 5) < 0)  // 開始監聽
        error_die("listen");
```

```
    return (httpd);
}
```

startup 函數用於啟動監聽 Web 連接的過程，在指定的通訊埠上，如果輸入的通訊埠編號為 0，則動態分配通訊埠，並修改原始通訊埠變數以反映實際通訊埠。

（3）增加執行緒函數 accept_request，該函數處理接受連接請求後的工作，程式如下：

```
void accept_request(void *arg)  //arg 指向連接到用戶端的通訊端
{
  //socket
    int client = (intptr_t)arg;
    char buf[1024];
    int numchars;
    char method[255];
    char url[255];
    char path[512];
    size_t i, j;
    struct stat st;
    int cgi = 0;        // 如果伺服器確定這是一個 cgi 程式，則設為 true
    char *query_string = NULL;

    // 根據上面的 GET 請求，可以看到這邊就是取第一行
    // 這邊都是在處理第一筆 HTTP 資訊 "GET / HTTP/1.1\n"
    numchars = get_line(client, buf, sizeof(buf));
    i = 0; j = 0;

    // 把用戶端的請求方法存到 method 陣列
    while (!ISspace(buf[j]) && (i < sizeof(method) - 1))
    {
        method[i] = buf[j];
        i++; j++;
    }
    method[i] = '\0';      // 結束

     // 只能辨識 GET 和 POST
```

```
if (strcasecmp(method, "GET") && strcasecmp(method, "POST"))
{
    unimplemented(client);
    return;
}

 // 如果是 POST，cgi 置為 1，即 POST 的時候開啟 cgi
if (strcasecmp(method, "POST") == 0)
    cgi = 1;

// 解析並儲存請求的 URL（如有問號，也包括問號及之後的內容）
i = 0;
// 跳過空格
while (ISspace(buf[j]) && (j < sizeof(buf)))
    j++;

// 從緩衝區中把 URL 讀取出來
while (!ISspace(buf[j]) && (i < sizeof(url) - 1) && (j < sizeof(buf)))
{
    url[i] = buf[j];                            // 存在 URL
    i++; j++;
}
url[i] = '\0';                                  // 儲存 URL

// 處理 GET 請求
if (strcasecmp(method, "GET") == 0)         // 判斷是否為 GET 請求
{
    query_string = url;                         // 待處理請求為 URL
    // 移動指標，去找 GET 參數，即 ? 後面的部分
    while ((*query_string != '?') && (*query_string != '\0'))
        query_string++;
    // 如果找到了的話，說明這個請求也需要呼叫指令稿來處理
    // 此時就把請求字串單獨取出來
    //GET 方法特點，? 後面為參數
    if (*query_string == '?')
    {
        cgi = 1;  // 開啟 cgi
        *query_string = '\0'; //query_string 指標指向的是真正的請求參數
        query_string++;
```

```
        }
    }
    // 儲存有效的 URL 位址並加上請求位址的首頁索引，預設的根目錄是在 htdocs 下
    // 這裡是做路徑拼接，因為 URL 字串以 '/' 開頭，所以不用拼接新的分割符號
    // 格式化 URL 到 path 陣列，HTML 檔案都在 htdocs 中
    sprintf(path, "/root/htdocs%s", url);        // 構造網頁資源存放的路徑

    // 預設位址，解析到的路徑如果為 /，則自動加上 index.html
    // 即如果存取路徑的最後一個字元是 '/'，就為其補全，即預設存取 index.html
    if (path[strlen(path) - 1] == '/')
         strcat(path, "index.html");

    // 存取請求的檔案，如果檔案不存在直接傳回，如果存在就呼叫 cgi 程式來處理
    // 根據路徑找到對應檔案
    if (stat(path, &st) == -1) {              // 獲得檔案資訊
    // 如果不存在，就把剩下的請求標頭從緩衝區中讀出去
    // 把所有 headers 的資訊都捨棄，把所有 HTTP 資訊讀出然後捨棄
        while ((numchars > 0) && strcmp("\n", buf))/* read & discard
headers */
            numchars = get_line(client, buf, sizeof(buf));
           // 然後傳回一個 404 錯誤，即回應用戶端找不到
        not_found(client);
    }
    else
    {
    // 如果檔案存在但是個目錄，則繼續拼接路徑，預設存取這個目錄下的 index.html
        if ((st.st_mode & S_IFMT) == S_IFDIR)
            strcat(path, "/index.html");
        /* 如果檔案具有可執行許可權，就執行它
        如果需要呼叫 cgi（cgi 標識位置 1），在呼叫 cgi 之前有一段是對使用者許可權
的判斷，對應含義如下：S_IXUSR：使用者可以執行
                    S_IXGRP：組可以執行
                    S_IXOTH：其他人可以執行
    */
        if ((st.st_mode & S_IXUSR) ||
            (st.st_mode & S_IXGRP) ||
            (st.st_mode & S_IXOTH))
            cgi = 1;
        // 不是 cgi，直接把伺服器檔案傳回，否則執行 cgi
```

```
        if (!cgi)  serve_file(client, path);  // 接讀取檔案傳回給請求的
HTTP 用戶端
        else  execute_cgi(client, path, method, query_string);
        // 執行 cgi 檔案
    }
    close(client);  // 執行完畢關閉 socket，斷開與用戶端的連接（HTTP 特點：
無連接）
}
```

首先看 get_line，一個 HTTP 請求封包由請求行、請求標表頭、空行和請求資料四個部分組成，請求行由請求方法欄位（GET 或 POST）、URL 欄位和 HTTP 版本欄位三個欄位組成，它們用空格分隔。如：GET / index.html HTTP/1.1。解析請求行，把方法欄位儲存在 method 變數中。get_line 讀取 HTTP 表頭第一行：GET/index.php HTTP 1.1。

然後辨識 GET 和 POST，如果是 POST 的時候開啟 cgi，接著解析並儲存請求的 URL（如有問號，也包括問號及之後的內容），隨後從緩衝區中把 URL 讀取出來，注意：如果 HTTP 的網址為 http://192.168.0.23:47310/index.html，那麼得到的第一筆 HTTP 資訊為 GET/index.html HTTP/1.1，那麼解析得到的就是 /index.html。

最後處理 GET 請求，請求參數和對應的值附加在 URL 後面，利用一個問號（？）代表 URL 的結尾與請求參數的開始，傳遞參數長度受限制。如 index.jsp?10023，其中 10023 就是要傳遞的參數。這段程式將參數儲存在 query_string 中。

（4）作為一個 HTTP 伺服器，支援 cgi 指令稿是最基本的要求，下面增加執行 cgi 指令稿的函數 execute_cgi，程式如下：

```
void execute_cgi(int client,const char *path,const char *method,const
char *query_string)
{
    char buf[1024];                    // 緩衝區
    int cgi_output[2];
    int cgi_input[2];
```

```
    pid_t pid;
    int status,i;
    char c;
    int numchars = 1;              // 讀取的字元數
    int content_length = -1;       //HTTP 的 content_length

     // 首先需要根據請求是 GET 還是 POST 來分別進行處理
    buf[0] = 'A'; buf[1] = '\0';
     // 忽略大小寫比較字串
    if (strcasecmp(method, "GET") == 0)  // 如果是 GET，那麼就忽略剩餘的請求
標頭
    /* 讀取資料，把整個 header 都讀取，因為 GET 直接讀取 index.html，沒有必要分
析剩餘的 HTTP 資訊了，即把所有的 HTTP header 讀取並捨棄 */
        while ((numchars > 0) && strcmp("\n", buf))
            numchars = get_line(client, buf, sizeof(buf));
    else     // 如果是 POST，那麼就需要讀出請求長度即 Content-Length
    {
        numchars = get_line(client, buf, sizeof(buf));
        while ((numchars > 0) && strcmp("\n", buf))
        {
/* 如果是 POST 請求，就需要得到 Content-Length，Content-Length：這個字串一共長
為 15 位元，所以取出表頭一句後，將第 16 位元設定結束符號，進行比較第 16 位元置為
結束 */
            buf[15] = '\0';      // 使用 \0 進行分割
            if (strcasecmp(buf, "Content-Length:") == 0) //HTTP 請求的特點
                content_length = atoi(&(buf[16]));  // 記憶體從第 17 位元開
始就是長度，將 17 位元開始的所有字串轉成整數就是 content_length

            numchars = get_line(client, buf, sizeof(buf));
        }
// 如果請求長度不合法（比如根本就不是數字），那麼就顯示出錯，即沒有找到
content_length
        if (content_length == -1) {
            bad_request(client);
            return;
        }
    }

    sprintf(buf, "HTTP/1.0 200 OK\r\n");
```

```
send(client, buf, strlen(buf), 0);
// 建立 output 管道
if (pipe(cgi_output) < 0) {
    cannot_execute(client);
    return;
}

 // 建立 input 管道
if (pipe(cgi_input) < 0) {
    cannot_execute(client);
    return;
}
//        fork 後管道都複製了一份，都是一樣的
//        子處理程序關閉 2 個無用的通訊埠，避免浪費
//        ×<------------------------->1    output
//        0<-------------------------->×   input

 //        父處理程序關閉 2 個無用的通訊埠，避免浪費
 //        0<-------------------------->×   output
 //        ×<------------------------->1    input
 //        此時父子處理程序已經可以通訊

  //fork 處理程序，子處理程序用於執行 cgi
  // 父處理程序用於接收資料以及發送子處理程序處理的回覆資料
if ((pid = fork()) < 0) {
    cannot_execute(client);
    return;
}
if (pid == 0)  /* child: CGI script */
{
    char meth_env[255];
    char query_env[255];
    char length_env[255];

    // 子處理程序輸出重新導向到 output 管道的 1 端
    dup2(cgi_output[1], 1);
    // 子處理程序輸入重新導向到 input 管道的 0 端
    dup2(cgi_input[0], 0);
```

```
        //關閉無用管道通訊埠
        close(cgi_output[0]);
        close(cgi_input[1]);

        //cgi 環境變數
        sprintf(meth_env, "REQUEST_METHOD=%s", method);
        putenv(meth_env);
        if (strcasecmp(method, "GET") == 0) {
            sprintf(query_env, "QUERY_STRING=%s", query_string);
            putenv(query_env);
        }
        else {    /* POST */
            sprintf(length_env, "CONTENT_LENGTH=%d", content_length);
            putenv(length_env);
        }
        //替換執行 path
        execl(path, path, NULL);
        //int m = execl(path, path, NULL);
        //如果 path 有問題，例如將 HTML 網頁改成可執行的，但是執行後 m 為 -1
        //退出子處理程序，管道被破壞，但是父處理程序還在往裡面寫入東西，觸發
Program received signal SIGPIPE, Broken pipe
        exit(0);
    }
    else {    /* parent */

      //關閉無用管道通訊埠
        close(cgi_output[1]);
        close(cgi_input[0]);
        if (strcasecmp(method, "POST") == 0)
            for (i = 0; i < content_length; i++) {
             //得到 POST 請求資料，寫到 input 管道中，供子處理程序使用
                recv(client, &c, 1, 0);
                write(cgi_input[1], &c, 1);
            }
        //從 output 管道讀到子處理程序處理後的資訊，然後 send 出去
        while (read(cgi_output[0], &c, 1) > 0)
            send(client, &c, 1, 0);

        /完成操作後關閉管道
```

```
        close(cgi_output[0]);
        close(cgi_input[1]);

        waitpid(pid, &status, 0); // 等待子處理程序傳回
    }
}
```

（5）增加執行緒函數 get_line，該函數從通訊端獲取一行資料，只要發現 c 為 \n，就認為是一行結束，如果讀到 \r，再用 MSG_PEEK 的方式讀取一個字元。如果讀到的是下一行字元則不處理，將 c 置為 \n，結束。如果讀到的資料為 0 則中斷，如果小於 0，視為結束，c 置為 \n。該函數傳回讀到的資料的位元組數（不包括 NULL），程式如下：

```
int get_line(int sock, char *buf, int size)   //buf 是存放資料的緩衝區，
size 是緩衝區大小
{
    int i = 0;
    char c = '\0';
    int n;

    while ((i < size - 1) && (c != '\n'))
    {
        n = recv(sock, &c, 1, 0);
        /* DEBUG printf("%02X\n", c); */
        if (n > 0)
        {
            if (c == '\r')
            {
               // 查看一個位元組，如果是 \n 就讀走
                n = recv(sock, &c, 1, MSG_PEEK);
                /* DEBUG printf("%02X\n", c); */
                if ((n > 0) && (c == '\n'))
                    recv(sock, &c, 1, 0);
                else
    // 不是 \n（讀到下一行的字元）或沒讀到，置 c 為 \n 跳出迴圈，完成一行讀取
                    c = '\n';
            }
            buf[i] = c;
```

```
            i++;
        }
        else
            c = '\n';
    }
    buf[i] = '\0';

    return (i);
}
```

（6）增加函數 headers，該函數傳回有關檔案的 HTTP 資訊表頭，程式如下：

```
void headers(int client, const char *filename)
{
    char buf[1024];
    (void)filename;  /* could use filename to determine file type */

    strcpy(buf, "HTTP/1.0 200 OK\r\n");
    send(client, buf, strlen(buf), 0);
    strcpy(buf, SERVER_STRING);
    send(client, buf, strlen(buf), 0);
    sprintf(buf, "Content-Type: text/html\r\n");
    send(client, buf, strlen(buf), 0);
    strcpy(buf, "\r\n");
    send(client, buf, strlen(buf), 0);
}
```

其中參數 client 是要列印資訊表頭的通訊端；filename 是檔案名稱。下面再增加函數 not_found，如果資源沒有找到，則該函數傳回給用戶端相應的資訊，程式如下：

```
void not_found(int client)
{
    char buf[1024];

    sprintf(buf, "HTTP/1.0 404 NOT FOUND\r\n");
    send(client, buf, strlen(buf), 0);
    sprintf(buf, SERVER_STRING);
```

```
    send(client, buf, strlen(buf), 0);
    sprintf(buf, "Content-Type: text/html\r\n");
    send(client, buf, strlen(buf), 0);
    sprintf(buf, "\r\n");
    send(client, buf, strlen(buf), 0);
    sprintf(buf, "<HTML><TITLE>Not Found</TITLE>\r\n");
    send(client, buf, strlen(buf), 0);
    sprintf(buf, "<BODY><P>The server could not fulfill\r\n");
    send(client, buf, strlen(buf), 0);
    sprintf(buf, "your request because the resource specified\r\n");
    send(client, buf, strlen(buf), 0);
    sprintf(buf, "is unavailable or nonexistent.\r\n");
    send(client, buf, strlen(buf), 0);
    sprintf(buf, "</BODY></HTML>\r\n");
    send(client, buf, strlen(buf), 0);
}
```

其中參數 client 是通訊端。下面再增加函數 serve_file，如果不是 cgi 檔案，該函數直接讀取檔案並傳回給請求的 HTTP 用戶端，程式如下：

```
void serve_file(int client, const char *filename)
{
    FILE *resource = NULL;
    int numchars = 1;
    char buf[1024];

    // 預設字元
    buf[0] = 'A'; buf[1] = '\0';
    while ((numchars > 0) && strcmp("\n", buf))  /* read & discard
headers */
        numchars = get_line(client, buf, sizeof(buf));

    resource = fopen(filename, "r");
    if (resource == NULL)
        not_found(client);
    else
    {
        headers(client, filename);
        cat(client, resource);
```

```
    }
    fclose(resource);
}
```

（7）增加函數 startup，該函數初始化 httpd 服務，包括建立通訊端、綁定通訊埠、進行監聽等，程式如下：

```
int startup(u_short *port)
{
    int httpd = 0;
    struct sockaddr_in name;

    httpd = socket(PF_INET, SOCK_STREAM, 0);
    if (httpd == -1)
        error_die("socket");
    memset(&name, 0, sizeof(name));
    name.sin_family = AF_INET;
    name.sin_port = htons(*port);
    name.sin_addr.s_addr = htonl(INADDR_ANY);
    //綁定 socket
    if (bind(httpd, (struct sockaddr *)&name, sizeof(name)) < 0)
        error_die("bind");
       //如果通訊埠沒有設定，提供個隨機通訊埠
    if (*port == 0)  /* if dynamically allocating a port */
    {
        socklen_t  namelen = sizeof(name);
        if (getsockname(httpd, (struct sockaddr *)&name, &namelen) == -1)
            error_die("getsockname");
        *port = ntohs(name.sin_port);
    }
    //監聽
    if (listen(httpd, 5) < 0)
        error_die("listen");
    return (httpd);
}
```

（8）增加函數 unimplemented，該函數傳回給瀏覽器表示收到的 HTTP 請求所用的 method 不被支援，程式如下：

```
void unimplemented(int client)
{
    char buf[1024];

    sprintf(buf, "HTTP/1.0 501 Method Not Implemented\r\n");
    send(client, buf, strlen(buf), 0);
    sprintf(buf, SERVER_STRING);
    send(client, buf, strlen(buf), 0);
    sprintf(buf, "Content-Type: text/html\r\n");
    send(client, buf, strlen(buf), 0);
    sprintf(buf, "\r\n");
    send(client, buf, strlen(buf), 0);
    sprintf(buf, "<HTML><HEAD><TITLE>Method Not Implemented\r\n");
    send(client, buf, strlen(buf), 0);
    sprintf(buf, "</TITLE></HEAD>\r\n");
    send(client, buf, strlen(buf), 0);
    sprintf(buf, "<BODY><P>HTTP request method not supported.\r\n");
    send(client, buf, strlen(buf), 0);
    sprintf(buf, "</BODY></HTML>\r\n");
    send(client, buf, strlen(buf), 0);
}
```

至此，主要函數基本全部實現完畢，還有些小的輔助函數這裡不再列出，具體可以見原始程式專案。下面準備編譯執行，把 httpSrv.c 上傳到 Linux 下，然後編譯：

```
gcc httpSrv.c -o httpSrv -lpthread
```

如果成功則會在同路徑下生成一個名為 httpSrv 的可執行程式，直接執行：

```
[root@localhost httpsrv]# ./httpSrv
httpd running on port 8888
```

此時將在 8888 通訊埠上監聽了。

（9）準備網頁檔案和 cgi 程式檔案。cgi 可以直接使用案例 14.2 生成的可執行程式，將其複製到 /root/htdocs/ 下，並命名為 test.cgi，並指定可執行許可權（chmod +x test.cgi）。然後打開記事本，並輸入 HTML 程式如下：

```
<HTML>
<TITLE>Index</TITLE>
<BODY>
<P>Welcome to my HTTP webserver.
<H1>Show CGI Result:
<FORM ACTION="test.cgi" METHOD="POST">
<INPUT TYPE="submit">
</FORM>
</BODY>
</HTML>
```

儲存為 index.html，並上傳到 /root/htdocs/ 下，這樣伺服器基本設定完畢了。我們可到另外一台主機上用 IE 瀏覽器來存取伺服器。輸入網址：http://192.168.11.128:8888/index.html。如果 Linux 帶有圖形介面，也可以用 Linux 附帶的火狐瀏覽器來存取，此時網址是 http://localhost:8888/index.html，執行結果如圖 9-12 所示。

▲ 圖 9-12

點擊「提交查詢內容」按鈕，出現 test.cgi 的執行結果，如圖 9-13 所示。

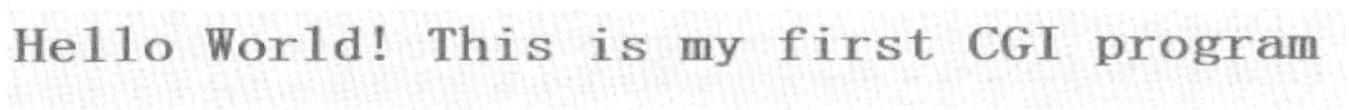

Hello World! This is my first CGI program

▲ 圖 9-13

至此說明 HTTP 伺服器執行成功了。

Chapter

10

基於 Libevent 的 FTP 伺服器

Libevent 是一個用 C 語言撰寫的、輕量級的開放原始碼高性能事件通知函數庫，主要有以下幾個特點：事件驅動（event-driven），高性能；輕量級，專注於網路，不像 ACE 那麼臃腫龐大；原始程式碼相當精煉、易讀；跨平台，支援 Windows、Linux、*BSD 和 MacOs；支援多種 I/O 多工技術，如 epoll、poll、dev/poll、select 和 kqueue 等；支援 I/O，計時器和訊號等事件；註冊事件優先順序。

Libevent 是一個事件通知函數庫，內部使用 select、epoll、kqueue、IOCP 等系統呼叫管理事件機制。Libevent 是用 C 語言撰寫的，而且幾乎是無處不用函數指標。Libevent 支援多執行緒程式設計。Libevent 已經被廣泛應用，作為不少知名軟體的底層網路函數庫，比如 memcached、Vomit、Nylon、Netchat 等。

事實上 Libevent 本身就是一個典型的 Reactor 模式，理解 Reactor 模式是理解 Libevent 的基石。這裡我們簡單介紹下典型的事件驅動設計模式——Reactor 模式。

10.1 Reactor 模式

整個 Libevent 本身就是一個 Reactor，因此本節將專門對 Reactor 模式進行必要的介紹，並列出 Libevnet 中的幾個重要元件和 Reactor 的對應關係。

首先了解一下普通函數呼叫的機制：

（1）程式呼叫某函數。
（2）函數執行。
（3）程式等待。
（4）函數將結果和控制權傳回給程式。
（5）程式繼續處理。

Reactor 的中文名為「反應堆」，在電腦中表示一種事件驅動機制，和普通函數呼叫的不同之處在於：應用程式不是主動呼叫某個 API 函數完成處理，恰恰相反，Reactor 逆置了事件處理流程，應用程式需要提供對應的介面並註冊到 Reactor 上，如果對應的事件發生，Reactor 將主動呼叫應用程式註冊的介面，這些介面又稱為「回呼函數」。使用 Libevent 也是想用 Libevent 框架註冊對應的事件和回呼函數：當這些事件發生時，Libevent 會呼叫這些回呼函數處理對應的事件（I/O 讀寫、定時和訊號）。

用「好萊塢原則」來形容 Reactor 再合適不過了：不要打電話給我們，我們會打電話通知你。舉個例子：你去應聘某公司，面試結束後，「普通函數呼叫機制」公司的 HR 比較懶，不會記你的聯繫方式，你只能面試完後自己打電話去問是否被錄取。而 "Reactor" 公司的 HR 就會先記下你的聯繫方式，結果出來後會主動打電話通知你是否被錄取，你不用自己打電話去問結果，事實上也不能，因為你沒有 HR 的聯繫方式。

10.1.1 Reactor 模式的優點

Reactor 模式是撰寫高性能網路伺服器的必備技術之一，它具有以下 4 個優點：

（1）回應快，不必為單一同步時間所阻塞，雖然 Reactor 本身依然是同步的。

（2）程式設計相對簡單，可以大幅地避免複雜的多執行緒及同步問題，且避免了多執行緒 / 處理程序的切換銷耗。

（3）可擴充性，可以方便地透過增加 Reactor 實例個數來充分利用 CPU 資源。

（4）可重複使用性，Reactor 框架本身與具體事件處理邏輯無關，具有很高的重複使用性。

10.1.2 Reactor 模式的框架

使用 Reactor 模式，必備的幾個元件有：事件來源、事件多路分發機制（Event Demultiplexer）、反應器（Reactor）和事件處理器（Event Handler）。先來看看 Reactor 模式的整體框架，接下來再對每個元件逐一說明。Reactor 模型的整體框架圖如圖 10-1 所示。

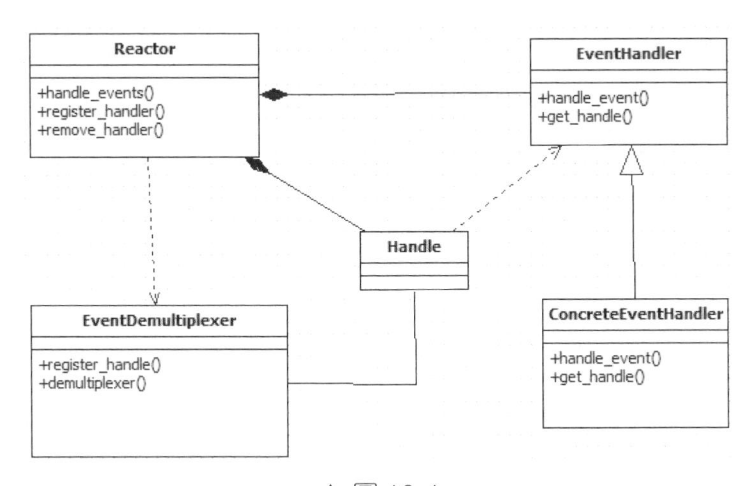

▲ 圖 10-1

（1）事件來源

在 Linux 上是檔案描述符號，在 Windows 上就是 socket 或 Handle 了，這裡統一稱為「控制碼集」。程式在指定的控制碼上註冊關心的事件，比如 I/O 事件。

（2）事件多路分發機制

由作業系統提供的 I/O 多工機制，比如 select 和 epoll。程式首先將其關心的控制碼（事件來源）及其事件註冊到 Event Demultiplexer 上，當有事件到達時，Event Demultiplexer 會發出通知「在已經註冊的控制碼集中，一個或多個控制碼的事件已經就緒」，程式收到通知後，就可以在非阻塞的情況下對事件進行處理了。

對應到 Libevent 中，依然是 select、poll、epoll 等，但是 Libevent 使用結構 eventop 進行了封裝，以統一的介面來支援這些 I/O 多工機制，達到了對外隱藏底層系統機制的目的。

（3）反應器

Reactor 是事件管理的介面，內部使用 Event Demultiplexer 註冊、登出事件，並執行事件迴圈，當有事件進入「就緒」狀態時，呼叫註冊事件的回呼函數處理事件。對應到 Libevent 中，就是 event_base 結構。一個典型的 Reactor 宣告方式如下所示：

```
class Reactor
{
public:
    int register_handler(Event_Handler *pHandler, int event);
    int remove_handler(Event_Handler *pHandler, int event);
    void handle_events(timeval *ptv);
    //...
};
```

（4）事件處理器

事件處理器提供了一組介面，其中每個介面對應了一種類型的事件，供 Reactor 在對應的事件發生時呼叫，執行對應的事件處理。通常它會綁定一個有效的控制碼。對應到 Libevent 中，就是 Event 結構。下面是兩種典型的 Event Handler 類別宣告方式，兩者各有優缺點。

```
class Event_Handler
{
public:
    virtual void handle_read() = 0;
    virtual void handle_write() = 0;
    virtual void handle_timeout() = 0;
    virtual void handle_close() = 0;
    virtual HANDLE get_handle() = 0;
    //...
};
class Event_Handler
{
public:
    //events maybe read/write/timeout/close .etc
    virtual void handle_events(int events) = 0;
    virtual HANDLE get_handle() = 0;
    //...
};
```

10.1.3 Reactor 事件處理流程

使用 Reactor 模式後，事件控制流的序列圖如圖 10-2 所示。

由於篇幅關係，我們只介紹 Reactor 的基本概念、框架和處理流程，對 Reactor 有 3 基本清晰的了解後，再來對比看 Libevent 就會更容易理解了。

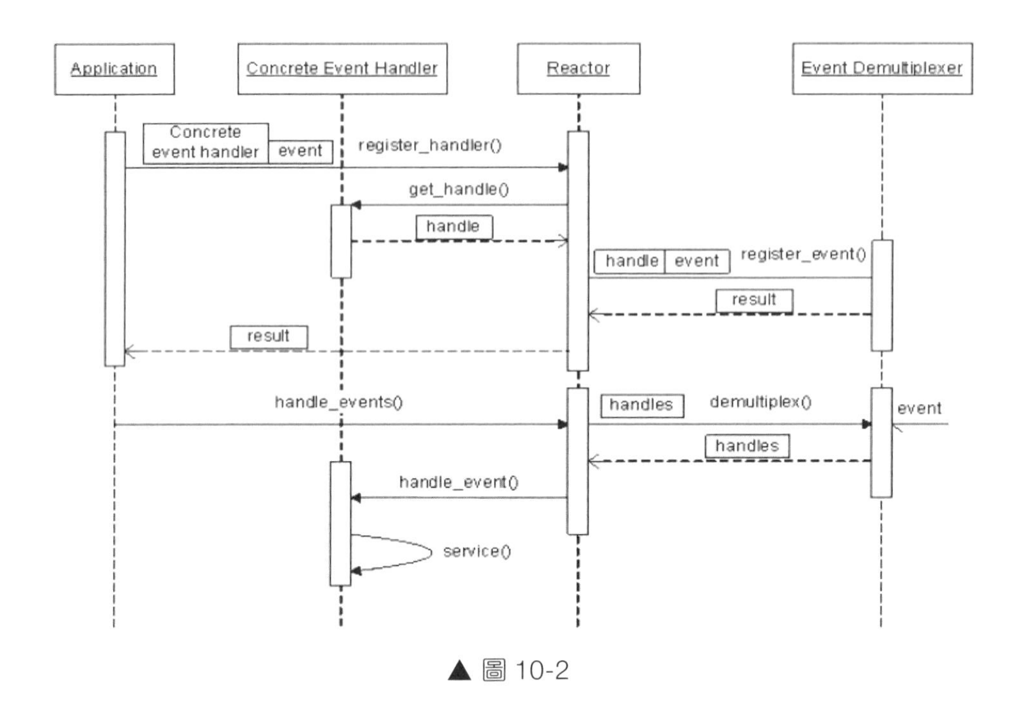

▲ 圖 10-2

10.2 使用 Libevnet 的基本流程

Libevnet 是一個優秀的事件驅動函數庫，其使用流程一般都是根據場景來的。下面來考慮一個最簡單的場景，使用 Livevent 設定計時器，應用程式只需要執行下面 5 個簡單的步驟即可。

Step 1 初始化 Libevent 函數庫，並儲存傳回的指標。

```
struct event_base * base = event_init();
```

實際上這一步相當於初始化一個 Reactor 實例。在初始化 Libevent 後，就可以註冊事件了。

Step 2 初始化事件 event，設定回呼函數和關注的事件。

```
evtimer_set(&ev, timer_cb, NULL);
```

事實上這等價於呼叫 event_set(&ev, -1, 0, timer_cb, NULL);。

event_set 的函數原型是：

```
void event_set(struct event *ev, int fd, short event, void (*cb)(int,
short, void *), void *arg)
```

- ev：執行要初始化的 event 物件。
- fd：該 event 綁定的「控制碼」，對於訊號事件，它就是關注的訊號。
- event：在該 fd 上關注的事件類型，它可以是 EV_READ、EV_WRITE、EV_SIGNAL。
- cb：這是一個函數指標，當 fd 上的事件 event 發生時，呼叫該函數執行處理，它有三個參數，呼叫時由 event_base 負責按順序傳入，實際上就是 event_set 時的 fd、event 和 arg。
- arg：傳遞給 cb 函數指標的參數。

由於定時事件不需要 fd，並且定時事件是根據增加時（event_add）的逾時值設定的，因此這裡的 event 也不需要設定。

這一步相當於初始化一個 event handler，在 Libevent 中事件類型儲存在 event 結構中。

> **注意**
>
> Libevent 並不會管理 event 事件集合，這需要應用程式自行管理。

Step 3 設定 event 從屬的 event_base。

```
event_base_set(base, &ev);
```

這一步相當於指明 event 要註冊到哪個 event_base 實例上：

Step 4 正式增加事件。

```
event_add(&ev, timeout);
```

基本資訊都已設定完成，只要簡單呼叫 event_add() 函數即可完成，其中 timeout 是定時值。這一步相當於呼叫 Reactor::register_handler() 函數註冊事件。

Step 5 程式進入無限迴圈，等待就緒事件並執行事件處理。

```
event_base_dispatch(base);
```

上面的程式碼可以描述如下：

```
struct event ev;
struct timeval tv;
void time_cb(int fd, short event, void *argc)
{
    printf("timer wakeup/n");
    event_add(&ev, &tv); //reschedule timer
}
int main()
{
    struct event_base *base = event_init();
    tv.tv_sec = 10; //10s period
    tv.tv_usec = 0;
    evtimer_set(&ev, time_cb, NULL);
    event_add(&ev, &tv);
    event_base_dispatch(base);
}
```

當應用程式向 Libevent 註冊一個事件後，Libevent 內部的處理流程如下：

（1）應用程式準備並初始化 event，設定好事件類型和回呼函數。

（2）向 Libevent 增加該事件 event。對於定時事件，Libevent 使用一個小根堆積管理，key 為逾時時間；對於 Signal 和 I/O 事件，Libevent 將其放入到等待鏈結串列（Wait List）中，這是一個雙向鏈結串列結構。

（3）程式呼叫 event_base_dispatch() 系列函數進入無限迴圈，等待事件，以 select() 函數為例，每次迴圈前 Libevent 會檢查定時事件的最小逾時時間 tv，根據 tv 設定 select() 的最大等待時間，以便於後面即時處理逾時事件；當 select() 傳回後，首先檢查逾時事件，然後檢查 I/O 事件。Libevent 將所有的就緒事件放入到啟動鏈結串列中，然後對啟動鏈結串列中的事件呼叫事件的回呼函數執行事件處理。

本小節介紹了 Libevent 的簡單實用場景，並簡單介紹了 Libevent 的事件處理流程，讀者應該對 Libevent 有了基本的了解。

10.3 下載和編譯 Libevent

讀者可到官網 https://libevent.org/ 下載原始程式，然後放到 Linux 下進行編譯生成動態函數庫 so 檔案，就可以在自己的程式中使用動態函數庫提供的函數介面。如果不想下載，我們在本書下載資源的原始程式根目錄下也提供了一份。

官網下載的檔案是 libevent-2.1.12-stable.tar.gz，我們把它上傳到 Ubuntu20 下，然後解壓：tar zxvf libevent-2.1.12-stable.tar.gz，再進入目錄，並生成 makefile，命令如下：

```
cd libevent-2.1.12-stable/
./configure --prefix=/opt/libevent
```

這一步是用來生成編譯時用的 makefile 檔案，其中，--prefix 用來指定 Libevent 的安裝目錄。輸入 make 進行編譯，成功後再輸入 make install，然後就可以看到 /opt/libevent 下面已經有檔案生成了：

```
root@tom-virtual-machine:~/soft/libevent-2.1.12-stable# cd /opt/libevent/
root@tom-virtual-machine:/opt/libevent# ls
bin  include  lib
```

其中 include 是存放標頭檔的目錄，lib 是存放動態函數庫和靜態程式庫的目錄。接下來用一個小程式來測試是否工作正常。

【例 10.1】 寫一個 Libevent 程式。

（1）在 Windows 中打開編輯器，輸入程式如下：

```
#include <sys/types.h>
#include <event2/event-config.h>
```

```
#include <stdio.h>
#include <event.h>
struct event ev;
struct timeval tv;

void time_cb(int fd, short event, void *argc)
{
    printf("timer wakeup!\n");
    event_add(&ev, &tv);
}

int main()
{
    struct event_base *base = event_init();
    tv.tv_sec = 10;
    tv.tv_usec = 0;
    evtimer_set(&ev, time_cb, NULL);
    event_base_set(base, &ev);
    event_add(&ev, &tv);
    event_base_dispatch(base);
}
```

此程式的功能是設定一個計時器，然後每隔 10 秒就列印一次 "timer wakeup!"。

（2）儲存檔案為 test.c，然後上傳到 Linux，並在命令列下編譯：

```
gcc test.c -o testEvent -I /opt/libevent/include/-L/opt/libevent/lib/-levent
```

注意

-I 是大寫的 i，不是小寫的 L，是用來指定標頭檔路徑的；-L 則是用來指定引用函數庫的位置的。然後執行 testEvent：

```
root@tom-virtual-machine:/ex/mylibevent# ./testEvent
timer wakeup!
timer wakeup!
timer wakeup!
timer wakeup!
...
```

（3）如果在 Linux 上提示沒找到函數庫，則需要做個連結到系統目錄，比如：

```
ln  -s /opt/libevent/lib/libevent.so /usr/lib64/libevent.so
```

至此，下載和編譯 Libevent 的工作就完成了。下面可以開始開發 FTP 伺服器。

10.4 FTP 概述

1971 年，第一個 FTP 的 RFC（Request for Comments，是一系列以編號排定的檔案，包含了關於 Internet 幾乎所有重要的文字資料）由 A.K.Bhushan 提出，在同一時期由 MIT 和 Havard 實現，即 RFC114。在隨後的十幾年中，FTP 的官方檔案歷經數次修訂，直到 1985 年，一個作用至今的 FTP 官方檔案 RFC959 問世。如今所有關於 FTP 的研究與應用都是基於該檔案的。FTP 服務有一個重要的特點就是其實現並不侷限於某個平台，在 Windows、DOS、UNIX 平台下均可架設 FTP 用戶端及伺服器並實現互聯互通。

10.4.1 FTP 的工作原理

FTP 是一個用於從一台主機傳送檔案到另一台主機的協定。它是一個用戶端設備 / 伺服器系統。使用者透過一個支援 FTP 協定的用戶端設備程式，連接到在遠端主機上的 FTP 伺服器程式。使用者透過用戶端設備程式向伺服器程式發出命令，伺服器程式執行使用者所發出的命令，並將執行的結果傳回到用戶端設備。比如說，使用者發出一筆命令，要求伺服器向使用者傳送某一個檔案的一份副本，伺服器會響應這筆命令，將指定檔案送至使用者的機器上。用戶端設備程式代表使用者接收到這個檔案，將其存放在使用者目錄中。

當使用者啟動與遠端主機間的 FTP 階段時，FTP 客戶首先發起建立一個與 FTP 伺服器通訊埠 21 之間的控制 TCP 連接，然後經由該控制連接把使用者名稱和密碼發送給伺服器。用戶端設備還經由該控制連接把本地臨時分配的資料通訊埠告知伺服器，以便伺服器發起建立一個從伺服器通訊埠 20 到用戶端設備指定通訊埠之間的資料 TCP 連接；使用者執行的一些命令也由用戶端設備經由控制連接發送給伺服器，例如改變遠端目錄的命令。當使用者每次請求傳送檔案時（不論哪個方向），FTP 將在伺服器通訊埠 20 上打開一個資料 TCP 連接（其發起端既可能是伺服器，也可能是用戶端設備）。在資料連接上傳送完本次請求需傳送的檔案之後，有可能關閉資料連接，直到再有檔案傳送請求時重新打開。因此在 FTP 中，控制連接在整個使用者階段期間一直打開著，而資料連接則有可能為每次檔案傳送請求重新打開一次（即資料連接是非持久的）。

在整個階段期間，FTP 伺服器必須維護關於使用者的狀態。具體來說，伺服器必須把控制連接與特定的使用者連結起來，必須隨使用者在遠端目錄樹中的遊動追蹤其目前的目錄。為每個活躍的使用者階段保持這些狀態資訊極大地限制了 FTP 能夠同時維護的階段數。

FTP 系統和其他 C/S 系統的不同之處在於它在用戶端和伺服器之間同時建立了兩條連接來實現檔案的傳輸，分別是控制連接和資料連接。控制連接用於用戶端和伺服器之間的命令和回應的傳遞，資料連接則用於傳送資料資訊。

當使用者透過 FTP 用戶端向伺服器發起一個階段的時候，用戶端會和 FTP 伺服器的通訊埠 21 建立一個 TCP 連接，即控制連接。用戶端使用此連接向 FTP 伺服器發送所有 FTP 命令並讀取所有應答。而對於大量的資料，如資料檔案或詳細目錄清單，FTP 系統會建立一個獨立的資料連接去傳送相關資料。

10.4.2 FTP 的傳輸方式

FTP 的傳輸有兩種方式：ASCII 傳輸方式和二進位元傳輸方式。

（1）ASCII 傳輸方式

假設使用者正在複製的檔案包含簡單的 ASCII 碼文字，如果在遠端機器上執行的不是 UNIX，當檔案傳輸時 FTP 通常會自動地調整檔案的內容以便於把檔案解釋成另外那台電腦儲存文字檔的格式。

但是常常有這樣的情況，使用者正在傳輸的檔案包含的不是文字檔，它們可能是程式、資料庫、字處理檔案或壓縮檔。在拷貝任何非文字檔之前，用 binary 命令告訴 FTP 逐字拷貝。

（2）二進位傳輸方式

在二進位傳輸中，儲存檔案的位序，以便原始和拷貝的檔案是一一對應的，即目的地機器上包含位序列的檔案是沒意義的。舉例來説，macintosh 以二進位方式傳送可執行檔到 Windows 系統，但在對方系統上，此檔案不能執行。

如在 ASCII 方式下傳輸二進位檔案，即使不需要也仍會編譯，但會損壞資料。ASCII 方式一般假設每一字元的第一有效位元無意義，因為 ASCII 字元組合不使用它。如果傳輸二進位檔案，所有的位元都是重要的。

10.4.3 FTP 的工作方式

FTP 有兩種不同的工作方式：PORT（主動）方式和 PASV（被動）方式。

（1）主動方式

在主動方式下，用戶端先開啟一個大於 1024 的隨機通訊埠，用來與伺服器的 21 號通訊埠建立控制連接，當使用者需要傳輸資料時，在控制通道中透過使用 PORT 命令向伺服器發送本地 IP 位址以及通訊埠編號，伺服器會主動去連接用戶端發送過來的指定通訊埠，實現資料傳輸，然後在這條連接上面進行檔案的上傳或下載。

（2）被動方式

在被動方式下，建立控制連接過程與主動方式基本一致，但在建立資料連接的時候，用戶端透過控制連接發送 PASV 命令，隨後伺服器開啟一個大於 1024 的隨機通訊埠，將 IP 位址和此通訊埠編號發給用戶端，然後用戶端去連接伺服器的該通訊埠，從而建立資料傳輸鏈路。

整體來說，主動和被動是相對於伺服器而言的，在建立資料連接的過程中，在主動方式下，伺服器會主動請求連接到用戶端的指定通訊埠；在被動方式下，伺服器在發送通訊埠編號給用戶端後會被動地等待用戶端連接到該通訊埠。

當需要傳送資料時，用戶端開始監聽通訊埠 N+1，並在命令鏈路上用 PORT 命令發送 N+1 通訊埠到 FTP 伺服器，於是伺服器會從自己的資料通訊埠（20）向用戶端指定的資料通訊埠（N+1）發送連接請求，建立一筆資料連結來傳送資料。

FTP 用戶端與伺服器之間僅使用三個命令發起資料連接的建立：STOR（上傳檔案）、RETR（下載檔案）和 LIST（接收一個擴充的檔案目錄），用戶端在發送這三個命令後會發送 PORT 或 PASV 命令來選擇傳輸方式。當資料連接建立之後，FTP 用戶端可以和伺服器互相傳送檔案。當資料傳送完畢，發送資料方發起資料連接的關閉，舉例來說，處理完 STOR 命令後，用戶端發起關閉；處理完 RETR 命令後，伺服器發起關閉。

FTP 主動傳輸方式具體步驟如下：

Step 1 用戶端與伺服器的 21 號通訊埠建立 TCP 連接，即控制連接。

Step 2 當使用者需要獲取目錄清單或傳輸檔案的時候，用戶端透過使用 PORT 命令向伺服器發送本地 IP 位址以及通訊埠編號，期望伺服器與該通訊埠建立資料連接。

Step 3 伺服器與用戶端該通訊埠建立第二條 TCP 連接，即資料連接。

Step 4 用戶端和伺服器透過該資料連接進行檔案的發送和接收。

FTP 被動傳輸方式具體步驟如下：

Step 1 用戶端與伺服器的 21 號通訊埠建立 TCP 連接，即控制連接。

Step 2 當使用者需要獲取目錄清單或傳輸檔案的時候，用戶端透過控制連接向伺服器發送 PASV 命令通知伺服器採用被動傳輸方式。伺服器收到 PASV 命令後隨即開啟一個大於 1024 的通訊埠，然後將該通訊埠編號和 IP 位址透過控制連接發給用戶端。

Step 3 用戶端與伺服器該通訊埠建立第二條 TCP 連接，即資料連接。

Step 4 用戶端和伺服器透過該資料連接進行檔案的發送和接收。

總之，FTP 主動傳輸方式和被動傳輸方式各有特點，使用主動方式可以避免伺服器端防火牆的干擾，而使用被動方式可以避免用戶端防火牆的干擾。

10.4.4 FTP 命令

FTP 命令主要用於控制連接，根據命令功能的不同可分為存取控制命令、傳輸參數命令、FTP 服務命令。所有 FTP 命令都是以網路虛擬終端（NVT）ASCII 文字的形式發送，它們都是以 ASCII 確認或分行符號結束。

由於完整的標準 FTP 的指令限於篇幅不可能一一實現，我們只實現了一些基本的指令，並在下面的內容裡對這些指令作出詳細說明。

實現的指令有：USER、PASS、TYPE、LIST、CWD、PWD、PORT、DELE、MKD、RMD、SIZE、RETR、STOR、REST、QUIT。

常用的 FTP 存取控制命令如表 10-1 所示。

表 10-1 常用的 FTP 存取控制命令

命令名稱	功　能
USER username	登入使用者的名稱，參數 username 是登入使用者名稱。USER 命令的參數是用來指定使用者的 Telnet 字串。它用來進行使用者鑑定，鑑定伺服器對指定檔案的系統存取權限。該指令通常是建立資料連接後（有些伺服器需要）使用者發出的第一個指令。有些伺服器還需要透過 password 或 account 指令獲取額外的鑑定資訊。伺服器允許使用者為了改變存取控制和 / 或帳戶資訊而發送新的 USER 指令。這會導致已經提供的使用者、密碼、帳戶資訊被清空，重新開始登入。所有的傳輸參數均不改變，任何正在執行的傳輸處理程序在舊的存取控制參數下完成
PASS password	發出登入密碼，參數 password 是登入該使用者所需密碼。PASS 命令的參數是用來指定使用者密碼的 Telnet 字串。此指令緊接使用者名稱指令，在某些網站它是完成存取控制不可缺少的一步。因為密碼資訊非常敏感，所以它的表示通常是被「掩蓋」起來或什麼也不顯示。伺服器沒有十分安全的方法達到這樣的顯示效果，因此，FTP 用戶端處理程序有責任去隱藏敏感的密碼資訊
CWD pathname	改變工作路徑，參數 pathname 是指定目錄的路徑名稱。該指令允許使用者在不改變它的登入和帳戶資訊的狀態下，為儲存或下載檔案而改變工作目錄或資料集。傳輸參數不會改變。它的參數是指定目錄的路徑名稱或其他系統的檔案集標識符
CDUP	回到上一層目錄
REIN	恢復到初始登入狀態
QUIT	退出登入，終止連接。該指令終止一個使用者，如果沒有正在執行的檔案傳輸，伺服器將關閉控制連接。如果有資料傳輸，在得到傳輸回應後伺服器關閉控制連接。如果使用者處理程序正在向不同的使用者傳輸資料，不希望對每個使用者關閉然後再打開，可以使用 REIN 指令代替 QUIT。對控制連接的意外關閉，可以導致伺服器執行中止（ABOR）和退出登入（QUIT）

所有的資料傳輸參數都有預設值，當僅要改變預設的參數值時才使用此指令指定資料傳輸的參數。預設值是最後一次指定的值，如果沒有指定任何值，那麼就使用標準的預設值。這表示伺服器必須「記住」合適的預設值。在 FTP 服務請求之後，指令的次序可以任意。常用的傳輸參數命令如表 10-2 所示。

表 10-2 傳輸參數命令

命令名稱	功 能
PORT h1,h2,h3,h4,p1,p2	主動傳輸方式。參數為 IP（h1,h2,h3,h4）和通訊埠編號（p1*256+p2）。該指令的參數是用來進行資料連接的資料通訊埠。用戶端和伺服器均有預設的資料通訊埠，並且一般情況下，此指令和它的回應不是必需的。如果使用該指令，則參數由 32 位元的 Internet 主機位址和 16 位元的 TCP 通訊埠位址串聯組成。位址資訊被分隔成 8 位元一組，各組的值以十進位數字（用字串表示）來傳輸，各組之間用逗點分隔。一個通訊埠指令： `PORT h1,h2,h3,h4,p1,p2` 這裡 h1 是 Internet 主機位址的高 8 位元
PASV	被動傳輸方式。該指令要求伺服器在一個資料通訊埠（不是預設的資料通訊埠）監聽以等待連接，而非在接收到一個傳輸指令後就初始化。該指令的回應包含伺服器正監聽的主機位址和通訊埠位址
TYPE type	確定傳輸資料型態（A=ASCII，I=Image，E=EBCDIC）。資料表示是由使用者指定的表示類型，類型可以隱含地（比如 ASCII 或 EBCDIC）或明確地（比如本地位元組）定義一個位元組的長度，提供像「邏輯位元組長度」這樣的表示。注意，在資料連接上傳輸時使用的位元組長度稱為「傳輸位元組長度」，和上面說的「邏輯位元組長度」不要弄混。舉例來說，NVT-ASCII 的邏輯位元組長度是 8 位元。如果該類型是本地類型，那麼 TYPE 指令必須在第二個參數中指定邏輯位元組長度。傳輸位元組長度通常是 8 位元的。

命令名稱	功　能
	ASCII 類型 這是所有 FTP 執行時必須承認的預設類型，它主要用於傳輸文字檔。 發送方把內部字元表示的資料轉換成標準的 8 位元 NVT-ASCII 表示。接收方把資料從標準的格式轉換成自己內部的表示形式。與 NVT 標準保持一致，要在行結束處使用 <CRLF> 序列。使用標準的 NVT-ASCII 表示的意思是資料必須轉為 8 位元的位元組。
TYPE type	IMAGE 類型 資料以連續的位元傳輸，並打包成 8 位元的傳輸位元組。接收站點必須以連續的位元儲存資料。儲存系統的檔案結構（或對於記錄結構檔案的每個記錄）必須填充適當的分隔符號，分隔符號必須全部為零，填充在檔案尾端（或每個記錄的尾端），而且必須有辨識出填充位元的辦法，以便接收方把它們分離出去。填充的傳輸方法應該充分地宣傳，使得使用者可以在儲存網站處理檔案。IMAGE 格式用於有效地傳送和儲存檔案和傳送二進位資料。推薦所有的 FTP 在執行時支援此類型。 EBCDIC 是 IBM 提出的字元編碼方式

FTP 服務指令表示使用者要求的檔案傳輸或檔案系統功能。FTP 服務指令的參數通常是一個路徑名稱。路徑名稱的語法必須符合伺服器網站的規定和控制連接的語言規定。隱含的預設值是使用最後一次指定的裝置、目錄、檔案名稱或本地使用者定義的標準預設值。指令順序通常沒有限制，只有 rename from 指令後面必須是 rename to，重新開機指令後面必須是中斷服務指令（比如，STOR 或 RETR）。除確定的報告回應外，FTP 服務指令的回應總是在資料連接上傳輸。常用的服務命令如表 10-3 所示。

表 10-3 常用的服務命令

命令名稱	功 能
LIST pathname	請求伺服器發送列表資訊。此指令讓伺服器發送清單到被動資料傳輸過程。如果路徑名稱指定了一個路徑或其他的檔案集，伺服器會傳送指定目錄的檔案清單。如果路徑名稱指定了一個檔案，伺服器將傳送檔案的當前資訊。不使用參數表示使用使用者當前的工作目錄或預設目錄。資料傳輸在資料連接上進行，使用 ASCII 類型或 EBCDIC 類型。(使用者必須保證表示類型是 ASCII 或 EBCDIC)。因為一個檔案的資訊從一個系統到另一個系統差別很大，所以此資訊很難被程式自動辨識，但對使用者卻很有用
RETR pathname	請求伺服器向用戶端發送指定檔案。該指令讓 server-DTP 用指定的路徑名稱傳送一個檔案的複本到資料連接另一端的 server-DTP 或 user-DTP。該伺服器網站上檔案狀態和內容不受影響
STOR pathname	用戶端向伺服器上傳指定檔案。該指令讓 server-DTP 透過資料連接接收資料傳輸，並且把資料儲存為伺服器網站的檔案。如果指定的路徑名稱的檔案在伺服器網站已存在，那麼它的內容將被傳輸的資料替換。如果指定的路徑名稱的檔案不存在，那麼將在伺服器網站建立一個檔案
ABOR	終止上一次 FTP 服務命令以及所有相關的資料傳輸
APPE pathname	用戶端向伺服器上傳指定檔案，若該檔案已存在於伺服器的指定路徑下，資料將以追加的方式寫入該檔案；若不存在，則在該位置建立一個名稱相同檔案
DELE pathname	刪除伺服器上的指定檔案。此指令從伺服器網站刪除指定路徑名稱的檔案
REST marker	移動檔案指標到指定的資料核心對點。該指令的參數代表伺服器要重新開始的檔案傳輸的標記。此命令並不傳送檔案，而是跳到檔案的指定資料檢查點。此命令後應該緊接合適的使資料重傳的 FTP 服務指令
RMD pathname	此指令刪除路徑名稱中指定的目錄（若是絕對路徑）或刪除目前的目錄的子目錄（若是相對路徑）
SIZE remote-file	顯示遠端檔案的大小

命令名稱	功　能
MKD pathname	此指令建立指定路徑名稱的目錄（如果是絕對路徑）或在當前工作目錄建立子目錄（如果是相對路徑）
PWD	此指令在回應中傳回當前工作目錄名
CDUP	將目前的目錄改為伺服器端根目錄，不需要更改帳號資訊以及傳輸參數
RNFR filename	指定要重新命名的檔案的舊路徑和檔案名稱
RNTO filename	指定要重新命名的檔案的新路徑和檔案名稱

10.4.5 FTP 應答碼

FTP 命令的回應是為了確保資料傳輸請求和過程同步進行，也是為了保證使用者處理程序總能知道伺服器的狀態。每行指令最少產生一個回應，對產生多個回應的情況，多個回應必須容易分辨。另外，有些指令是連續產生的，比如 USER、PASS 和 ACCT，或 RNFR 和 RNTO。如果此前指令已經成功，回應顯示一個中間的狀態。其中任何一個命令的失敗都會導致全部指令序列重新開始。

FTP 應答資訊指的是伺服器在執行完相關命令後傳回給用戶端的執行結果資訊，用戶端透過應答碼能夠即時了解伺服器當前的工作狀態。FTP 應答碼是由三個數字外加一些文字組成的。不同數字組合代表不同的含義，用戶端不用分析文字內容就可以知曉命令的執行情況。文字內容取決於伺服器，不同情況下用戶端會獲得不一樣的文字內容。

三個數字每一位都有一定的含義，第一位表示伺服器的回應是成功的、失敗的還是不完全的；第二位表示該回應是針對哪一部分的，使用者可以據此了解哪一部分出了問題；第三位表示在第二位的基礎上增加的一些附加資訊。舉例來說，第一個發送的命令是 USER 外加使用者名稱，隨後用戶端收到應答碼 331，應答碼的第一位的 3 表示需要提供更多資訊；第二位的 3 表示該應答是與認證相關的；與第三位的 1 一起，該應答碼的含義是：使用者名稱正常，但是需要一個密碼。使用 xyz 來表示三位數字的 FTP 應答碼，如表 10-4 所示為根據前兩位元區分不同應答碼的含義。

表 10-4 不同應答碼的含義

應答碼	含義說明
1yz	確定預備應答。目前為止操作正常，但尚未完成
2yz	確定完成應答。操作完成並成功
3yz	確定中間應答。目前為止操作正常，但仍需後續操作
4yz	暫時拒絕完成應答。未接受命令，操作執行失敗，但錯誤是暫時的，所以可以稍後繼續發送命令
5yz	永久拒絕完成應答。命令不被接受，並且不再重試
x0z	格式錯誤
x1z	請求資訊
x2z	控制或資料連接
x3z	認證和帳戶登入過程
x4z	未使用
x5z	檔案系統狀態

根據表 10-4 中對應答碼含義的規定，表 10-5 按照功能劃分列舉了常用的 FTP 應答碼並介紹了其具體含義。

表 10-5 常用的 FTP 應答碼及其含義說明

具體應答碼	含義說明
200	指令成功
500	語法錯誤，未被承認的指令
501	因參數或變數導致的語法錯誤
502	指令未執行
110	重新開始標記應答
220	服務為新使用者準備好
221	服務關閉控制連接。適當時退出
421	服務無效，關閉控制連接

具體應答碼	含義說明
125	資料連接已打開，開始傳送資料
225	資料連接已打開，無傳輸正在進行
425	不能建立資料連接
226	關閉資料連接。請求檔案操作成功
426	連接關閉，傳輸終止
227	進入被動模式（h1,h2,h3,h4,p1,p2）
331	使用者名稱正確，需要密碼
150	檔案狀態良好，打開資料連接
350	請求的檔案操作需要進一步的指令
451	終止請求的操作，出現本地錯誤
452	未執行請求的操作，系統儲存空間不足
552	請求的檔案操作終止，儲存分配溢位
553	請求的操作沒有執行

10.5 開發 FTP 伺服器

本伺服器採用了高性能事件通知函數庫 Libevent，並採用了基於 C++11 的執行緒池。關於執行緒池的具體程式第 3 章已經介紹過了，不再贅述。

為了支援多個用戶端同時相連，我們開發的 FTP 伺服器使用了併發模型。併發模型可分為多處理程序模型、多執行緒模型和事件驅動模型三大類：

（1）多處理程序模型每接受一個連接就 fork 一個子處理程序，在該子處理程序中處理該連接的請求。該模型的特點是多處理程序佔用系統資源多，處理程序切換的系統銷耗大，在 Linux 下有最大處理程序數限制，不利於處理大併發。

（2）多執行緒模型每接受一個連接就 create 一個子執行緒，利用子執行緒這個連接的請求。在 Linux 下有最大執行緒數限制（處理程序虛擬位址空間有限），處理程序頻繁建立和銷毀造成系統銷耗，同樣不利於處理大併發。

（3）事件驅動模型在 Linux 下基於 select、poll 或 epoll 實現，程式的基本結構是一個事件迴圈結合非阻塞 I/O，以事件驅動和事件回呼的方式實現業務邏輯，目前在高性能的網路程式中，使用得最廣泛的就是這種併發模型，結合執行緒池，避免執行緒頻繁建立和銷毀的銷耗，能極佳地處理高併發。「執行緒池」旨在減少建立和銷毀執行緒的頻率，其維持一定合理數量的執行緒，並讓空閒的執行緒重新承擔新的執行任務。現今常見的高吞吐高併發系統往往是基於事件驅動的 I/O 多工模式設計。事件驅動 I/O 也稱作 I/O 多工。I/O 多工使得程式能同時監聽多個檔案描述符號，在一個或多個檔案描述符號就緒前始終處於睡眠狀態。在 Linux 下的 I/O 重複使用方案有 select、poll 和 epoll。如果處理的連接數不是很高的話，使用 select/poll/epoll 的伺服器不一定比使用多執行緒阻塞 I/O 的伺服器性能更好，select/poll/epoll 的優勢並不是對於單一連接能處理得更快，而是在於能處理更多的連接。

本伺服器選用了事件驅動模型，並且基於 Libevent 函數庫。Libevent 是一個事件通知函數庫，內部使用 select、epoll、kqueue、IOCP 等系統呼叫管理事件機制。

在 Libevent 中，基於 event 和 event_base 可以寫一個 C/S 模型。但是對伺服器端來說，仍然需要使用者自行呼叫 socket、bind、listen、accept 等步驟。這個過程比較繁瑣，並且一些細節可能考慮不全，為此 Libevent 推出了一些對應的封裝函數，簡化了整個監聽的流程，使用者僅需要在對應回呼函數裡處理已完成連接的通訊端即可。主要優點如下：

（1）省去了使用者手動註冊事件的過程。

（2）省去了使用者去驗證系統函數傳回是否成功的問題。

（3）幫助使用者處理非阻塞通訊端 accpet。

（4）簡化流程，使用者僅關心業務邏輯即可。

【例 10.2】 開發 FTP 伺服器。

（1）在 Windows 下打開編輯器，然後建立檔案 main.cpp，這個檔案實現了 main 函數功能，首先要初始化執行緒池，程式如下：

```
XThreadPoolGet->Init(10);
event_base *base = event_base_new();
if (!base)
    errmsg("main thread event_base_new error");
```

然後建立監聽事件，程式如下：

```
    sockaddr_in sin;
  memset(&sin, 0, sizeof(sin));
  sin.sin_family = AF_INET;
  sin.sin_port = htons(SPORT);           //PORT 是要監聽的伺服器通訊埠
  // 建立監聽事件
  evconnlistener *ev = evconnlistener_new_bind(
      base,                              //Libevent 的上下文
      listen_cb,                         // 接收到連接的回呼函數
      base,                              // 回呼函數獲取的參數 arg
      LEV_OPT_REUSEABLE|LEV_OPT_CLOSE_ON_FREE,  // 位址重用
          10,                            // 連接佇列大小，對應 listen 函數
      (sockaddr*)&sin,                   // 綁定的位址和通訊埠
      sizeof(sin));

  if (base) {
      cout << "begin to listen..." << endl;
      event_base_dispatch(base);
  }
  if (ev)
      evconnlistener_free(ev);
  if (base)
      event_base_free(base);
  testout("server end");
```

這樣 main 函數基本實現完畢。其中最重要的是把監聽函數 listen_cb 作為回呼函數註冊給 Libevent。使用者僅需要透過函數庫函數 evconnlistener_new_bind 傳遞回呼函數，在 aceept 成功後，在回呼函數（這裡是 listen_cb）裡處理已連接的通訊端即可。省去了使用者需要處理的一系列麻煩問題。函數 listen_cb 也在 main.cpp 中實現，程式如下：

```
// 等待連接的回呼函數，一旦連接成功，會執行到這個函數。
void listen_cb(struct evconnlistener *ev, evutil_socket_t s, struct
sockaddr *addr, int socklen, void *arg) {
    testout("main thread At listen_cb");
    sockaddr_in *sin = (sockaddr_in*)addr;
    XTask *task = XFtpFactory::Get()->CreateTask();      // 建立任務
    task->sock = s;                                   // 此時的 s 就是已連接的通訊端
    XThreadPoolGet->Dispatch(task);                   // 分配任務
}
```

我們把等待連接的工作放到執行緒池中，所以需要先建立任務，再分配任務。類別 XFtpFactory 是任務類別 XTask 的子類別，該類別主要功能就是提供一個建立任務的函數 CreateTask，該函數每次接到一個新的連接都建立一個任務流程。函數 Dispatch 用於在執行緒池中分配任務，其中 task 的成員變數 sock 儲存已連接的通訊端，之後處理任務時，就可以透過這個通訊端和用戶端進行互動了。

（2）建立檔案 XFtpFactory.cpp 和 XFtpFactory.h，我們將定義類別 XFtpFactory。類別 XFtpFactory 主要實現建立任務函數 CreateTask，程式如下：

```
XTask *XFtpFactory::CreateTask() {
    testout("At XFtpFactory::CreateTask");
    XFtpServerCMD *x = new XFtpServerCMD();

    x->Reg("USER", new XFtpUSER());

    x->Reg("PORT", new XFtpPORT());

```

```
    XFtpTask *list = new XFtpLIST();
    x->Reg("PWD", list);
    x->Reg("LIST", list);
    x->Reg("CWD", list);
    x->Reg("CDUP", list);

    x->Reg("RETR", new XFtpRETR());

    x->Reg("STOR", new XFtpSTOR());

    return x;
}
```

在該函數中，實體化了命令處理器（XFtpServerCMD 物件），並往命令處理器中增加要處理的 FTP 命令，比如 USER、PORT 等。其中，XFtpUSER 用於實現 USER 命令，目前該類別只是提供了一個虛擬函數 Parse，我們可以根據需要實現具體的登入認證，如果不實現，則預設都可以登入，並且直接傳回 "230 Login successsful."。XFtpPORT 用於實現 PORT 命令，在其成員函數 Parse 中解析 IP 位址和通訊埠編號。FTP 命令 USER 和 PORT 是互動剛開始時一定會用到的命令，我們單獨實現，一旦登入成功，把後續命令透過一個列表類別 XFtpLIST 來實現，以方便管理。然後我們把和檔案操作有關的命令（比如 PWD，LIST 等）進行註冊。

（3）建立檔案 XFtpUSER.h 和 XFtpUSER.cpp，並定義類別 XFtpUSER，該類別實現 FTP 的 USER 命令，成員函數就一個虛擬函數 Parse，程式如下：

```
void XFtpUSER::Parse(std::string, std::string) {
    testout("AT XFtpUSER::Parse");
    ResCMD("230 Login successsful.\r\n");
}
```

這裡我們簡單處理，不進行複雜的認證，如果需要認證，也可以多載虛擬函數。

（4）建立檔案 XFtpPORT.h 和 XFtpPORT.cpp，並定義類別 XFtpPORT，該類別實現 FTP 的 PORT 命令，成員函數就一個函數 Parse，程式如下：

```
void XFtpPORT::Parse(string type, string msg) {
    testout("XFtpPORT::Parse");
    //PORT 127,0,0,1,70,96\r\n
    //PORT n1,n2,n3,n4,n5,n6\r\n
    //port = n5 * 256 + n6

    vector<string>vals;
    string tmp = "";
    for (int i = 5; i < msg.size(); i++) {
        if (msg[i] == ',' || msg[i] == '\r') {
            vals.push_back(tmp);
            tmp = "";
            continue;
        }
        tmp += msg[i];
    }
    if (vals.size() != 6) {
        ResCMD("501 Syntax error in parameters or arguments.");
        return;
    }
    // 解析出 IP 位址和通訊埠編號，並設定在主要流程 cmdTask 下
    ip = vals[0] + "." + vals[1] + "." + vals[2] + "." + vals[3];
    port = atoi(vals[4].c_str()) * 256 + atoi(vals[5].c_str());
    cmdTask->ip = ip;
    cmdTask->port = port;
    testout("ip: " << ip);
    testout("port: " << port);
    ResCMD("200 PORT command success.");
}
```

該函數主要功能是解析出 IP 位址和通訊埠編號，並設定在主要流程 cmdTask 下。最後向用戶端傳回資訊 "200 PORT command success."。

（5）建立檔案 XFtpLIST.h 和 XFtpLIST.cpp，並定義類別 XFtpPORT，該類別實現 FTP 的 PORT 命令，最重要的成員函數是 Parse，用於解析檔案操作的相關命令，程式如下：

```
void XFtpLIST::Parse(std::string type, std::string msg) {
    testout("At XFtpLIST::Parse");
    string resmsg = "";
    if (type == "PWD") {
        //257 "/" is current directory
        resmsg = "257 \"";
        resmsg += cmdTask->curDir;
        resmsg += "\" is current dir.";
        ResCMD(resmsg);
    }
    else if (type == "LIST") {
        //1 發送 150 命令回覆
        //2 連接資料通道並透過資料通道發送資料
        //3 發送 226 命令回覆完成
        //4 關閉連接
        // 命令通道回覆訊息，使用資料通道發送目錄
        // "-rwxrwxrwx 1 root root      418 Mar 21 16:10 XFtpFactory.cpp";
        string path = cmdTask->rootDir + cmdTask->curDir;
        testout("listpath: " << path);
        string listdata = GetListData(path);
        ConnectoPORT();
        ResCMD("150 Here coms the directory listing.");
        Send(listdata);
    }
    else if (type == "CWD") // 切換目錄
    {
        // 取出命令中的路徑
        //CWD test\r\n
        int pos = msg.rfind(" ") + 1;
        // 去掉結尾的 \r\n
        string path = msg.substr(pos, msg.size() - pos - 2);
        if (path[0] == '/') // 絕對路徑
        {
            cmdTask->curDir = path;
        }
```

```
            else
            {
                if (cmdTask->curDir[cmdTask->curDir.size() - 1] != '/')
                    cmdTask->curDir += "/";
                cmdTask->curDir += path + "/";
            }
            if (cmdTask->curDir[cmdTask->curDir.size() - 1] != '/')
                cmdTask->curDir += "/";
            // /test/
            ResCMD("250 Directory succes chanaged.\r\n");

            //cmdTask->curDir +=
        }
        else if (type == "CDUP") // 回到上層目錄
        {
            if (msg[4] == '\r') {
                cmdTask->curDir = "/";
            }
            else {
                string path = cmdTask->curDir;
                // 統一去掉結尾的 "/"
                if (path[path.size() - 1] == '/')
                {
                    path = path.substr(0, path.size() - 1);
                }
                int pos = path.rfind("/");
                path = path.substr(0, pos);
                cmdTask->curDir = path;
                if (cmdTask->curDir[cmdTask->curDir.size() - 1] != '/')
                    cmdTask->curDir += "/";
            }
            ResCMD("250 Directory succes chanaged.\r\n");
        }
    }
```

至此，FTP 的主要功能我們已經實現，限於篇幅，其他一些協助工具函數沒有一一列出，具體可以參見原始程式目錄。另外，關於執行緒池的函數實現，這裡也不再贅述。

（6）把所有原始程式檔案上傳到 Linux 下進行編譯和執行。因為檔案很多，所以用了一個 makefile 檔案，以後只需要一個 make 命令即可完成編譯和連結。makefile 檔案內容如下：

```
GCC ?= g++
CCMODE = PROGRAM
INCLUDES =  -I/opt/libevent/include/
CFLAGS =  -Wall $(MACRO)
TARGET = ftpSrv
SRCS := $(wildcard *.cpp)
LIBS = -L /opt/libevent/lib/  -levent -lpthread

ifeq ($(CCMODE),PROGRAM)
$(TARGET): $(LINKS) $(SRCS)
    $(GCC) $(CFLAGS) $(INCLUDES) -o $(TARGET)  $(SRCS) $(LIBS)
    @chmod +x $(TARGET)
    @echo make $(TARGET) ok.
clean:
    rm -rf $(TARGET)
endif

clean:
    rm -f $(TARGET)

.PHONY:install
.PHONY:clean
```

這個 makefile 內容很簡單，主要是編譯器的設定（g++）、標頭檔和函數庫的路徑設定等。

我們把所有來源檔案、標頭檔和 makefile 檔案上傳到 Linux 的某個檔案下，然後在原始程式根目錄下執行 make，此時會在同目錄下生成可執行檔 ftpSrv，執行 ftpSrv 結果如下：

```
root@tom-virtual-machine:~/ex/ftpSrv# ./ftpSrv
Create thread0
0 thread::Main() begin
Create thread1
```

```
1 thread::Main() begin
Create thread2
2 thread::Main() begin
Create thread3
3 thread::Main() begin
Create thread4
4 thread::Main() begin
Create thread5
5 thread::Main() begin
Create thread6
6 thread::Main() begin
Create thread7
7 thread::Main() begin
Create thread8
8 thread::Main() begin
Create thread9
9 thread::Main() begin
begin to listen...
```

可以看到，執行緒池中的 10 個執行緒都已經啟動，並且伺服器端已經在監聽用戶端的到來。下面實現用戶端。

10.6 開發 FTP 用戶端

本節主要介紹 FTP 用戶端的設計過程和具體實現方法。首先進行需求分析，確定了用戶端的介面設計方案和工作流程設計方案。然後描述了用戶端程式框架，分為介面控制模組、命令處理模組和執行緒模組三個部分。最後介紹用戶端主要功能的詳細實現方法。

由於用戶端通常是使用者導向的，需要比較友善的使用者介面，而且通常是執行在 Windows 作業系統上的，因此我們這裡使用 VC++ 開發工具來開發用戶端。這也是最前線企業開發中常見的場景，即伺服器端執行在 Linux 上，而用戶端執行在 Windows 上。我們透過 Windows 用戶端程式和 Linux 伺服器端的程式進行互動，也可以驗證我們的 FTP 伺服器程式是支援和 Windows 上的程式進行互動的。希望每一個 Linux 伺服器程式開發者，都能學習一下簡單的非 Linux 平台的用戶端開發知識，這對自測我們的 Linux 伺服器程式來說是很有必要的，因為用戶端的使用場景，基本都是非 Linux 平台，比如 Windows、Android 等。本書主要是介紹 Linux 網路程式設計的內容，限於篇幅，對於 Windows 開發只能簡述。

10.6.1 用戶端需求分析

一個優秀的 FTP 用戶端應該具備以下特點：

（1）易於操作的圖形介面，方便使用者進行登入、上傳和下載等各項操作。

（2）完整的功能，應該包括登入、退出、列出伺服器端目錄、檔案的下載和上傳、目錄的下載和上傳、檔案或目錄的刪除、中斷點續傳以及檔案傳輸狀態即時回饋。

（3）穩定性高，保證檔案的可靠傳輸，遇到突發情況程式不至於崩潰。

10.6.2 概要設計

在 FTP 用戶端設計中主要使用 WinInet API 程式設計，無須考慮基本的通訊協定和底層的資料傳輸工作，MFC 提供的 WinInet 類別是對 WinInet API 函數封裝而來的，它提供給使用者了更加方便的程式設計介面。而在該設計中，使用的類別包括 CInternetSession 類別、CFtpConnection 類別和 CFtpFileFind 類別，其中：CInternetSession 用於建立一個 Internet 階段；CftpConnection 完成檔案操作；CftpFileFind 負責檢索某一個目錄下的所有檔案和子目錄。程式基本功能如下：

（1）登入 FTP 伺服器。

（2）檢索 FTP 伺服器上的目錄和檔案。

（3）根據 FTP 伺服器給的許可權，會對應地提供檔案的上傳、下載、重新命名、刪除等功能。

10.6.3 用戶端工作流程設計

FTP 用戶端的工作流程設計如下：

（1）使用者輸入使用者名稱和密碼進行登入操作。

（2）連接 FTP 伺服器成功後發送 PORT 或 PASV 命令選擇傳輸模式。

（3）發送 LIST 命令通知伺服器將目錄清單發送給用戶端。

（4）伺服器透過資料通道將遠端目錄資訊發送給用戶端，用戶端對其進行解析並顯示到對應的伺服器目錄列表方塊中。

（5）透過控制連接發送對應的命令進行檔案的下載和上傳、目錄的下載和上傳以及目錄的建立或刪除等操作。

（6）啟動下載或上傳執行緒執行檔案的下載和上傳任務。

（7）在檔案開始傳輸的時候開啟計時器執行緒和狀態統計執行緒。

（8）使用結束，斷開與 FTP 伺服器的連接。

如果是商用軟體，這些功能通常都要實現，但對讀者來說，抓住主要功能即可。

10.6.4 實現主介面

（1）打開 VC++ 2017，建立一個單檔案專案，專案名稱是 MyFtp。

（2）為 CMyFtpView 類別的視圖視窗增加一個點陣圖背景顯示。把專案目錄的 res 目錄下的 background.bmp 匯入資源視圖，並設其 ID 為 IDB_BITMAP2。為 CmyFtpView 增加 WM_ERASEBKGND 訊息回應函數 OnEraseBkgnd，增加程式如下：

```
BOOL CMyFtpView::OnEraseBkgnd(CDC* pDC)     // 用於增加背景圖
{
    //TODO: Add your message handler code here and/or call default
    CBitmap bitmap;
    bitmap.LoadBitmap(IDB_BITMAP2);

    CDC dcCompatible;
    dcCompatible.CreateCompatibleDC(pDC);

    // 建立與當前 DC(pDC) 相容的 DC，先用 dcCompatible 準備影像，再將資料複製到
實際 DC 中
    dcCompatible.SelectObject(&bitmap);

    CRect rect;
    GetClientRect(&rect);           // 得到目的 DC 客戶區大小
    //pDC->BitBlt(0,0,rect.Width(),rect.Height(),&dcCompatible,0,0,SRCCOPY);
    // 實現 1:1 的 Copy

    BITMAP bmp;                     // 結構
    bitmap.GetBitmap(&bmp);
    pDC->StretchBlt(0,0,rect.Width(),rect.Height(),&dcCompatible,0,0,
        bmp.bmWidth,bmp.bmHeight,SRCCOPY);
    return true;
}
```

（3）在主框架狀態列的右下角增加時間顯示功能。首先為 CMainFrame 類別（注意是 CmainFrame 類別）設定一個計時器，然後為該類別響應 WM_TIMER 訊息，在 CMainFrame::OnTimer 函數中增加程式如下：

```
void CMainFrame::OnTimer(UINT nIDEvent)
{
    //TODO: Add your message handler code here and/or call default

    // 用於在狀態列顯示當前時間
    CTime t=CTime::GetCurrentTime();            // 獲取當前時間
    CString str=t.Format("%H:%M:%S");
```

```
    CClientDC dc(this);
CSize sz=dc.GetTextExtent(str);

m_wndStatusBar.SetPaneInfo(1,IDS_TIMER,SBPS_NORMAL,sz.cx);
    m_wndStatusBar.SetPaneText(1,str);         //設定到狀態列的面板上

    CFrameWnd::OnTimer(nIDEvent);
}
```

在此程式中，IDS_TIMER 是增加的字串資源的 ID。此時執行程式，會發現狀態列的右下角有時間顯示，如圖 10-3 所示。

▲ 圖 10-3

（4）增加主選單項「連接」按鈕，ID 為 IDM_CONNECT。為標頭檔 MyFtpView.h 中的類別 CmyFtpView 增加成員變數如下：

```
    CConnectDlg m_ConDlg;
    CFtpDlg m_FtpDlg;
    CString m_FtpWebSite;
    CString m_UserName;                 //使用者名稱
    CString m_UserPwd;                  //密碼

    CInternetSession* m_pSession;       //指向 Internet 階段
    CFtpConnection* m_pConnection;      //指向與 FTP 伺服器的連接
    CFtpFileFind* m_pFileFind;          //用於對 FTP 伺服器上的檔案進行查詢
```

其中，類別 CConnectDlg 是登入對話方塊的類別；類別 CFtpDlg 是登入伺服器成功後進行檔案操作介面的對話方塊類別；m_FtpWebSite 是 FTP 伺服器的位址，比如 127.0.0.1；m_pSession 是 CInternetSession 物件的指標，指向 Internet 階段，CInternetSession 用於建立一個 Internet 階段。

為選單「連接」按鈕增加視圖類別 CmyFtpView 的訊息回應程式：

```
void CMyFtpView::OnConnect()
{
    //TODO: Add your command handler code here
    // 生成一個模態對話方塊
    if (IDOK==m_ConDlg.DoModal())
    {
        m_pConnection = NULL;
        m_pSession = NULL;

     m_FtpWebSite = m_ConDlg.m_FtpWebSite;
        m_UserName = m_ConDlg.m_UserName;
        m_UserPwd = m_ConDlg.m_UserPwd;

        m_pSession=new CInternetSession(AfxGetAppName(),
            1,
            PRE_CONFIG_INTERNET_ACCESS);
        try
        {
            // 試圖建立 FTP 連接
            SetTimer(1,1000,NULL);  // 設定計時器，每隔一秒發一次 WM_TIMER
            CString  str=" 正在連接中 ...";
            // 向主對話方塊狀態列設定資訊
            ((CMainFrame*)GetParent())->SetMessageText(str);
            // 連接 FTP 伺服器
            m_pConnection=m_pSession->GetFtpConnection(m_FtpWebSite,
m_UserName, m_UserPwd);
        }
        catch (CInternetException* e)    // 錯誤處理
        {
            e->Delete();
            m_pConnection=NULL;
        }
    }
}
```

其中，m_ConDlg 是登入對話方塊物件，後面會增加登入對話方塊。另外，可以看到上面程式中啟動了一個計時器。這個計時器每隔一秒發送一次 WM_TIMER 訊息，我們為視圖類別增加 WM_TIMER 訊息響應，程式如下：

```
void CMyFtpView::OnTimer(UINT nIDEvent)
{
    //TODO: Add your message handler code here and/or call default
    static int time_out=1;
    time_out++;
    if (m_pConnection == NULL)
    {
        CString  str="正在連接中...";
        ((CMainFrame*)GetParent())->SetMessageText(str);
        if (time_out>=60)
        {
            ((CMainFrame*)GetParent())->SetMessageText("連接逾時!");
            KillTimer(1);
            MessageBox("連接逾時!","逾時",MB_OK);
        }
    }
    else
    {
        CString str="連接成功!";
        ((CMainFrame*)GetParent())->SetMessageText(str);

        KillTimer(1);
        //連接成功之後，不用計時器來監視連接情況
        //同時跳出操作對話方塊

        m_FtpDlg.m_pConnection = m_pConnection;
        //非模態對話方塊
        m_FtpDlg.Create(IDD_DIALOG2,this);
        m_FtpDlg.ShowWindow(SW_SHOW);
    }
    CView::OnTimer(nIDEvent);
}
```

程式一目了然，就是在狀態列上顯示連接是否成功的資訊。

（5）增加主選單項「退出用戶端」，選單 ID 為 IDM_EXIT，增加類別 CMainFrame 的選單訊息處理函數：

```
void CMainFrame::OnExit()
{
        //TODO: Add your command handler code here
        // 退出程式的回應函數
    if(IDYES==MessageBox(" 確定要退出用戶端嗎 ?"," 警告 ",MB_YESNO|MB_
ICONWARNING))
        CFrameWnd::OnClose();
}
```

為主框架右上角「退出」按鈕增加訊息處理函數：

```
void CMainFrame::OnClose()
{
    //TODO: Add your message handler code here and/or call default
    //WM_CLOSE 的回應函數
    OnExit();
}
```

至此，主框架介面開發完畢。下面實現登入介面的開發。

10.6.5 實現登入介面

（1）在專案 MyFtp 中增加一個對話方塊資源。介面設計如圖 10-4 所示。

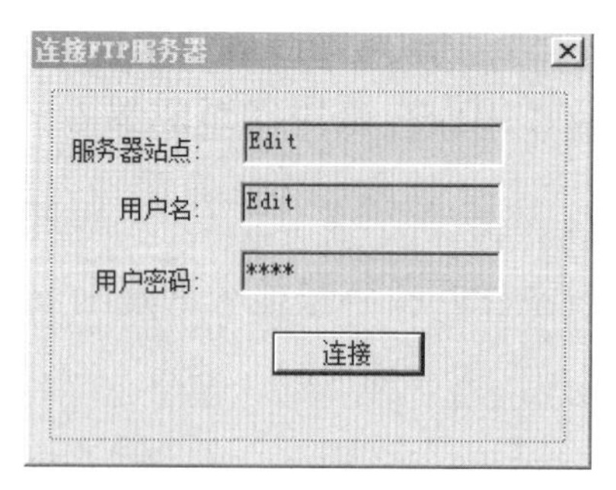

▲ 圖 10-4(編按：本圖例為簡體中文介面)

（2）圖 10-4 中的控制項的 ID 具體可見專案原始程式，這裡不再贅述。為「連接」按鈕增加訊息處理函數：

```
void CConnectDlg::OnConnect()
{
    //TODO: Add your control notification handler code here
    UpdateData();
    CDialog::OnOK();
}
```

在這個函數中沒有真正去連接 FTP 伺服器，主要造成關閉本對話方塊的作用。真正連接伺服器是在函數 CMyFtpView::OnConnect() 中。

10.6.6 實現登入後的操作介面

登入伺服器成功後，將顯示一個對話方塊，在這個對話方塊上可以進行 FTP 的常見操作，比如「查詢」、「下載檔案」、「上傳檔案」、「刪除檔案」和「重新命名檔案」等操作。這個對話方塊的設計過程如下：

（1）在專案 MyFtp 中建立一個對話方塊，對話方塊 ID 是 IDD_DIALOG2，然後拖拉控制項如圖 10-5 所示。

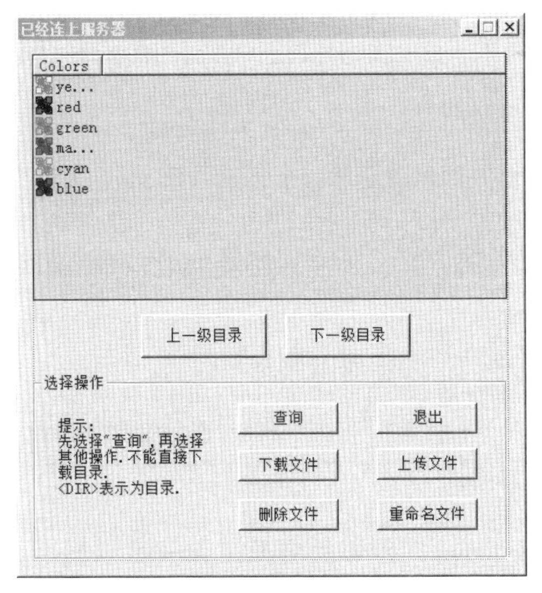

▲ 圖 10-5(編按：本圖例為簡體中文介面)

為這個對話方塊資源增加一個對話方塊類別 CFtpDlg。下面我們為各個控制項增加訊息處理函數。

（2）按兩下「上一級目錄」按鈕，增加訊息處理函數：

```
// 傳回上一級目錄
void CFtpDlg::OnLastdirectory()
{
    static CString  strCurrentDirectory;
    m_pConnection->GetCurrentDirectory(strCurrentDirectory);  // 得到目前
的目錄
    if (strCurrentDirectory == "/")
        AfxMessageBox(" 已經是根目錄了 !",MB_OK | MB_ICONSTOP);
    else
    {
        GetLastDiretory(strCurrentDirectory);
        m_pConnection->SetCurrentDirectory(strCurrentDirectory);// 設定目
前的目錄
           ListContent("*");  // 對目前的目錄進行查詢
    }
}
```

（3）按兩下「下一級目錄」按鈕，增加訊息處理函數：

```
void CFtpDlg::OnNextdirectory()
{
    static CString  strCurrentDirectory, strSub;
    m_pConnection->GetCurrentDirectory(strCurrentDirectory);
    strCurrentDirectory+="/";

    // 得到所選擇的文字
    int i=m_FtpFile.GetNextItem(-1,LVNI_SELECTED);
    strSub = m_FtpFile.GetItemText(i,0);
    if (i==-1) AfxMessageBox(" 沒有選擇目錄 !",MB_OK | MB_ICONQUESTION);
    else
    {
        if ("<DIR>"!=m_FtpFile.GetItemText(i,2))  // 判斷是不是目錄
            AfxMessageBox(" 不是子目錄 !",MB_OK | MB_ICONSTOP);
        else
```

```
            {
                m_pConnection->SetCurrentDirectory(strCurrentDirectory+strSub);
                //設定目前的目錄
                //對目前的目錄進行查詢
                ListContent("*");
            }
        }
}
```

（4）按兩下「查詢」按鈕，增加訊息處理函數如下：

```
void CFtpDlg::OnQuary()  //得到伺服器目前的目錄的檔案列表
{
    ListContent("*");
}
```

其中函數 ListContent 定義如下：

```
//用於顯示目前的目錄下所有的子目錄與檔案
void CFtpDlg::ListContent(LPCTSTR DirName)
{
    m_FtpFile.DeleteAllItems();
    BOOL bContinue;
    bContinue=m_pFileFind->FindFile(DirName);
    if (!bContinue)
    {
        //查詢完畢，失敗
        m_pFileFind->Close();
        m_pFileFind=NULL;
    }

    CString strFileName;
    CString strFileTime;
    CString strFileLength;

    while (bContinue)
    {
        bContinue = m_pFileFind->FindNextFile();

        strFileName = m_pFileFind->GetFileName();  //得到檔案名稱
```

```
        // 得到檔案最後一次修改的時間
        FILETIME ft;
        m_pFileFind->GetLastWriteTime(&ft);
        CTime FileTime(ft);
        strFileTime = FileTime.Format("%y/%m/%d");

        if (m_pFileFind->IsDirectory())
        {
            // 如果是目錄不求大小，用 <DIR> 代替
            strFileLength = "<DIR>";
        }
        else
        {
            // 得到檔案大小
            if (m_pFileFind->GetLength() <1024)
            {
                strFileLength.Format("%d B",m_pFileFind->GetLength());
            }
            else
            {
                if (m_pFileFind->GetLength() < (1024*1024))
                    strFileLength.Format("%3.3f KB",
                    (LONGLONG)m_pFileFind->GetLength()/1024.0);
                else
                {
                    if   (m_pFileFind->GetLength()<(1024*1024*1024))
                        strFileLength.Format("%3.3f MB",
                        (LONGLONG)m_pFileFind->GetLength()/(1024*1024.0));
                    else
                        strFileLength.Format("%1.3f GB",
                        (LONGLONG)m_pFileFind->GetLength()/
(1024.0*1024*1024));
                }
            }
        }
        int i=0;
        m_FtpFile.InsertItem(i,strFileName,0);
        m_FtpFile.SetItemText(i,1,strFileTime);
        m_FtpFile.SetItemText(i,2,strFileLength);
```

```
        i++;
    }
}
```

（5）按兩下「下載檔案」按鈕，增加訊息處理函數：

```
void CFtpDlg::OnDownload()
{
    //TODO: Add your control notification handler code here
    int i=m_FtpFile.GetNextItem(-1,LVNI_SELECTED);      // 得到當前選擇項
    if (i==-1)
        AfxMessageBox("沒有選擇檔案！",MB_OK | MB_ICONQUESTION);
    else
    {
     CString strType=m_FtpFile.GetItemText(i,2);        // 得到選擇項的類型
        if (strType!="<DIR>")                            // 選擇的是檔案
        {
            CString strDestName;
            CString strSourceName;
            strSourceName = m_FtpFile.GetItemText(i,0); // 得到要下載的
檔案名稱

            CFileDialog dlg(FALSE,"",strSourceName);
            if (dlg.DoModal()==IDOK)
            {
                // 獲得下載檔案在本地機上儲存的路徑和名稱
                strDestName=dlg.GetPathName();

                // 呼叫 CFtpConnect 類別中的 GetFile 函數下載檔案
                if (m_pConnection->GetFile(strSourceName,strDestName))
                    AfxMessageBox("下載成功！",MB_OK|MB_ICONINFORMATION);
                else
                    AfxMessageBox("下載失敗！",MB_OK|MB_ICONSTOP);
            }
        }
        else // 選擇的是目錄
            AfxMessageBox("不能下載目錄！\n 請重選！",MB_OK|MB_ICONSTOP);
    }
}
```

（6）按兩下「刪除檔案」按鈕，增加訊息處理函數：

```
void CFtpDlg::OnDelete()          // 刪除選擇的檔案
{
    //TODO: Add your control notification handler code here
    int i=m_FtpFile.GetNextItem(-1,LVNI_SELECTED);
    if (i==-1)
AfxMessageBox("沒有選擇檔案！",MB_OK | MB_ICONQUESTION);
    else
    {
        CString  strFileName;
        strFileName = m_FtpFile.GetItemText(i,0);
        if ("<DIR>"==m_FtpFile.GetItemText(i,2))
            AfxMessageBox("不能刪除目錄！",MB_OK | MB_ICONSTOP);
        else
        {
            if (m_pConnection->Remove(strFileName))
                AfxMessageBox("刪除成功！",MB_OK|MB_ICONINFORMATION);
            else
                AfxMessageBox("無法刪除！",MB_OK|MB_ICONSTOP);
        }
    }
    OnQuary();
}
```

其中函數 OnQuary 定義如下：

```
//得到伺服器目前的目錄的檔案列表
void CFtpDlg::OnQuary()
{
    ListContent("*");
}
```

（7）按兩下「退出」按鈕，增加訊息處理函數：

```
void CFtpDlg::OnExit()  //退出對話方塊回應函數
{
    //TODO: Add your control notification handler code here
    m_pConnection = NULL;
    m_pFileFind = NULL;
```

```
    DestroyWindow();
}
```

退出時呼叫銷毀對話方塊 DestroyWindow。

(8) 按兩下「上傳檔案」按鈕，增加訊息處理函數：

```
void CFtpDlg::OnUpload()
{
    CString strSourceName;
    CString strDestName;
    CFileDialog dlg(TRUE,"","*.*");
    if (dlg.DoModal()==IDOK)
    {
        // 獲得待上傳的本地機檔案路徑和檔案名稱
        strSourceName = dlg.GetPathName();
        strDestName = dlg.GetFileName();

        // 呼叫 CFtpConnect 類別中的 PutFile 函數上傳檔案
        if (m_pConnection->PutFile(strSourceName,strDestName))
            AfxMessageBox(" 上傳成功！ ",MB_OK|MB_ICONINFORMATION);
        else
            AfxMessageBox(" 上傳失敗！ ",MB_OK|MB_ICONSTOP);
    }
    OnQuary();
}
```

(9) 按兩下「重新命名檔案」按鈕，增加訊息處理函數：

```
void CFtpDlg::OnRename()
{
    //TODO: Add your control notification handler code here
    CString strNewName;
    CString strOldName;

    int i=m_FtpFile.GetNextItem(-1,LVNI_SELECTED);  // 得到 CListCtrl 被
選中的項
    if (i==-1)
        AfxMessageBox(" 沒有選擇檔案 !",MB_OK | MB_ICONQUESTION);
    else
```

```
    {
     strOldName = m_FtpFile.GetItemText(i,0);      // 得到所選擇的檔案名稱
       CNewNameDlg dlg;
       if (dlg.DoModal()==IDOK)
       {
           strNewName=dlg.m_NewFileName;
           if (m_pConnection->Rename(strOldName,strNewName))
               AfxMessageBox(" 重新命名成功！",MB_OK|MB_ICONINFORMATION);
           else
               AfxMessageBox(" 無法重新命名！",MB_OK|MB_ICONSTOP);
       }
    }
    OnQuary();
}
```

其中，CnewNameDlg 是讓使用者輸入新的檔案名稱的對話方塊，其對應的對話方塊 ID 為 IDD_DIALOG3。

（10）為對話方塊 CFtpDlg 增加初始化函數 OnInitDialog，程式如下：

```
BOOL CFtpDlg::OnInitDialog()
{
    CDialog::OnInitDialog();

    //設定 CListCtrl 物件的屬性
    m_FtpFile.SetExtendedStyle(LVS_EX_FULLROWSELECT | LVS_EX_GRIDLINES);
    m_FtpFile.InsertColumn(0," 檔案名稱 ",LVCFMT_CENTER,200);
    m_FtpFile.InsertColumn(1," 日期 ",LVCFMT_CENTER,100);
    m_FtpFile.InsertColumn(2," 位元組數 ",LVCFMT_CENTER,100);
    m_pFileFind = new CFtpFileFind(m_pConnection);
    OnQuary();
    return TRUE;
}
```

至此，FTP 用戶端開發完畢。

10.6.7 執行結果

首先確保 FTP 伺服器端程式已經執行。然後我們在 VC 下執行用戶端，執行結果如圖 10-6 所示。

FTP客户端
连接 退出客户端
就绪
09:35:2

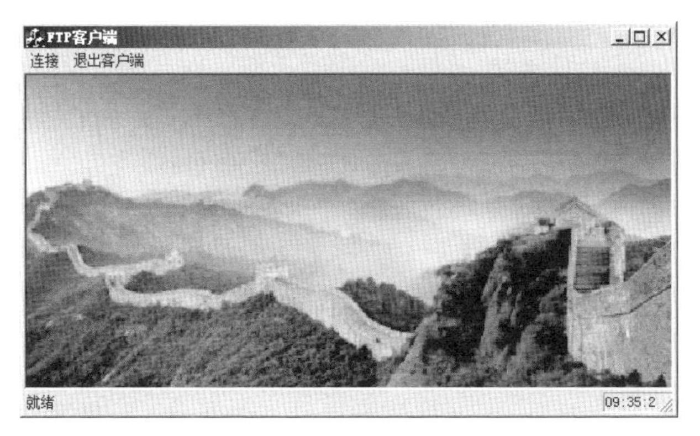

▲ 圖 10-6(編按：本圖例為簡體中文介面)

點擊選單「連接」按鈕，出現如圖 10-7 所示的圖登入對話方塊。

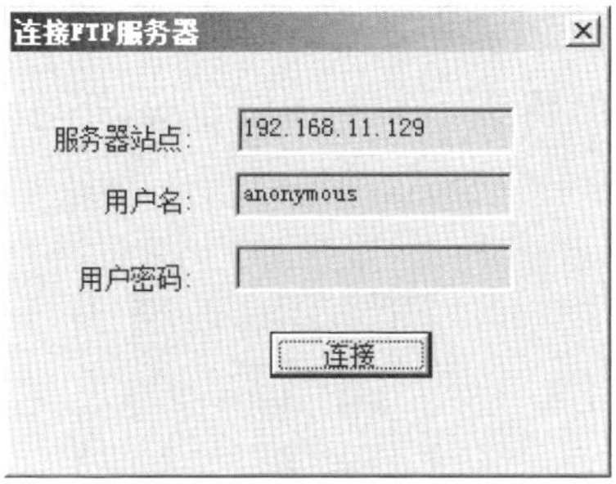

连接FTP服务器
服务器站点:
192.168.11.129
用户名:
anonymous
用户密码:
连接

▲ 圖 10-7(編按：本圖例為簡體中文介面)

我們的 FTP 伺服器也是在 IP 位址為 192.168.11.129 的 Linux 上執行，讀者也可以根據實際情況修改伺服器網站 IP 位址，然後點擊「連接」按鈕，如果出現如圖 10-8 所示的對話方塊，就說明連接成功了。

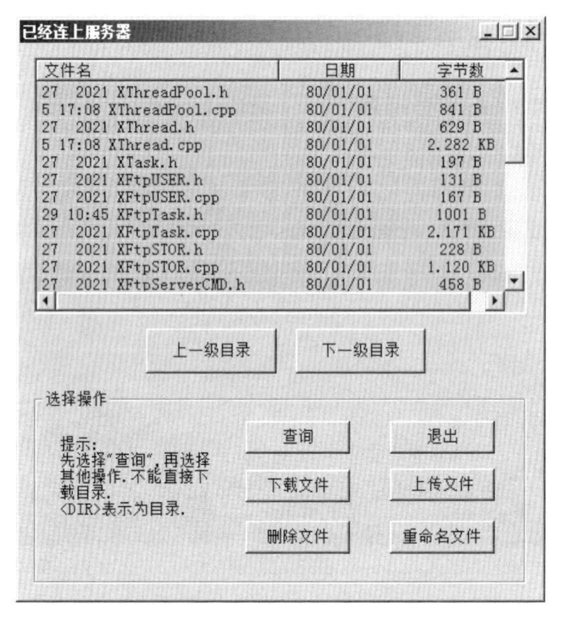

▲ 圖 10-8(編按：本圖例為簡體中文介面)

圖 10-8 中的清單控制項中所顯示的內容就是伺服器上目前的目錄的資料夾和檔案。我們可以選中某個檔案，然後點擊「下載檔案」按鈕，選擇要存放的路徑，就可以下載到 Windows 下了，下載完成後出現的提示如圖 10-9 所示。

▲ 圖 10-9(編按：本圖例為簡體中文介面)

在這個過程中，我們在伺服器端也進行對應的列印輸出，比如列印出目前的目錄下的內容，如圖 10-10 所示。

```
Recv CMD(16):USER anonymous
type is [USER]
ResCMD: 230 Login successsful.


Recv CMD(8):TYPE A
type is [TYPE]
parse object not found
ResCMD: 200 OK


Recv CMD(25):PORT 192,168,11,1,14,14
type is [PORT]
ResCMD: 200 PORT command success.

Recv CMD(6):LIST
type is [LIST]
ResCMD: 150 Here coms the directory listing.
总用量 264
-rwxr-xr-x 1 root root 169608 11月 23 08:46 ftpSrv
-rw-r--r-- 1 root root   2217 11月  5 12:39 main.cpp
-rw-r--r-- 1 root root    438 11月 23 08:40 makefile
-rw-r--r-- 1 root root    154 4月  27  2021 testUtil.h
-rw-r--r-- 1 root root    610 11月 19 17:09 XFtpFactory.cpp
-rw-r--r-- 1 root root    181 4月  27  2021 XFtpFactory.h
-rw-r--r-- 1 root root   2812 10月 28 12:39 XFtpLIST.cpp
-rw-r--r-- 1 root root    292 4月  27  2021 XFtpLIST.h
-rw-r--r-- 1 root root    865 4月  27  2021 XFtpPORT.cpp
-rw-r--r-- 1 root root    160 4月  27  2021 XFtpPORT.h
-rw-r--r-- 1 root root   1146 4月  27  2021 XFtpRETR.cpp
-rw-r--r-- 1 root root    272 4月  27  2021 XFtpRETR.h
-rw-r--r-- 1 root root   2352 4月  27  2021 XFtpServerCMD.cpp
-rw-r--r-- 1 root root    458 4月  27  2021 XFtpServerCMD.h
-rw-r--r-- 1 root root   1147 4月  27  2021 XFtpSTOR.cpp
-rw-r--r-- 1 root root    228 4月  27  2021 XFtpSTOR.h
-rw-r--r-- 1 root root   2223 4月  27  2021 XFtpTask.cpp
-rw-r--r-- 1 root root   1001 10月 29 10:45 XFtpTask.h
-rw-r--r-- 1 root root    167 4月  27  2021 XFtpUSER.cpp
-rw-r--r-- 1 root root    131 4月  27  2021 XFtpUSER.h
-rw-r--r-- 1 root root    197 4月  27  2021 XTask.h
-rw-r--r-- 1 root root   2337 11月  5 17:08 XThread.cpp
-rw-r--r-- 1 root root    629 4月  27  2021 XThread.h
-rw-r--r-- 1 root root    841 11月  5 17:08 XThreadPool.cpp
-rw-r--r-- 1 root root    361 4月  27  2021 XThreadPool.h
XFtpLIST BEV_EVENT_CONNECTED
ResCMD: 226 Transfer comlete

Recv CMD(5):PWD
type is [PWD]
ResCMD: 257 "/" is current dir.
```

▲ 圖 10-10

另外，下載檔案的時候，伺服器端也會列印出該檔案的內容。至此，我們的 FTP 伺服器和用戶端程式執行成功。

Chapter

11

併發聊天伺服器

即時通訊軟體即所謂的聊天工具，其主要用途是傳遞文字資訊與傳輸檔案。使用 socket 建立通訊通路，多執行緒實現多台電腦同時進行資訊的傳遞。透過簡單的註冊登入後，即可在區域網中成功進行即時聊天。

即時通訊（Instant Message，IM），這是一種可以讓使用者在網路上建立某種私人聊天室（chatroom）的即時通訊服務。大部分的即時通訊服務提供了狀態資訊的特性——顯示聯絡人名單、聯絡人是否線上和能否與聯絡人交談。

即時通訊軟體包括 QQ、MSN Messenger、AOL Instant Messenger、Yahoo! Messenger、NET Messenger Service、Jabber、ICQ 等。通常 IM 服務會在使用者通話清單（類似電話簿）上的某人連上 IM 時發出資訊通知使用者，使用者可據此與此人透過網路開始進行即時的 IM 文字通訊。除了文字外，在頻寬充足的前提下，大部分 IM 服務事實上也提供了視訊通訊的功能。即時傳訊與電子郵件最大的不同在於不用等候，不需要每隔兩分鐘就按一次「傳送與接收」，只要兩個人都線上，就能像多媒體電話一樣傳送文字、檔案、聲音、影像給對方，只要有網路，無論雙方隔得多遠都好像沒有距離。（編按，本章範例圖使用簡體中文介面示範）

11.1 系統平台的選擇

11.1.1 應用系統平台模式的選擇

所謂平台模式或計算結構是指應用系統的系統結構，簡單來說就是系統的層次、模組結構。平台模式不僅與軟體有關，還與硬體有關。按其發展過程可劃分為以下四種模式：

（1）主機一終端模式。

（2）單機模式。

（3）用戶端設備 / 伺服器模式（C/S 模式）。

（4）瀏覽器 /n 層伺服器模式（B/nS 模式）。

考慮到要在公司或某單位內部建立起伺服器，還要在每台電腦裡安裝相關的通訊系統（用戶端），所以我們選擇研究的系統模式為上面所列的第三種，也就是目前常用的 C/S 模式。

11.1.2 C/S 模式介紹

在 20 世紀 90 年代出現並迅速佔據主導地位的一種計算模式為用戶端設備 / 伺服器模式，簡稱為 C/S 模式，它實際上就是把主機 / 終端模式中原來全部集中在主機部分的任務一分為二，保留在主機上的部分負責集中處理和整理運算，成為伺服器而下放到終端的部分負責提供給使用者友善的互動介面，稱為用戶端設備。相對於以前的模式，C/S 模式最大的改進是不再把所有軟體都裝進一台電腦，而是把應用系統分成兩個不同的角色：一般在運算能力較強的電腦上安裝伺服器端程式，在運算能力一般的 PC 上安裝用戶端設備程式。正是由於個人 PC 的出現使用戶端設備 / 伺服器模式成為可能，因為 PC 具有一定的運算能力，用它代替上面第一種模式的啞終端後，就可以把主機的一部分工作放在用戶端設備完成，從而減輕了主機的負擔，也增強了系統對使用者的回應速度和回應能力。

用戶端設備和伺服器之間透過對應的網路通訊協定進行通訊。用戶端設備向伺服器發出資料請求，伺服器將資料傳送給用戶端設備進行計算，計算完畢，計算結果可傳回給伺服器。這種模式的優點是充分利用了用戶端設備的性能，使運算能力大大提高；另外，由於用戶端設備和伺服器之間的通訊是透過網路通訊協定進行的，是一種邏輯的聯繫，因此在物理上用戶端設備和伺服器的兩端是易於擴充的。

C/S 模式是目前佔主流的網路計算模式。該模式的建立基於以下兩點：

（1）非對等作用。
（2）通訊完全是非同步的。

該模式在操作過程中採取的是主動請示方式：伺服器方要先啟動，並根據請示提供對應服務（過程以下）：

（1）打開一個通訊通道同時通知本地主機，伺服器願意在某一個公認位址上接收客戶請求。
（2）等待某個客戶請求到達該通訊埠。
（3）接收到重複服務請求，處理該請求並發送應答訊號。
（4）傳回第二步，等待另一客戶請求。
（5）關閉該伺服器。

客戶方要根據請示提供對應服務：

（1）打開一個通訊通道，並連接到伺服器所在主機的特定通訊埠。
（2）向伺服器發送服務請求封包，等待並接收應答，繼續提出請求。
（3）請求結束後關閉通訊通道並終止。

分佈運算和分佈管理是用戶端設備 / 伺服器模式的特點。其優點除了上面介紹的外，還有一個就是用戶端設備能夠提供豐富友善的圖形介面，缺點是分佈管理較為繁瑣。由於每台用戶端設備上都要安裝軟體，當需要軟體升級或維護時，不僅工作量增大，而且作為獨立的電腦用戶端容易傳染上電腦病毒。儘管有這些缺點，但是綜合考慮，本應用系統平台最後還是選擇了 C/S 模式。

11.1.3 資料庫系統的選擇

現在可以使用的資料庫（Database）有很多種，包括 MySQL、DB2、Informix、Oracle 和 SQL Server 等。基於滿足需求、價格和技術三方面的考慮，本系統在分析開發過程中採用 MySQL 作為資料庫系統。

11.2 系統需求分析

11.2.1 即時訊息的一般需求

即時訊息的一般需求包括格式需求、可靠性需求和性能需求。

1. 格式需求

（1）所有實體必須至少使用一種訊息格式。

（2）一般即時訊息格式必須定義發信者和即時收件箱的標識。

（3）一般即時訊息格式必須包含一個讓接收者可以回訊息的位址。

（4）一般即時訊息格式應該包含其他通訊方法和聯繫位址，例如電話號碼、郵寄位址等。

（5）一般即時資訊格式必須允許對資訊有效負載編碼和鑑別（非 ASCII 內容）。

（6）一般即時資訊格式必須反映當前最好的國際化實踐。

（7）一般即時資訊格式必須反映當前最好的可用性實踐。

（8）必須存在方法，在擴充一般即時訊息格式時，不影響原有的域。

（9）必須提供擴充和註冊即時訊息格式的模式的機制。

2. 可靠性需求

協定必須存在機制，保證即時訊息成功投遞，或投遞失敗時發信者獲得足夠的資訊。

3. 性能需求

（1）即時訊息的傳輸必須足夠迅速。

（2）即時訊息的內容必須足夠豐富。

（3）即時訊息的長度儘量足夠長。

11.2.2 即時訊息的協定需求

協定是一系列的步驟，它包括雙方或多方，設計它的目的是要完成一項任務。即時通訊協定，參與的雙方或多方是即時通訊的實體。協定必須是雙方或多方參與的，一方單獨完成的就不算協定。在協定操作的過程中，雙方必須交換資訊，包括控制資訊、狀態資訊等。這些資訊的格式必須是協定參與方同意並且遵循的。好的協定要求清楚、完整，每一步都必須有明確的定義，並且不會引起誤解；對每種可能的情況必須規定具體的動作。

11.2.3 即時訊息的安全需求

A 發送即時訊息 M 給 B，有以下幾種情況和相關需求：

（1）如果無法發送，A 必須接到確認。

（2）如果 M 被投遞了，B 只能接收 M 一次。

（3）協定必須為 B 提供方法檢查 A 是否發送了這筆資訊。

（4）協定必須允許 B 使用另一筆即時資訊來回覆資訊。
（5）協定不能曝露 A 的 IP 位址。
（6）協定必須為 A 提供方法保證沒有其他個體 C 可以看到 M。
（7）協定必須為 A 提供方法保證沒有其他個體 C 可以竄改 M。
（8）協定必須為 B 提供方法鑑別是否發生竄改。
（9）B 必須能夠閱讀 M，B 可以阻止 A 發送資訊給他。
（10）協定必須允許 A 使用現在的數位簽章標準對資訊進行簽名。

11.2.4 即時訊息的加密和鑑別

（1）協定必須提供方法保證通知和即時訊息的可信度，確保資訊未被監聽或破壞。
（2）協定必須提供方法保證通知和即時訊息的可信度，確保資訊未被重排序或重播。
（3）協定必須提供方法保證通知和即時訊息被正確的實體閱讀。
（4）協定必須允許客戶自己使用方法確保資訊不被截獲、不被重放和解密。

11.2.5 即時訊息的註冊需求

（1）即時通訊系統擁有多個帳戶，允許多個使用者註冊。
（2）一個使用者可以註冊多個 ID。
（3）註冊所使用的帳號類型為字母 ID。

11.2.6 即時訊息的通訊需求

（1）使用者可以傳輸文字訊息。
（2）使用者可以傳輸 RTF 格式訊息。
（3）使用者可以傳輸多個檔案 / 資料夾。
（4）使用者可以加密 / 解密訊息等。

11.3 系統整體設計

我們將該即時通訊系統命名為 MyICQ，現在對該系統採用用戶端設備伺服器（C/S）的模式來進行整體設計，它是一個 3 層的 C/S 結構：資料庫伺服器→應用程式伺服器→應用程式用戶端，其分層機構如圖 11-1 所示。

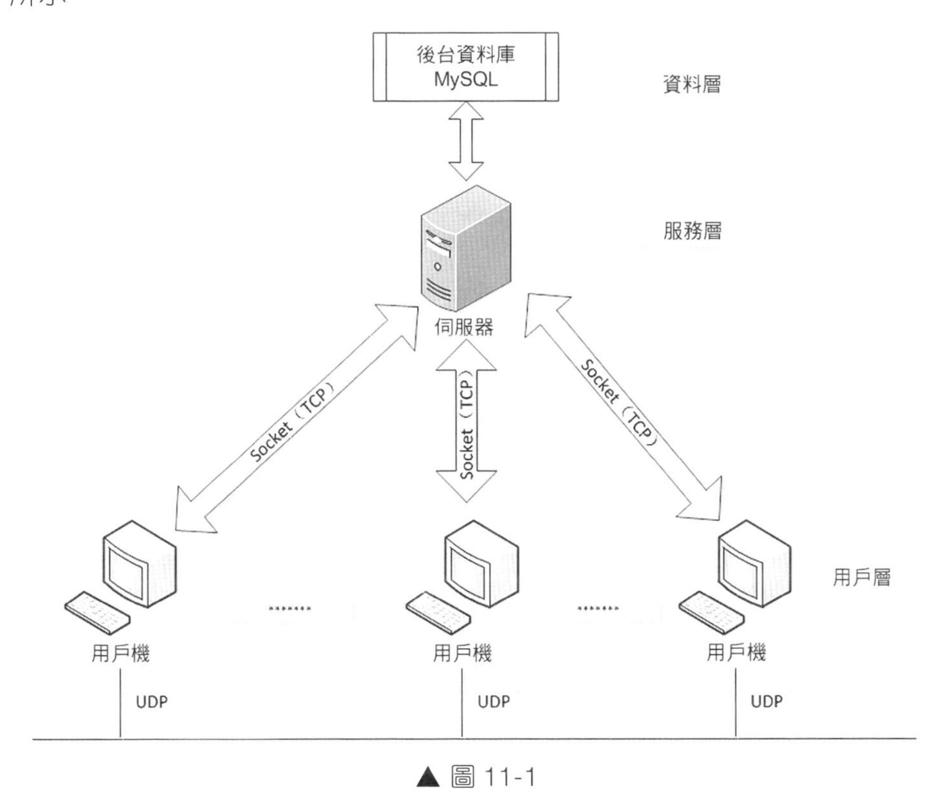

▲ 圖 11-1

客戶層也叫應用展現層，即我們所說的用戶端，這是應用程式的使用者介面部分。為即時通訊工具設計一個客戶層有很多優點，這是因為客戶層擔負著使用者與應用之間的對話功能。它用於檢查使用者的輸入資料，顯示應用的輸出資料。為了讓使用者能直接操作，客戶層需要使用圖形使用者介面。如果通訊使用者變更，系統只需要改寫顯示控制和資料檢查程式就可以了，而不會影響其他兩層。資料檢查的內容限於資料的形式和值的範圍，不包括有關業務本身的處理邏輯。

服務層又叫功能層，相當於應用的本體，它是將具體的業務處理邏輯編入程式中。舉例來說，使用者需要檢查資料，系統設法將有關檢索要求的資訊一次性地傳送給功能層；而使用者登入後，聊天登入資訊是由功能層處理過的檢索結果資料，它也是一次性傳送給展現層的。在應用設計中，必須避免在展現層和功能層之間進行多次的資料交換，這就需要盡可能進行一次性的業務處理，達到最佳化整體設計的目的。

資料層就是 DBMS，本系統使用了 MySQL 資料庫伺服器來管理資料。MySQL 能迅速執行大量資料的更新和檢索，因此，從功能層傳送到資料層的「要求」一般都使用 SQL 語言。

11.4 即時通訊系統的實施原理

即時通訊是一種使人們能在網上辨識線上使用者並與他們即時交換訊息的技術，是自電子郵件發明以後迅速崛起的線上通訊方式。IM 的出現和網際網路有著密不可分的關係，IM 完全基於 TCPP 網路通訊協定族實現，而 TCPP 協定族則是整個網際網路得以實現的技術基礎。最早出現即時通訊協定的是 IRC（Internet Relay Chat），但是它僅能單純使用文字、符號的方式透過網際網路進行交流。隨著網際網路的發展，即時通訊也變得遠不止聊天這麼簡單。自 1996 年第一個 IM 產品 ICQ 發明後，IM 的技術和功能也開始基本成型，語音、視訊、檔案共用、簡訊發送等高級資訊交換功能都可以在 IM 工具上實現，功能強大的 IM 軟體便足以架設一個完整的通訊交流平台。

11.4.1 IM 的工作方式

IM 的工作方式如下：使用者登入 IM 通訊伺服器，獲取一個自建立的歷史交流物件列表（同事列表），然後自身標識為線上狀態（Online Presence），當好友列表（Buddy List）中的某人在任何時候登入上線並試圖透過電腦聯繫使用者時，IM 系統會發一個訊息提醒該使用者，然後使用者能與此人建立一個聊天階段通道進行各種訊息（如輸入文字、透過語音等）交流。

11.4.2 IM 的基本技術原理

從技術上來說，IM 的基本技術原理如下：

（1）使用者 A 輸入自己的使用者名稱和密碼登入 IM 伺服器，伺服器透過讀取使用者資料庫來驗證使用者身份。如果驗證通過，登記使用者 A 的 IP 位址、IM 用戶端軟體的版本編號及使用的 TCP/UDP 通訊埠編號，然後傳回使用者 A 登入成功的標識，此時使用者 A 在 IM 系統中為線上狀態。

（2）根據使用者 A 儲存在 IM 伺服器上的好友列表，伺服器將使用者 A 線上的相關資訊發送給同時線上的 IM 好友的 PC，這些資訊包括線上狀態、IP 位址、IM 用戶端使用的 TCP 通訊埠編號等，IM 好友的用戶端收到此資訊後將在用戶端軟體的介面上顯示。

（3）IM 伺服器把使用者 A 儲存在伺服器上的好友列表及相關資訊回送到其用戶端，這些資訊包括線上狀態、IP 位址、IM 用戶端使用的 TCP 通訊埠編號等資訊，使用者 A 的 IM 用戶端收到後將顯示這些好友清單及其線上狀態。

11.4.3 IM 的通訊方式

1. 線上直接通訊

如果使用者 A 想與他的線上好友使用者 B 聊天，他將透過伺服器發送過來的使用者 B 的 IP 位址、TCP 通訊埠編號等資訊，直接向使用者 B 的 PC 發出聊天資訊，使用者 B 的 IM 用戶端軟體收到後顯示在螢幕上，然後使用者 B 再直接回覆到使用者 A 的 PC，這樣雙方的即時文字訊息就不在 IM 伺服器中轉，而是直接透過網路進行點對點的通訊，即對等通訊方式（Peer to Peer）。

2. 線上代理通訊

當使用者 A 與使用者 B 的點對點通訊由於防火牆、網路速度等原因難以建立或速度很慢時，IM 伺服器將主動提供訊息中轉服務，即使用者 A 和使用者 B 的即時訊息全部先發送到 IM 伺服器，再由伺服器轉發給對方。

3. 離線代理通訊

使用者 A 與使用者 B 由於各種原因不能同時線上時，如果此時 A 向 B 發送訊息，IM 伺服器可以主動暫存 A 使用者的訊息，等到 B 使用者下一次登入的時候，自動將訊息轉發給 B。

4. 擴充方式通訊

使用者 A 可以透過 IM 伺服器將資訊以擴充的方式傳遞給 B，如用簡訊方式發送到 B 的手機上，傳真發送方式傳遞給 B 的電話機，以 email 的方式傳遞給 B 的電子信箱等。

早期的 IM 系統，在 IM 用戶端和 IM 伺服器之間通訊採用 UDP 協定，UDP 協定是不可靠的傳輸協定，而在 IM 用戶端之間的直接通訊中，採用具備可靠傳輸能力的 TCP 協定。隨著使用者需求和技術環境的發展，目前主流的 IM 系統傾向於在 IM 用戶端之間採用 UDP 協定，IM 用戶端和 IM 伺服器之間採用 TCP 協定。

該即時通訊方式相對於其他通訊方式如電話、傳真、email 等的最大優勢就是訊息傳達的即時性和精確性，只要訊息傳遞雙方均在網路上就可以互通，使用即時通訊軟體傳遞訊息，傳遞延遲時間僅為 1 秒。

11.5 功能模組劃分

11.5.1 模組劃分

即時通訊工具也就是伺服器端和用戶端程式，只要分析清楚兩方所要完成的任務，對設計來説，工作就等於完成了一半，如圖 11-2 所示。

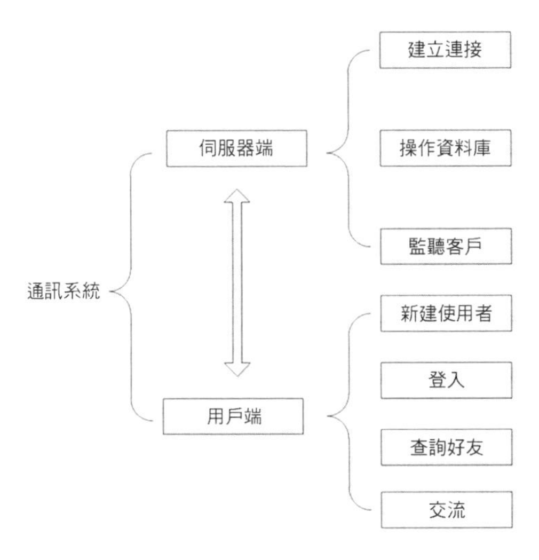

▲ 圖 11-2

11.5.2 伺服器端功能

伺服器端至少完成三大基本功能：建立連接、操作資料庫和監聽客戶。這些功能的含義如下：

（1）建立連接：伺服器端是一個資訊發送中心，所有用戶端的資訊都傳到伺服器端，再由伺服器根據要求分發出去。

（2）操作資料庫：包括輸入使用者資訊、修改使用者資訊、查詢通訊人員（同事）資料庫的資料以及增加同事資料到資料庫等。

（3）監聽客戶：建立一個 Serversocket 連接，不斷監聽是否有用戶端連接或斷開連接。

11.5.3 用戶端功能

用戶端要完成四大功能：建立使用者、使用者登入、查詢（增加）好友、通訊交流。這些功能的含義如下：

（1）建立使用者：用戶端與伺服器端建立通訊通道，向伺服器端發送建立使用者的資訊，接收來自伺服器的資訊進行註冊。

（2）使用者登入：用戶端與伺服器端建立通訊通道，向伺服器端發送資訊，完成使用者登入。

（3）查詢（增加）好友：也包括增加好友功能，這是用戶端必須實現的功能。此外，使用者透過用戶端可以查詢自己和好友的資訊。

（4）通訊交流：用戶端可完成的資訊的編輯、發送和接收等功能。

上面的功能劃分比較基礎，我們還可以進一步細化，如圖 11-3 所示。

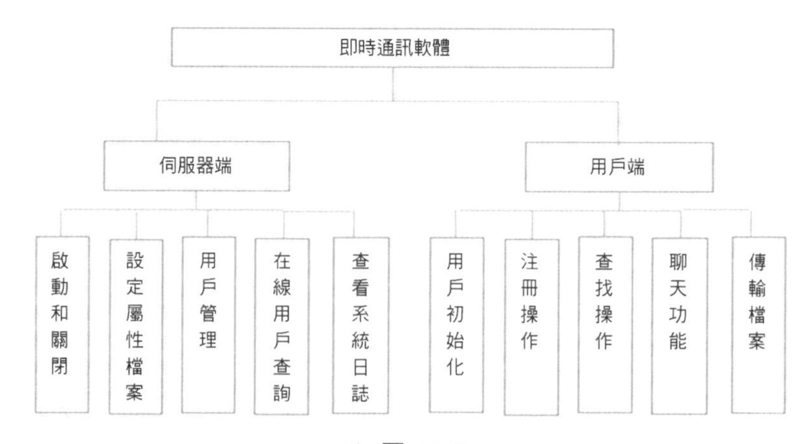

▲ 圖 11-3

11.5.4 伺服器端多執行緒

伺服器端需要和多個用戶端同時進行通訊，簡單來說這就是伺服器端的多執行緒。如果伺服器發現一個新的用戶端並與之建立了連接，則馬上建立一個執行緒與該用戶端進行通訊。用多執行緒的好處在於可以同時處理多個通訊連接，不會出現由於資料排隊等待而發生延遲或遺失等問題，可以極佳地利用系統的性能。

伺服器為每一個連接著的客戶建立一個執行緒，為了同時回應多個用戶端，需要設計一個主執行緒來啟動伺服器端的多執行緒。主執行緒與處理程序結構類似，它在獲得新連接時生成一個執行緒來處理這個連接。執行緒排程的速度快、佔用資源少，可共用處理程序空間中的資料，因此伺服器的回應速度較快，且 I/O 輸送量較大。至於多執行緒程式設計的具體細節前面章節已經介紹過了，這裡不再贅述。

11.5.5 用戶端多執行緒

用戶端能夠完成資訊的接收和發送操作，這與伺服器端的多執行緒概念不同，它可以採用迴圈等待的方法來實現用戶端。利用迴圈等待的方式，用戶端首先接收使用者輸入的內容並將其發送到伺服器端，然後接收來自伺服器端的資訊，將其傳回給用戶端的使用者。

11.6 資料庫設計

完成了系統的整體設計後，現在介紹實現該即時通訊系統相關的資料庫及資料庫的選擇、設計與實現。資料庫就是一個儲存資料的倉庫。為了方便資料的儲存和管理，它將資料按照特定的規律儲存在磁碟上。透過資料庫管理系統，可以有效地組織和管理儲存在資料庫中的資料。MySQL 資料庫是目前執行速度最快的 SQL 語言資料庫之一。

MySQL 是一個真正的多使用者、多執行緒 SQL 資料庫伺服器。它是以用戶端設備 / 伺服器結構實現的，由一個伺服器守護程式 mysqld 以及很多不同的客戶程式和函數庫組成。它能夠快捷、有效和安全地處理大量的資料。相對 Oracle 等資料庫來說，MySQL 的使用非常簡單。MySQL 的主要優點是快速、便捷和好用。

11.6.1 資料庫的選擇

現在可以使用的資料庫有很多種，如 DB2、Informix、Oracle 和 MySQL 等。基於滿足需要、價格和技術三方面的考慮，本系統在分析研究過程中採用 MySQL 作為資料庫系統。理由如下：

（1）MySQL 是一款免費軟體，開放原始程式無版本限制，自主性及使用成本低。性能卓越，服務穩定，很少出現異常當機。軟體體積小，安裝使用簡單且易於維護，維護成本低。

（2）使用 C 和 C++ 撰寫，並使用多種編譯器進行測試，保證原始程式的可攜性。

（3）支援 AIX、FreeBSD、HP-UX、Linux、Mac OS、NovellNetware、OpenBSD、OS/2 Wrap、Solaris、Windows 等多種作業系統。

（4）為多種程式語言提供了 API。這些程式語言包括 C、C++、Python、Java、Perl、PHP、Eiffel、Ruby 和 Tcl 等。

（5）支援多執行緒，充分利用 CPU 資源。

（6）最佳化 SQL 查詢演算法，有效地提高查詢速度。

（7）既能夠作為一個單獨的應用程式應用在用戶端伺服器網路環境中，也能夠作為一個函數庫而嵌入其他的軟體中。

（8）提供多語言支援，常見的編碼如中文的 GB2312、BIG5，日文的 Shift_JIS 等都可以用作資料表名和資料列名稱。

（9）提供 TCP/IP、ODBC 和 JDBC 等多種資料庫連接途徑。

（10）提供用於管理、檢查、最佳化資料庫操作的管理工具。

（11）支援大型的資料庫。可以處理擁有上千萬筆記錄的大型態資料庫。

（12）支援多種儲存引擎。

（13）歷史悠久，社區和使用者非常活躍，遇到問題能即時得到幫助，品牌口碑好。

MySQL 提供值得信賴的技術和功能，在企業資料管理、開發者效率和 BI 等主要領域取得了顯著進步。

11.6.2 準備 MySQL 環境

我們可到官網 https://dev.mysql.com/downloads/mysql/ 去下載最新版的 MySQL 安裝套件，打開網頁後，首先選擇作業系統，這裡選擇 Ubuntu20.04，如圖 11-4 所示。

▲ 圖 11-4

然後點擊下方 "DEB Bundle" 右邊的 "Download" 按鈕開始下載。下載下來的檔案是 mysql-server_8.0.27-1ubuntu20.04_amd64.deb-bundle.tar。在 Linux 中建立一個資料夾，然後把該檔案上傳到建立的資料夾中，進行解壓：

```
tar -xvf mysql-server_8.0.27-1ubuntu20.04_amd64.deb-bundle.tar
```

解壓之後將得到一系列的 .deb 套件，開始安裝：

```
dpkg -i *.deb
```

如果出錯，保持聯網，繼續使用下列命令：

```
apt-get -f install
```

稍等片刻，安裝完成，提示輸入 MySQL 的 root 帳戶的密碼，如圖 11-5 所示。

```
正在設定 mysql-commu
Please provide a strong password that will be set for the root account of your MySQL database.

Enter root password:

<確定>
```

▲ 圖 11-5

在輸入框輸入 123456，然後按 Enter 鍵，再次輸入 123456，按 Enter 鍵後出現提示密碼提示是否要加密，保持預設，再按 Enter 鍵。然後繼續安裝處理程序，稍等片刻，安裝完成：

```
...
reading /usr/share/mecab/dic/ipadic/Noun.csv ... 60477
emitting double-array: 100% |###########################################|
reading /usr/share/mecab/dic/ipadic/matrix.def ... 1316x1316
emitting matrix      : 100% |###########################################|

done!
```

安裝完畢後，MySQL 服務就自動開啟了，我們可以透過命令查看其伺服器通訊埠編號：

```
root@tom-virtual-machine:~# netstat -tap | grep mysql
tcp6       0      0 [::]:33060        [::]:*          LISTEN      20832/mysqld
tcp6       0      0 [::]:mysql        [::]:*          LISTEN      20832/mysqld
```

此外，我們也要了解一下 MySQL 的一些檔案的預設位置：

```
用戶端程式和指令稿：/usr/bin
```

```
服務程式所在路徑：usr/sbin mysqld/
記錄檔：/var/lib/mysql/
檔案：/usr/share/doc/packages
標頭檔路徑：/usr/include/mysql
函數庫檔案路徑：/usr/lib/mysql
錯誤訊息和字元集檔案：/usr/share/mysql
基準程式：/usr/share/sql-bench
```

其中標頭檔路徑和函數庫檔案路徑是程式設計時需要知道的。另外，如果要重新啟動 MySQL 服務，可以使用以下命令：

```
/etc/init.d/apparmor restart
/etc/init.d/mysql restart
```

下面我們準備直接登入 MySQL，輸入命令：

```
mysql -uroot -p123456
```

其中 123456 是 root 帳戶的密碼，此時將出現 MySQL 命令提示符號，如圖 11-6 所示。

```
root@tom-virtual-machine:~/soft/mysql8# mysql -uroot -p123456
mysql: [Warning] Using a password on the command line interface can be insecure.
Welcome to the MySQL monitor.  Commands end with ; or \g.
Your MySQL connection id is 9
Server version: 8.0.27 MySQL Community Server - GPL

Copyright (c) 2000, 2021, Oracle and/or its affiliates.

Oracle is a registered trademark of Oracle Corporation and/or its
affiliates. Other names may be trademarks of their respective
owners.

Type 'help;' or '\h' for help. Type '\c' to clear the current input statement.

mysql>
```

▲ 圖 11-6

此時可以輸入一些 MySQL 命令，比如顯示當前已有的資料命令 show databases;，注意命令後有一個分號，執行後如圖 11-7 所示。

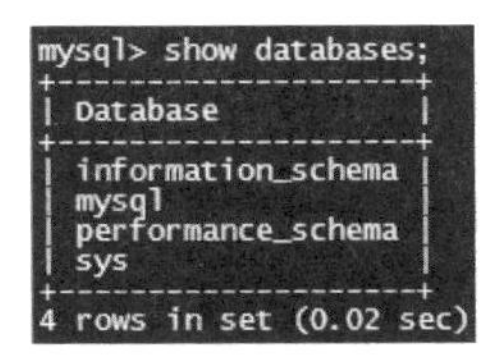

```
mysql> show databases;
+--------------------+
| Database           |
+--------------------+
| information_schema |
| mysql              |
| performance_schema |
| sys                |
+--------------------+
4 rows in set (0.02 sec)
```

▲ 圖 11-7

下面我們再用命令來建立一個資料庫，資料庫名稱是 test，輸入 create database test;，如下所示：

```
mysql> create database test;
Query OK, 1 row affected (0.00 sec)
```

出現 OK 說明建立資料庫成功，此時如果用命令 show databases; 顯示資料庫，可以發現新增了一個名為 test 資料庫。由此可知，MySQL 命令工作正常。

在企業最前線開發中，通常把很多 MySQL 命令放在一個文字檔中，這個文字檔的副檔名是 sql，透過一個 sql 指令檔就可以來建立資料庫和資料庫中的表。sql 指令檔其實是一個文字檔，裡面是一到多個 sql 命令的 sql 敘述集合，然後透過 source 命令執行這個 sql 指令檔。我們在 Windows 下打開記事本，然後輸入下列內容：

```
/*
 Source Server Type    : MySQL
 Date: 31/7/2022
*/

DROP DATABASE IF EXISTS test;
create database test default character set utf8 collate utf8_bin;

flush privileges;

use test;
SET NAMES utf8mb4;
SET FOREIGN_KEY_CHECKS = 0;

-- ----------------------------
-- Table structure for student
-- ----------------------------
DROP TABLE IF EXISTS `student`;
CREATE TABLE `student` (
  `id` tinyint  NOT NULL AUTO_INCREMENT COMMENT '學生 id',
  `name` varchar(32) DEFAULT NULL COMMENT '學生名稱',
```

```
  `age` smallint DEFAULT NULL COMMENT '年齡',
  `SETTIME` datetime NOT NULL COMMENT '入學時間',
  PRIMARY KEY (`id`)
) ENGINE=InnoDB DEFAULT CHARSET=utf8;

-- ----------------------------
-- Records of student
-- ----------------------------
BEGIN;
INSERT INTO `student` VALUES (1,'張三',23,'2020-09-30 14:18:32');
INSERT INTO `student` VALUES (2,'李四',22,'2020-09-30 15:18:32');
COMMIT;

SET FOREIGN_KEY_CHECKS = 1;
```

另存為該檔案，檔案名稱是 mydb.sql，注意，編碼選擇 UTF-8，否則後面執行時會出現 "Incorrect string value" 之類的錯誤，這是因為在 Windows 系統中，預設使用的是 GBK 編碼，稱為「國標」，而 MySQL 資料庫中，使用的是 UTF-8 來儲存資料的。若讀者想驗證，可以找到 MySQL 的安裝目錄，然後打開其中的 my.ini 檔案，找到 default-character=utf-8 就明白了。

sql 指令檔儲存後，我們把它上傳到 Linux 的某個路徑（比如 /root/soft/ 下），然後就可以執行它了。登入 MySQL，在 MySQL 命令提示符號下用 source 命令執行 mydb.sql：

```
mysql> source /root/soft/mydb.sql
Query OK, 1 row affected (0.01 sec)

Query OK, 1 row affected, 2 warnings (0.00 sec)
...
Query OK, 0 rows affected (0.00 sec)
```

如果沒有提示顯示出錯，則說明執行成功了。此時我們可以用命令來查看建立的資料庫及其表。

（1）查看資料庫：

```
show databases;
```

（2）選擇名為 test 資料庫：

```
use test;
```

（3）查看資料庫中的表：

```
show tables;
```

（4）查看 student 表的結構：

```
desc student;
```

（5）查看 student 表的所有記錄：

```
select * from student;
```

最終執行結果如圖 11-8 所示。

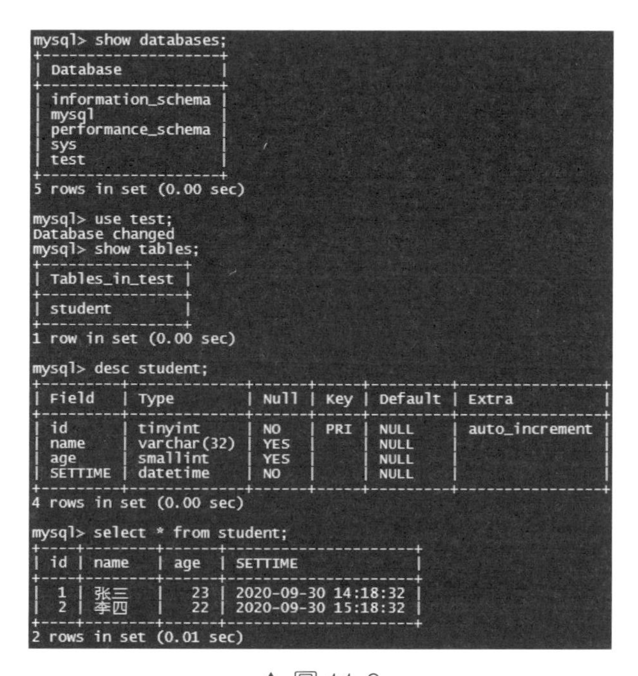

```
mysql> show databases;
+--------------------+
| Database           |
+--------------------+
| information_schema |
| mysql              |
| performance_schema |
| sys                |
| test               |
+--------------------+
5 rows in set (0.00 sec)

mysql> use test;
Database changed
mysql> show tables;
+----------------+
| Tables_in_test |
+----------------+
| student        |
+----------------+
1 row in set (0.00 sec)

mysql> desc student;
+---------+-------------+------+-----+---------+----------------+
| Field   | Type        | Null | Key | Default | Extra          |
+---------+-------------+------+-----+---------+----------------+
| id      | tinyint     | NO   | PRI | NULL    | auto_increment |
| name    | varchar(32) | YES  |     | NULL    |                |
| age     | smallint    | YES  |     | NULL    |                |
| SETTIME | datetime    | NO   |     | NULL    |                |
+---------+-------------+------+-----+---------+----------------+
4 rows in set (0.00 sec)

mysql> select * from student;
+----+--------+------+---------------------+
| id | name   | age  | SETTIME             |
+----+--------+------+---------------------+
|  1 | 张三   |   23 | 2020-09-30 14:18:32 |
|  2 | 李四   |   22 | 2020-09-30 15:18:32 |
+----+--------+------+---------------------+
2 rows in set (0.01 sec)
```

▲ 圖 11-8

如果要在表中插入某筆記錄，可以這樣：

```
INSERT INTO `student`(name,age,SETTIME) VALUES ('王五',23,'2021-09-30
14:18:32');
```

如果要指定 ID，可以這樣插入：

```
INSERT INTO `student` VALUES (3,'王五',23,'2021-09-30 14:18:32');
```

至此，MySQL 資料庫執行正常。另外，如果覺得某個表的資料亂了，可以用 SQL 敘述刪除表中全部資料，比如 delete from student;。

11.6.3 Linux 下的 MySQL 的 C 程式設計

前面我們架設了 MySQL 環境，現在可以透過 C 或 C++ 語言來操作 MySQL 資料庫了。其實 MySQL 程式設計不難，因為官方提供了不少 API 函數，只要熟練使用這些函數，再加上一些基本的 SQL 敘述，就可以對付簡單的應用場景了。本書在這裡只是列舉一下常用的 API 函數，如表 11-1 所示。

表 11-1 常用的 API 函數

函 數	說 明
mysql_affected_rows()	傳回上次 UPDATE、DELETE 或 INSERT 查詢更改／刪除／插入的行數
mysql_autocommit()	切換 autocommit 模式，ON/OFF
mysql_change_user()	更改打開連接上的使用者和資料庫
mysql_charset_name()	傳回用於連接的預設字元集的名稱
mysql_close()	關閉 Server 連接
mysql_commit()	提交事務
mysql_connect()	連接到 MySQLserver。該函數已不再被重視，使用 mysql_real_connect() 代替
mysql_create_db()	建立資料庫。該函數已不再被重視，使用 SQL 敘述 CREATE DATABASE 代替
mysql_data_seek()	在查詢結果集中查詢屬性行編號

函　數	說　明
mysql_debug()	用給定的字串執行 DBUG_PUSH
mysql_drop_db()	撤銷資料庫。該函數已不再被重視，使用 SQL 敘述 DROP DATABASE 代替
mysql_dump_debug_info()	讓 Server 將偵錯資訊寫入日誌
mysql_eof()	確定是否讀取了結果集的最後一行。該函數已不再被重視，使用 mysql_errno() 或 mysql_error() 代替
mysql_errno()	傳回上次呼叫的 MySQL 函數的錯誤編號
mysql_error()	傳回上次呼叫的 MySQL 函數的錯誤訊息
mysql_escape_string()	用在 SQL 敘述中，對特殊字元進行逸出處理
mysql_fetch_field()	傳回下一個表字段的類型
mysql_fetch_field_direct()	給定欄位編號，傳回表字段的類型
mysql_fetch_fields()	傳回全部欄位元結構的陣列
mysql_fetch_lengths()	傳回當前行中全部列的長度
mysql_ping()	檢查與 server 的連接是否工作，如有必要再一次連接
mysql_query()	執行指定為「以 Null 終結的字串」的 SQL 查詢
mysql_real_connect()	連接到 MySQLserver
mysql_real_escape_string()	考慮到連接的當前字元集，為了在 SQL 敘述中使用。對字串中的特殊字元進行逸出處理
mysql_real_query()	執行指定為計數字串的 SQL 查詢
mysql_refresh()	刷新或重置表和快速緩衝
mysql_reload()	通知 Server 再次載入授權表
mysql_rollback()	導回事務
mysql_row_seek()	使用從 mysql_row_tell() 傳回的值，查詢結果集中的行偏移
mysql_row_tell()	傳回行遊標位置
mysql_select_db()	選擇資料庫
mysql_server_end()	確定嵌入式 server 庫
mysql_server_init()	初始化嵌入式 server 庫

函　數	說　明
mysql_fetch_row()	從結果集中獲取下一行
mysql_field_seek()	將列遊標置於指定的列
mysql_field_count()	傳回上次執行敘述的結果列的數目
mysql_field_tell()	傳回上次 mysql_fetch_field() 所使用欄位遊標的位置
mysql_free_result()	釋放結果集使用的記憶體
mysql_get_client_info()	以字串形式傳回 Client 版本編號資訊
mysql_get_client_version()	以整數形式傳回 Client 版本編號資訊
mysql_get_host_info()	傳回描寫入敘述連接的字串
mysql_get_server_version()	以整數形式傳回 Server 的版本
mysql_get_proto_info()	傳回連接所使用的協定版本編號
mysql_get_server_info()	傳回 Server 的版本
mysql_init()	獲取或初始化 MySQL 結構
mysql_insert_id()	傳回上一個查詢為 AUTO_INCREMENT 列生成的 ID
mysql_kill()	殺死給定的執行緒
mysql_library_end()	確定 MySQL C API 庫
mysql_info()	傳回關於近期所執行查詢的資訊
mysql_library_init()	初始化 MySQL C API 庫
mysql_list_dbs()	傳回與簡單正規標記法匹配的資料庫名稱
mysql_list_fields()	傳回與簡單正規標記法匹配的欄位名稱
mysql_list_processes()	傳回當前 Server 執行緒的列表
mysql_list_tables()	傳回與簡單正規標記法匹配的表名
mysql_more_results()	檢查是否還會有其他結果
mysql_next_result()	在多敘述執行過程中傳回 / 初始化下一個結果
mysql_num_fields()	傳回結果集中的列數
mysql_num_rows()	傳回結果集中的行數
mysql_options()	為 mysql_connect() 設定連接選項
mysql_set_server_option()	為連接設定選項（如多敘述）

函　數	說　明
mysql_sqlstate()	傳回關於上一個錯誤的 SQLSTATE 錯誤程式
mysql_shutdown()	關閉資料庫 Server
mysql_stat()	以字串形式傳回 Server 狀態
mysql_store_result()	檢索完整的結果集至 Client
mysql_thread_id()	傳回當前執行緒 ID
mysql_thread_safe()	假設 Client 已編譯為執行緒安全的，傳回 1
mysql_use_result()	初始化逐行的結果集檢索
mysql_warning_count()	傳回上一個 SQL 敘述的警告數

與 MySQL 互動時，應用程式應遵循以下一般性原則：

（1）透過呼叫 mysql_library_init() 初始化 MySQL 函數庫。

（2）透過呼叫 mysql_init() 初始化連接處理常式，並透過呼叫 mysql_real_connect() 連接到 Server。

（3）發出 SQL 敘述並處理其結果。

（4）透過呼叫 mysql_close() 關閉與 MySQLserver 的連接。

（5）透過呼叫 mysql_library_end() 結束 MySQL 函數庫的使用。

呼叫 mysql_library_init() 和 mysql_library_end() 的目的在於，為 MySQL 函數庫提供恰當的初始化和結束處理。假設不呼叫 mysql_library_end()，區塊仍將保持分配狀態，從而造成無效記憶體。

對於非 SELECT 查詢（如 INSERT、UPDATE、DELETE），透過呼叫 mysql_affected_rows()，可發現有多少行已被改變（影響）；對於 SELECT 查詢，可以檢索作為結果集的行。

為了檢測和通報錯誤，MySQL 提供了使用 mysql_errno() 和 mysql_error() 函數存取錯誤資訊的機制。它們能傳回關於近期呼叫函數的錯誤程式或錯誤訊息。近期呼叫的函數可能成功也可能失敗，這樣，我們就能推斷錯誤是什麼以及錯誤是在何時出現的。

【例 11.1】查詢資料庫表。

（1）在 Windows 下打開編輯器，輸入程式如下：

```
#include <stdio.h>
#include <string.h>
#include <mysql.h>

int main()
{
    MYSQL mysql;
    MYSQL_RES *res;
    MYSQL_ROW row;
    char *query;
    int flag, t;

    /* 連接之前，先用 mysql_init 初始化 MYSQL 連接控制碼 */
    mysql_init(&mysql);
    /* 使用 mysql_real_connect 連接 server, 其參數依次為 MYSQL 控制碼，serverIP
位址，登入 mysql 的 username、password、要連接的資料庫等 */
    if (!mysql_real_connect(&mysql, "localhost", "root", "123456",
"test", 0, NULL, 0))
        printf("Error connecting to Mysql!\n");
    else
        printf("Connected Mysql successful!\n");

    query = "select * from student";
      /* 查詢，成功則傳回 0*/
    flag = mysql_real_query(&mysql, query, (unsigned int)strlen(query));
    if(flag) {
        printf("Query failed!\n");
        return 0;
    }else {
        printf("[%s] made...\n", query);
    }

    /*mysql_store_result 將所有的查詢結果讀取到 client*/
    res = mysql_store_result(&mysql);
    /*mysql_fetch_row 檢索結果集的下一行 */
    do
```

```
    {
        row = mysql_fetch_row(res);
        if (row == 0)break;    //如果沒有記錄了，就跳出迴圈
        /*mysql_num_fields 傳回結果集中的欄位數目 */
        for (t = 0; t < mysql_num_fields(res); t++)
        {
            printf("%s\t", row[t]);
        }
        printf("\n");
    } while (1);

    /* 關閉連接 */
    mysql_close(&mysql);
    return 0;
}
```

（2）儲存檔案為 test.c。為了方便編譯這個原始檔案，再編輯一個名為 makefile 的檔案，並使其中包含標頭檔和函數庫檔案路徑，makefile 檔案內容如下：

```
GCC ?= gcc
CCMODE = PROGRAM
INCLUDES =  -I/usr/include/mysql
CFLAGS =  -Wall $(MACRO)
TARGET = test
SRCS := $(wildcard *.c)
LIBS = -lmysqlclient

ifeq ($(CCMODE),PROGRAM)
$(TARGET): $(LINKS) $(SRCS)
    $(GCC) $(CFLAGS) $(INCLUDES) -o $(TARGET)  $(SRCS) $(LIBS)
    @chmod +x $(TARGET)
    @echo make $(TARGET) ok.
clean:
    rm -rf $(TARGET)
endif
```

其中，-I/usr/include/mysql 表示 MySQL 相關的標頭檔所在地路徑；-lmysqlclient 表示要引用的函數庫 libmysqlclient.so，這個函數庫的路徑

通常在 /usr/lib/x86_64-linux-gnu/ 下。我們把 test.c 和 makefile 檔案上傳到 Linux 中的某個資料夾中，然後直接輸入 make 進行編譯連接：

```
root@tom-virtual-machine:~/ex/net/test# make
gcc -Wall   -I/usr/include/mysql -o test  test.c    -lmysqlclient
make test ok.
```

如果沒有錯誤就直接執行：

```
root@tom-virtual-machine:~/ex/net/test# ./test
Connected Mysql successful!
[select * from student] made...
1       張三    23      2020-09-30 14:18:32
2       李四    22      2020-09-30 15:18:32
```

執行成功。我們查詢到了資料庫表中的兩筆記錄。

【例 11.2】 插入資料庫表。

（1）在 Windows 下打開編輯器，輸入核心程式如下：

```
int insert()
{
    MYSQL mysql;
    MYSQL_RES *res;
    MYSQL_ROW row;
    char *query;
    int r, t,id=12;
    char buf[512] = "", cur_time[55] = "", szName[100] = "Jack2";
    mysql_init(&mysql);
    if (!mysql_real_connect(&mysql, "localhost", "root", "123456",
"test", 0, NULL, 0))
    {
        printf("Failed to connect to Mysql!\n");
        return 0;
    }
    else  printf("Connected to Mysql successfully!\n");

    GetDateTime(cur_time);
    sprintf(buf, "INSERT INTO student(name,age,SETTIME)
```

```
VALUES(\'%s\',%d,\'%s\')", szName, 27, cur_time);
    r = mysql_query(&mysql, buf);

    if (r) {
        printf("Insert data failure!\n");
        return 0;
    }
    else {
        printf("Insert data success!\n");
    }
    mysql_close(&mysql);
    return 0;
}
void main()
{
    insert();
    showTable();
}
```

先連接資料庫，然後構造 insert 敘述，並呼叫函數 mysql_query 執行該 SQL 敘述，最後關閉資料庫。撰寫這類程式的關鍵是撰寫正確的 SQL 敘述。限於篇幅，顯示表內資料的函數 showTable 不再列出。

（2）儲存檔案為 test.c。同時再編輯一個 makefile 檔案，然後把這兩個檔案上傳到 Linux 中，進行 make 編譯，無誤後執行，執行結果如下：

```
Connected to Mysql successfully!
Insert data success!
Connected Mysql successful!
[select * from student] made...
1          張三          23       2020-09-30 14:18:32
2          李四          22       2020-09-30 15:18:32
3          王五          23       2021-09-30 14:18:32
7          Tom           27       2021-12-03 15:21:32
8          Alice         27       2021-12-03 15:22:41
9          Mr Ag         27       2021-12-03 15:34:45
10         Mr Ag         27       2021-12-03 15:36:04
11         王五          23       2021-09-30 14:18:32
```

```
12          Jack2          27       2021-12-03 16:36:49
13          Jack2          27       2021-12-06 08:46:40
14          Jack2          27       2021-12-06 10:21:00
```

連續執行多次 insert，則會插入多筆 "Jack2" 的記錄。

11.6.4 聊天系統資料庫設計

首先準備資料庫。我們把資料庫設計的指令稿程式放在 sql 指令檔中，讀者可以在本例原始程式目錄的 sql 子目錄下找到，檔案名稱是 test.sql，部分程式如下：

```
DROP DATABASE IF EXISTS chatdb;
create database chatdb default character set utf8 collate utf8_bin;

flush privileges;

use chatdb;
SET NAMES utf8mb4;
SET FOREIGN_KEY_CHECKS = 0;

SET FOREIGN_KEY_CHECKS=0;

-- ----------------------------
-- Table structure for qqnum
-- ----------------------------
DROP TABLE IF EXISTS `qqnum`;
CREATE TABLE `qqnum` (
  `id` int(11) NOT NULL AUTO_INCREMENT,
  `name` varchar(50) DEFAULT NULL,
  PRIMARY KEY (`id`)
) ENGINE=InnoDB DEFAULT CHARSET=utf8;
```

其中，資料庫名稱是 chatdb，該表中的欄位 name 表示使用者名稱。我們把 sql 目錄下的 chatdb.sql 上傳到 Linux 中的某個路徑，比如 /root/ex/net/chatSrv，然後在終端上進入該目錄，並登入 MySQL，最後執行該 sql 檔案，過程如下：

```
mysql -uroot -p123456
mysql> source chatdb.sql
Query OK, 1 row affected (0.04 sec)

Query OK, 1 row affected, 2 warnings (0.00 sec)

Query OK, 0 rows affected (0.00 sec)

Database changed
Query OK, 0 rows affected (0.00 sec)

Query OK, 0 rows affected (0.00 sec)

Query OK, 0 rows affected (0.00 sec)

Query OK, 0 rows affected, 1 warning (0.00 sec)

Query OK, 0 rows affected, 2 warnings (0.04 sec)
```

這樣，表建立起來了。表 qqnum 存放所有的帳號資訊，但現在還是一個空白資料表，如下所示：

```
mysql> use chatdb;
Database changed
mysql> show tables;
+------------------+
| Tables_in_chatdb |
+------------------+
| qqnum            |
+------------------+
1 row in set (0.00 sec)

mysql> select * from qqnum;
Empty set (0.00 sec)
```

11.6.5 伺服器端設計

作為 C/S 模式下的系統開發，很顯然伺服器端程式的設計是非常重要的。下面就伺服器端的相關程式模組進行設計，並一定程度上實現相關功能。用戶端和伺服器端是 TCP 連接並互動的。伺服器端主要功能如下：

（1）接受用戶端使用者的註冊，然後把註冊資訊儲存到資料庫表中。

（2）接受用戶端使用者的登入，使用者登入成功後，就可以在聊天室裡聊天了。

我們的併發聊天室採用 select 通訊模型，目前沒有用到執行緒池，如果以後併發需求大了，很容易就可以擴充到「執行緒池 +select 模型」的方式。伺服器端收到用戶端連接後，就開始等待用戶端的要求，具體要求是透過用戶端發來的命令來實現的，具體命令如下：

```
#define CL_CMD_REG 'r'        //用戶端請求註冊命令
#define CL_CMD_LOGIN 'l'      //用戶端請求登入命令
#define CL_CMD_CHAT 'c'       //用戶端請求聊天命令
```

這幾個命令號伺服器端和用戶端必須一致。命令號是包含在通訊協定中的，通訊協定是伺服器端和用戶端相互理解對方要求的手段。這裡的協定設計得比較簡單，但也可以滿足互動的需要了。

用戶端發送給伺服器端的協定：

命令號（一個字元）	,	參數（字串，長度不定）

比如 "r,Tom" 表示用戶端要求註冊，使用者名稱是 Tom。

伺服器端發送給用戶端的協定：

命令號（一個字元）	,	傳回結果（字串，長度不定）

比如 "r,ok" 表示註冊成功。其中逗點表示分隔符號，也可以用其他字元來分割。

當用戶端連接到伺服器端後，就可以判斷命令號，然後進行對應的處理，比如：

```
    switch(code)
    {
        case CL_CMD_REG:          //註冊命令處理
            ...
        case CL_CMD_LOGIN:        //登入命令處理
            ...
        case CL_CMD_CHAT:         //聊天命令處理
            ...
     }
```

當每個命令處理完畢後，必須發送一個字串回覆給用戶端。

【例 11.3】併發聊天伺服器端的詳細設計。

（1）在 Windows 下打開文字編輯器，輸入程式如下：

```
#include <stdio.h>

#include <stdio.h>
#include <stdlib.h>
#include <string.h>
#include <netinet/in.h>
#include <arpa/inet.h>
#include <sys/select.h>

#define MAXLINE 80
#define SERV_PORT 8000

#define CL_CMD_REG 'r'
#define CL_CMD_LOGIN 'l'
#define CL_CMD_CHAT 'c'

int GetName(char str[],char szName[])
{
    //char str[] ="a,b,c,d*e";
    const char * split = ",";
    char * p;
    p = strtok (str,split);
    int i=0;
    while(p!=NULL)
```

```
    {
        printf ("%s\n",p);
        if(i==1) sprintf(szName,p);
        i++;
        p = strtok(NULL,split);
    }
}

// 查詢字串中某個字元出現的次數
int countChar(const char *p, const char chr)
{
    int count = 0,i = 0;
    while(*(p+i))
    {
    if(p[i] == chr)  // 字元陣列存放在一塊記憶體區域中，按索引找字元，指標本身
不變
            ++count;
        ++i;          // 按陣列的索引值找到對應指標變數的值
    }
    //printf(" 字串中 w 出現的次數：%d",count);
    return count;
}

int main(int argc, char *argv[])
{
    int i, maxi, maxfd;
    int listenfd, connfd, sockfd;
    int nready, client[FD_SETSIZE];
    ssize_t n;
    char szName[255]="",szPwd[128]="",repBuf[512]="";
    // 兩個集合
    fd_set rset, allset;

    char buf[MAXLINE];
    char str[INET_ADDRSTRLEN]; /* #define INET_ADDRSTRLEN 16 */
    socklen_t cliaddr_len;
    struct sockaddr_in cliaddr, servaddr;

    // 建立通訊端
```

```
    listenfd = socket(AF_INET, SOCK_STREAM, 0);

    int val = 1;
    int ret = setsockopt(listenfd,SOL_SOCKET,SO_REUSEADDR,(void *)&val,
sizeof(int));

    //綁定
    bzero(&servaddr, sizeof(servaddr));
    servaddr.sin_family = AF_INET;
    servaddr.sin_addr.s_addr = htonl(INADDR_ANY);
    servaddr.sin_port = htons(SERV_PORT);

    bind(listenfd, (struct sockaddr *)&servaddr, sizeof(servaddr));

    //監聽
    listen(listenfd, 20); /* 預設最大 128 */

    //需要接收最大檔案描述符號
    maxfd = listenfd;

    //陣列初始化為 -1
    maxi = -1;
    for (i = 0; i < FD_SETSIZE; i++)
        client[i] = -1;

    //集合清零
    FD_ZERO(&allset);

    //將 listenfd 加入 allset 集合
    FD_SET(listenfd, &allset);

    for (; ;)
    {
        //關鍵點 3
        rset = allset; /* 每次迴圈時都重新設定 select 監控訊號集 */

        //select 傳回 rest 集合中發生讀取事件的總數。參數 1：最大檔案描述符號 +1
        nready = select(maxfd + 1, &rset, NULL, NULL, NULL);
        if (nready < 0)
```

```
            puts("select error");

        //listenfd 是否在 rset 集合中
        if (FD_ISSET(listenfd, &rset))
        {
            // 接收
            cliaddr_len = sizeof(cliaddr);
            //accept 傳回通訊通訊端，當前非阻塞，因為 select 已經發生讀寫事件
            connfd = accept(listenfd, (struct sockaddr *)&cliaddr,
&cliaddr_len);

            printf("received from %s at PORT %d\n",
                inet_ntop(AF_INET, &cliaddr.sin_addr, str, sizeof(str)),
                ntohs(cliaddr.sin_port));

            // 關鍵點 1
            for (i = 0; i < FD_SETSIZE; i++)
                if (client[i] < 0)
                {
                    // 儲存 accept 傳回的通訊通訊端 connfd 存到 client[] 裡
                    client[i] = connfd;
                    break;
                }

            // 是否達到 select 能監控的檔案個數上限 1024
            if (i == FD_SETSIZE) {
                fputs("too many clients\n", stderr);
                exit(1);
            }

            // 關鍵點 2
            FD_SET(connfd, &allset);// 增加一個新的檔案描述符號到監控訊號集裡

            // 更新最大檔案描述符號數
            if (connfd > maxfd)
                maxfd = connfd; /* select 第一個參數需要 */
            if (i > maxi)
                maxi = i; /* 更新 client[] 最大下標值 */
```

```
            /* 如果沒有更多的就緒檔案描述符號，則繼續回到上面 select 阻塞監
聽，負責處理未處理完的就緒檔案描述符號 */
            if (--nready == 0)
                continue;
        }

        for (i = 0; i <= maxi; i++)
        {
            // 檢測 clients 哪個有資料就緒
            if ((sockfd = client[i]) < 0)
                continue;

            //sockfd（connd）是否在 rset 集合中
            if (FD_ISSET(sockfd, &rset))
            {
                // 進行讀取資料，不用阻塞立即讀取（select 已經幫忙處理阻塞環節）
                if ((n = read(sockfd, buf, MAXLINE)) == 0)
                {
                    /* 無資料情況 client 關閉連結，伺服器端也關閉對應連結 */
                    close(sockfd);
                    FD_CLR(sockfd, &allset); /* 解除 select 監控此檔案描述
符號 */
                    client[i] = -1;
                }
                else
                {
                    char code= buf[0];
                    switch(code)
                    {
                    case CL_CMD_REG:    // 註冊命令處理
                        if(1!=countChar(buf,','))
                        {
                            puts("invalid protocal!");
                            break;
                        }

                        GetName(buf,szName);

                        // 判斷名字是否重複
```

```
        if(IsExist(szName))
        {
            sprintf(repBuf,"r,exist");
        }
        else
        {
            insert(szName);
            showTable();
            sprintf(repBuf,"r,ok");
            printf("reg ok,%s\n",szName);
        }
        write(sockfd, repBuf, strlen(repBuf));// 回覆用戶端

        break;
    case CL_CMD_LOGIN:                          // 登入命令處理
        if(1!=countChar(buf,','))
        {
            puts("invalid protocal!");
            break;
        }

        GetName(buf,szName);

        // 判斷是否註冊過，即是否存在
        if(IsExist(szName))
        {
            sprintf(repBuf,"l,ok");
            printf("login ok,%s\n",szName);
        }
        else sprintf(repBuf,"l,noexist");
        write(sockfd, repBuf, strlen(repBuf));// 回覆用戶端
        break;
    case CL_CMD_CHAT:                           // 聊天命令處理
        puts("send all");

        // 群發
        for(i=0;i<=maxi;i++)
            if(client[i]!=-1)
                write(client[i], buf+2, n);  // 寫回用戶
```

```
端，"+2" 表示去掉命令表頭 (c,)，這樣只發送聊天內容
                        break;
                    }//switch
                }
                if (--nready == 0)
                    break;
            }
        }

    }
    close(listenfd);
    return 0;
}
```

上述程式實現通訊功能和命令處理功能，並且我們對程式進行了詳細的註釋。儲存檔案為 myChatSrv.c。

（2）再建立一個名為 mydb.c 的 c 檔案，該檔案主要有封裝和與資料庫打交道的功能，比如儲存使用者名稱、判斷使用者是否存在等。輸入程式如下：

```
#include <stdio.h>
#include <string.h>
#include <mysql.h>
#include <time.h>
//註冊使用者名稱
int insert(char szName[])  //參數 szName 是要註冊的使用者名稱
{
    MYSQL mysql;
    MYSQL_RES *res;
    MYSQL_ROW row;
    char *query;
    int r, t,id=12;
    char buf[512] = "", cur_time[55] = "";
    mysql_init(&mysql);
    if (!mysql_real_connect(&mysql, "localhost", "root", "123456",
"chatdb", 0, NULL, 0))
    {
```

```
        printf("Failed to connect to Mysql!\n");
        return 0;
    }
    else  printf("Connected to Mysql successfully!\n");

    sprintf(buf, "INSERT INTO qqnum(name) VALUES(\'%s\')", szName);
    r = mysql_query(&mysql, buf);

    if (r) {
        printf("Insert data failure!\n");
        return 0;
    }
    else {
        printf("Insert data success!\n");
    }
    mysql_close(&mysql);
    return 0;
}

// 判斷使用者是否存在
int IsExist(char szName[]) // 參數 szName 是要判斷的使用者名稱，透過它來查詢
資料庫表
{
    MYSQL mysql;
    MYSQL_RES *res;
    MYSQL_ROW row;
    char *query;
    int r, t,id=12;
    char buf[512] = "", cur_time[55] = "";
    mysql_init(&mysql);
    if (!mysql_real_connect(&mysql, "localhost", "root", "123456",
"chatdb", 0, NULL, 0))
    {
        printf("Failed to connect to Mysql!\n");
        res = -1;
        goto end;
    }
    else  printf("Connected to Mysql successfully!\n");
```

```
    sprintf(buf, "select name from qqnum where name ='%s'", szName);
    if (mysql_query(&mysql, buf)) // 執行查詢
    {
        res =-1;
        goto end;
    }

    MYSQL_RES *result = mysql_store_result(&mysql);
    if (result == NULL)
    {
        res =-1;
        goto end;
    }
    MYSQL_FIELD *field;
    row = mysql_fetch_row(result);
    if(row>0)
    {
        printf("%s\n", row[0]);
        res = 1;
        goto end;
    }
    else res = 0;// 不存在

end:
    mysql_close(&mysql);
    return res;
}

int showTable()     // 顯示資料庫表中的內容
{
    MYSQL mysql;
    MYSQL_RES *res;
    MYSQL_ROW row;
    char *query;
    int flag, t;

    /* 連接之前先用 mysql_init 初始化 MYSQL 連接控制碼 */
    mysql_init(&mysql);
    /* 使用 mysql_real_connect 連接 server，其參數依次為 MYSQL 控制碼，
```

```
serverIP 位址，登入 mysql 的 username、password，要連接的資料庫等 */
    if (!mysql_real_connect(&mysql, "localhost", "root", "123456",
"chatdb", 0, NULL, 0))
        printf("Error connecting to Mysql!\n");
    else
        printf("Connected Mysql successful!\n");

    query = "select * from qqnum";
       /* 查詢，成功則傳回 0*/
    flag = mysql_real_query(&mysql, query, (unsigned int)strlen(query));
    if(flag) {
        printf("Query failed!\n");
        return 0;
    }else {
        printf("[%s] made...\n", query);
    }

    /*mysql_store_result 將所有的查詢結果讀取到 client*/
    res = mysql_store_result(&mysql);
    /*mysql_fetch_row 檢索結果集的下一行 */
    do
    {
        row = mysql_fetch_row(res);
        if (row == 0)break;
        /*mysql_num_fields 傳回結果集中的欄位數目 */
        for (t = 0; t < mysql_num_fields(res); t++)
        {
            printf("%s\t", row[t]);
        }
        printf("\n");
    } while (1);

    /* 關閉連接 */
    mysql_close(&mysql);
    return 0;
}
```

總共 3 個函數，分別是插入使用者名稱、判斷使用者名稱是否存在和顯示所有表記錄。

（3）撰寫 makefile 檔案，並把這 3 個檔案一起上傳到 Linux 中，然後 make 編譯並執行，執行結果如下：

```
root@tom-virtual-machine:~/ex/net/chatSrv# ./chatSrv
Chat server is running...
```

此時伺服器端執行成功了，正在等待用戶端的連接。下面進行用戶端的設計和實現。

11.6.6 用戶端設計

用戶端需要考慮友善的人機介面，所以一般都是執行在 Windows 下，並且要實現圖形化程式介面，比如對話方塊等。所以我們的整套系統的通訊是在 Linux 和 Windows 之間進行的，這也是常見的應用場景。在企業最前線開發中，用戶端幾乎沒有執行在 Linux 下的。

聊天用戶端主要功能如下：

（1）提供註冊介面，供使用者輸入註冊資訊，然後把註冊資訊以 TCP 方式發送給伺服器進行註冊登記（其實在伺服器端就是寫入資料庫）。

（2）註冊成功後，提供登入介面，讓使用者輸入登入資訊進行登入，登入時主要輸入使用者名稱，並以 TCP 方式發送給伺服器端，伺服器端檢查使用者名稱是否存在後，將回饋結果發送給用戶端。

（3）使用者登入成功後，就可以發送聊天資訊，所有線上的人都可以看到該聊天資訊。

我們的用戶端將在 VC2017 上開發，通訊架構基於 MFC 的 CSocket，所以需要 VC++ 的基本程式設計知識。一個 Linux 伺服器開發者必須要會 VC 開發，因為幾乎 90% 的網路軟體都是 Linux 和 Windows 相互通訊的，即使為了自測我們的 Linux 伺服器程式，也要學會 Windows 用戶端知識。

【例 11.4】即時通訊系統用戶端的詳細設計。

（1）打開 VC2017，建立一個對話方塊專案，專案名稱為 client。

（2）切換到資源視圖，打開對話方塊編輯器，把這個對話方塊作為登入用的對話方塊，因此增加一個 IP 控制項、兩個編輯控制項和兩個按鈕，上方的編輯控制項用來輸入伺服器通訊埠，並為其增加整數變數 m_nServPort；下方的編輯控制項用來輸入使用者暱稱，並為其增加 CString 類型變數 m_strName。IP 控制項為其增加控制項變數 m_ip。兩個按鈕控制項的標題分別設定為「註冊」和「登入伺服器」。最後設定對話方塊的標題為「註冊登入對話方塊」。最終設計後的對話方塊介面如圖 11-9 所示。

再增加一個對話方塊，設定對話方塊的 ID 為 IDD_CHAT_DIALOG，該對話方塊的作用是顯示聊天記錄和發送資訊，在對話方塊上面增加一個列表方塊、一個編輯控制項和一個按鈕，列表方塊用來顯示聊天記錄，編輯控制項用來輸入要發送的資訊，按鈕標題為「發送」。為列表方塊增加控制項變數 m_lst，為編輯方塊增加 CString 類型變數 m_strSendContent，為對話方塊增加類別 CDlgChat。最終對話方塊的設計介面如圖 11-10 所示。

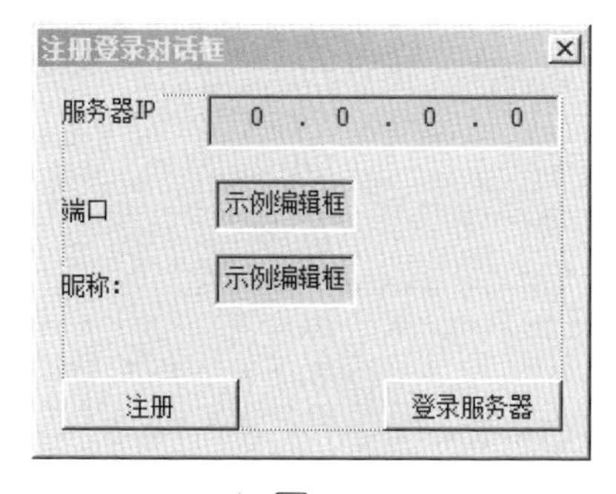

▲ 圖 11-9

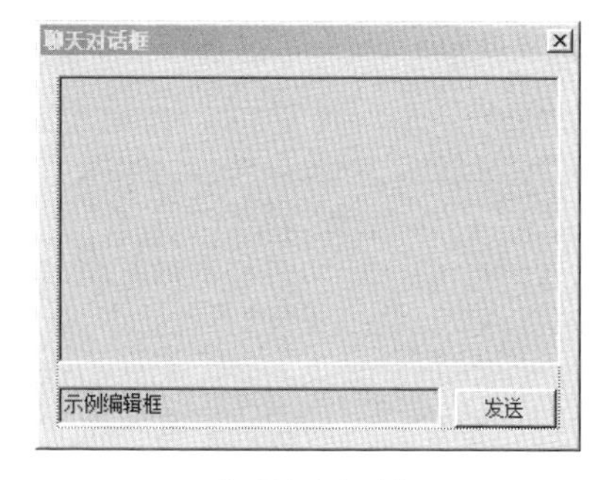

▲ 圖 11-10

（3）切換到類別視圖，選中專案 client，增加一個 MFC 類別 CClientSocket，基礎類別為 CSocket。

（4）為 CClientApp 增加成員變數：

```
    CString m_strName;
    CClientSocket m_clinetsock;
```

同時在 client.h 開頭包含標頭檔：

```
#include "ClientSocket.h"
在 CClientApp::InitInstance() 中增加通訊端函數庫初始化的程式和 CClientSocket
物件建立程式：
    WSADATA wsd;
    AfxSocketInit(&wsd);
    m_clinetsock.Create();
```

（5）切換到資源視圖，打開「註冊登入對話方塊」，點擊「登入伺服器」按鈕增加事件處理函數，程式如下：

```
void CclientDlg::OnBnClickedButton1()  // 登入處理
{
        //TODO:  在此增加控制項通知處理常式程式
    CString strIP, strPort;
    UINT port;

    UpdateData();
    if (m_ip.IsBlank() || m_nServPort < 1024 || m_strName.IsEmpty())
    {
        AfxMessageBox(_T(" 請設定伺服器資訊 "));
        return;
    }
    BYTE nf1, nf2, nf3, nf4;
    m_ip.GetAddress(nf1, nf2, nf3, nf4);
    strIP.Format(_T("%d.%d.%d.%d"), nf1, nf2, nf3, nf4);

    theApp.m_strName = m_strName;

    if (!gbcon)
    {
        if (theApp.m_clinetsock.Connect(strIP, m_nServPort))
        {
            gbcon = 1;
```

```
            //AfxMessageBox(_T("連接伺服器成功！"));

        }
        else
        {
            AfxMessageBox(_T("連接伺服器失敗！"));
        }
    }
    CString strInfo;
    strInfo.Format("%c,%s", CL_CMD_LOGIN, m_strName);
    int len = theApp.m_clinetsock.Send(strInfo.GetBuffer(strInfo.
GetLength()), 2 * strInfo.GetLength());

    if (SOCKET_ERROR == len)
        AfxMessageBox(_T("發送錯誤"));
}
```

在此程式中，首先把控制項裡的 IP 位址格式化存放到 strIP 中，並把使用者輸入的使用者名稱儲存到 theApp.m_strName。然後透過全域變數 gbcon 判斷當前是否已經連接伺服器，這樣可以不用每次都發起連接，如果沒有連接，則呼叫 Connect 函數進行伺服器連接。連接成功後，就把登入命令號（CL_CMD_LOGIN）和登入使用者名稱組成一個字元串通過函數 Send 發送給伺服器，伺服器會判斷該使用者名稱是否已經註冊，如果註冊過，就允許登入成功；如果沒有註冊過，則會向用戶端提示登入失敗。注意，登入結果的回饋是在其他函數（OnReceive）中獲得，後面我們會增加該函數。

再切換到資源視圖，打開「註冊登入對話方塊」編輯器，為「註冊」按鈕增加事件處理函數，程式如下：

```
void CclientDlg::OnBnClickedButtonReg()
{
    //TODO: 在此增加控制項通知處理常式程式
    CString strIP, strPort;
    UINT port;
```

```
    UpdateData();
    if (m_ip.IsBlank() || m_nServPort < 1024 || m_strName.IsEmpty())
    {
        AfxMessageBox(_T("請設定伺服器資訊"));
        return;
    }
    BYTE nf1, nf2, nf3, nf4;
    m_ip.GetAddress(nf1, nf2, nf3, nf4);
    strIP.Format(_T("%d.%d.%d.%d"), nf1, nf2, nf3, nf4);

    theApp.m_strName = m_strName;

    if (!gbcon)
    {
        if (theApp.m_clinetsock.Connect(strIP, m_nServPort))
        {
            gbcon = 1;
            //AfxMessageBox(_T("連接伺服器成功!"));
        }
        else
        {
            AfxMessageBox(_T("連接伺服器失敗!"));
            return;
        }
    }
     //--------註冊---------
    CString strInfo;
    strInfo.Format("%c,%s", CL_CMD_REG, m_strName);
    int len = theApp.m_clinetsock.Send(strInfo.GetBuffer(strInfo.
GetLength()), 2 * strInfo.GetLength());

    if (SOCKET_ERROR == len)
        AfxMessageBox(_T("發送錯誤"));
}
```

程式邏輯與登入過程類似，也是先獲取控制項上的資訊，然後連接伺服器（如果已經連接了，則不需要再連）。連接成功後，就把註冊命令號（CL_CMD_REG）和待註冊的使用者名稱組成一個字元串通過函數

Send 發送給伺服器，伺服器首先判斷該使用者名稱是否已經註冊，如果註冊過，就會提示用戶端該使用者名稱已經註冊，否則就把該使用者名稱存入資料庫表中，並提示用戶端註冊成功。同樣，伺服器傳回給用戶端的資訊是在 OnReceive 中獲得。下面我們來增加該函數。

（6）為類別 CClientSocket 增加成員變數：CDlgChat *m_pDlg;。儲存聊天對話方塊指標，這樣收到資料後可以顯示在對話方塊上的列表方塊裡。

再增加成員函數 SetWnd，該函數會傳一個 CDlgChat 指標進來，程式如下：

```
void CClientSocket::SetWnd(CDlgChat *pDlg)
{
    m_pDlg = pDlg;
}
```

下面準備多載 CClientSocket 的虛擬函數 OnReceive，打開類別視圖，選中類別 CClientSocket，在該類別的屬性視圖上增加 OnReceive 函數，如圖 11-11 所示。

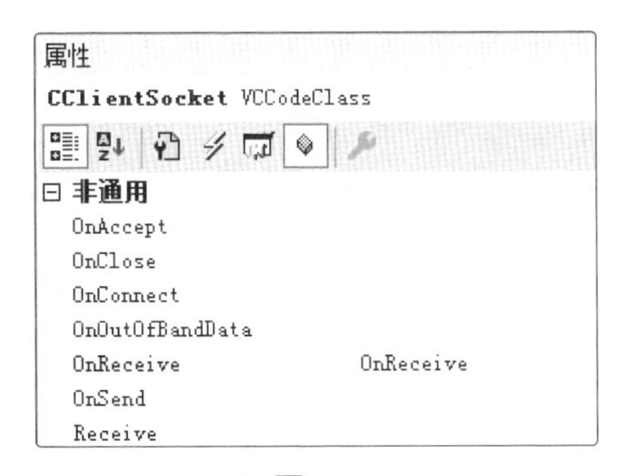

▲ 圖 11-11

在該函數裡接收伺服器發來的資料，程式如下：

```
void CClientSocket::OnReceive(int nErrorCode)
{
```

```
//TODO:  在此增加專用程式和 / 或呼叫基礎類別
CString str;
char buffer[2048], rep[128] = "";
if (m_pDlg)  //m_pDlg 指向聊天對話方塊
{
    int len = Receive(buffer, 2048);
    if (len != -1)
    {
        buffer[len] = '\0';
        buffer[len+1] = '\0';
        str.Format(_T("%s"), buffer);
        m_pDlg->m_lst.AddString(str);// 把發來的聊天內容加入到列表方塊中
    }
}
else
{
    // 註冊回覆
    int len = Receive(buffer, 2048);
    if (len != -1)
    {
        buffer[len] = '\0';
        buffer[len + 1] = '\0';
        str.Format(_T("%s"), buffer);
        if (buffer[0] == 'r')
        {
            GetReply(buffer, rep);
            if(strcmp("ok", rep)==0)
                AfxMessageBox(" 註冊成功 ");
            else if(strcmp("exist",rep)==0)
                AfxMessageBox(" 註冊失敗，使用者名稱已經存在 !");
        }
        else if (buffer[0] == 'l')
        {
            GetReply(buffer, rep);
            if (strcmp("noexist", rep) == 0)
                AfxMessageBox(" 登入失敗，使用者名稱不存在，請先註冊 .");
            else if (strcmp("ok", rep) == 0)
            {
                AfxMessageBox(" 登入成功 ");
```

```
                    CDlgChat dlg;
                    theApp.m_clinetsock.SetWnd(&dlg);
                    dlg.DoModal();
                }
            }
        }
    }
    CSocket::OnReceive(nErrorCode);
}
```

在此程式中，如果聊天對話方塊的指標 m_pDlg 不可為空，則說明已經登入伺服器成功並且建立聊天對話方塊了，則此時收到的伺服器資料都是聊天的內容，我們把聊天的內容透過函數 AddString 加入到列表方塊中。如果指標 m_pDlg 是空的，則說明伺服器發來的資料是針對註冊命令的回覆或是針對登入命令的回覆，我們透過收到資料的第一個位元組（buffer[0]）來判斷到底是註冊回覆還是登入回覆，從而進行不同的處理。函數 GetReply 是自訂函數，用來拆分伺服器發來的資料，程式如下：

```
void GetReply(char str[], char reply[])
{
    const char * split = ",";
    char * p;
    p = strtok(str, split);
    int i = 0;
    while (p != NULL)
    {
        printf("%s\n", p);
        if (i == 1) sprintf(reply, p);
        i++;
        p = strtok(NULL, split);
    }
}
```

伺服器發來的命令回覆資料是以逗點相隔的，第一個位元組是 l 或 r，l 表示登入命令的回覆，r 表示註冊命令的回覆；第二個位元組是逗點，逗點後面是具體的命令結果，比如註冊成功就是 "ok"，那麼完整的註冊成功回覆字串就是 "r,ok"。同樣，如果註冊失敗，那麼完整的回覆字串就是 "r,exist"，表示該使用者名稱已經註冊過了，請重新更換使用者名稱。登入的回覆也類似，比如登入成功，完整的回覆字串就是 "r,ok"，而因為使用者名稱不存在導致的登入失敗，則完整的回覆字串就是 "r, noexist"。

（7）實現聊天對話方塊的發送資訊功能。切換到資源視圖，打開「聊天對話方塊」編輯器，然後為「發送」按鈕增加事件處理函數，程式如下：

```
void CDlgChat::OnBnClickedButton1()
{
    //TODO:  在此增加控制項通知處理常式程式
    CString  strInfo;
    int len;
    UpdateData();

    if (m_strSendContent.IsEmpty())
        AfxMessageBox(_T(" 發送內容不能為空 "));
    else
    {
        strInfo.Format(_T("%s 說 :%s"), theApp.m_strName, m_strSendContent);
        // 發送資料，注意一個字元佔 2 位元組，所以要乘以 2
        len = theApp.m_clinetsock.Send(strInfo.GetBuffer(strInfo.
GetLength()), 2 * strInfo.GetLength());
        if (SOCKET_ERROR == len)
            AfxMessageBox(_T(" 發送錯誤 "));
    }
}
```

程式邏輯就是獲取使用者在編輯方塊中輸入的內容，然後透過 Send 函數發送給伺服器端。

（8）儲存專案並執行兩個用戶端處理程序，第一個可以直接按快速鍵 Ctrl+F5（非偵錯方式執行），第一個用戶端執行結果如圖 11-12 所示。

因為筆者之前已經註冊過了，這裡直接點擊「登入伺服器」按鈕，此時提示「登入成功」，然後直接進入聊天對話方塊，如圖 11-13 所示。

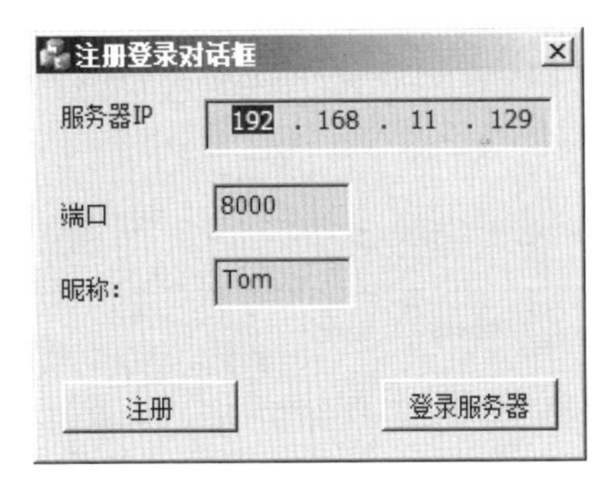

▲ 圖 11-12

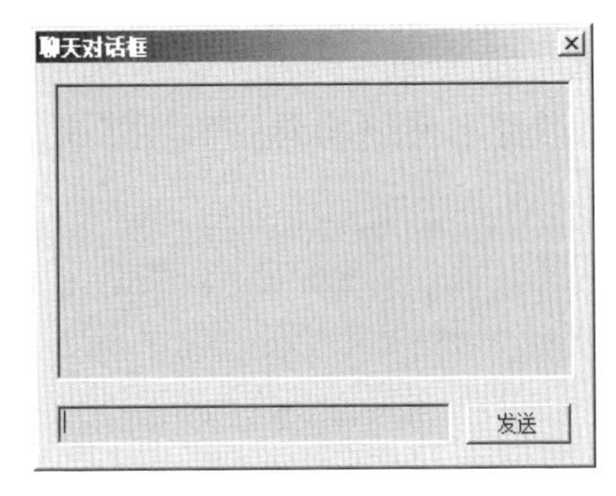

▲ 圖 11-13

下面我們執行第二個用戶端處理程序，在 VC 中，先切換到「方案總管」，然後按滑鼠右鍵用戶端，在快顯功能表上選擇「偵錯」|「啟動新實例」，如圖 11-14 所示。

▲ 圖 11-14

此時就可以執行第二個用戶端程式了，執行結果如圖 11-15 所示。

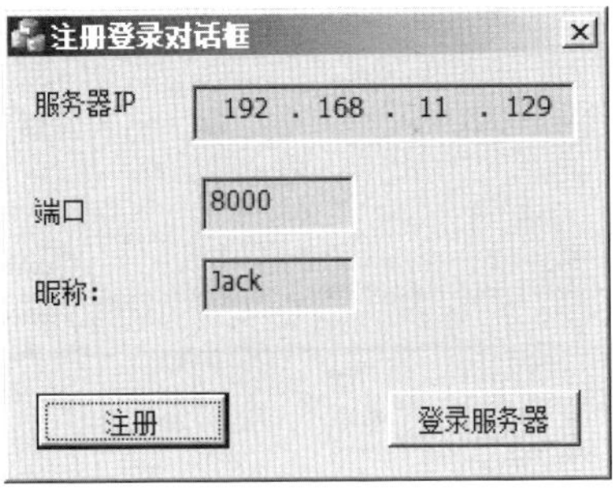

▲ 圖 11-15

如果 Jack 已經註冊過，則可以直接點擊「登入伺服器」按鈕，否則要先註冊。成功登入伺服器後，會出現聊天對話方塊，然後在編輯方塊中輸入一些資訊，並點擊「發送」按鈕，這時 Tom 的聊天對話方塊就可以收到訊息了，同樣，Tom 也可以在編輯方塊中輸入資訊並發送，Jack 也會收到。最終聊天的執行結果如圖 11-16 所示。

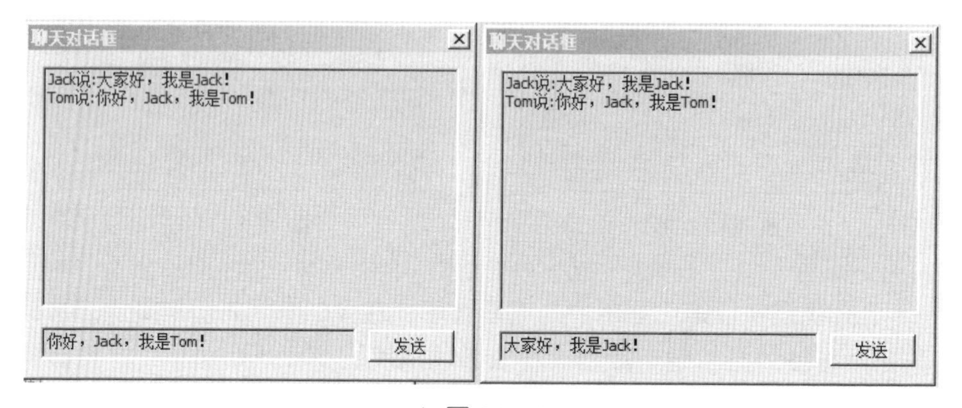

▲ 圖 11-16

如果要多個聊天用戶端一起執行也是可以的。至此，我們的併發聊天系統成功實現。

Chapter

12

C/S 和 P2P 聯合架構的遊戲伺服器

網路遊戲，又稱線上遊戲，簡稱網遊，是必須依靠於網際網路進行的、可以多人同時參與的遊戲，透過人與人之間的互動達到交流、娛樂和休閒的目的。根據現有網路遊戲的類型及其特點，可以將網路遊戲分為大型多人線上遊戲 MMOG（Massive Multiplayer Online Game）、多人線上遊戲 MOG（Multiplayer Online Game）、平台遊戲、網頁遊戲（Web Game）以及手機網路遊戲。網路遊戲具有傳統遊戲所不具備的優勢：一方面，它充分利用了網路不受時間和空間限制的特點，大大增強了遊戲的互動性，使兩個分佈在不同地理位置的玩家可以在同一空間內進行遊戲和互動；另一方面，網路遊戲的執行模式避免了傳統的單機遊戲的盜版問題。網路遊戲身為新的娛樂方式，將動人的故事情節、豐富的視聽效果、高度的可參與性，以及冒險、刺激等諸多娛樂元素融合在一起，為玩家提供了一個虛擬而又近乎真實的世界，隨著電腦硬體技術的不斷發展，網路品質以及軟體程式設計水準的不斷提高，網路遊戲視覺效果更加逼真，遊戲複雜度和規模越來越高，為玩家帶來了更好的遊戲體驗。

由於具有上述性質，網路遊戲隨著技術、生活水準的提高以及網路的普及有了顯著的發展。據統計，選擇上網娛樂玩遊戲的人群佔網際網路人群的比例超過 30%，在一些先進國家甚至超過了 60%。因此，網路遊戲有著良好的發展空間。

網路遊戲伺服器是整個網路遊戲的承載和支柱，隨著網路遊戲伺服器技術的不斷升級，網路遊戲也在不斷進行重大變革。網路遊戲伺服器技術的演變和變革伴隨了網路遊戲發展的整個過程。在網路遊戲的虛擬世界裡，大量併發的線上玩家時刻改變著整個虛擬世界的狀態，因此網路遊戲伺服器對整個遊戲世界一致性的維護、能否對伺服器的負載進行有效的均衡以及用戶端之間的即時同步都是衡量一個網路遊戲伺服器性能好壞的技術指標，也是網路伺服器技術的關鍵技術之一。（編按，本章軟體範例圖為簡體中文示範）

12.1 網路遊戲伺服器發展現狀

伺服器是網路遊戲的核心，隨著遊戲內容的複雜化，遊戲規模的擴大，遊戲伺服器的負載將越來越大，伺服器的設計也會越來越難，解決網路遊戲伺服器的設計開發難題，是網路遊戲發展的首要任務。

目前伺服器端引擎，架構主要分為兩種：C/S 架構和 P2P（Peer to Peer）架構。

目前的大多數網路遊戲都採用以 C/S 結構為主的網路遊戲架構，用戶端與伺服器直接進行通話，用戶端之間的通訊透過伺服器中繼來實現，代表性的網路遊戲有《完美世界》《劍俠情緣三》《天下貳》《傳奇世界》等。C/S 架構中伺服器端由一個包含多個伺服器的伺服器叢集組成，遊戲狀態由多台伺服器共同維護和管理，各伺服器之間功能劃分明確，便於管理，程式設計也比較容易實現。但是隨著伺服器數量的增多，伺服器之間的維護比較複雜，且玩家之間的通訊會引起伺服器之間的通訊，從而增加了訊息在網路傳輸上的延遲，此外對伺服器間的負載平衡也比較困難，假如負載都集中在某幾台伺服器上而其他伺服器的負載很少，就會由於少數伺服器的超載造成整個系統執行緩慢甚至無法正常執行。在

C/S 架構中，由於遊戲同步、興趣管理等都需要伺服器集中控制，所以可伸縮性以及單點失敗（Any Point of Failuer）是 C/S 模式常有的問題。

基於 P2P 架構的網路遊戲解決了 C/S 架構網路遊戲的低資源使用率問題。P2P 身為分散式運算模式可以提供良好的伸縮性，減少資訊傳輸延遲，並能消除伺服器端瓶頸，但其開放特性也增加了安全隱憂。在這種架構中，P2P 技術消耗很少的資源，卻能提供可靠的服務。基於 P2P 模式的網路遊戲將遊戲邏輯放在遊戲用戶端執行，遊戲伺服器只幫助遊戲用戶端建立必要的 P2P 連接，本身很少處理遊戲邏輯。對網路遊戲營運商來說，伺服器的部分功能轉移到了玩家的機器上，有效利用了玩家的電腦及寬頻資源，從而節省了營運商在伺服器及頻寬上的投資。但是由於網路遊戲的邏輯和狀態基本都是由一個超級用戶端來進行維護的，很容易發生欺騙行為，欺騙行為不僅降低了遊戲的可玩性，也威脅到遊戲經濟。怎樣維護遊戲的公平性，防止欺騙行為在遊戲中發生是 P2P 模式網路遊戲需要考慮的重點。

儘管兩種架構的優缺點不盡相同，但是架構設計中需要考慮的同步機制、網路傳輸延遲以及負載平衡等網路遊戲熱點問題都是相同的。網路遊戲是分散式虛擬技術的重要應用，因此分散式虛擬實境中的很多技術都能夠應用於網路遊戲伺服器的研究。對於狀態同步問題，網路遊戲伺服器可以透過分散式虛擬實境中的興趣過濾與壅塞控制技術來控制網路中資訊的傳輸量，進而減少網路延遲，透過分散式模擬中的時間同步演算法來對整個網路遊戲的邏輯時間進行同步；對於負載平衡問題，網路遊戲伺服器將整個虛擬環境劃分成多個區域，由不同的伺服器負責不同的區域，透過採用一種局部負載平衡的演算法來動態調整超載伺服器的負載。

本章設計了一種結合 C/S 架構和 P2P 架構的網路遊戲架構模型，並且基於該模型實現了一個網路五子棋遊戲。其實模型只要設計得好，內容換成任何其他遊戲都很容易，無非就是遊戲邏輯演算法和遊戲介面展示不同而已，所以良好的遊戲伺服器架構是關鍵。用戶端和伺服器端之間的通訊採用 C/S 架構，而用戶端之間採用 P2P 架構，這種架構結合了 C/S 易於程式設計和 P2P 伸縮性好的優點。這種可行的伺服器架構方案提供了一個可靠的遊戲伺服器平台，同時能夠降低網路遊戲的開發難度，減少重複開發，使開發者更專注於遊戲具體功能的開發。為了讓讀者能了解得更全面，在理論說明階段依舊是按照大型網遊來闡述，只是最後實現時，考慮到讀者的學習環境，刪減了一些不必要的功能，比如日誌伺服器、負載平衡伺服器等。

12.2 現有網路遊戲伺服器結構

網路遊戲伺服器是網路遊戲的承載和支柱，幾乎每一次網路遊戲的重大變革都離不開遊戲伺服器在其中發揮的作用。隨著遊戲內容的複雜化，遊戲規模的擴大，遊戲伺服器的負載將越來越大，伺服器的設計也會越來越難，它既要保證網路遊戲資料的一致性，還要處理大量線上使用者的狀態的同步和資訊的傳輸，同時還要兼顧整個遊戲系統執行管理的便捷性、安全性、玩家的反作弊行為，解決網路遊戲伺服器的設計開發難題，是網路遊戲發展的首要任務。

根據使用的網路通訊協定，包括網路遊戲在內的透過 Internet 交換資料的應用程式設計模型可以分為三大類，即用戶端 / 伺服器模型結構和 P2P 模型結構，以及 C/S 結構和 P2P 結構相結合的遊戲大廳代理結構。

12.2.1 C/S 結構

傳統的大型網路遊戲均採用 C/S 架構，用戶端與伺服器直接進行通話，用戶端之間的通訊透過伺服器中繼來實現。在 C/S 結構的網路遊戲中，伺服器儲存網路遊戲世界中的各種資料，用戶端則儲存玩家在虛擬世界裡的視圖，用戶端和伺服器端頻繁互動改變著虛擬世界的各種狀態。伺服器接收到來自某一用戶端的資訊之後，必須即時透過廣播或多播的方式將該用戶端的狀態改變發送給其他用戶端，從而保證整個遊戲狀態的一致性。當用戶端數量比較多的時候，伺服器對用戶端資訊的轉發就會產生延遲，可以透過為每個客戶設定一個 AOI（Area Of Interest）來減少資訊的傳輸量，當用戶端的狀態發生改變後，由伺服器把改變後的用戶端狀態廣播給在其 AOI 區域之內的用戶端，其一般的網路架構如圖 12-1 所示。

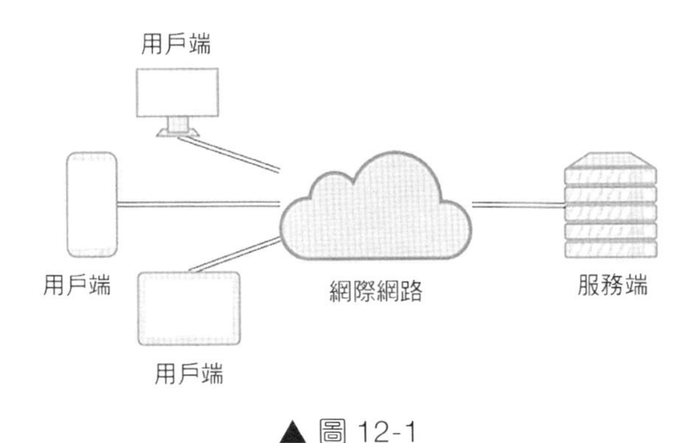

▲ 圖 12-1

在 C/S 結構中的遊戲世界由伺服器統一控制，便於管理，程式設計也比較容易實現，這種架構的通訊流量中上行封包和下行封包是不對稱的。C/S 結構功能劃分明確，伺服器主要負責整個遊戲的大部分邏輯和後台資料的處理，用戶端則負責使用者的互動、遊戲畫面的即時繪製以及處理一些基本的邏輯資料，在一定程度上減輕了伺服器的負擔。但是伺服器之間的維護比較複雜，再加上網路遊戲本身的即時性和玩家狀態的不確定性，必然會造成伺服器端負載過重，伺服器和網路租用費成本過高，任意一台伺服器的當機都會給遊戲的完整進行帶來毀滅性的影響，很容易造成單點失敗。單點失敗指的是，當位於系統架構中的某個資源（可以是硬體、軟體或元件）出現故障時，系統不能正常執行的情形。要預防單點失敗，通常使用的方法是容錯機制（硬體容錯等）和備份機制（資料備份、系統備份等）。

12.2.2 遊戲大廳代理結構

棋牌類和競技類遊戲大多採用遊戲大廳代理結構，遊戲大廳就是把棋牌類、休閒類小遊戲放在一個用戶端中，其目的就是用極大的容量包容多種遊戲服務，讓玩家有多種選擇。遊戲大廳的主要任務是安排角色會面和安排遊戲。在該模式中，玩家不直接進入遊戲，而是進入遊戲大廳，然後選擇遊戲類型，再選擇遊戲夥伴共同進入遊戲。進入遊戲後，玩家和玩家之間的通訊結構和 P2P 類似，每一局的遊戲伺服器建立該遊戲的用戶端，可以稱之為超級用戶端。其結構如圖 12-2 所示。

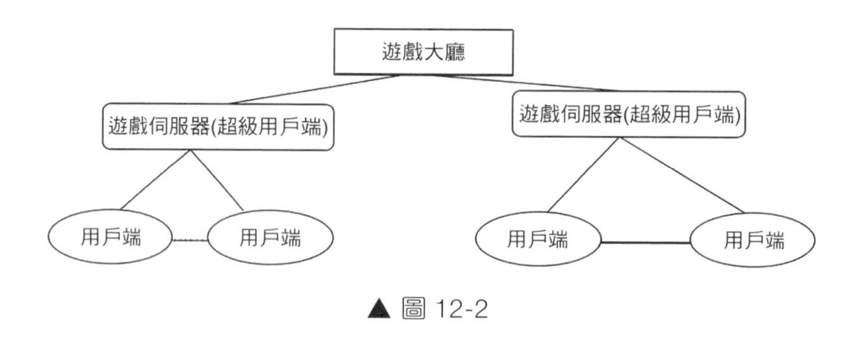

▲ 圖 12-2

在遊戲大廳代理架構中，進行遊戲的時候，其網路模型是由一個伺服器和 N 個用戶端組成的全網狀的模型，並且每局遊戲中的各個用戶端和伺服器之間是相互可達的。遊戲的邏輯由遊戲伺服器控制，然後透過遊戲伺服器將玩家的狀態傳輸給中心伺服器。

12.2.3 P2P 結構

當一個遊戲的玩家數量不是很多時，大多採用 P2P 對等通訊結構模型，如圖 12-3 所示。

P2P 模型和所有的資料交換都要透過伺服器的 C/S 模型不同，它是透過實際玩家之間的相互連接來交換資料。在 P2P 模型中，玩家之間直接交換資料，因此，它比 C/S 模型的網路反應速度更快。在網路通訊服務的形式上，一般採用浮動伺服器的形式，即其中一個玩家的機器既是用戶端，又是伺服器端，一般由建立遊戲的客戶擔任伺服器，很多對戰型的 RTS、STG 等網路遊戲多採用這種結構。比起需要更高價的伺服器裝備和 Internet 線路租用費的 C/S 模型，P2P 模型基於玩家的個人線路和用戶端電腦，可以減少營運費用。

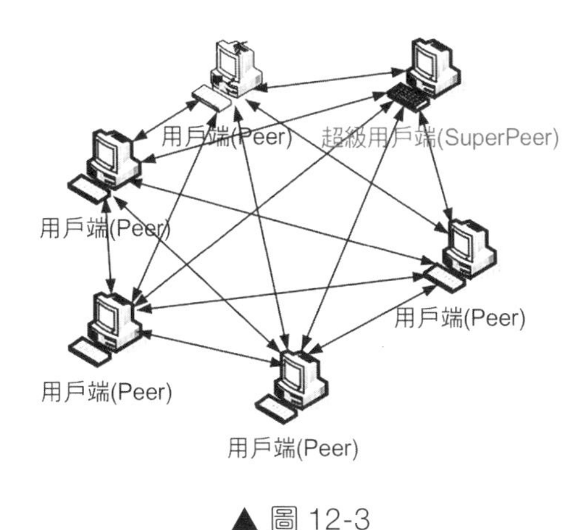

▲ 圖 12-3

P2P 模型沒有明顯的用戶端和伺服器的區別。每台主機既要充當用戶端，又要充當伺服器來承擔一些伺服器的運算工作。整個遊戲被分佈到多台機器上，各個主機之間都要建立起對等連接，通訊在各個主機之間直接進行。由於它的計算不是集中在某幾台主機上，因此不會有明顯的瓶頸，這種架構本身就要求遊戲不會因為某幾台主機的加入和退出而失敗，因此，它具有天生的容錯性。一般來說，選擇 P2P 是因為它可以解決所有資料都透過伺服器傳送給各個用戶端的 C/S 模型存在的問題，即傳送速度慢的問題。

P2P 模型的缺點在於容易作弊，網路程式設計由於連接數量的增加而變得複雜。由於遊戲圖形處理再加上網路通訊處理的負荷，根據玩家電腦設定的不同，遊戲環境會出現很大的差異。另外遊戲中負責資料處理的玩家的電腦設定也可能大不相同，從而導致遊戲效果出現很大的差異。此外由於沒有可行的商業模式，因此商業上暫時無法得到應用，但是 P2P 的思想仍然值得參考。

本系統採用了 C/S 與 P2P 相結合的架構模式，使用戶端和伺服器端之間的通訊採用 C/S 模式，而用戶端之間的通訊採用 P2P 模式，這種架構集合了 C/S 的易於程式設計和 P2P 的網路反應速度快的優點。

12.3 P2P 網路遊戲技術分析

P2P 網路遊戲的架構和 C/S 架構有相似的地方。每個 Peer 端其實就是 Server 端和 Client 端的整合，提供一個網路層用於 Internet 網上的 Peer 之間傳輸訊息資料封包。P2P 網路遊戲架構不同於一般的檔案傳輸架構所運用到的「純 P2P 模式」，把純 P2P 模式運用到網路遊戲中將存在這樣的問題：由於沒有中心管理者，網路節點難以發現，而且這樣形成的 P2P 網路很難進行諸如安全管理、身份認證、流量管理、資費等控制且安全性較差。因此，我們可以設計一種 C/S 和 P2P 相結合的網路遊戲架構模式：檔案目錄是分佈的，但需要架設中間伺服器；各節點之間可以直接建立連接，網路的建構需要伺服器進行索引、集中認證及其他服務；中間伺服器用於輔助對等點之間建立連接，伺服器的功能被弱化，節點之間透過分散式檔案系統直接進行通訊，建立完全開放的可共用檔案目錄，運用相對自由且兼顧安全和可管理性，將登入和帳戶管理伺服器從 P2P 網路中分離出來，它們以 C/S 網路形式來作為遊戲的入口。

P2P 稱為對等網路或對等連接。P2P 技術主要是指透過系統間的直接交換達成電腦資源與資訊的共用。P2P 起源於最初的聯網通訊方式，具備以下特性：系統依存於邊緣化（非中央式伺服器）裝置的主動協作，每個成員直接從其他成員而非從伺服器的參與中受益，系統中成員同時扮演伺服器與用戶端的角色。系統中的使用者可以意識到彼此的存在並組成一個虛擬的或實際的群眾。P2P 是一種分散式的網路，網路參與者共用他們所擁有的一部分資源，這些資源都需要由網路提供服務和內容，可以被各個對等節點直接存取而不需要經過中間實體。

P2P 應用系統按照其網路架構大致可以分為三類：集中式系統、純分散式系統和混合式 P2P 系統。

集中式系統以 Napster 為代表，該系統採用集中式網路架構，如一個典型的 C/S 模式，這種結構要求各對等節點都登入到中心伺服器上，透過中心伺服器儲存並維護所有對等節點的共用檔案目錄資訊。此類 P2P 系統通常有較為固定的 TCP 通訊連接埠，並且由於有中心伺服器，只要監管節點域內存取中心伺服器的位址，其業務流量就比較容易得到檢測和控制。這種結構的優點是結構簡單，便於管理，資源檢索回應速度比較快，管理維護整個網路消耗的網路頻寬較低。其缺點是伺服器承擔的工作比較多，負載過重不符合 P2P 的原則；伺服器上的索引得不到即時的更新，檢索結果不精確；伺服器發生故障時會對系統造成較大影響，可靠性和安全性較低，容易造成單點故障；隨著網路規模的擴大，對中央伺服器維護和更新的費用急劇增加，所需成本過高；中央伺服器的存在會導致共用資源在版權問題上有糾紛。

純分散式的 P2P 系統由所有的對等節點共同負責相互間的通訊和搜尋，最典型的案例是 Gnutella。此時網路中所有的節點都是真正意義上的對等端，無需中心伺服器的參與。由於純分散式的網路架構將網路認為是一個完全隨機圖，節點之間的鏈路沒有遵循某個預先定義的拓撲結構來建構，因此檔案資訊的查詢結構可能不完全，且查詢速度較慢，查詢對網路頻寬的消耗較大，因此此類系統並沒有被大規模使用。這種結構的優點是所有的節點都參與服務，不存在中央伺服器，避免了伺服器性能瓶頸和單點失敗，部分節點受攻擊不影響服務搜尋結果，有效性較強。缺點是採用廣播方式在網路間傳輸搜尋請求，造成網路額外銷耗較大，隨著 P2P 網路規模的擴大，網路銷耗成數量級增長，從而造成完整獲得搜尋結果的延遲比較大，防火牆穿透能力較差。

混合式 P2P 系統同時吸取了集中式和純分散式 P2P 系統的特點，採用了混合式的架構，是現在應用最為廣泛的 P2P 架構。該系統選擇性能較高的節點作為超級節點，在各個超級節點上儲存了系統中其他部分節點的資訊，發現演算法僅在超級節點之間轉發，超級節點再將查詢請求轉發給適當子節點。混合式架構是一個層次式結構，超級點之間組成一個高速轉發層，超級點和所負責的普通節點組成若干層次。混合式 P2P 的思想是把整個 P2P 網路建成一個二層結構，由普通節點和超級節點組成，一個超級節點管理多個普通節點，即超級節點和其管理的普通節點直接是採用集中式拓撲結構，而超級節點之間則採用純分散式拓撲結構。混合 P2P 系統可以利用純分散式拓撲結構在節點不多時實現高分散性、堅固性和高覆蓋率，也可以利用層次模型對大規模網路提供可擴充性。混合式 P2P 的優點是速度性能高、可擴充性較好，較容易管理，但對超級節點的依賴性較大，易於受到攻擊，容錯性也會受到一定的影響。由於混合式 P2P 的速度性能高、可擴充性較好以及容易管理的優點，本章的 P2P 架構中採用混合式 P2P 的架構方法，同時透過採取一些對超級節點發生故障後的處理策略來提高容錯性。

12.4 網路遊戲的同步機制

網路遊戲研究的重要但疑難的問題就是如何保持各用戶端之間的同步，這種同步就是要保證每個玩家在螢幕上看到的東西大致上是一樣的，即玩家在第一時間發出自己的動作並且可以在第一時間看到其他玩家的動作。如何在網路遊戲中進行有效的同步，需要從同步問題產生的根本原因來進行分析。同步問題主要是由於網路延遲和頻寬限制這兩個原因引起的。網路延遲決定接收方的應用程式何時可以看到這個資料資訊，直接影響到遊戲的互動性從而影響遊戲的真實性。網路的頻寬是指在規定時間內從一端流到另一端的資訊量，即資料傳輸率。

解決同步問題的最簡單的方法就是把每個用戶端的動作都向其他用戶端廣播一遍，但是隨著用戶端數量的急劇增長，如果向所有的用戶端都發送資訊，必然會增加網路中資訊的傳輸量，從而加大網路延遲。目前解決同步問題的措施都是採用一些同步演算法來減少網路不同步帶來的影響。這些同步演算法基本上都來自分散式軍事模擬系統的研究。網路遊戲中大多採用分散式物件進行通訊，採用基於時間的移動，移動過程中採用用戶端預測和用戶端修正的方法來保持用戶端和伺服器、用戶端與用戶端之間的同步。

12.4.1 事件一致性

網路遊戲系統中各個玩家以及伺服器之間沒有一個統一全域的物理時鐘，並且各個玩家之間的傳輸存在抖動，表現為延遲不可確定，這些時鐘的不同會導致各用戶端之間對時間的觀測和理解出現不一致，從而影響事件在各用戶端上的發生順序。因此需要保證各個玩家的事件一致性。舉例來說，在系統執行的過程中，某個時刻發生事件 E，由於用戶端 A 和用戶端 B 都有自己的物理時鐘，他們對時間 E 的處理也是按照各自的時鐘為參考的，因此認為事件 E 的發生時刻分別為 tA 和 tB，因此對於同一事件 E，由不同的用戶端處理時，就會導致事件的不一致性。這種不一致性的現象是由分散式系統的特點造成的，隨著系統規模的增大和網路鏈路的增長，出現的機率也變大。產生這種現象的原因主要有兩方面：一方面是由於各個玩家分佈於不同的地理位置，沒有嚴格統一的物理時鐘對他們進行同步；另一方面是由於資訊傳輸存在延遲，並且每個用戶端電腦的處理能力不同，處理的時間無法預測，從而導致了節點之間接收訊息的順序發生變化。事件一致性其實是要求事件在用戶端上的處理順序一致，最直接的方法就是使這些用戶端進行時間同步，使每個事件都和其產生的時間相連結，然後按照時間的先後進行排序，使事件在各個用戶端上按連續處理而不至於發生亂數。

12.4.2 時間同步

時間同步是事件一致性的關鍵。常見的時間同步演算法大致分為三類：基於時間伺服器的時間一致性演算法、邏輯時間的一致性演算法、模擬時間的一致性演算法。本章主要介紹基於時間伺服器的一致性演算法。

在時間伺服器演算法中，由系統指定的時間伺服器來發佈全域的統一時間。各個玩家用戶端根據全域的統一時鐘來校對自己的本地時鐘，達到各個玩家時間的一致性。這類演算法透過使用心跳機制對玩家的時間進行定期同步，演算法本身和事件沒有關係，但節點可以依據這個時間進行時間排序達到一致。

常見時間同步協定是 SNTP，其流程是用戶端向伺服器端發送訊息，請求獲取伺服器端當前的全域時間。伺服器端將其當前的時間發回給用戶端，用戶端將接收到的全域時鐘加上傳輸過程中所消耗的時間值，和本地時鐘相比較，若本地時鐘值小，則加快本地時鐘頻率，反之，則減慢本地時鐘頻率。用戶端和伺服器端之間訊息傳輸所消耗的時間值可以透過在封包中攜帶物理時間進行 RTT 計算得到。時間伺服器的演算法原理簡單，易於實現，但是由於網路延遲的不確定性，當對精確度要求比較高時，就不再適用了。

NTP 協定（Network Time Protocol，網路時間協定）是在整個網路內發佈精確時間的 TCP/IP，是基於 UDP 傳輸的。提供了全面的機制用以存取標準時間和頻率伺服器，組成時間同步子網，並校正每一個加入子網的用戶端的本地時鐘。NTP 有三種工作模式：C/S 模式，用戶端週期性地向伺服器請求時間資訊，然後用戶端和伺服器同步；主 / 被動對稱模式，與 C/S 模式大致相同，區別在於用戶端和伺服器端雙方都可以相互同步；廣播模式，沒有同步的發起方，每個同步週期內，伺服器端向整個網路廣播帶有自己時間戳記的訊息封包，目標節點接收到這些訊息封包後，根據時間戳記來調整自己的時間。

12.5 總體設計

12.5.1 伺服器系統架構模型

傳統的網路遊戲架構都是基於 C/S 架構的方式，把整個遊戲世界透過區域劃分的方式劃分成一個個小的區域，每一個區域都由一個伺服器來進行維護，這樣很容易把負載分配到由多個伺服器組成的伺服器叢集上，但是這種區域劃分的方式會造成負載分配不均，伺服器叢集中伺服器數量的增加必然引起遊戲營運商的硬體設施費用增加、跨區域對用戶端不透明以及易發生擁擠等問題。針對上述問題，我們提出的伺服器架構模型的目標是：

（1）由用戶端來充當傳統架構中的負責管理某一區域的區域伺服器，從而將劃分到用戶端的負載劃分到不同的超級用戶端中，避免了由區域伺服器帶來的硬體消費。

（2）給玩家提供一個連續一致的遊戲世界，從而給玩家帶來很好的遊戲體驗。

（3）透過二級負載平衡機制避免發生負載過重的問題。

（4）區域間進行興趣管理，從而降低區域間的資訊資料通訊量。

（5）區域內部進行興趣過濾，降低區域內玩家的資訊資料通訊量，避免用戶端因頻寬限制而造成的延遲過大。

這裡所說的區域根據具體的遊戲形式，其範圍可大可小。比如我們將要設計的棋牌遊戲，可以把區域範圍定義為棋牌的一桌，比如一桌麻將的 4 個人、一桌五子棋的 2 個人、一桌軍旗的 2 個人或 4 個人等。

伺服器採用 C/S 和 P2P 相結合的架構，伺服器是網路遊戲的核心。在設計網路遊戲伺服器時都要考慮到遊戲本身的特點，所以基本上每個遊戲都有一套不同的伺服器方案，但常用的一些功能基本都類似，一般還包括專門的資料庫伺服器、註冊登入伺服器和資費伺服器（這個伺服器非常重要，要保護好）。伺服器整體架構採用 C/S 與 P2P 相結合的方式。超級用戶端與閘道伺服器的連接方式是基於傳統的 C/S 連接方式，超級用戶端與其所在區域中的節點以及超級用戶端之間的連接方式採用的是非結構化的 P2P 連接方式。整個網路拓撲結構如圖 12-4 所示。

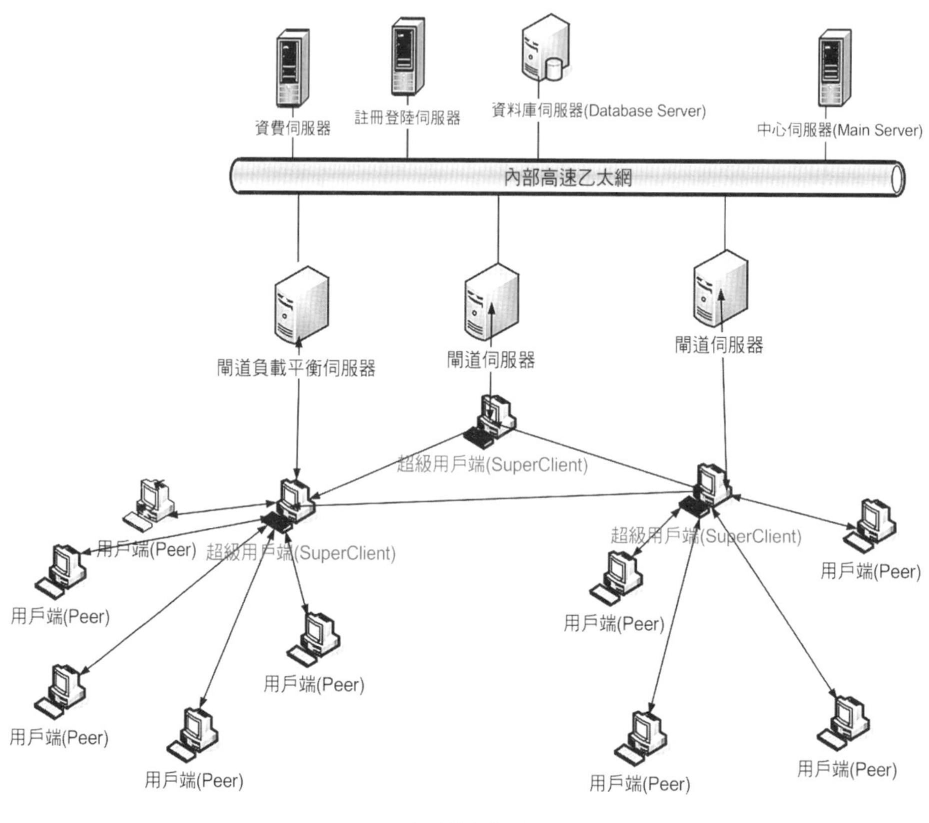

▲ 圖 12-4

該系統按照功能劃分為註冊登入伺服器、資料庫伺服器、中心伺服器等，各伺服器由一台或一組計算機構成。系統內部各伺服器之間採用高速乙太網互聯。系統對外僅曝露負載平衡伺服器和閘道伺服器，這樣能夠大幅地保護系統安全，防範網路攻擊。閘道負載平衡伺服器是客戶登入的唯一入口，負責監控閘道伺服器的負載，根據監控資訊為將要登入的使用者選擇合適的閘道伺服器。閘道伺服器保持與用戶端的連接，隱藏整個系統的內部結構，防止惡意的網路攻擊。登入伺服器負責驗證使用者的登入資訊，登入成功後將監控使用者的整個生命週期。中心伺服器負責超級用戶端的負載平衡。根據遊戲的需要增加資費伺服器等可選伺服器。

中心伺服器主要負責在遊戲的初始階段對遊戲世界的區域進行靜態劃分，並且在遊戲過程中對負載過重的區域進行區域遷移，從而實現動態負載平衡。中心伺服器是整個遊戲伺服器系統中最重要的伺服器，負責將整個虛擬世界靜態劃分成若干個區域，由一個超級用戶端來負責一塊區域。中心伺服器還會維護一個列表，該列表維護了當前存在的超級用戶端的相關資訊，包括 IP 位址，通訊埠、該區域當前的玩家數量以及地圖區域的 ID。

資料庫伺服器專門利用一台伺服器進行資料庫的讀寫操作，負責儲存遊戲世界中的各種狀態資訊，同時保證資料的安全。

登入註冊伺服器，主要負責新玩家的註冊和玩家的登入。玩家進入遊戲世界之前必須先透過登入伺服器的帳號驗證，同時，遊戲角色的選擇、建立和維護通常也是在登入伺服器進行。

閘道伺服器作為網路通訊的中轉站，將內網與外網隔開，使外部無法直接存取內部伺服器，從而保證內網伺服器的安全。用戶端程式進行遊戲時只需要與閘道伺服器建立一條連接，連接成功之後，玩家資料在不同的伺服器之間的流通只是內網交換，玩家無須斷開並重新連接新的伺服器，保證了用戶端遊戲的流暢性。如果沒有閘道伺服器，則玩家用戶端與中心（遊戲）伺服器之間相連，這樣給整個遊戲的伺服器叢集帶來了安全隱憂，直接曝露了遊戲伺服器的 IP 位址。閘道伺服器既要處理與超級用戶端的連接，又要處理與中心伺服器的連接，是超級用戶端和中心伺服器之間通訊的中轉。

閘道負載平衡伺服器維護一個列表，該列表中儲存了各個閘道伺服器的當前用戶端連接數，當有新的用戶端請求連接時，則透過閘道負載平衡伺服器的負載分配將該用戶端分配到當前連接數最小的閘道伺服器上，從而避免某台閘道伺服器上的連接數超載。閘道負載平衡伺服器和中心伺服器以及用戶端和閘道伺服器之間的連接都是基於 C/S 架構的，而超級用戶端和其所處區域中的用戶端的連接以及超級用戶端之間是基於非結構化 P2P 架構的。

在非結構化 P2P 架構中，節點根據進入區域時間先後順序的不同又分為超級用戶端和用戶端兩種，其中 SuperClient 是遊戲過程中最先進入該區域的節點，負責管理整個區域中的所有 Client；Client 是該區域的普通節點，進入該區域時區域中已經有 SuperClient 存在。對於大型遊戲而言，用戶端首先連接到閘道負載平衡伺服器，閘道負載平衡伺服器分配一個閘道伺服器給用戶端，用戶端建立和中心伺服器的連接，然後中心伺服器根據該用戶端的位置資訊來判斷其所處的區域中是否已經有 SuperClient 存在，若不存在，則使該用戶端成為 SuperClient，並儲存該節點的相關資訊；若存在，則將該區域中的 SuperClient 發送給該用戶端，該用戶端建立和 SuperClient 的連接，之後斷開與中心伺服器的連接，從而減輕中心伺服器的工作量。SuperClient 用來維護其所在地圖區域中所有 Client 節點的狀態，並且透過心跳執行緒將這些狀態隔時段傳送給 C/S 結構中的伺服器，從而更新資料庫該 Client 節點所代表的用戶端在資料庫中的狀態，遊戲中各個用戶端的之間的通訊以 C/S 連接方式透過 SuperClient 直接傳輸資訊，而不需要透過主要伺服器，各超級用戶端之間的連接則透過 P2P 的連接方式進行連接。另外，普通玩家並沒有直接與伺服器進行通訊，而是透過其所在區域的 SuperClient 與伺服器進行通訊，區域中的普通玩家會把其遊戲狀態資訊發送給 SuperClient，然後由 SuperClient 隔時段的向伺服器發送心跳封包，將普通玩家的資訊發送給伺服器端。而且 SuperClient 與中心伺服器之間也沒有進行直接通訊，出於安全性考慮，是透過閘道伺服器作為二者通訊的中轉。

至於我們的五子棋遊戲，可以把區域看作是一個棋盤，然後先進來的人作為超級用戶端，超級用戶端作為下棋的一方，並且作為下棋另外一方的伺服器端，下棋另外一方則作為用戶端。如果是其他遊戲，則只需要擴充多個用戶端即可。由於我們設計的系統是教學產品，所以圖 12-4 中的「閘道負載平衡伺服器」可以不需要，但如果是商用軟體系統，則一般是需要的，因為線上遊戲人數會很多。「閘道負載平衡伺服器」的存在是為了滿足可靠性和負載平衡化的要求。另外，我們的五子棋遊戲中，由於是在區域網中實現，所以閘道伺服器其實也是不需要的，用戶端不需要首先連接到閘道負載平衡伺服器，而是直接連接到中心伺服器。圖 12-4 中的拓撲架構只是為了讓大家拓寬知識面，了解大型商用遊戲伺服器的規劃設計（其實，還有專門的日誌伺服器和資料庫伺服器等），現在我們自己在區域網系統中不必面面俱到，只要實現關鍵功能即可。我們的註冊登入伺服器、資料庫伺服器也和中心伺服器合二為一，這樣也是為了方便讀者進行實驗。

12.5.2 傳輸層協定的選擇

傳輸層處於 OIS 七層網路模型的中間，主要用來處理資料封包，負責確保網路中一台主機到另一台主機的無錯誤連接。傳輸層的另外一個任務就是將大的資料組分解成較小的單元，這些小的單元透過網路進行傳輸，在接收端將接收到的較小的資料單元透過傳輸層的協定進行重新組裝組成封包。傳輸層監控從一端到另一段的傳輸和接收活動，以確保正確地分解和組裝資料封包。

在資料傳輸過程中，要特別注意兩個任務：第一是資料被分割、組封包，並在接收端重組；第二是每個資料封包單獨在網路上傳輸，直到完成任務。因此，合適的傳輸層協定的選擇將提高網路遊戲的安全性、高效性和穩定性。傳輸層主要有兩種協定：TCP 和 UDP。TCP 是可靠的、連線導向的協定，在資料傳輸之前需要先在要進行傳輸的兩端建立連接，能夠保證資料封包的傳送和有序，為了保證資料的順序到達，TCP

協定需要等待一些遺失的封包來按順序重組成原來的資料，同時還要檢查是否有封包遺失現象發生，因此需要很多時間。TCP 還需要透過壅塞阻塞機制來避免快速發送資料，而使接受方不會來不及處理資料，因此 TCP 協定的計算比較複雜，傳輸速率較慢。UDP 是資料封包導向的傳輸協定，是不可靠的、不需連線的。UDP 協定把資料發送出去之後，並不能保證它們能到達目的地，不能保證接收方接收的順序和發送的順序一致，適合於對通訊的快速性要求較高，而且對資料準確度要求不嚴格的應用。

在網路遊戲中，用戶端和伺服器端以及伺服器端和伺服器端之間的資訊的傳輸都是在傳輸層上進行的，由於傳輸的資訊的資料種類比較多，而且資料量較大，因此通訊協定的選擇非常重要。一般情況下，協定的選擇依賴於遊戲的類型和設計重點，如果對於即時性要求不高，允許一點延遲，但是對資料的準確傳輸要求較高，則應該選擇 TCP；相反，如果對即時性要求較高，不允許有延遲，則 UDP 是一個很好的選擇。在 UDP 協定中，可以透過在協定封包中加入一些驗證資訊來提高資料的準確傳輸。

在本系統中，用戶端的遊戲狀態在資料庫中的更新都是透過各區域 SuperClient 向中心伺服器發送相關資訊完成的，而 SuperClient 也是由某一用戶端來充當的，由於它們之間的通訊網路的可靠性較差，很容易出現亂數封包遺失的現象，因此 SuperClient 和伺服器端之間的通訊是採用 TCP 協定的。而某一區域 SuperClient 以及該區域中普通玩家之間的通訊也採用 TCP，可以快速地即時更新玩家的遊戲資訊，從而保證玩家在資料庫中的狀態是較新的。

12.5.3 協定封包設計

在網路遊戲中，用戶端和伺服器端之間以及用戶端和用戶端之間是透過 TCP/IP 協定建立網路連接進行資料互動的。雙方在進行資料互動的時候，雖然通訊資料在網路傳輸過程中表現為位元組流，但伺服器和用戶端在發送和接收時需要將資料組裝成一筆完整的訊息，即傳輸的資料是按照一定的協定格式包裝的。相互通訊的兩台主機之間要設定一種資料通訊格式來滿足資料傳輸控制指令的功能。協定封包的定義是用戶端和伺服器端通訊協定的重要組成部分，協定封包設計是否合理，直接影響到訊息傳輸和解析的效率，因此，協定封包的設計非常重要。

常見的協定封包設計格式主要有三種：XML、訂製的文字格式和訂製的二進位格式。XML 是以一種簡單的資料儲存語言，使用一系列簡單的標記描述資料，有很好的可讀性和擴充性。但是由於 XML 中有很多標記語言，從而增加了訊息的長度，對訊息的分析的銷耗也會對應增大。訂製的文字格式對伺服器端和用戶端的執行平台沒有要求，訊息長度比訂製的二進位格式長，實現比較簡單，可讀性較高。協定封包格式如下所示：

命令號 （一個字元）	分隔符號 （一個字元）	命令內容 （n 個不定長的字元）	…

其中，命令號用來標記該筆命令的作用，分隔符號用來把命令號和命令內容分割開，命令內容長度不定。最後一列的省略符號表示可能會有多組分隔符號和命令內容。本系統中，我們定義以下這些命令號：

```
#define CL_CMD_LOGIN 'l'                // 登入命令
#define CL_CMD_REG 'r'                  // 註冊命令
#define CL_CMD_CREATE 'c'               // 建立（棋盤）遊戲命令
#define CL_CMD_GET_TABLE_LIST 'g'       // 得到當前空閒的可加入的棋桌的命令
#define CL_CMD_OFFLINE 'o'              // 下線通知命令
#define CL_CMD_CREATOR_IS_BUSY 'b'      // 標記棋盤建立者已經在下棋了的命令
```

關於分隔符號，通常用一個不常作為使用者名稱的字元，比如英文逗點。這裡就採用英文逗點來作為分隔符號，逗點不常作為使用者名稱，並且可讀性強。

關於命令內容，不同的命令對應不同的命令內容，因為不同的命令需要的參數不同。比如建立棋盤命令 CL_CMD_CREATE 需要兩個參數，第一個是建立者的名稱，第二個是建立者作為遊戲服務者的 IP，那麼完整的命令形式就是 "c,userName,IP"，userName 和 IP 都是參數名稱，具體實現時會指定不同的值，比如 "c,Tom,192.168.10.90"。

注意，有時候也可能整筆命令中不需要分隔符號和命令內容。比如獲取當前空閒棋桌的列表，如果當前沒有空閒棋桌，那麼整筆命令就是 "g"。表 12-1 列舉了幾筆用戶端發給伺服器端的完整命令。

表 12-1 若干筆用戶端發給伺服器端的完整命令

完整命令形式	說　明	舉　例
r,strName	使用者註冊	"r,Tom" 表示 Tom 註冊
l,strName	使用者登入	"l,Jack" 表示 Jack 登入
c,strName, szMyIPAsCreator	使用者建立了棋局，參數是建立者的名稱和建立者的 IP 位址	"c,Tom,192.168.10.90" 表示 Tom 建立棋局，Tom 的電腦 IP 位址是 192.168.10.90，該 IP 位址等待其他玩家的連接
g,	獲取當前空閒棋局，空閒棋局就是一個玩家已經建立好了棋局，正在等待其他玩家加入。該命令不需要參數	"g, "
o,strName	向伺服器通知使用者下線了	"o,Tom" 表示 Tom 下線了
b,strName	建立棋局的使用者正在下棋，該棋局不能接待其他玩家	"b,Tom" 表示 Tom 建立的棋局已經開戰

這些命令都是用戶端發給伺服器端的命令。對應的伺服器端也會對這些命令進行回應，即伺服器端也會發回覆命令給用戶端，從而完成互動過程。回覆命令的命令號和用戶端發給伺服器端的命令號是一樣的，區別就是命令內容不同，表 12-2 列舉了幾筆伺服器端發給用戶端的完整命令。

表 12-2 伺服器端發給用戶端的完整命令

完整的回覆命令	說　明
l,hasLogined	使用者已經登入
l,ok	使用者登入成功
l,noexist	登入失敗，原因是使用者不存在，即沒註冊
r,ok	註冊成功
r,exist	註冊失敗，使用者名稱已經存在
c,ok,strName	建立棋局成功，strName 是建立者的使用者名稱
g,strName1(strIP1), strName2(strIP2),....	更新遊戲大廳中空閒棋局的列表，參數是建立棋局的使用者的名稱和 IP 位址，該 IP 位址將作為服務 IP 位址，後續加入棋局的玩家將作為用戶端，連接到此 IP 位址。省略符號的意思是可能會有多個棋局，因此有多組 strName(strIP)，並用英文逗點隔開

12.6 資料庫設計

我們要對註冊的使用者名稱、遊戲比分結果和日誌資訊進行儲存。限於篇幅，後兩者功能我們目前沒有實現。使用者名稱儲存是需要資料庫的，這裡我們使用的資料庫是 MySQL。

MySQL 的下載和安裝，以及表格的建立和第 11 章聊天伺服器相同，這裡就不再贅述。也就是說，第 11 章中聊天伺服器的資料庫表，在本章可以直接拿來用。

12.7 伺服器端詳細設計和實現

伺服器端程式不需要介面，但如果在商用環境中使用，則要用網頁為其設計管理設定功能。這裡我們聚焦關鍵功能，設定功能就省略了，一些設定（比如伺服器端 IP 位址和通訊埠）都直接在程式裡固定寫好，如果要修改，直接在程式裡修改即可。

伺服器端程式是一個 Linux 下的 C 語言應用程式，編譯器是 gcc，執行在 Ubuntu20.04 上，也可以執行在其他 Linux 系統上。

伺服器端程式採用基於 select 的通訊模型，如果以後要支援更多使用者，則可以改為 epoll 模型或採用執行緒池。目前在區域網中，select 模型就夠用了。

我們的遊戲邏輯是放在用戶端上實現，因此服務程式主要是做好管理功能，管理好使用者的註冊、認證、下線、查詢空閒棋局等。由於要服務多個用戶端，我們透過一個鏈結串列來儲存當前登入到伺服器的用戶端，鏈結串列的節點定義如下：

```
typedef struct link {
    int fd;                    // 當前已經登入的用戶端通訊端控制碼
    char usrName[256];         // 線上使用者名稱
    char creatorIP[256];       // 該使用者建立棋盤後作為伺服器端的 IP 位址
    int isFree,isCreator;      //isFree 表示棋局是否空閒，isCreator 表示該使用
者是否是建立棋盤者
    struct link * next;        // 代表指標域，指向直接後繼元素
}MYLINK;
```

【例 12.1】併發遊戲伺服器的實現。

（1）在 Windows 下用編輯器建立一個原始檔案，檔案名稱是 myChatSrv.c，輸入程式如下：

```
#include <stdio.h>
#include <stdlib.h>
#include <string.h>
#include <netinet/in.h>
#include <arpa/inet.h>
#include <sys/select.h>
#include "mylink.h"
```

```
#define MAXLINE 80
#define SERV_PORT 8000                          // 伺服器的監聽通訊埠

// 定義各個命令號
#define CL_CMD_LOGIN 'l'
#define CL_CMD_REG 'r'
#define CL_CMD_CREATE 'c'
#define CL_CMD_GET_TABLE_LIST 'g'
#define CL_CMD_OFFLINE 'o'
#define CL_CMD_CREATE_IS_BUSY 'b'

// 得到命令中的使用者名稱
int GetName(char str[],char szName[])
{
    const char * split = ",";                   // 英文分隔符號
    char * p;
    p = strtok (str,split);
    int i=0;
    while(p!=NULL)
    {
        printf ("%s\n",p);
        if(i==1) sprintf(szName,p);
        i++;
        p = strtok(NULL,split);
    }
    return 0;
}

// 得到 str 中逗點之間的內容，比如 g,strName,strIP，那麼 item1 得到 strName，
item2 得到 strIP，特別要注意分割處理後原字串 str 會變，變成第一個子字串
void GetItem(char str[], char item1[], char item2[])
{
    const char * split = ",";
    char * p;
    p = strtok(str, split);
    int i = 0;
    while (p != NULL)
    {
        printf("%s\n", p);
```

```
        if (i == 1) sprintf(item1, p);
        else if(i==2)   sprintf(item2, p);
        i++;
        p = strtok(NULL, split);
    }
}

// 查詢字串中某個字元出現的次數，這個函數主要用來判斷傳來的字串是否符合規範
int countChar(const char *p, const char chr)
{
    int count = 0,i = 0;
    while(*(p+i))
    {
        if(p[i] == chr)     // 字元陣列放在一塊記憶體區域中，按索引找字元，
指標本身不變
            ++count;
        ++i;                // 按陣列的索引值找到對應指標變數的值
    }
    //printf(" 字串中 w 出現的次數：%d",count);
    return count;
}

MYLINK myhead ;             // 線上使用者列表的頭指標，該節點不儲存具體內容

int main(int argc, char *argv[])                    // 主函數入口
{
    int i, maxi, maxfd,ret;
    int listenfd, connfd, sockfd;
    int nready, client[FD_SETSIZE];
    ssize_t n;
    char *p,szName[255]="",szPwd[128]="",repBuf[512]="",szCreatorIP[64]="";
    fd_set rset, allset;                            // 兩個集合

    char buf[MAXLINE];
    char str[INET_ADDRSTRLEN]; /* #define INET_ADDRSTRLEN 16 */
    socklen_t cliaddr_len;
    struct sockaddr_in cliaddr, servaddr;

    listenfd = socket(AF_INET, SOCK_STREAM, 0);  // 建立通訊端
```

```
    // 為了通訊端能馬上重複使用
    int val = 1;
    ret = setsockopt(listenfd,SOL_SOCKET,SO_REUSEADDR,(void *)&val,
sizeof(int));

    // 綁定
    bzero(&servaddr, sizeof(servaddr));
    servaddr.sin_family = AF_INET;
    servaddr.sin_addr.s_addr = htonl(INADDR_ANY);
    servaddr.sin_port = htons(SERV_PORT);
    bind(listenfd, (struct sockaddr *)&servaddr, sizeof(servaddr));

    // 監聽
    listen(listenfd, 20);                       // 預設最大 128

    maxfd = listenfd;                           // 需要接收最大檔案描述符號

    // 陣列初始化為 -1
    maxi = -1;
    for (i = 0; i < FD_SETSIZE; i++)
        client[i] = -1;

    // 集合清零
    FD_ZERO(&allset);

    // 將 listenfd 加入 allset 集合
    FD_SET(listenfd, &allset);
    puts("Game server is running...");
    for (; ;)
    {
    // 關鍵點 3
        rset = allset; /* 每次迴圈時都重新設定 select 監控訊號集 */

        //select 傳回 rest 集合中發生讀取事件的總數。參數 1：最大檔案描述符號 +1
        nready = select(maxfd + 1, &rset, NULL, NULL, NULL);
        if (nready < 0)
            puts("select error");
```

```
        //listenfd 是否在 rset 集合中
        if (FD_ISSET(listenfd, &rset))
        {
            //accept 接收
            cliaddr_len = sizeof(cliaddr);
            //accept 傳回通訊通訊端，當前非阻塞，因為 select 已經發生讀寫事件
            connfd = accept(listenfd, (struct sockaddr *)&cliaddr,
&cliaddr_len);


            printf("received from %s at PORT %d\n",
                inet_ntop(AF_INET, &cliaddr.sin_addr, str, sizeof(str)),
                ntohs(cliaddr.sin_port));


           // 關鍵點 1
            for (i = 0; i < FD_SETSIZE; i++)
                if (client[i] < 0)
                {
                    // 儲存 accept 傳回的通訊通訊端 connfd 存到 client[] 裡
                    client[i] = connfd;
                    break;
                }

            // 是否達到 select 能監控的檔案個數上限 1024
            if (i == FD_SETSIZE) {
                fputs("too many clients\n", stderr);
                exit(1);
            }

            // 關鍵點 2
            FD_SET(connfd, &allset);       // 增加一個新的檔案描述符號到監控
訊號集裡

            // 更新最大檔案描述符號數
            if (connfd > maxfd)
                maxfd = connfd;           //select 第一個參數需要
            if (i > maxi)
```

```
                maxi = i;               // 更新 client[] 最大下標值

            /* 如果沒有更多的就緒檔案描述符號繼續回到上面 select 阻塞監聽，
負責處理未處理完的就緒檔案描述符號 */
            if (--nready == 0)
                continue;
        }

        for (i = 0; i <= maxi; i++)
        {
            // 檢測 clients 哪個有資料就緒
            if ((sockfd = client[i]) < 0)
                continue;

            //sockfd(connd)是否在 rset 集合中
            if (FD_ISSET(sockfd, &rset))
            {
                // 進行讀取資料，不用阻塞立即讀取(select 已經幫忙處理阻塞環節)
                if ((n = read(sockfd, buf, MAXLINE)) == 0)
                {
                    /* 無資料情況 client 關閉連結，伺服器端也關閉對應連結 */
                    close(sockfd);
                    FD_CLR(sockfd, &allset); /* 解除 select 監控此檔案描述
符號 */
                    client[i] = -1;
                }
                else
                {
                    char code= buf[0];
                    switch(code)
                    {
                    case CL_CMD_REG:    // 註冊命令處理
                        if(1!=countChar(buf,','))
                        {
                            puts("invalid protocal!");
                            break;
                        }

                        GetName(buf,szName);
```

```
        // 判斷名字是否重複
        if(IsExist(szName))
        {
            sprintf(repBuf,"r,exist");
        }
        else
        {
            insert(szName);
            showTable();
            sprintf(repBuf,"r,ok");
            printf("reg ok,%s\n",szName);
        }
        write(sockfd, repBuf, strlen(repBuf));// 回覆用戶端

        break;
    case CL_CMD_LOGIN: // 登入命令處理
        if(1!=countChar(buf,','))
        {
            puts("invalid protocal!");
            break;
        }

        GetName(buf,szName);

        // 判斷資料庫中是否註冊過，即是否存在
        if(IsExist(szName))
        {
            // 再判斷是否已經登入了
            MYLINK *p = &myhead;
            p=p->next;
            while(p)
            {
                // 判斷是否名稱相同，名稱相同說明已經登入
                if(strcmp(p->usrName,szName)==0) {
                    sprintf(repBuf,"l,hasLogined");
                    break;
                }
                p=p->next;
```

```
            }
            if(!p)
            {
                AppendNode(&myhead,connfd,szName,"");
                sprintf(repBuf,"1,ok");
            }
        }
        else sprintf(repBuf,"1,noexist");

        write(sockfd, repBuf, strlen(repBuf));// 回覆用戶端
        break;
    case CL_CMD_CREATE:                         //create game
        printf("%s create game.",buf);
        p = buf;
        // 得到遊戲建立者的 IP 位址
        GetItem(p,szName,szCreatorIP);

        // 修改建立者標記
        MYLINK *p = &myhead;
        p=p->next;
        while(p)
        {
            if(strcmp(p->usrName,szName)==0)
            {
                p->isCreator=1;
                p->isFree=1;
                strcpy(p->creatorIP,szCreatorIP);
                break;
            }
            p=p->next;
        }
        sprintf(repBuf,"c,ok,%s",buf+2);
        // 群發
        p = &myhead;
        p=p->next;
        while(p)
        {
            write(p->fd, repBuf, strlen(repBuf));
            p=p->next;
```

```
                }
                break;

            case CL_CMD_GET_TABLE_LIST:
                sprintf(repBuf,"%c",CL_CMD_GET_TABLE_LIST);
                // 得到所有空閒建立者列表
                GetAllFreeCreators(&myhead,repBuf+1);
                write(sockfd, repBuf, strlen(repBuf));// 回覆用戶端
                    break;

            case CL_CMD_CREATE_IS_BUSY:
                GetName(buf,szName);
                p = &myhead;
                p=p->next;
                while(p)
                {
                    if(strcmp(szName,p->usrName)==0)
                    {
                        p->isFree=0;
                        break;
                    }
                    p=p->next;
                }
// 更新空閒棋局列表，通知到大廳，讓所有用戶端玩家知道當前的空閒棋局
                sprintf(repBuf,"%c",CL_CMD_GET_TABLE_LIST);
                GetAllFreeCreators(&myhead,repBuf+1);

                // 群發
                p = &myhead;
                p=p->next;
                while(p)
                {
                    write(p->fd, repBuf, strlen(repBuf));
                    p=p->next;
                }
                break;
            case CL_CMD_OFFLINE:
                DelNode(&myhead,buf+2);   // 在鏈結串列中刪除該節點
// 更新空閒棋局列表，通知到大廳，讓所有用戶端玩家知道當前的空閒棋局
```

```
                        sprintf(repBuf,"%c",CL_CMD_GET_TABLE_LIST);
                        GetAllFreeCreators(&myhead,repBuf+1);

                        //群發
                        p = &myhead;
                        p=p->next;
                        while(p)
                        {
                            write(p->fd, repBuf, strlen(repBuf));
                            p=p->next;
                        }
                        break;
                    }//switch
                }
                if (--nready == 0)
                    break;
            }
        }
    }
    close(listenfd);
    return 0;
}
```

在 select 通訊模型建立起來後，就可以用一個 switch 結構來處理各個命令，這樣類似的架構在伺服器程式中很通用，一套通訊模型，一個業務命令處理模型。以後要換其他業務，只需要在 switch 中更換不同的命令和處理即可。

（2）再建立一個原始檔案，檔案名稱是 mydb.c，該檔案主要是封裝對資料庫的一些操作，比如函數 showTable 用來顯示表中的所有記錄，函數 IsExist 用來判斷使用者名稱是否已經註冊過了。mydb.c 的內容和第 11 章聊天伺服器的 mydb.c 一樣，這裡就不再列舉展開了，詳細內容可參考原始程式目錄。

（3）實現鏈結串列。建立標頭檔，內容如下：

```
typedef struct link {
    int fd;                    // 代表通訊端控制碼
    char usrName[256];         // 線上使用者名稱
    char creatorIP[256];       // 該使用者建立棋盤所在用戶端設備的 IP 位址
    int isFree,isCreator;      // 是否空閒沒對手；是否是建立棋盤者
    struct link * next;        // 代表指標域，指向直接後繼元素
}MYLINK;
```

下面再建立一個原始檔案，檔案名稱是 mylink.c，該檔案主要是用來封裝自訂鏈結串列的一些功能，比如向鏈結串列中增加一個節點、刪除一個節點、清空釋放鏈結串列等，程式如下：

```
#include "stdio.h"
#include "mylink.h"

void AppendNode(struct link *head,int fd,char szName[],char ip[]){
// 宣告建立節點函數
    // 建立 p 指標，初始化為 NULL；建立 pr 指標，透過 pr 指標來給指標域給予值
    struct link *p = NULL,*pr = head;
    // 為指標 p 申請記憶體空間，必須操作，因為 p 是建立的節點
    p = (struct link *)malloc(sizeof(struct link)) ;
    if(p == NULL){                    // 如果申請記憶體失敗，則退出程式
        printf("NO enough momery to allocate!\n");
        exit(0);
    }
    if(head == NULL){   // 如果頭指標為 NULL，說明現在鏈結串列是空白資料表
        head = p;       // 使 head 指標指向 p 的位址 (p 已經透過 malloc 申請了記
憶體，所以有位址）
    }else{             // 此時鏈結串列已經有頭節點，再一次執行了 AppendNode 函數
        // 註：假如這是第二次增加節點
        // 因為第一次增加頭節點時，pr = head，和頭指標一樣指向頭節點的位址
        while(pr->next!= NULL){       //pr 指向的位址，即此時的 p 的指標域不為
NULL( 即 p 不是尾節點 )
            pr = pr->next;            // 使 pr 指向頭節點的指標域
        }
        pr->next = p;   // 使 pr 的指標域指向新鍵節點的位址，此時的 next 指標域
是頭節點的指標域
    }
```

```
    p->fd = fd;         // 給 p 的資料欄給予值
    sprintf(p->usrName,"%s",szName);
    sprintf(p->creatorIP,"%s",ip);
    p->isFree=1;
    p->isCreator=0;
    p->next = NULL;  // 新增加的節點位於表尾，所以它的指標域為 NULL
}

// 搜尋鏈結串列，當找到使用者名稱為 szName 時，則刪除該節點
void DelNode(struct link *head, char szName[]){
    struct link *p = NULL,*pre=head,*pr = head;
    while(pr->next!= NULL){
        pre=pr;
        pr = pr->next;              // 使 pr 指向頭節點的指標域
        if(strcmp(pr->usrName,szName)==0)
        {
            pre->next=pr->next;
            free(pr);
            break;
        }
    }
}

// 輸出函數，列印鏈結串列
void DisplayNode(struct link *head){
      struct link *p = head->next;  // 定義 p 指標使其指向頭節點
    int j = 1;                      // 定義 j 記錄這是第幾個數值
    while(p != NULL){               // 因為 p = p->next，所以直到尾節點列印結束
        printf("%5d%10d\n",j,p->fd);
        p = p->next;     // 因為節點已經建立成功，所以 p 的指向由頭節點指向下一
個節點（每一個節點的指標域都指向了下一個節點）
        j++;
    }
}
// 得到空閒棋局的資訊
void GetAllFreeCreators(struct link *head,char *buf){
    struct link *p = head->next; // 定義 p 指標使其指向頭節點

    while(p != NULL)
```

```
        {
            if(p->isCreator && p->isFree)
            {
                strcat(buf,",");            // 所有線上使用者名稱之間用逗點隔開
                strcat(buf,p->usrName);
                strcat(buf,"(");
                strcat(buf,p->creatorIP);
                strcat(buf,")");
            }
            p = p->next;
        }
}

// 釋放鏈結串列資源
void DeleteMemory(struct link *head){
    struct link *p = head->next,*pr = NULL;      // 定義 p 指標指向頭節點
    while(p != NULL){                           // 當 p 的指標域不為 NULL
        pr = p;                                 // 將每一個節點的位址給予值給 pr 指標
        p = p->next;                            // 使 p 指向下一個節點
        free(pr);                               // 釋放此時 pr 指向節點的記憶體
    }
}
```

上述程式都是一些常見的鏈結串列操作函數，我們對其進行了詳細註釋。

（4）至此，我們所有原始程式檔案實現完畢，下面可以上傳到 Linux 進行編譯了，為了編譯方便，我們也準備了一個 makefile 檔案，該檔案和第 11 章聊天伺服器的 makefile 檔案的內容相同，因此這裡不再贅述。在 Linux 下進入 myGameSrv.c 所在的目錄，然後在命令列下直接 make，此時將在同目錄下生成可執行檔 gameSrv，直接執行它：

```
root@tom-virtual-machine:~/ex/net/12/12.1/myChatSrvcmd# ./gameSrv
Game server is running...
```

執行成功。下面就可以實現用戶端了。

12.8 用戶端詳細設計和實現

遊戲用戶端需要良好的圖形介面，因此遊戲用戶端基本都是在 Windows 下或 Android 下實現的。這就表示，要實現一個完整的遊戲系統，在 Windows 下實現用戶端是必須的。但限於篇幅，不介紹太多 Windows 下的程式設計知識。。

使用者使用戶端的基本過程如下：

（1）使用者註冊。

（2）使用者登入，登入成功後進入遊戲大廳。

（3）在遊戲大廳裡，可以建立棋局（也可以說是建立棋桌）等待玩家加入，也可以選擇一個空閒的棋局來加入。

（4）一旦加入某個空閒的棋局，就可以開始玩遊戲了，遊戲是在兩個玩家之間展開。一旦遊戲結束，棋局建立者將把遊戲結果上傳到伺服器，以統計比分。

（5）一個棋局之間的玩家可以聊天。

根據這個使用過程，我們這樣設計用戶端：註冊、登入、建立棋局這三大功能都是用戶端和伺服器端透過 TCP 協定互動，並且把建立遊戲的用戶端作為超級用戶端，一旦建立遊戲成功，超級用戶端將作為另一個玩家的伺服器端而等待其他玩家的加入，加入過程就是其他用戶端透過 TCP 協定連接到超級用戶端，一旦連接成功，就可以開始玩遊戲。這個想法其實就是把 C/S 和 P2P 聯合起來實現的架構，這樣的好處是大大減輕遊戲伺服器端的壓力，並增強其穩定性。畢竟，對伺服器來講，穩定性是第一位的，而遊戲邏輯完全可以放到用戶端上實現，伺服器只要做好管理和關鍵資料儲存工作（比如日誌資料、比分資料、使用者資訊等）。另外，由於一個棋局之間的兩個玩家已經透過 TCP 相互連接，因此他們之間的聊天資訊沒必要再經過伺服器來轉發，這樣也減輕了伺服器的壓力。

在用戶端實現過程中，流程實現其實不是最複雜的環節，最複雜的環節是遊戲邏輯的實現。這裡我們選用了最簡單的五子棋遊戲。為了在斷線狀態下遊玩，我們也實現了人機對弈。

12.8.1 五子棋簡介

五子棋是簡單的棋類遊戲，本小節就利用這個遊戲來說明斷線時的人機對弈以及連線時的雙人對弈。

12.8.2 棋盤類別 CTable

該類別是整個遊戲的核心部分，類別名為 CTable。封裝了棋盤的各種可能用到的功能，如儲存棋盤資料、初始化、判斷勝負等。使用者操作主介面與 CTable 進行互動來完成對遊戲的操作。主要成員變數如下：

（1）網路連接標識──m_bConnected

用來表示當前網路連接的情況，在網路對弈遊戲模式下用戶端連接伺服器的時候用來判斷是否連接成功。事實上，它也是區分當前遊戲模式的唯一標識。

（2）棋盤等待標識──m_bWait 與 m_bOldWait

由於在玩家落子後需要等待對方落子，m_bWait 標識就用來標識棋盤的等候狀態。當 m_bWait 為 TRUE 時，是不允許玩家落子的。

在網路對弈模式下，玩家之間需要互相發送諸如悔棋、和棋這一類的請求訊息，在發送請求後等待對方回應時，也是不允許落子的，所以需要將 m_bWait 標識置為 TRUE。在收到對方回應後，需要恢復原有的棋盤等候狀態，所以需要另外一個變數在發送請求之前儲存棋盤的等候狀態做恢復之用，也就是 m_bOldWait。

等待標識的設定，由成員函數 SetWait 和 RestoreWait 完成。

（3）網路通訊端——m_sock 和 m_conn

在網路對弈遊戲模式下，需要用到這兩個通訊端物件。其中 m_sock 物件用於伺服器的監聽，m_conn 用於網路連接的傳輸。

（4）棋盤資料——m_data

這是一個 15×15 的二位元陣列，用來儲存當前棋盤的落子資料。其中對每個成員來説，0 表示落黑子，1 表示落白子，-1 表示無子。

（5）遊戲模式指標——m_pGame

這個 CGame 類別的物件指標是 CTable 類別的核心內容。它所指向的物件實體決定了 CTable 在執行一件事情時的不同行為。

主要成員函數如下：

（1）通訊端的回呼處理——Accept、Connect、Receive

本程式的通訊端衍生自 MFC 的 CAsyncSocket 類別，CTable 的這三個成員函數就分別提供了對通訊端回呼事件 OnAccept、OnConnect、OnReceive 的實際處理，其中 Receive 成員函數尤其重要，它包含了對所有網路訊息的分發處理。

（2）清空棋盤——Clear

在每一局遊戲開始的時候都需要呼叫這個函數將棋盤清空，也就是棋盤的初始化。在這個函數中，主要發生了以下幾件事情：

- 將 m_data 中每一個落子位都置為無子狀態（-1）。
- 按照傳入的參數設定棋盤等待標識 m_bWait，以供先、後手的不同情況之用。
- 使用 delete 將 m_pGame 指標所指向的原有遊戲模式物件從堆積上刪除。

（3）繪製棋子——Draw

這是很重要的函數，它根據參數給定的座標和顏色繪製棋子。繪製的詳細過程如下：

- 將給定的棋盤座標換算為繪圖的像素座標。
- 根據座標繪製棋子點陣圖。
- 如果先前曾下過棋子，則利用 R2_NOTXORPEN 將上一個繪製棋子上的最後落子指示矩形抹除。
- 在剛繪製完成的棋子四周繪製最後落子指示矩形。

（4）左鍵訊息——OnLButtonUp

作為棋盤唯一回應的左鍵訊息，需要做以下工作：

- 如果棋盤等待標識 m_bWait 為 TRUE，則直接發出警告聲音並傳回，即禁止落子。
- 如果點擊的座標在合法座標（0，0）～（14，14）之外，則禁止落子。
- 如果走的步數大於 1 步，允許悔棋。
- 進行勝利判斷，如勝利則修改 UI 狀態並增加勝利數的統計。
- 如未勝利，則向對方發送已經落子的訊息。
- 落子完畢，將 m_bWait 標識置為 TRUE，等待對方回應。

（5）繪製棋盤——OnPaint

每當 WM_PAINT 訊息觸發時，都需要對棋盤進行重繪。OnPaint 作為回應繪製訊息的訊息處理函數使用了雙緩衝技術，減少了多次繪圖可能導致的影像閃爍問題。這個函數主要完成了以下工作：

- 加載棋盤點陣圖並進行繪製。
- 根據棋盤資料繪製棋子。
- 繪製最後落子指示矩形。

（6）對方落子完畢——Over

在對方落子之後，仍然需要做一些判斷工作，這些工作與 OnLButtonUp 中的類似，在此不再贅述。

(7) 設定遊戲模式——SetGameMode

這個函數透過傳入的遊戲模式參數對 m_pGame 指標進行初始化，程式如下：

```
void CTable::SetGameMode( int nGameMode )
{
    if ( 1 == nGameMode )
        m_pGame = new COneGame( this );
    else
        m_pGame = new CTwoGame( this );
    m_pGame->Init();
}
```

這之後，就可以利用 OO 的繼承和多形特點來使 m_pGame 指標使用相同的呼叫來完成不同的工作了，事實上，COneGame::Init 和 CTwoGame::Init 都是不同的。

(8) 勝負的判斷——Win

這是遊戲中一個極其重要的演算法，用來判斷當前棋盤的形勢是哪一方獲勝。

12.8.3 遊戲模式類別 CGame

用來管理遊戲模式（目前只有網路雙人對戰模式，以後還可以擴充更多的模式，比如人機對戰模式、多人對戰模式等），類別名為 CGame。CGame 是一個抽象類別，經由它衍生出一人遊戲類別 COneGame 和網路遊戲類別 CTwoGame，如圖 12-5 所示。

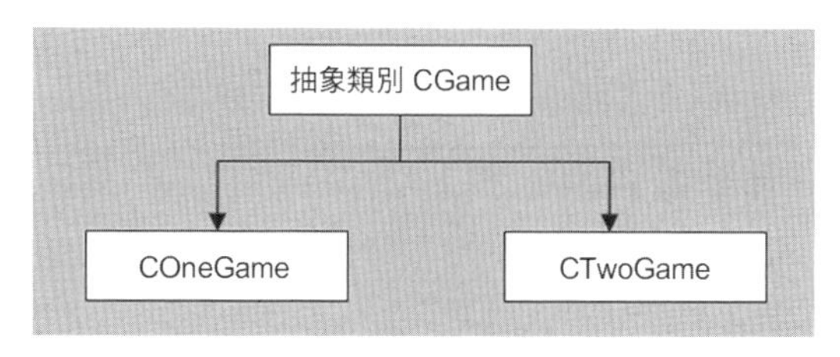

▲ 圖 12-5

這樣，CTable 類別就可以透過一個 CGame 類別的指標，在遊戲初始化的時候根據具體遊戲模式的要求實體化 COneGame 或 CTwoGame 類別的物件。然後利用多形性，使用 CGame 類別提供的公有介面就可以完成不同遊戲模式下的不同功能了。

這個類別負責對遊戲模式進行管理，以及在不同的遊戲模式下對不同的使用者行為進行不同的回應。由於並不需要 CGame 本身進行回應，所以將其設計為了一個純虛類別，它的定義如下：

```
class CGame
{
protected:
    CTable *m_pTable;
public:
    // 落子步驟
    list< STEP > m_StepList;
public:
    // 建構函數
    CGame( CTable *pTable ) : m_pTable( pTable ) {}
    // 解構函數
    virtual ~CGame();
    // 初始化工作，不同的遊戲方式初始化也不一樣
    virtual void Init() = 0;
    // 處理勝利後的情況，CTwoGame 需要改寫此函數完成善後工作
    virtual void Win( const STEP& stepSend );
    // 發送己方落子
    virtual void SendStep( const STEP& stepSend ) = 0;
    // 接收對方訊息
    virtual void ReceiveMsg( MSGSTRUCT *pMsg ) = 0;
    // 發送悔棋請求
    virtual void Back() = 0;
};
```

該類別主要成員變數說明如下：

（1）棋盤指標──m_pTable

由於在遊戲中需要對棋盤以及棋盤的父視窗──主對話方塊操作及

UI 狀態設定，故為 CGame 類別設定了這個成員。當對主對話方塊操作時，可以使用 m_pTable->GetParent() 得到它的視窗指標。

（2）落子步驟——m_StepList

一個好的棋類程式必須要考慮到的功能就是它的悔棋功能，所以需要為遊戲類別設定一個落子步驟的清單。由於人機對弈和網路對弈中都需要這個功能，故將這個成員直接設定到基礎類別 CGame 中。另外，考慮到使用的簡便性，這個成員使用了 C++ 標準範本函數庫（Standard Template Library，STL）中的 std::list，而非 MFC 的 CList。

該類別主要成員函數說明如下：

（1）悔棋操作

在不同的遊戲模式下，悔棋的行為是不一樣的。

人機對弈模式下，電腦是完全允許玩家悔棋的，但是出於對程式負荷的考慮，只允許玩家悔當前的兩步棋（電腦一步，玩家一步）。

雙人網路對弈模式下，悔棋的過程為：首先由玩家向對方發送悔棋請求（悔棋訊息），然後由對方決定是否同意玩家悔棋，在玩家得到對方的回應訊息（同意或拒絕）之後，才進行悔棋與否的操作。

（2）初始化操作——Init

對於不同的遊戲模式而言，有不同的初始化方式。對於人機對弈模式而言，初始化操作包括以下幾個步驟：

- 設定網路連接狀態 m_bConnected 為 FALSE。
- 設定主介面電腦玩家的姓名。
- 初始化所有的獲勝組合。
- 如果是電腦先走，則佔據天元（棋盤正中央）的位置。

網路對弈的初始化工作暫為空，以供以後擴充之用。

(3) 接收來自對方的訊息──ReceiveMsg

這個成員函數由 CTable 棋盤類別的 Receive 成員函數呼叫，用於接收來自對方的訊息。對人機對弈遊戲模式來說，所能接收到的就僅是本地模擬的落子訊息 MSG_PUTSTEP；對網路對弈遊戲模式來說，這個成員函數則負責從通訊端讀取對方發過來的資料，然後將這些資料解釋為自訂的訊息結構，並回到 CTable::Receive 來進行處理。

(4) 發送落子訊息──SendStep

在玩家落子結束後，要向對方發送自己落子的訊息。對於不同的遊戲模式，發送的目標也不同：

- 對於人機對弈遊戲模式，將直接把落子的資訊（座標、顏色）發送給 COneGame 類別對應的計算函數。
- 對於網路對弈遊戲模式，將把落子訊息發送給通訊端，並由通訊端轉發給對方。

(5) 勝利後的處理──Win

這個成員函數主要針對 CTwoGame 網路對弈模式。在玩家贏得棋局後，這個函數仍然會呼叫 SendStep 將玩家所下的制勝落子步驟發送給對方玩家，然後對方的遊戲端經由 CTable::Win 來判定自己失敗。

12.8.4 訊息機制

Windows 系統擁有自己的訊息機制，在不同事件發生的時候，系統也可以提供不同的回應方式。五子棋程式也模仿 Windows 系統實現了自己的訊息機制，主要為網路對弈服務，以回應多種多樣的網路訊息。

當繼承自 CAsyncSocket 的通訊端類別 CFiveSocket 收到訊息時，會觸發 CFiveSocket::OnReceive 事件，在這個事件中呼叫 CTable::Receive，CTable::Receive 開始按照自訂的訊息格式接收通訊端發送的資料，並對不同的訊息類型進行分發處理，如圖 12-6 所示。

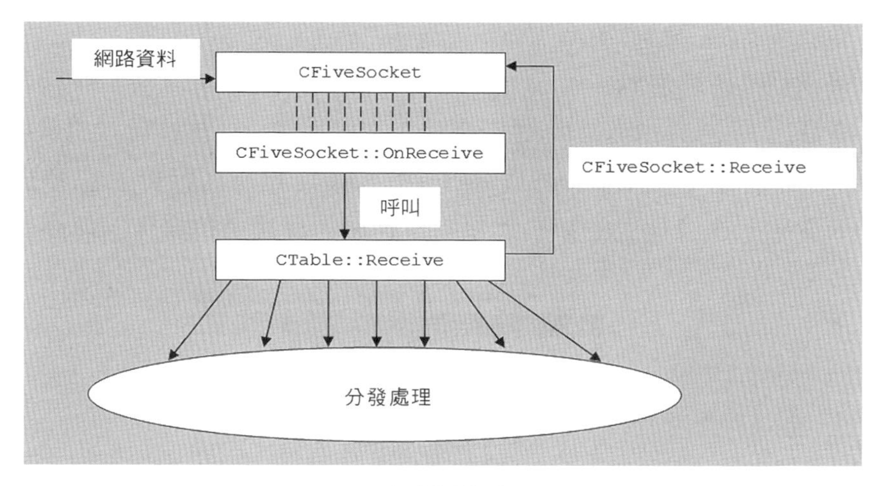

▲ 圖 12-6

當 CTable 獲得了來自網路的訊息之後，就可以使用一個 switch 結構來進行訊息的分發了。網路間傳遞的訊息都遵循以下結構的形式：

```
// 摘自 Messages.h
typedef struct _tagMsgStruct {
    // 訊息 ID
    UINT uMsg;
    // 落子資訊
    int x;
    int y;
    int color;
    // 訊息內容
    TCHAR szMsg[128];
} MSGSTRUCT;
```

uMsg 表示訊息 ID，x、y 表示落子的座標，color 表示落子的顏色，szMsg 隨著 uMsg 的不同而有不同的含義。

(1) 落子訊息——MSG_PUTSTEP

表明對方落下了一個棋子，其中 x、y 和 color 成員有效，szMsg 成員無效。在人機對弈遊戲模式下，亦會模擬發送此訊息以達到程式模組一般化的效果。

(2) 悔棋訊息——MSG_BACK

表明對方請求悔棋，除 uMsg 成員外其餘成員皆無效。接到這個訊息後，會彈出 MessageBox 詢問是否接受對方的請求，並根據玩家的選擇回返 MSG_AGREEBACK 或 MSG_REFUSEBACK 訊息。另外，在發送這個訊息之後，主介面上的某些元素將不再回應使用者的操作，如圖 12-7 所示。

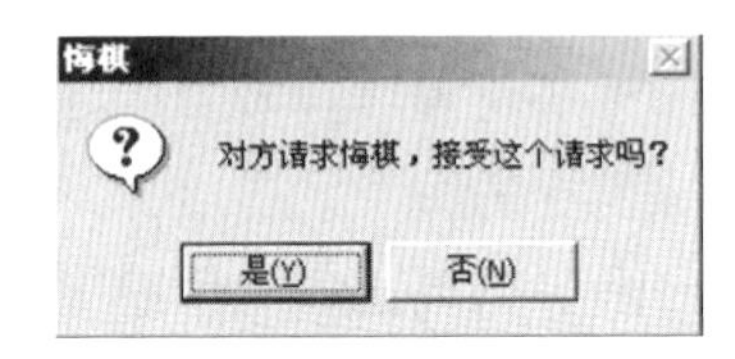

▲ 圖 12-7

(3) 同意悔棋訊息——MSG_AGREEBACK

表明對方接受了玩家的悔棋請求，除 uMsg 成員外其餘成員皆無效。接到這個訊息後，將進行正常的悔棋操作。

(4) 拒絕悔棋訊息——MSG_REFUSEBACK

表明對方拒絕了玩家的悔棋請求，除 uMsg 成員外其餘成員皆無效。接到這個訊息後，整個介面將恢復發送悔棋請求前的狀態，如圖 12-8 所示。

▲ 圖 12-8

(5) 和棋訊息——MSG_DRAW

表明對方請求和棋，除 uMsg 成員外其餘成員皆無效。接到這個訊息後，會彈出 MessageBox 詢問是否接受對方的請求，並根據玩家的選擇回返 MSG_AGREEDRAW 或 MSG_REFUSEDRAW 訊息。另外，在發送這個訊息之後，主介面上的某些元素將不再回應使用者的操作，如圖 12-9 所示。

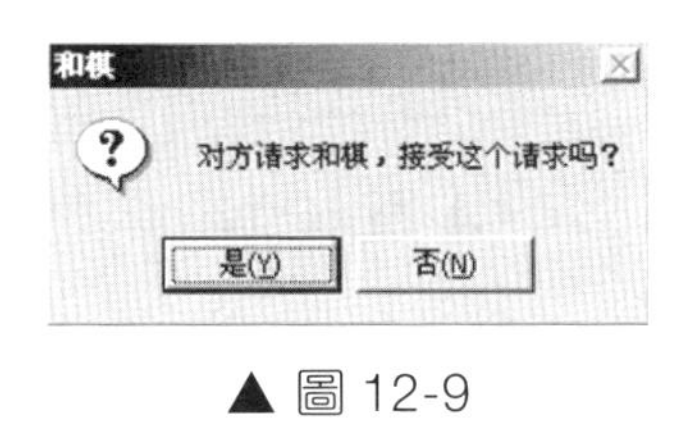

▲ 圖 12-9

（6）同意和棋訊息——MSG_AGREEDRAW

表明對方接受了玩家的和棋請求，除 uMsg 成員外其餘成員皆無效。接到這個訊息後，雙方和棋，如圖 12-10 所示。

▲ 圖 12-10

（7）拒絕和棋訊息——MSG_REFUSEDRAW

表明對方拒絕了玩家的和棋請求，除 uMsg 成員外其餘成員皆無效。接到這個訊息後，整個介面將恢復發送和棋請求前的狀態，如圖 12-11 所示。

▲ 圖 12-11

（8）認輸訊息——MSG_GIVEUP

表明對方已經認輸，除 uMsg 成員外其餘成員皆無效。接到這個訊息後，整個介面將轉為勝利後的狀態，如圖 12-12 所示。

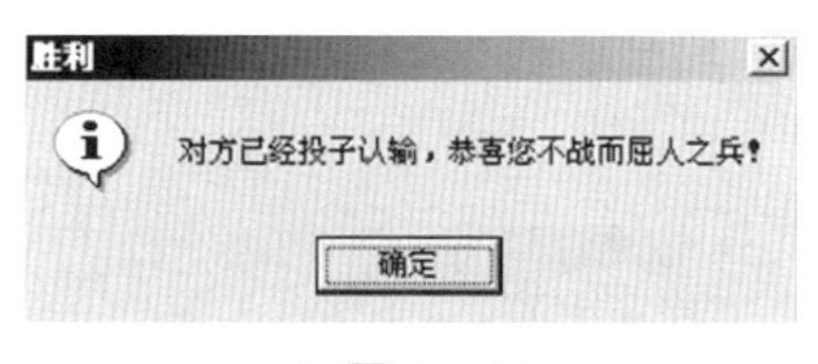

▲ 圖 12-12

（9）聊天訊息——MSG_CHAT

表明對方發送了一筆聊天資訊，szMsg 表示對方的資訊，其餘成員無效。接到這個資訊後，會將對方聊天的內容顯示在主對話方塊的聊天記錄視窗內。

（10）對方資訊訊息——MSG_INFORMATION

用來獲取對方玩家的姓名，szMsg 表示對方的姓名，其餘成員無效。在開始遊戲的時候，由用戶端向伺服器端發送這筆訊息，伺服器端接到後設定對方的姓名，並將自己的姓名同樣用這筆訊息回發給用戶端。

（11）再次開局訊息——MSG_PLAYAGAIN

表明對方希望開始一局新的棋局，除 uMsg 成員外其餘成員皆無效。接到這個訊息後，會彈出 MessageBox 詢問是否接受對方的請求，並根據玩家的選擇回返 MSG_AGREEAGAIN 訊息或直接斷開連接，如圖 12-13 所示。

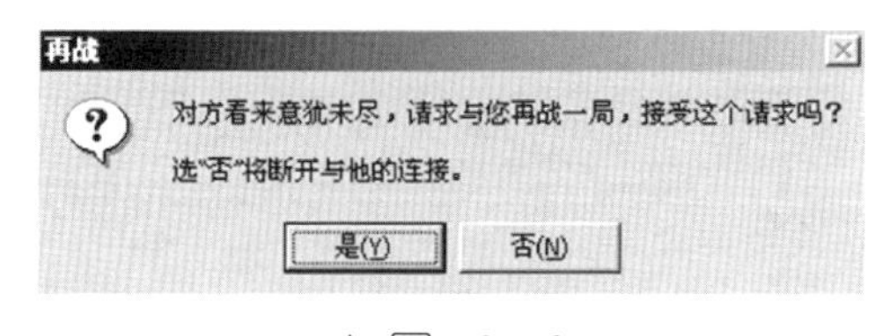

▲ 圖 12-13

（12）同意再次開局訊息——MSG_AGREEAGAIN

表明對方同意了再次開局的請求，除 uMsg 成員外其餘成員皆無效。接到這個訊息後，將開啟一局新遊戲。

12.8.5 遊戲演算法

五子棋遊戲中，有相當的篇幅是演算法的部分，即如何判斷勝負。五子棋的勝負，在於判斷棋盤上是否有一個點，從這個點開始的右、下、右下、左下四個方向是否有連續的五個同色棋子出現，如圖 12-14 所示。

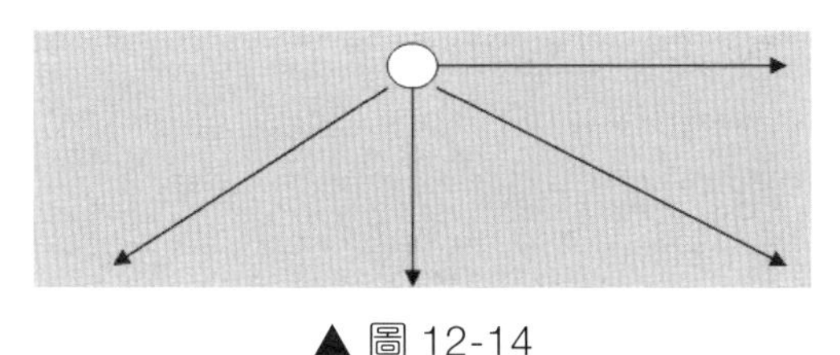

▲ 圖 12-14

這個演算法也就是 CTable 的 Win 成員函數。從設計的思想上，需要它接收一個棋子顏色的參數，然後傳回一個布林值，這個值來指示是否勝利，程式如下：

```
BOOL CTable::Win( int color ) const
{
    int x, y;
    // 判斷橫向
    for ( y = 0; y < 15; y++ )
    {
        for ( x = 0; x < 11; x++ )
        {
            if ( color == m_data[x][y] &&
color == m_data[x + 1][y] &&
                color == m_data[x + 2][y] &&
color == m_data[x + 3][y] &&
                color == m_data[x + 4][y] )
            {
                return TRUE;
            }
        }
    }
    // 判斷縱向
    for ( y = 0; y < 11; y++ )
```

```
    {
        for ( x = 0; x < 15; x++ )
        {
            if ( color == m_data[x][y] &&
color == m_data[x][y + 1] &&
                color == m_data[x][y + 2] &&
color == m_data[x][y + 3] &&
                  color == m_data[x][y + 4] )
            {
                return TRUE;
            }
        }
    }
    // 判斷右下方向
    for ( y = 0; y < 11; y++ )
    {
        for ( x = 0; x < 11; x++ )
        {
            if ( color == m_data[x][y] && color == m_data[x + 1][y + 1] &&
                color == m_data[x + 2][y + 2] && color == m_data[x + 3]
[y + 3] &&
                color == m_data[x + 4][y + 4] )
            {
                return TRUE;
            }
        }
    }
    // 判斷左下方向
    for ( y = 0; y < 11; y++ )
    {
        for ( x = 4; x < 15; x++ )
        {
            if ( color == m_data[x][y] &&
color == m_data[x - 1][y + 1] &&
                color == m_data[x - 2][y + 2] &&
color == m_data[x - 3][y + 3] &&
                color == m_data[x - 4][y + 4] )
            {
                return TRUE;
```

```
                }
            }
        }
        // 不滿足勝利條件
        return FALSE;
    }
```

需要說明的一點是，由於這個演算法所遵循的搜尋順序是從左到右、從上往下，因此在每次迴圈的時候，都有一些座標無需納入考慮範圍。例如對於橫向判斷而言，由於右邊界有限，因而所有水平座標大於等於 11 的點，都構不成達到五子連成一條直線的條件，所以水平座標的迴圈上界也就定為 11，這樣也就提高了搜尋的速度。

【例 12.2】遊戲用戶端的實現。

（1）打開 VC2017，建立一個對話方塊專案，專案名稱是 Five。

（2）實現「登入遊戲伺服器」對話方塊，在資源管理器中增加一個對話方塊資源，介面設計如圖 12-15 所示。

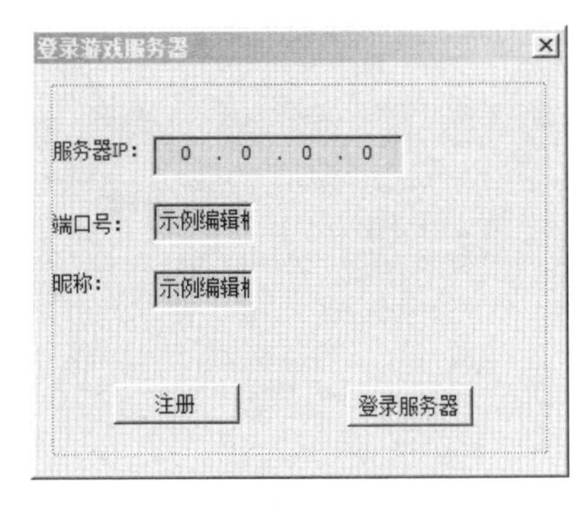

▲ 圖 12-15

分別實現「註冊」和「登入伺服器」兩個按鈕，限於篇幅，程式不再列出，可以參考本例原始程式專案。

（3）實現「遊戲大廳」對話方塊，在資源管理器中增加一個對話方塊資源，介面設計如圖 12-16 所示。

▲ 圖 12-16

其中，列表方塊中用來存放已經建立的空閒棋局，當棋局有玩家加入時，則會自動在列表中消失。分別實現「加入棋局」和「建立棋盤」兩個按鈕，限於篇幅，程式不再列出，可以參考本例原始程式專案。當使用者點擊這兩個按鈕之中的時，該大廳對話方塊將自動關閉，從而顯示棋盤對話方塊。

（4）實現棋盤對話方塊，在資源管理器中增加一個對話方塊資源，介面設計如圖 12-17 所示。

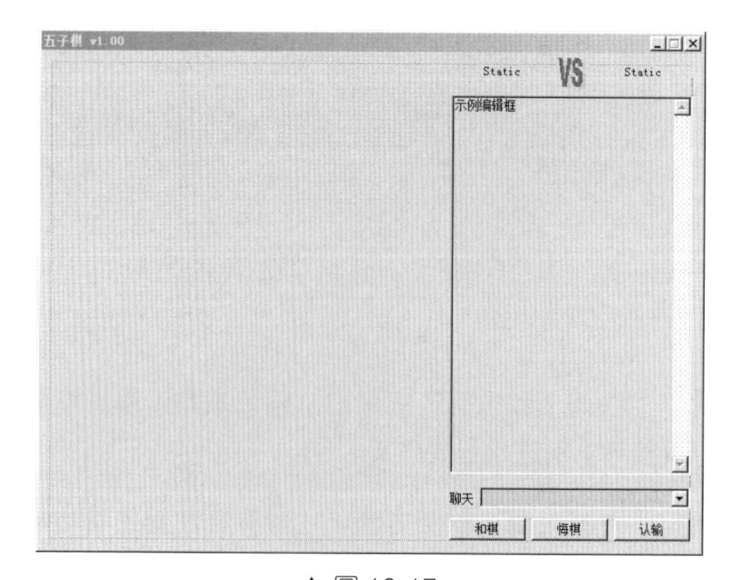

▲ 圖 12-17

我們在右下角放置了一個下拉式清單方塊用於實現聊天功能，執行時期，只需要輸入聊天內容，然後按 Enter 鍵，就會把聊天內容發送給對方玩家，並顯示在編輯方塊上。在對話方塊設計介面上按兩下「和棋」按鈕，為該按鈕增加事件處理函數，程式如下：

```
void CFiveDlg::OnBtnHq()
{
    //TODO: Add your control notification handler code here
    m_Table.DrawGame();
}
```

和棋功能的實現是直接呼叫類別 CTable 的成員函數 DrawGame。再按兩下「悔棋」按鈕，為該按鈕增加事件處理函數，程式如下：

```
void CFiveDlg::OnBtnBack()
{
    //TODO: Add your control notification handler code here
    m_Table.Back();
}
```

直接呼叫類別 CTable 的成員函數 Back，該函數實現了悔棋功能。再按兩下「認輸」按鈕，為該按鈕增加事件處理函數，程式如下：

```
void CFiveDlg::OnBtnLost()
{
    //TODO: Add your control notification handler code here
    m_Table.GiveUp();
}
```

直接呼叫類別 CTable 的成員函數 GiveUp，該函數實現了認輸功能。類別 CTable 比較重要，用來實現棋盤功能，該類別宣告如下：

```
class CTable : public CWnd
{
    CImageList m_iml;                        // 棋子影像
    int m_color;                             // 玩家顏色
    BOOL m_bWait;                            // 等待標識
    void Draw(int x, int y, int color);
```

```
    CGame *m_pGame;                          // 遊戲模式指標
public:
    void PlayAgain();                        // 發送再玩一次的請求
    void SetMenuState( BOOL bEnable ); // 設定選單狀態（主要為網路對戰做準備）
    void GiveUp();                           // 發送認輸訊息
    void RestoreWait();                      // 重新設定先前的等待標識
    BOOL m_bOldWait;                         // 先前的等待標識
    void Chat( LPCTSTR lpszMsg );            // 發送聊天訊息
    // 是否連接網路（用戶端使用）
    BOOL m_bConnected;
    // 我方名字
    CString m_strMe;
    // 對方名字
    CString m_strAgainst;
    // 傳輸用通訊端
    CFiveSocket m_conn;
    CFiveSocket m_sock;
    int m_data[15][15];                      // 棋盤資料
    CTable();
    ~CTable();
    void Clear( BOOL bWait );                // 清空棋盤
    void SetColor(int color);                // 設定玩家顏色
    int GetColor() const;                    // 獲取玩家顏色
    BOOL SetWait( BOOL bWait );              // 設定等待標識，傳回先前的等待標識
    void SetData( int x, int y, int color );  // 設定棋盤資料，並繪製棋子
    BOOL Win(int color) const;                // 判斷指定顏色是否勝利
    void DrawGame();                          // 發送和棋請求
    void SetGameMode( int nGameMode );        // 設定遊戲模式
    void Back();                              // 悔棋
    void Over();                              // 處理對方落子後的工作
    void Accept( int nGameMode );             // 接受連接
    void Connect( int nGameMode );            // 主動連接
    void Receive();                           // 接收來自對方的資料
protected:
    afx_msg void OnPaint();
    afx_msg void OnLButtonUp( UINT nFlags, CPoint point );
    DECLARE_MESSAGE_MAP()
};
```

限於篇幅，這些函數的具體實現程式就不列舉了，具體可以參考原始程式專案，我們對其進行了詳細註釋。除了這個棋盤類別，還有一個重要的類別就是遊戲實現的類別 CGame，該類別宣告如下：

```
#ifndef CLASS_GAME
#define CLASS_GAME

#ifndef _LIST_
#include <list>
using std::list;
#endif

#include "Messages.h"

class CTable;

typedef struct _tagStep {
    int x;
    int y;
    int color;
} STEP;

// 遊戲基礎類別
class CGame
{
protected:
    CTable *m_pTable;
public:
    // 落子步驟
    list< STEP > m_StepList;
public:
    // 建構函數
    CGame( CTable *pTable ) : m_pTable( pTable ) {}
    // 解構函數
    virtual ~CGame();
    // 初始化工作，不同的遊戲方式初始化也不一樣
    virtual void Init() = 0;
    // 處理勝利後的情況，CTwoGame 需要改寫此函數完成善後工作
    virtual void Win( const STEP& stepSend );
```

```
    // 發送己方落子
    virtual void SendStep( const STEP& stepSend ) = 0;
    // 接收對方訊息
    virtual void ReceiveMsg( MSGSTRUCT *pMsg ) = 0;
    // 發送悔棋請求
    virtual void Back() = 0;
};

// 一人遊戲衍生類別
class COneGame : public CGame
{
    bool m_Computer[15][15][572];      // 電腦獲勝組合
    bool m_Player[15][15][572];        // 玩家獲勝組合
    int m_Win[2][572];                 // 各個獲勝組合中填入的棋子數
    bool m_bStart;                     // 遊戲是否剛剛開始
    STEP m_step;                       // 儲存落子結果
    // 以下三個成員做悔棋之用
    bool m_bOldPlayer[572];
    bool m_bOldComputer[572];
    int m_nOldWin[2][572];
public:
    COneGame( CTable *pTable ) : CGame( pTable ) {}
    virtual ~COneGame();
    virtual void Init();
    virtual void SendStep( const STEP& stepSend );
    virtual void ReceiveMsg( MSGSTRUCT *pMsg );
    virtual void Back();
private:
    // 舉出下了一個子後的分數
    int GiveScore( const STEP& stepPut );
    void GetTable( int tempTable[][15], int nowTable[][15] );
    bool SearchBlank( int &i, int &j, int nowTable[][15] );
};

// 兩人遊戲衍生類別
class CTwoGame : public CGame
{
public:
    CTwoGame( CTable *pTable ) : CGame( pTable ) {}
```

```
    virtual ~CTwoGame();
    virtual void Init();
    virtual void Win( const STEP& stepSend );
    virtual void SendStep( const STEP& stepSend );
    virtual void ReceiveMsg( MSGSTRUCT *pMsg );
    virtual void Back();
};

#endif  //CLASS_GAME
```

同樣，限於篇幅，該類別各成員函數的實現程式這裡不再列出，具體可以參考原始程式專案，我們對其進行了詳細註釋。其實整個系統如果想換個遊戲也很簡單，只需要把棋盤類別和遊戲類別換掉，即可實現其他遊戲。

（5）為了讓超級用戶端（作為遊戲服務的一方）能知道當前狀態，我們需要增加一個狀態對話方塊。在 VC 資源管理器中增加「建立遊戲」的提示對話方塊，介面設計如圖 12-18 所示。

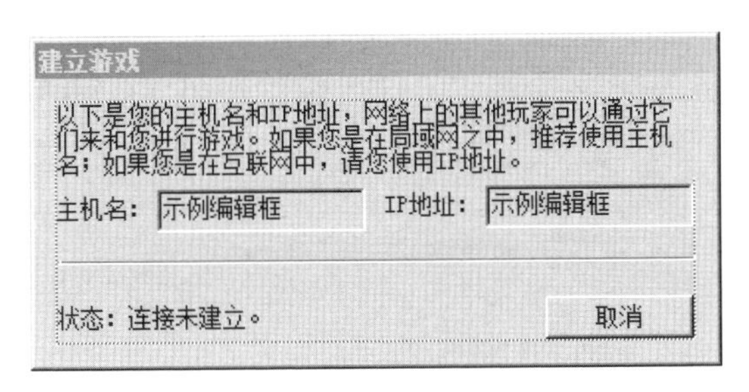

▲ 圖 12-18

一旦使用者在遊戲大廳裡點擊「建立棋盤」，就會開始監聽通訊埠，等待其他用戶端（對方玩家）來連接。一旦遊戲伺服器監聽成功，棋盤初始化也成功，該對話方塊就會自動顯示出來，這樣可以提示使用者當前狀態一切順利，只需要等著玩家連接過來就可以了。一旦有玩家連接過來，則這個對話方塊會自動消失，從而開始遊戲。

同樣，為了讓作為普通用戶端的玩家知道連接到超級用戶端是否成功，也需要一個狀態對話方塊，在 VC 資源管理器中增加「加入遊戲」的提示對話方塊，介面設計如圖 12-19 所示。

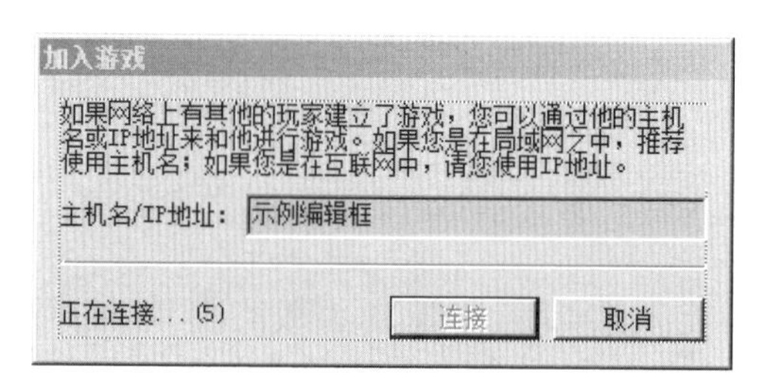

▲ 圖 12-19

如果超級用戶端準備就緒，網路暢通，則這個對話方塊的顯示時間很快，一旦成功連接到超級用戶端，則該對話方塊自動消失。至此，介面設計全部完成。為了照顧沒有 VC 基礎的讀者，我們使用了最簡單的介面元素，正式商用的時候，是不可能使用如此簡單的介面的。我們現在主要目的是掌握程式的實現邏輯和原理。

（6）儲存專案並按快速鍵 Ctrl+F5 執行這個 VC 專案，注意伺服器端程式要在執行中。第一個介面出來的是登入對話方塊，如圖 12-20 所示。

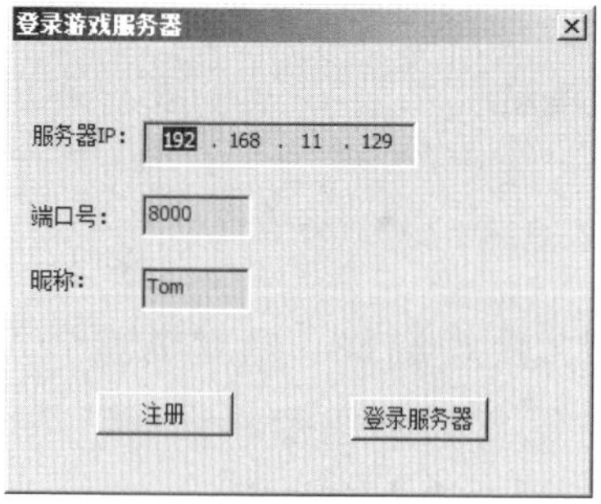

登录游戏服务器
服务器IP： 192 . 168 . 11 . 129
端口号： 8000
昵称： Tom
注册
登录服务器

▲ 圖 12-20

筆者已經註冊過 Tom 了，所以直接點擊「登入伺服器」按鈕，出現登入成功的對話方塊，如圖 12-21 所示。

此時將進入遊戲大廳，目前遊戲大廳是空的，如圖 12-22 所示。

▲ 圖 12-21

▲ 圖 12-22

我們點擊「建立棋盤」按鈕，如果成功，則出現棋盤對話方塊，如圖 12-23 所示。

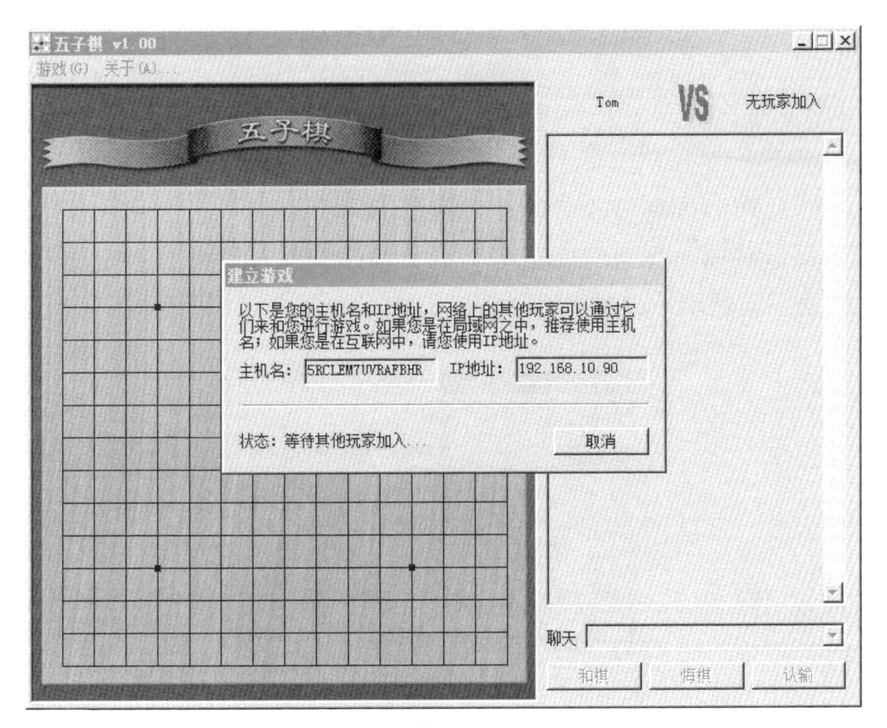

▲ 圖 12-23

同時，「建立遊戲」的對話方塊也會提示當前狀態：等待其他玩家加入……現在第一個玩家的操作就結束了，我們來執行第二個玩家，第二個玩家是加入遊戲的一方。回到 VC 介面，切換到「方案總管」，然後按滑鼠右鍵解決方案名稱 Five，在快顯功能表上選擇「偵錯」｜「啟動新實例」，此時將啟動另外一個處理程序，第一個介面依舊是登入框，如圖 12-24 所示。

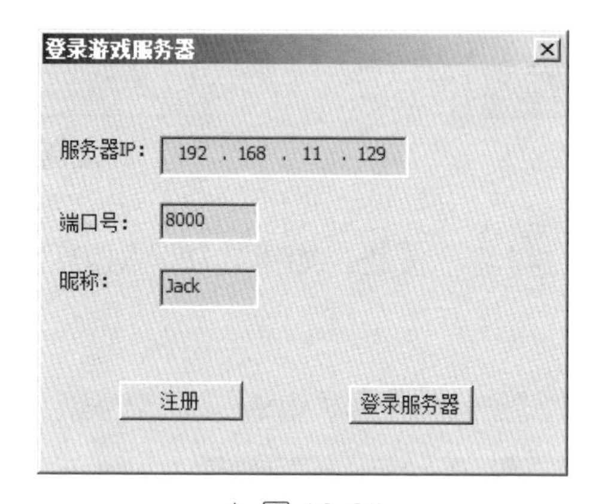

▲ 圖 12-24

我們把暱稱改為 Jack，Jack 是筆者前面已經註冊好的使用者名稱，大家也可以註冊一個新的使用者名稱。點擊「登入伺服器」按鈕，提示登入成功，並顯示「遊戲大廳」對話方塊，如圖 12-25 所示。

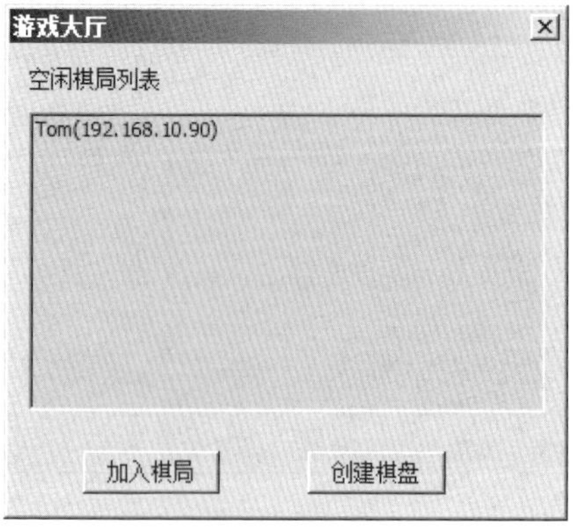

▲ 圖 12-25

可以看到，遊戲大廳裡已經有一個名為 Tom 的玩家在等著對手加入。我們點擊選中 "Tom(192.168.10.90)"，然後點擊「加入棋局」按鈕，此時就連接到 Tom，一旦連接成功，則會顯示 Jack 的棋盤，如圖 12-26 所示。

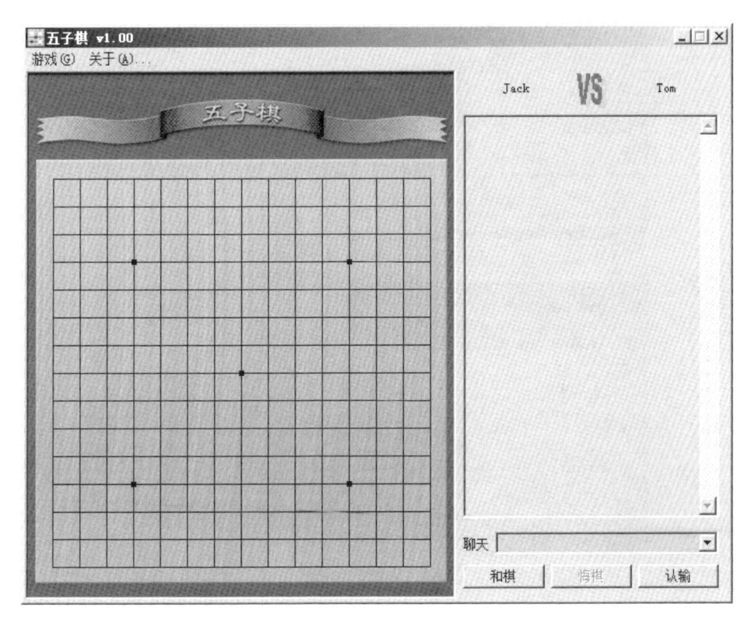

▲ 圖 12-26

此時如果 Tom 一方在棋盤上用滑鼠點擊某個位置進行落子，則雙方都能看到有個棋子落子了，然後 Jack 可以接著進行落子，這樣遊戲就開始了，如圖 12-27 所示。

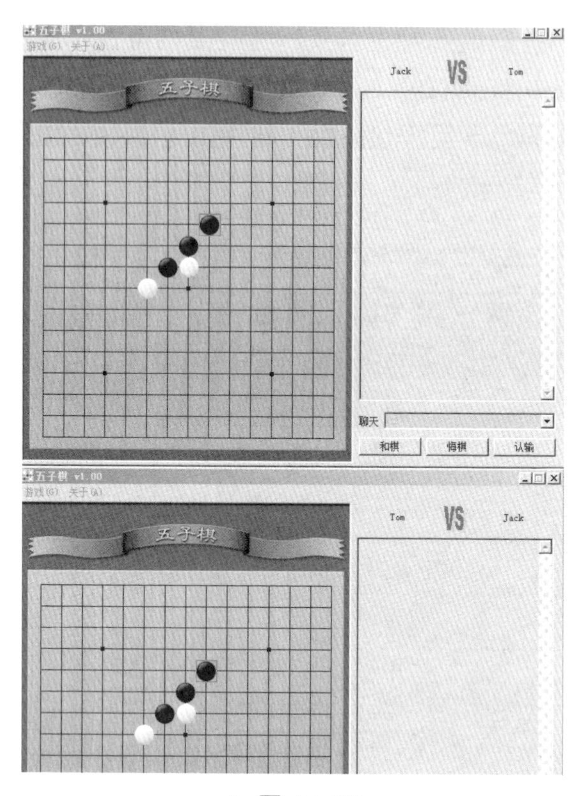

▲ 圖 12-27

另外，下棋的同時，也可以相互聊天，如圖 12-28 所示。

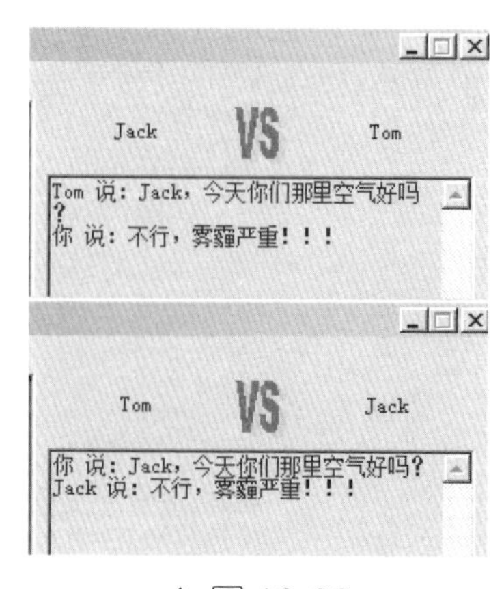

▲ 圖 12-28

如果此時，再有一個使用者登入到遊戲大廳，它可以看到遊戲大廳裡是空的了，因為遊戲建立者 Tom 已經在玩了，不能再連接了。我們可以按滑鼠右鍵解決方案名稱 Five，在快顯功能表上選擇「偵錯」|「啟動新實例」，然後用 Alice 登入（Alice 筆者也已經註冊過），如圖 12-29 所示。

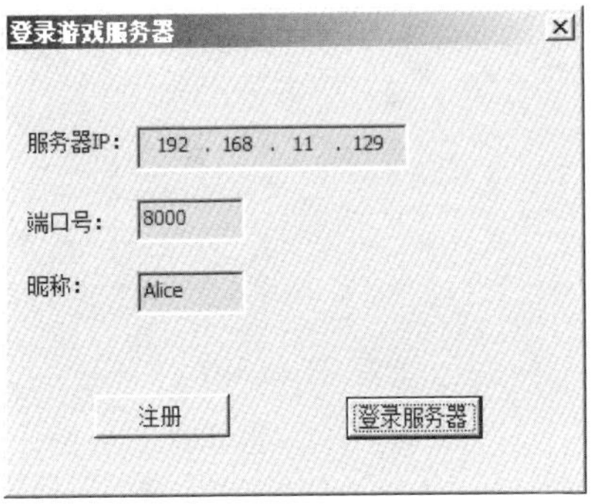

▲ 圖 12-29

提示登入成功後，進入遊戲大廳，此時遊戲大廳是空的，如圖 12-30 所示。

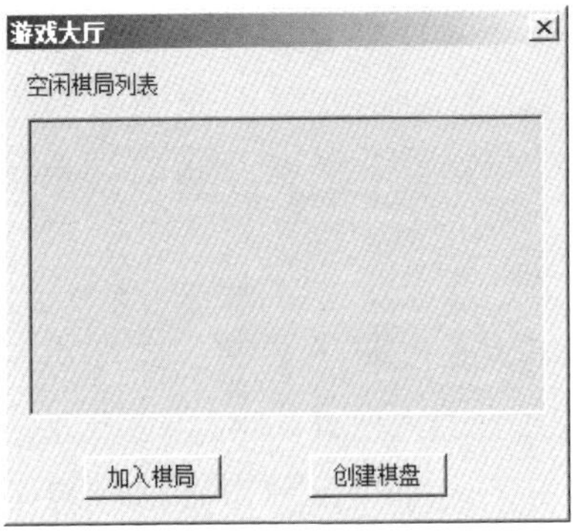

▲ 圖 12-30

這就說明我們保持遊戲玩家的狀態是正確的。Alice 可以繼續建立遊戲，等待下一個玩家。至此，我們的整個遊戲程式實現成功了。